新能源译丛

Electric Renewable Energy Systems

电力可再生能源系统

[美]Muhammad H. Rashid（拉什德）　著

徐维晖　译

中国水利水电出版社
www.waterpub.com.cn

·北京·

内 容 提 要

本书为《新能源译丛》中的一本，全面阐述了目前可再生能源从电源到电网的发展状况。主要内容包括可再生能源、可再生能源转换为电能、电能转换（或处理）和并网。

本书适合作为高等院校相关专业的教学参考用书，也适合从事相关专业的技术人员阅读参考。

This edition of *Electric Renewable Energy Systems* by **Muhammad Rashid** is published by arrangement with **ELSEVIER INC** of 360 Park Avenue South，New York，NY 10010，USA.

This translation was undertaken by China Water & Power Press.

This edition is published for sale in China only.

北京市版权局著作权合同登记号为：01－2017－0588

图书在版编目（ＣＩＰ）数据

电力可再生能源系统 ／ （美）拉什德著；徐维晖译
. -- 北京：中国水利水电出版社，2019.10
书名原文：Electric Renewable Energy Systems
ISBN 978-7-5170-8185-2

Ⅰ．①电… Ⅱ．①拉… ②徐… Ⅲ．①电力系统－再生能源 Ⅳ．①TM7②TK01

中国版本图书馆CIP数据核字(2019)第253854号

书　　名	电力可再生能源系统 DIANLI KEZAISHENG NENGYUAN XITONG
作　　者	［美］Muhammad H. Rashid（拉什德）　著
译　　者	徐维晖　译
出版发行	中国水利水电出版社 （北京市海淀区玉渊潭南路1号D座　100038） 网址：www. waterpub. com. cn E - mail：sales@waterpub. com. cn 电话：(010) 68367658（营销中心）
经　　售	北京科水图书销售中心（零售） 电话：(010) 88383994、63202643、68545874 全国各地新华书店和相关出版物销售网点
排　　版	中国水利水电出版社微机排版中心
印　　刷	清淞永业（天津）印刷有限公司
规　　格	184mm×260mm　16开本　27印张　640千字
版　　次	2019年10月第1版　2019年10月第1次印刷
印　　数	0001—1000册
定　　价	**86.00元**

献　词

　　谨以此书献予以可再生能源及其转化和应用的相关知识来鼓励和培育学生的人们。

致　谢

　　感谢所有投稿者，若没有他们的奉献、承诺和刻苦工作，这本书就不会出版。感谢 Mariana Kühl Leme 女士（编辑项目经理），Chelsea Johnston 女士和其他编辑和制作人员。

　　最后，感谢我的家人，因为当我忙于这本书和其他项目的时候，他们都给予了大力的支持。我们欢迎关于对本书的任何评论和建议。

　　请将其发给美国佛罗里达州彭萨科拉市西佛罗里达大学电子电气工程学院 Muhammad H. Rashid。

　　邮箱：mrashid@uwf.edu

　　网址：http：//uwf.edu/mrashid

译者序

　　可再生能源发电正在逐渐成为未来全球的主要发展趋势，是建设资源节约型社会、实现可持续发展的基本要求，是保护环境和应对气候变化的重要措施。为了将国际优秀新能源著作介绍给国内读者，华北水利水电大学有幸承担了由中国水利水电出版社组织出版的《电力可再生能源系统》著作翻译。该书由全球新能源领域权威专家合著，华北水利水电大学徐维晖完成全书翻译工作。全书共21章，内容涵盖电能系统简介、电能系统构成、可再生能源、可再生能源电能形式、能量转换、三相供电、磁路和变压器、发电机及控制、电力电子换流器、电力传输、电力系统和电网并网等内容。

　　本书旨在为工程专业和非工程专业普通学生或工程师提供辅导性教科书，并进行深层次的分析和设计。在翻译过程中译者力求更好地将原著内容呈现给读者，但限于能力水平，难免存在瑕疵，还望读者不吝批评指正。

译者

2019 年 6 月

前　言

为了改善生活水平，人们对能源的需求，尤其是对电能的需求不断增加。为满足不断增长的全球能源需求，同时不断降低对环境的影响，可再生能源发电得到了越来越多的关注和创新发展支持。可再生能源包括太阳能、风能、水能、燃料电池、地热能、生物能和海洋热能等。将这些能量转化为电能需要关于三相供电、磁路、电力变压器、发电机和控制等知识。电力电子变流器把电源转换为不同形式的电能，如交流-直流、直流-直流和直流-交流，以满足使用需求。

在可再生能源与公共事业供电和/或用户的连接中，电力电子成为可再生能源不可分割的一部分。半导体设备作为能量转换和加工的开关，还作为有效控制电量和能源流动的固态电子器件。这个实用性的接口涉及电力传输、电力系统和电网并网的知识。

本书涵盖了电源、发电形式、满足公共需求的能量转换方式、电能传输和并网等方面的内容，全面阐述了目前可再生能源从电源到电网的发展状况。

本书采用了辅导性方法，并进一步进行深层次的分析和设计，以便工程专业和非工程专业的学生或工程师学习，也可以作为普通学生和/或成人教育类的专业教科书。

本书的合著者遍布全球，且皆为各自领域的权威学者。因为他们对自己学科知识的精通而被选入，此外在不断发展的可再生能源领域中，他们的付出助力本书的科学性和综合性指引。同时，尽管编辑人员努力统一写作风格，但每位作者的写作风格仍不尽相同。

Muhammad H. Rashid

目　　录

1 电 能 系 统 简 介

Bora Novakovic，*Adel Nasiri*

Electrical Engineering and Computer Science Department，College of Engineering and
Applied Sciences，University of Wisconsin-Milwaukee，Milwaukee，WI，USA

1.1　电能系统

电能是最常见的能源形式之一。电能不仅能转换成其他形式的能源，而且能实现安全有效的长距离传输，因此电能是日常生活中的主要能源。它为家用电器、汽车、火车供能，使水泵运转，让电灯照亮千家万户，点亮城市。

所有在能源与负载之间以各自方式处理电能的系统，都可以称为电能系统。这些系统庞大且复杂。例如电脑的电源系统，大型数据中心或者一个国家的电力系统等。所有这些系统都包括某种能量转换过程来实现电能的产生、传输和分配；也都有变电过程，包括直流电和交流电之间的转换或者调节电源电压以适应负载要求。

电能系统的特征包括其电压波形、额定电压、功率等级和在交流系统中线路条数或相线数。一种分类方法是根据电压波形，电能系统可以分为交流系统和直流系统两类，其中交流系统使用交流电压和电流输电、配电，直流系统则使用直流电压和电流。另一种分类方法基于系统的额定电压，可分为低压（低于 600V）、中压（600V～69kV）、高压（69～230kV）和超高压系统（超过 230kV）[1]等。所有电压等级中都存在交流系统，直流系统则常见于超高压和低压系统。交流系统根据输电的相线数分为单相系统和多相系统。在多相系统中，最常用的是三相系统。第三种分类方法是依据电能系统的用途进行分类。假设电能从电源到负载的过程中经过了一条系统链，那么这一连串的系统就可能有着共同的或相似的用途。在这一系统链的两端往往是某些能量转换类系统。这些系统将机械能、热能、化学能或其他形式的能量转化为电能，反之也可以将电能转化为其他形式的能量。它们通常被认为是电源或负载，这取决于它们是产生还是消耗电能。在系统链的中间是输电和配电系统，可能存在若干电能转换（或变电）系统。输电系统的主要用途是用最有效的方法传输电能。配电系统将电能分配给各负载并确保电能形式满足负载需求。电能转换（或变电）系统通常是输电和配电系统的一部分，通过调整电压等级、电压波形或多相系统中的相线数来改变电能形式。

以一个大型多用途的电网系统为例，在这一系统的两端是电源和负载。在电源端，大型发电厂是一个能量转换系统，它将化石燃料、可再生能源或核能转化为电能。这些系统非常复杂，可能包含多个能量转换阶段。多数情况下，电能最终通过一个中压交流发电机输出，该发电机本身就是一个机电能量转换系统。在大型电力系统中，发电机与负载的距离往往很远，因此，发电机产生的中压三相交流电首先会进入输电系统进行长距离输电。在传输之前，电能会被转换为高压交流电或直流电，以适应低能耗、长距离传输的需求。电能传输到配电系统后，高压电会在配电系统中转换为低压电或中压电并分配到各负载上。

1.2　能量和功率

想要以一种能用于工程学或经济学用途的方式来定义两个电能系统之间连接的属性，除了电压和电流，还有功率和能量等，尤其是对多相交流系统而言。在多相交流系统中，交流电压和电流只包含很少量有用的信息，这意味着需要从其他方面进行分析。因此，再加上功率和能量就足以快速评估连接的特性和表现。

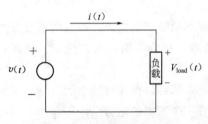

图 1.1　连接负载的电压源

观察图 1.1 所示的简单电路就可以轻松定义电能系统中的能量和功率。由式（1.1）和式（1.2）可知负载在某一时间段 Δt 中消耗的瞬时功率 p 和能量 E 为[2]

$$p(t)=v(t)i(t) \tag{1.1}$$

$$E=\int_t^{t+\Delta t}p(t)\mathrm{d}t=\int_t^{t+\Delta t}v(t)i(t)\mathrm{d}t \tag{1.2}$$

在电压不随时间变化（使用直流电源的情况下）和负载恒定的情况下，电流和能量也是恒定的，式（1.2）就简化为 $E=vi\Delta t$。这些值很容易计算，并且能提供很多有用的信息。

假设电源电压是交流波形（使用交流电源），那么式（1.1）中的功率值就会随时间变化，计算式（1.2）就比较复杂。为了在交流系统中也能获得同样有用的信息，引入均方根值、有功功率 P、无功功率 Q 和视在功率 S 的概念。假设系统中的电压和电流可以由式（1.3）和式（1.4）来表示，式（1.5）和式（1.6）定义了均方根值，式（1.7）～式（1.9）分别给出了有功功率、无功功率和视在功率[3]。

$$v(t)=V\cos(\omega t) \tag{1.3}$$

$$i(t)=I\cos(\omega t-\theta) \tag{1.4}$$

$$V_{\mathrm{rms}}=\sqrt{\frac{1}{T}\int_t^{t+T}v(t)^2\mathrm{d}t}=\frac{V}{\sqrt{2}} \tag{1.5}$$

$$I_{\mathrm{rms}}=\sqrt{\frac{1}{T}\int_t^{t+T}i(t)^2\mathrm{d}t}=\frac{I}{\sqrt{2}} \tag{1.6}$$

$$P=V_{\mathrm{rms}}I_{\mathrm{rms}}\cos\theta \tag{1.7}$$

$$Q=V_{\mathrm{rms}}I_{\mathrm{rms}}\sin\theta \tag{1.8}$$

$$S = V_{\text{rms}} I_{\text{rms}} = \sqrt{P^2 + Q^2} \tag{1.9}$$

如果用户标记约定已经设定好，也就是说负载用正序有功功率表示，电源用负序有功功率（或产生正序功率）表示。有功功率以瓦特（W）为单位，它描述了电能转化为其他形式能量的速率（例如连接电阻负载情况下电能转化为热能）。另外，无功功率的特点是无功负载（电容器和电感器）可以将储存在负载内的能量补偿给电源。它实际上描述的是电源和无功负载间能量循环的速率。

$\cos\theta$ 为系统功率因数。若负载功率因数的正序角度为 θ，则称为滞后，按照惯例产生无功功率。实际上感性负载的电流滞后于电压。如果用式（1.4）来表示，角度 θ 在这一情况下是正序的，这就意味着电感产生了正序无功功率。若负载功率因数的负序角度为 θ，则称为超前，并产生负序无功功率（或补偿正序无功功率）。这些负载主要是容性的。无功功率通常以乏（var）为单位。

在交流系统中，所有的瞬时值都具有交变属性，因此瞬时功率和能量也有交变分量。有功功率是用来确定功率中产能分量的数量以及单向能量流通过负载转化为其他形式能量的平均速率。可以证明，在式（1.3）和式（1.4）给定的电流与电压波形下，式（1.7）表示式（1.1）中瞬时电流的平均值。所以，如式（1.10）所示，在某一时间段 Δt 内负载产生的有效能量可以表示为有功功率的组成部分。如果功率因数保持恒定，式（1.10）可以简化为很容易计算并且能提供很多有用信息的式（1.11）。

$$E = \int_t^{t+\Delta t} P \, \mathrm{d}t = \int_t^{t+\Delta t} V_{\text{rms}} I_{\text{rms}} \cos\theta \, \mathrm{d}t \tag{1.10}$$

$$E = V_{\text{rms}} I_{\text{rms}} \cos\theta \, \Delta t \tag{1.11}$$

还应指出，无功功率只在电源和负载间循环，不会转换成其他形式的能量（至少不是以某种有效的方式），这就意味着它没有影响负载的有效能耗。但无功功率在发电机和负载间来回流动加大了输电系统的损耗。因此，在大型配电系统中必须考虑无功功率的存在，它和有功功率一样重要。

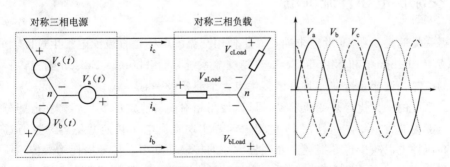

图 1.2　对称三相系统，电压波形具有相同的振幅和120°相位差

以图 1.2 中的三相对称系统为例，其电压和电流波形的表达式见式（1.12）和式（1.13）。在这一情况下，功率和能量方程与单相系统类似。不同的是这里有 3 条输电线且可以传输 3 倍具有相同额定电压和电流的功率。式（1.14）～式（1.16）表示该情况下有功功率、无功功率以及负载在时间段 Δt 内消耗能量的值[3]。

$$\left. \begin{array}{l} v_a(t) = V_{rms}\sqrt{2}\cos(\omega t) \\[2mm] v_b(t) = V_{rms}\sqrt{2}\cos\left(\omega t - \dfrac{2\pi}{3}\right) \\[2mm] v_c(t) = V_{rms}\sqrt{2}\cos\left(\omega t - \dfrac{4\pi}{3}\right) \end{array} \right\} \tag{1.12}$$

$$\left. \begin{array}{l} i_a(t) = I_{rms}\sqrt{2}\cos(\omega t - \theta) \\[2mm] i_b(t) = I_{rms}\sqrt{2}\cos\left(\omega t - \theta - \dfrac{2\pi}{3}\right) \\[2mm] i_c(t) = I_{rms}\sqrt{2}\cos\left(\omega t - \theta - \dfrac{4\pi}{3}\right) \end{array} \right\} \tag{1.13}$$

$$P_{3\phi} = 3V_{rms}I_{rms}\cos\theta \tag{1.14}$$

$$Q_{3\phi} = 3V_{rms}I_{rms}\sin\theta \tag{1.15}$$

$$E = \int_t^{t+\Delta t} P_{3\phi}\,dt = 3V_{rms}I_{rms}\cos\theta\,\Delta t \tag{1.16}$$

简单起见，式（1.12）～式（1.16）可以用额定相电压均方根值 V_{rms} 来计算。在电力系统工程中，多相电压通常用额定线电压 V_{rmsll} 来表示。对称三相系统中额定线电压与相对电压的关系可表示为式（1.17）。

$$V_{rmsll} = \sqrt{3}V_{rms} \tag{1.17}$$

用式（1.17）可以简单地根据线电压表示三相系统中的能量和功率。这项任务是留给读者的练习题。另一个重点与电力系统计算中所使用的测量单位有关。相较于用焦耳（J）来测量能量的大小，更常用的单位是瓦秒（W·s）、瓦时（W·h）、或者有前缀的千瓦时（kW·h）、兆瓦时（MW·h）或太瓦时（TW·h）。由于数值很大，伏（V）和安培（A）也常常会加上前缀千（k）和兆（M），例如千安培（kA）、兆伏（MV）。

1.3 交流供电和直流供电

值得一提的是，在 19 世纪末期，对于使用交流配电还是直流配电产生过巨大的分歧。George Westinghouse 和 Nikola Tesla 支持交流系统，而 Thomas Edison 则完善了直流配电系统的概念。交流系统在当时有诸多优点，最终盛极一时[4]。

交流系统的一大优势是变压容易，可以使用相对简易稳定的变压器。在电能分配系统中，变压能力非常重要，而且在 19 世纪末，要实现直流电压转换并不容易。通过变压可以实现高压输电以减少传导损耗。在同样大小的传输功率下，传导损耗随着传输所用电压的平方值大小而减小。易于变压的另一个好处是在负载中心的调压能力，而且可以通过相对简易稳定的多个变压器使电压保持恒定。

交流系统的另一大优势是使用三相系统和特斯拉旋转磁场。三相输电方式进一步降低系统中的电能损耗，而且配以强大的高功率同步发电机与感应电机，旋转磁场的原理使得机电能量转换轻松实现。

如今，直流系统与交流系统常常一起使用。直流系统常用于低电压环境，而大型输电、配电仍然使用交流系统。在最近几十年里，随着数字系统和电力电子换流器的发展，直流系统越来越受欢迎。太阳能光伏（PV）和燃料电池等一些能源发展渐好，它们也需要使用直流连接方式。另外，在长距离输电情况下，高压直流系统已显著改善交流系统可能会出现的稳定性问题等。

1.4 基本能量转换过程

在多数情况下，讨论能量转换系统时主要讨论的是将各种形式的能量转化为电能的系统。将电能转化为其他形式能量的系统通常称为负载。事实上，能量转换是一个更宽泛的术语。多数现存的自然和人工系统，都无时无刻不在将一种形式的能量转换为另一种形式。植物将阳光的能量转化为化合物；动物以植物为食并使用储藏的能量维持生理机能；人类燃烧动植物残骸变成的化石燃料，为汽车、飞机、火车以及发电机提供能量，最终发电机产生电能，使现代社会创造的万事万物运转起来。

如果只关注工程学，最重要的目标之一就是找到一种高效、清洁、便利的方式，将自然界中可以获得的能量转换成一种可以轻松使用的形式。对电气工程师而言，最可用的能量形式就是电。

自然界中最常见的能量形式是热能。任何温度高于周围环境的物体都可以认为是一个热源。将电能转换成热能的装置可以是一个简单的电阻。将热能转化为电能更加复杂，需要使用一种特殊设备，该设备是基于珀耳帖效应和塞贝克效应的热电能量转换装置。应当指出，热能可以被转化为机械能（如蒸汽压力），从而用于机电能量转换。这实际上才是热能转化为电能最普遍的方法，即分两步进行：热能—机械能—电能。

机械能在日常生活中也很常见。例如，风带有大量的机械能（动能）。大型水电系统的蓄水湖也能产生大量机械能（势能）。这些能量都可以通过机电能量转换系统转化为电能。大多数机电能量转换系统是指发电机，它将旋转动能转化为电能。因此，机电能量转换系统通常需要某些设备将其他类型的机械能转换为旋转动能，这类设备称为原动机，通常是一套涡轮装置。

太阳能（光能或电磁辐射）是另一种常用于发电的能量。光伏发电系统直接将太阳能转化为电能。由于产生的是清洁能源且对环境的影响很小，光伏发电系统越来越受欢迎。这项技术相对来讲仍然是比较新、比较昂贵的，但它是研究人员关注的重点且正在不断发展。

所有生命形式都会使用化学能，它是人类最早使用的能量形式。大多数储藏化学能的物质都可以用燃烧来散发热能（煤炭和木头是很好的燃料）。事实上，燃烧可以被认为是一种自给的能量转换过程，它将化学能转化为热能。大多数现代电能转换系统还是先将化学能转换成热能，再把热能转化成电能。例如大型燃煤发电厂燃烧煤炭来加热水，从而产生蒸汽，再利用蒸汽压力来驱动机电能量转换。直接将化学能转化为电能的系统称为电化学能量转换系统。最普遍的电化学能量转换系统就是电池。这些系统需要特殊的储存能量的化学品和专门的能量转换结构，这也是当今热门研究领域之一。

核能是另一种形式的能量，它直接来自核燃料内部原子层面的核反应。核反应有核聚变和核裂变两种形式。其中：核裂变是一个元素的原子分裂成两个更小的原子的核反应；核聚变是两个小原子聚合成一个大原子的核反应。在这两种情形下，一部分初始原子的质量会转化成能量。核反应会产生高能粒子和高温，产生的热量可以用来发电。目前所有的核电站都是基于核裂变反应来运作的，核聚变反应仍处于初级研究阶段，具有正能量平衡的可行核聚变反应堆现今仍然不存在。各项研究仍在努力进行中，有预言称核聚变发电将在 2030 年前实现。

1.5 热力学定律综述

为了了解能量转换系统的局限性和工作原理，就必须理解热力学基本定律。热力学是物理学的一个分支，它通常用于处理能量转换过程中的问题。它描述了能量转换系统的基本物理性能，并假定了符合该系统行为的基本定律。

热力学将一个系统看作一个整体，而不考虑系统中的单个成分甚至某一部分。常用总体属性来描述一个热力学系统，例如温度、能量、压力等。热力学定律支配着热力系统中这些属性的关系。

1.5.1 热力学第零定律

热力学第零定律介绍了热力学平衡的概念。当一个物理系统或一系列系统处于热力学平衡状态，则这套系统显著的宏观特性（例如温度、压力、体积）处于平稳状态，并且不会随时间的改变而发生变化。这一定律表明，如果两个热力学系统都和第三个热力学系统处于热力学平衡状态，则这两个系统也处于热力学平衡状态。

1.5.2 热力学第一定律

热力学第一定律重新阐述了物理学的一条基本定律，即能量守恒定律。能量守恒定律是说一个封闭系统的总能量保持不变（不受外部影响）。热力学第一定律通常用式（1.18）表示。

$$\Delta E = Q - W \tag{1.18}$$

式（1.18）表明，一个系统内能量的变化量 ΔE 等于输入到系统内的能量 Q 与系统对其周边环境所做功 W 的数值之间的差额。需要注意的是，大多数自然系统都由许多热力学系统组成，输入系统的能量不仅仅增加了系统能量，也增加了系统所做的功。必须对热力学系统做出严格的界定，热力学定律才能得以应用。

例如，假设启动一台旋转电机。这个系统把电能转化成机械能，其中包括电、电磁和机械三个子系统。一部分输入的电能使电机温度升高，增加电机的旋转动能、电感和电容。这三个子系统的能量变化 ΔE 也会发生改变。在这种情况下，流向电机终端的电能就是输入到系统内的能量 Q。电机内部电磁场中力所产生的功，所有的热能损耗和被辐射电磁场所产生功共同组成了系统所做的功 W[5,6]。

热力学第一定律的一个重要结论就是，想要设计一种机器，在没有能量输入的情况下就能产生功（通常称为第一类永动机）是不可能的。

1.5.3 热力学第二定律

热力学第一定律研究系统内部的总能量，但是该定律并未界定系统内部的能量如何使用。热力学第二定律解决了这一局限性问题，结论是无法设计出一种从外部环境中吸收能量，仅仅用来做功的机器（即第二类永动机）。

经验表明，无论机器有何用途，都会产生热量。在所有物理系统中都是如此。无论何种系统，在做功的过程中（或者是将能量转化成有用的形式时），一部分输入系统的能量通常会以热量的形式损耗。为了量化这一自然属性，热力学第二定律引入了熵的概念。在热力学系统中，熵的数值取决于系统状态，式（1.19）给出一种简便方法来定义熵的不同形式。

$$dS = \frac{dQ}{T} \tag{1.19}$$

式中　dS——系统熵的变化；

$\quad\quad Q$——系统的热量（内能）；

$\quad\quad T$——系统的绝对温度。

根据熵的定义，热力学第二定律表明，任何一个封闭系统的熵值永远不会降低，所有系统在自然条件下，都会趋向熵值达到最大的状态。极端情况是理想的可逆过程，在这一过程中，系统会改变自身状态，但是熵值不会改变[5,6]。

1.5.4　热力学第三定律

热力学第三定律为熵提供了参考数值，并且提出了为获取参考熵值，系统必须满足的条件。热力学第三定律表明，因为物质的温度接近于绝对零度，所以任何纯物质的理想晶体，其熵值接近于零（最小值）[5,6]。需要注意的是，像玻璃之类的物质是没有相同晶体结构的，在绝对零度下，玻璃的熵值会恒定保持大于零。

1.6　光伏能量转换系统

光伏系统将光能直接转换成电能。某些半导体材料的特殊性能，能使原子在晶体结构内通过可见光子发生局部电离作用，这是光伏能量转换系统的工作原理。原子电离过程会产生两种粒子，即带负电的电子以及带正电的粒子，正电粒子就是半导体物理学中的空穴。空穴就是一块空的区域，之前由电子占据着，电子吸收了可见光子就离开了原子。实验显示这两种粒子都能自由地穿过某一半导体的晶体结构。

晶体结构产生的自由带电粒子不足以产生可利用的、肉眼可见的电位差。如果没有其他影响因素，在晶体结构内，电子和空穴会随机产生，并且在和原子发生热作用的同时，会从光子中获取能量，在消耗掉这些能量之后，两者会再次结合。为了产生可利用的电位差，需要一个屏障使空穴和电子分离，即 PN 结。

PN 结的空间电荷区可以作为一种屏障，把空穴和电子分离，并在 PN 结上生成可利用的电位差。一旦产生的电子（空穴）进入空间电荷区，电场就会加速向光伏板的负极（正极）流动。当电子到达负极区域，空穴到达正极区域后，由于中间有屏障，两者无法再次结合，这样就可以累积电荷，如图 1.3 所示。累积的电荷会生成一个电场 E_{pv}，并且在光伏板两端形成可利用的电位差。需要注意的是，如果没有点亮光伏板，在电极—光伏板连接处的载体扩散也会累积电荷，在图 1.3 中并未明确显示，这种方式累积的电荷会抵消 PN 结空间电荷生成的电场，造成光伏板两端没有可利用的电位差。

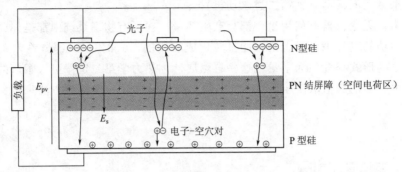

图 1.3　PN 结和光伏电池内部电场分布

在实际操作中，硅通常用于光伏能量转换。单晶硅铸块或者多晶硅棒会切成硅片。P 型硅通常用作衬底，另一端通过涂抹掺杂剂在整个表面形成 N 型表层，从而组成一个 PN 结[7]。随后将金属电极加在两端表面连接硅片，组成光伏板，如图 1.4 所示。

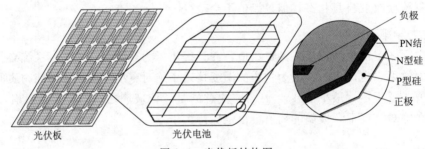

图 1.4　光伏板结构图

可以用电路图来展示最简单的光伏电池模型，如图 1.5 所示。电池卸掉后，电池两端的电压可以用式（1.20）来表示。

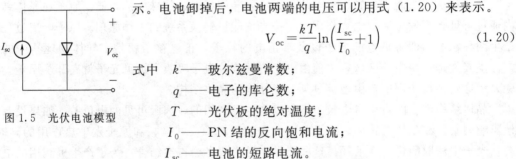

$$V_{oc} = \frac{kT}{q}\ln\left(\frac{I_{sc}}{I_0}+1\right) \tag{1.20}$$

图 1.5　光伏电池模型

式中　k——玻尔兹曼常数；

　　　q——电子的库仑数；

　　　T——光伏板的绝对温度；

　　　I_0——PN 结的反向饱和电流；

　　　I_{sc}——电池的短路电流。

I_0 和 I_{sc} 都由电池的出厂参数决定，I_{sc} 也会受光线辐照度的影响[2]。

1.7　电化学能量转换系统

电化学能量转换系统将储存在化学键中的能量直接转化成电能，反之也可将电能转换成化学能。这些系统的特征体现在其化学性能（例如，化学键的反应产生电能）和电力性能方面，电力性能包括基本元件产生的电压、内部电阻、电容、功率（电流）容量以及效率。电力性能由化学反应性能、元件支撑材料以及元件设计几何结构决定。

能量转换的化学过程有可逆和不可逆两种。通过不可逆转换过程完成能量转换的设备称为不可充电型设备。在这样的设备中，电解质和电极发生化学反应，产生电流，通常这种电流会通过化学方式转化成不同副产品，这些副产品无法在电池中再次使用。氢燃料电池就是一个很好的例子。氢燃料电池用氢气作为燃料，利用特殊的高分子电解质膜和环境中的氧气发电。化学反应产生的副产品是水，如图1.6所示。无法将水分离成氧气和氢气供这种燃料电池再次利用，也就是说这种化学反应是不可逆的，这种电池也无法再次充电。这种化学反应会在电极周围产生1V电压，并且会不断累积产生更高的电压[8,9]。

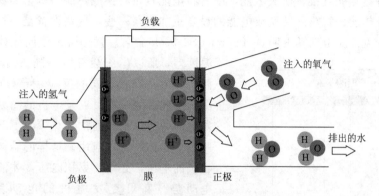

图1.6　氢燃料电池简易结构

充电电池和流体电池的能量转换过程是可逆的。这类电池有两个不同的操作周期，充电和放电，这两个过程有不同的化学反应过程和电力性能。在放电过程中，为了将化学键的能量释放出来并产生电能，电解质的形态会发生变化。在充电过程中，电流流进电池，把电解质转换成原始的形态，并把电能储存到化学键中。

在可充电的电化学能量转换装置中，一个典型的例子就是常见的铅酸蓄电池。铅酸蓄电池利用浸在硫酸水溶液中的铅和 PbO_2 金属板来发电，如图1.7所示。金属板和水溶液发生化学反应，产生电位差，化学反应如式（1.21）所示。铅板和硫酸水溶液发生化学反应并生成 $PbSO_4$。这一化学反应会将带正电的氢原子释放到水溶液中，将两个电子释放到金属板上，使金属板带负电。PbO_2 金属板同样会

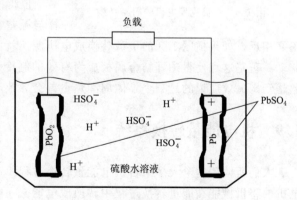

图1.7　铅酸蓄电池简易结构

与硫酸水溶液发生化学反应，也产生硫酸铅，但是这一反应过程需要三个氢原子以及一个电子，而这个电子刚好是金属板上的电子，这样一来，金属板就带正电。这一化学反应过程会产生近2.1V的电位差，电位差会随电池带电量变化而变化。电池会累积电压，达到12～14V。

负极金属板：$\qquad$ $Pb + HSO_4^- \Longleftrightarrow PbSO_4 + H^+ + 2e^-$

正极金属板：$\qquad$ $PbO_2 + HSO_4^- + 3H^+ + e^- \Longleftrightarrow PbSO_4 + 2H_2O$ $\left.\vphantom{\begin{array}{c}a\\b\end{array}}\right\}$ (1.21)

需要指出的是，如果将方向相反的电流施加到蓄电池两极，化学反应过程是完全可逆的[2,10]。

1.8 热电能量转换系统

热电设备将热能直接转换成电能，或者将电能直接转换成热能。一个简易电阻就可以将电能转换成热能。将热能转换成电能的设备更加复杂一些，这些设备是根据塞贝克效应制成的。塞贝克效应根据其发明者 Thomas Seebeck 命名，就是两个不同导体的连接处有温度差，所以电压会有所不同。由于有温度差，两个导体会产生不同的反应，导致电压差形成。图1.8展示的是塞贝克发电机的简易结构，这种发电机的导体材料通常都是掺涂了P型半导体和N型半导体才得以应用。这样的结构只能产生几毫伏的电压，必须要累积电压，才能达到足够的电动势。塞贝克发电机的电动势表示为式(1.22)。

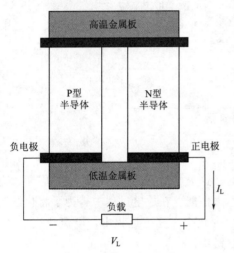

图1.8 塞贝克发电机的简易结构

$$V_L = -S\Delta T \qquad (1.22)$$

电动势与温度差 ΔT 成一定比例。比例系数 S 称为塞贝克系数，该系数由导体周围的温度差和导体材料性能共同决定。

值得一提的是，珀耳帖效应和汤姆逊效应同样与温差电现象有关。珀耳帖效应与塞贝克效应正好相反。如果把图1.8的负载替换成电压源，就可以使热能从低温金属板向高温金属板流动。正是这点使得珀耳帖金属板成为有效的制冷设备。汤姆逊效应与塞贝克效应相似，但是汤姆逊效应说的是某个导体周围热量差会导致电压差的产生[11,12]。

1.9 机电能量转换系统

人们所使用的电大多来自机电能量转换过程所产生的电能。利用旋转电机，也就是发电机，将机械能在能量转换过程中转换成电能。在电力系统中，就负载来说，电动机和旋转电机类似，都是电力消耗最大的设备之一。

通常，一个机电能量转换系统包含电力子系统、机械子系统和电磁场子系统三个子系统。机械能和电流的耦合是通过电磁场系统来完成的，基础的耦合原理正如洛伦兹力定律所表述的一样，即给在电磁场中移动的带电粒子施加外力，用式(1.23)来表示这一定律。

$$\vec{F} = q(\vec{E} + \vec{v} \times \vec{B}) \tag{1.23}$$

式中 $\vec{F}$——作用在带电粒子上力的矢量；

q——粒子的电荷；

$\vec{E}$——电磁场矢量；

$\vec{v}$——粒子的速度；

$\vec{B}$——磁感应矢量。

如果多个带电粒子在恒定磁场中流动，作用在短线端上的力（实际上是作用在短线端中的电荷上）可以通过式（1.24）求得，式（1.24）是根据式（1.23）推导出来的。

$$\vec{\mathrm{d}F} = i(\vec{\mathrm{d}l} \times \vec{B}) \tag{1.24}$$

图 1.9 显示了一个具体的例子。式（1.24）给出的力矢量 $\vec{\mathrm{d}F}$，作用在磁场 $\vec{B}$ 的短直线部分 $\vec{\mathrm{d}l}$，这部分是沿着电流方向的，导体 c 的电流强度为 i[13]。

矢量 $\vec{\mathrm{d}l}$ 的强度和线段的长度相等，方向和线段内电流的方向相同。式（1.24）可以用来计算作用在整条线上的力的总和。

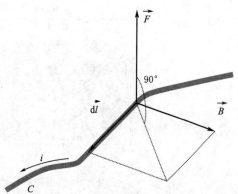

图 1.9 式（1.24）矢量方向示意图

在电机系统内，磁场并不是恒定不变的，系统的几何构造也不简单，所以很难利用式（1.23）和式（1.24）来计算作用在系统上的力的大小。在这种情况下，可以利用基本热力学原理，用式（1.18）来评估系统的运行状况。可以将任意的机电能量转换系统划分为三个子系统，分别是电力子系统、机械子系统以及耦合场子系统。现在可以将热力学第一定律和式（1.18）应用于这三个子系统当中，并假设这三个子系统已把输入和输出相连接。

假定系统可以将机械能转换成电能，机械能子系统内的能量平衡可以用式（1.25）来表示。系统输入的机械功 $E_{\mathrm{m\_in}}$ 增加了机械能子系统的能量 $E_{\mathrm{m\_sys}}$（例如，移动部分的动能），并且会产生机械力的有用功 $E_{\mathrm{m\_work}}$。如式（1.26）所示，机械力的有用功会转换成机械损耗 $E_{\mathrm{m\_losses}}$ 和所生成耦合场的能量 $E_{\mathrm{f\_in}}$，输入到耦合场的能量 $E_{\mathrm{f\_in}}$ 会再一次分离成 n 个部分［式（1.27）］。一部分输入的能量会储存在耦合场的能量 $E_{\mathrm{f\_sys}}$ 中，如式（1.28）所示，式（1.27）中的 $E_{\mathrm{f\_work}}$ 将磁场中损耗的能量 $E_{\mathrm{f\_losses}}$（例如电磁辐射、铁芯损耗、电介质损耗等）和转换成感应电动势的能量区分开来。式（1.29）和式（1.30）中，感应电动势所获得的能量 $E_{\mathrm{e\_in}}$ 再一次分离成系统能量 $E_{\mathrm{e\_sys}}$（磁场的能量，而不是耦合场的能量）、能量损耗 $E_{\mathrm{e\_losses}}$ 以及有用功 $E_{\mathrm{e\_work}}$。$E_{\mathrm{e\_work}}$ 就是能量转换系统所释放出的实际电能，能量损耗 $E_{\mathrm{e\_losses}}$ 就是系统中电导体的损耗。

$$E_{\mathrm{m\_sys}} = E_{\mathrm{m\_in}} - E_{\mathrm{m\_work}} \tag{1.25}$$

$$E_{\mathrm{f\_in}} = E_{\mathrm{m\_work}} - E_{\mathrm{m\_losses}} \tag{1.26}$$

$$E_{\mathrm{f\_sys}} = E_{\mathrm{f\_in}} - E_{\mathrm{f\_work}} \tag{1.27}$$

$$E_{\mathrm{e\_in}} = E_{\mathrm{f\_work}} - E_{\mathrm{f\_losses}} \tag{1.28}$$

$$E_{e\_sys} = E_{e\_in} - E_{e\_work} \qquad (1.29)$$
$$E_{e\_out} = E_{e\_work} - E_{e\_losses} \qquad (1.30)$$

通常依照某一特定机电系统所已知的具体数值来表示式（1.25）、式（1.27）和式（1.29）中的所有变量。需要注意的是，所有方程式中的参数都是系统的整体属性，和实际机器内部的几何构造和具体的场分布无关。如果能从式（1.26）、式（1.28）和式（1.30）中得出系统的损耗，就可以将机械输入功和能量输出联系起来，如式（1.31）和图 1.10 所示。机器的能量平衡可以通过求解式（1.31）中的时间导数来获得[14]。

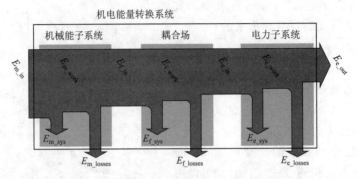

图 1.10　机电能量转换系统的能量平衡（如发电机）

$$E_{m\_in} = E_{e\_out} - E_{m\_sys} - E_{m\_losses} - E_{f\_sys} - E_{f\_losses} - E_{e\_sys} - E_{e\_losses} \qquad (1.31)$$

1.9.1　发电机的原动机

旋转电机也称为发电机，是用来发电的机器。几乎所有电厂在发电的某一阶段都会使用旋转式发电机。能量源提供各种各样的能量，但这些能量几乎不会沿着旋转轴向电机供能，无法使发电机运转。由能量源以自然方式产生的能量转换成使发电机运转的能量，能完成这一过程的机器称为原动机。

原动机的形式多种多样，且构造的复杂程度各不相同。原动机的形式取决于能量源的形式以及原动机内能的形式。例如，如果需要从液体提取动能就要利用涡轮机，水轮机和风力发电机就是很好的例子。如果使用石油等化学能源，可以用内燃机作为原动机；如果使用天然气，可以用燃气轮机作为原动机；大多数情况下，热能的转换过程需要另一个步骤，如果将热能转换成蒸汽动能，可以用蒸汽轮机作为发电机的原动机。

原动机除了可以完成能量转换，还是系统的重要调控装置。电力系统中，精确的旋转频率和多台发电机的负载分配是由可操控的原动机来控制的。也就是说，原动机同时也是调控装置，确保发电机能够获取足够的、适当的能量。

1.10　能量储存

能量储存系统是电力系统运行必不可少的一部分。能量储存系统确保持续的能量供应，并且可以提高系统的可靠运行。能量储存系统有很多类型，且规模大小不一。储存的能量形式决定了能量储存系统的规模大小、成本以及系统的延展性。能量可以储存成势能、动能、化学能、电磁能和热能等。有些能量储存形式适用于小型储存系统，有些适用于大型能量储存系统。例如，化学电池就适合用作小型储存系统，小到手表、计算机，大到备用系统的建立，都可以用化学电池作为能量储存系统，但是备用系统如果是百万瓦级别的，用化学电池进行能量储存就会花销巨大。另外，抽水蓄能水电储存是将大量的能量以势能的形式储存起来，只有在大型电力系统内才能看到这种储存方式。

化学能储存系统包括电池、流体电池和燃料电池等。机械能（动能和势能）储存系统包括抽水蓄能水电储存、飞轮储能和压缩气体储能系统。熔盐可以用来储存热能，这种方法主要用于大型电力系统。磁能可以储存在超导磁储能系统中，但这是一项较新的技术，且费用较高[2]。

1.11　效率和损耗

通常情况下可以区分能量转换系统中输入能和输出能。输入能进入系统，并在系统中转换成其他形式的能量，实际上，输入能通常会转换成多种形式的能量。但是，仅有一种输出的能量形式（例如电能或者机械能）在某一特定系统中是可利用的。这样，就可以就某一特定时间段来定义系统的效率，如式（1.32）所示，系统的效率可以定义为：在特定的一段时间内，效率即为可利用的输出能或功的总和与输入能的总和之比。如果系统的输出能保持恒定不变，可以观察系统能量输入和输出时的功率级，如式（1.33）所示。输入的能量如果不能转换成可利用形式的能量，通常称为能量损耗，在系统当中这些能量是无用的[2,3]。

$$\eta = \frac{\text{有用功}}{\text{输入能}} \tag{1.32}$$

$$\eta = \frac{\text{有用功率}}{\text{输入功率}} \tag{1.33}$$

用希腊字母 η 来表示系统效率。实际工作的系统，其效率总是小于1，如果用百分数来表示，就是低于100%。热力学第一定律排除了系统效率大于1的可能；除此之外，根据热力学第二定律，在实际工作的系统中，总会有一些能量转换成了其他形式的能量（不可利用的能量形式），所以实际工作的系统效率小于1。理论上来说，实际操作中系统功率达到100%是不可能的[5,6]。

例如，旋转电机的输入能是电能，旋转电机的旋转轴产生的机械能可以输出，并且这种机械能是可利用的。除了输出机械能，旋转电机还会释放热能、产生机械振动和电磁干扰以及促进空气流动等，即能量损耗。理想机器是将所有电能以100%的效率转换成机械能，这样的机器要在室温环境下运行，而且机器没有噪声，也不会辐射出任何电磁信号，但很显然这是不可能的。

1.12　能源

人们用来供暖和发电的燃料，或能量转换过程所利用的其他燃料都是能源。能源大致可以分为可再生能源、化石能源和核能三类。

化石能源主要取自沉积于地下的动植物残骸。其数量巨大，但是有开采限制，且不可再生。近年来，化石燃料满足了人类大多数的能量需求，其中包括煤、石油、天然气。

地球上可以自然再生的能源即为可再生能源，传统的可再生能源有水资源和生物质（例如，人们通常用树作为植物燃料来加热取暖）。现代可再生能源包括风能、波浪能、潮汐能、太阳能以及地热能。由生物质（植物和动物）衍生的一些燃料也被列入这一类可再生能源。

地壳中的某些放射性元素的沉积物可以归为核能能源。利用核裂变发电的核电厂用这种能源作为燃料。地球上，这种罕见的放射性元素数量有限，而且是不可再生的。过去几十年中，也有人研究核聚变所产生的能量，但是至今仍然不能证明这是一种可用的能源。氢原子在聚变过程中形成氦，核聚变能量转换过程就是在这一过程中不断汲取能量并完成能量转换[15]。

1.13　环境因素

环境因素已成为所有能量系统的一个重要组成部分。几乎所有的能量生产或转换系统都会对环境产生负面影响。例如，使用化石燃料的系统会产生温室气体和固体副产品，这是无法避免的。这些产物会严重影响环境和野生动植物。可再生能源系统也会产生负面影响，但是这种影响是微乎其微的，而且破坏范围不大。即便是最清洁的能量转换系统，也会释放热能。一座城市中上百万能量转换系统所产生的热能总量会引发当地的气候变化。近几十年来，随着能量需求和能量生产的不断增长，各种各样的生产系统所带来的不良后果越来越多，并且已经引起全球范围内的广泛关注。因此，工程学的主要任务不仅仅要探索新型清洁的能量生产方法，还要提高现有能量生产系统的效率和清洁生产水平[16]。

参考文献

［1］ IEEE recommended practice for electric power distribution for industrial plants. IEEE Std141 – 1993，p. 1，768，April 29，1994.

［2］ Masters GM. Renewable and efficient electric power systems. NJ：John Wiley & Sons；2004.

［3］ Grainger J，Stevenson W Jr. Power system analysis. NY：McGraw – Hill；1994.

［4］ de Andrade L，de Leao TP. A brief history of direct current in electrical power systems. HISTory of ELectro – technology CONference（HISTELCON），2012. Third IEEE，p. 1，6，September 5 – 7，2012.

［5］ Fermi E. Thermodynamics. NY：Dover Publications；1956.

［6］ Van Ness HC. Understanding thermodynamics. NY：Dover Publications；1969.

［7］ SERI. Basic photovoltaic principles and methods. Golden，CO：SERI；1982. SP29 – 1448.

［8］ Fuel cell systems. Office of Energy Efficiency & Renewable Energy. Available from：http：//energy. gov/eere/fuelcells/fuel – cell – systems；2014.

［9］ Fuel cell basics. Smithsonian Institution. Available from：http：//americanhistory. si. edu/fuelcells/basics. htm；2008.

［10］ Lead – acid battery. Wikipedia article. Available from：http：//en. wikipedia. org/wiki/Lead％E2％80％93acid _ battery；2015.

[11] Thermoelectrics: the science of thermoelectric materials. Materials Science and Engineering, Northwestern University. Available from: http://thermoelectrics.matsci.northwestern.edu/thermoelectrics/index.html; 2015.

[12] Rowe D. CRC handbook of thermoelectrics. Boca Raton, FL: CRC Press; 1995.

[13] Magnetic field. Wikipedia article. Available from: http://en.wikipedia.org/wiki/Magnetic_field; 2015.

[14] Krause PC, Wasynczuk O, Sudhoff SD. Analysis of electric machinery and drive systems. NY: Wiley-IEEE Press; 2002.

[15] Sawin JL, Sverrisson F. Renewables: 2014 Global Status Report, REN21 Secretariat, Paris, France, 2014.

[16] Global warming. Natural Resources Defense Council. Available from: http://www.nrdc.org/globalwarming/; 2015.

2 电能系统构成

Bora Novakovic，*Adel Nasiri*

Electrical Engineering and Computer Science Department，College of Engineering and Applied Sciences，University of Wisconsin – Milwaukee，Milwaukee，WI，USA

2.1 引言

任何一个电能系统都有以下部分：

（1）使用常规的燃料能源或新型的可再生能源发电。

（2）使用传统的交流（AC）电线或新近发展的高压直流输电（HVDC）方式输电。

（3）在各级变电站使用变压器并通过配电线或电缆向用户负载配电。

一般电能系统示意图如图 2.1 所示，一般由 16～34.5kV 线电压的三相交流发电机发电。地处偏远地区的发电厂，其升压变压器将电压升至适合传输的等级，即 138～765kV，然后交流电会通过架设的输电线或地下电缆进行长距离传输。变电站将电压等级降到 34.5～138kV 以便二次输电，之后还会进一步降到 4.16～34.5kV 进行配电。最终

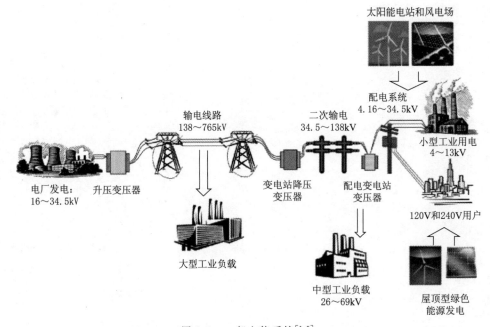

图 2.1　一般电能系统[1-5]

会降到用户标准电压，欧洲主要是 240V，美国主要是 120V。

本章仍将从发电厂开始，继续讨论这一流程及其中的各个要素。

2.2 发电厂

除了核能，无论是通过光伏直接将太阳能转换成电能，还是经由热电厂转化成太阳能供热，或者间接地通过风能（大气温度差）、水能（始于蒸发的水循环）、生物燃料（光合作用）以及储藏了数百万年太阳能量的化石燃料（这仍然是全球主要的发电能源），太阳都是所有电能的主要来源，也是发电厂的核心动力源。

发电厂是将其他形式能量转换为电能的地方。发电厂有不同的规模，使用的能量转换技术和燃料也不同，因此对环境的影响也不同。

图 2.2 所示为不同形式的能量直接或间接转换成电能的方法[1]，它们应用于各种发电厂。

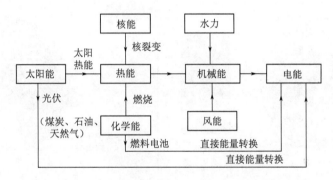

图 2.2　能量转化为电能的方法[1]

目前发电的主流途径是将热能转换成机械能，如图 2.2 中的主线所示。该流程的第一步是燃烧化石燃料（主要是煤炭、石油和天然气），将其转化为热能，热能随后会通过汽轮机转化为机械能。然后同步由发电机将机械能转化为电能；这些步骤后文都会探讨。对于这类发电厂，面临一系列严重问题：二氧化碳和其他毒性气体的排放、热污染，以及这些关键燃料的消费速率比其再生速率远超几百万年的事实。世界银行的数据显示，在 2011 年产出的 22158.5TW·h 电量中，67.00% 是燃烧化石燃料发电生产的，其中以煤炭、天然气、石油作为燃料的比重分别是 41.20%，21.90% 和 3.90%[6]。

水力发电是最传统的发电方式之一，它的能量转换过程中不包括热能，如图 2.2 所示。水力发电是通过水轮机将水的势能转化为机械能后再发电。发电效率可达 90% 甚至更高。然而，它的可行性受选址的限制，需要有特定的地理和环境条件。在 2011 年的发电总量中，水力发电的比重为 15.60%[6]。

核电站产生热能的过程中不会释放温室气体。它的热能转换路径与燃烧化石燃料相同。但放射性废弃物的处理和储存是很大的挑战，而且安全性和清洁性仍是很有争议的话题。就这方面而言，提及福岛核事故是很有必要的。

风能是另一种可用于发电的可再生能源，风的动能使风电机组旋转，进而将产生的机械能通过一个耦合磁场转化为电能。

光伏可以直接实现太阳能发电，通过集光装置直接将太阳能转化成热能是另一种方式。

世界银行的数据显示，2011年的电能总产量中，11.70%来自核能发电，4.20%来自水力发电之外的可再生能源发电，包括地热能、太阳能、潮汐能、风能、生物质能和生物燃料。尽管它所占的比重微不足道，但可再生能源发电目前已经在全球范围内引起关注，所有欧盟成员国都将其作为国家目标之一。

图2.3所示为2011年各种能源和收入水平的经济体在22158.5TW·h发电总量中所占比重，其中低收入经济体是指2013年人均国民总收入不高于1045美元的经济体；中等偏下和中等偏上经济体的人均国民总收入在1046美元和12745美元之间；高收入经济体的人均总收入不低于12745美元[6]。

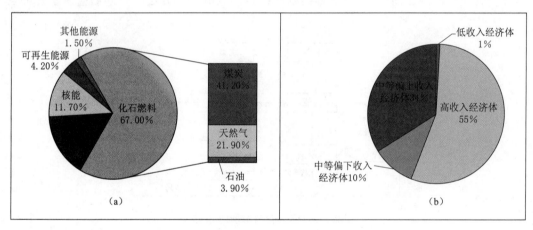

图2.3 （a）2011年各种能源在22158.5TW·h发电总量中所占比重；
（b）不同经济体发电量比例[6]

2.3 发电机

除了太阳能发电是直接利用半导体材料生产出直流电外，其他能源都是最终通过同步发电机将机械能由旋转涡轮机（蒸汽、气体或水力）转变成三相交流电，如图2.4所示。

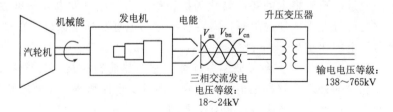

图2.4 三相同步发电机发电

除了将全部的恒定瞬时功率传递给三相负载，这些交流电力系统可以使用变压器，通过输电线实现远距离传输高压电。光伏阵列产生的直流电通过电力电子逆变器完整地进入到电网中。

电压以星形或三角形与三相电源连接，如图 2.5 所示。

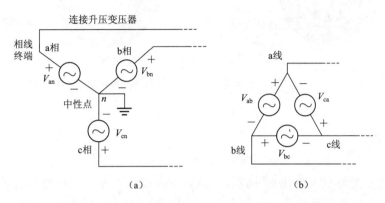

图 2.5 （a）星形连接和（b）三角形连接三相电源

相电压是线末端和中性点之间的电压，线电压是两根线末端之间的电压。为了三相电压发电平衡，V_{an}、V_{bn} 和 V_{cn} 有相同的振幅 V_p 和 120°相角差。一个正（a，b，c）序系统是 a 相超前 b 相，b 相超前 c 相，超前 120°。表 2.1 为平衡正序系统的相电压 V_{an}、V_{bn}、V_{cn} 和线电压 V_{ab}、V_{bc} 和 V_{ca}。

表 2.1   平衡正序三相系统的相电压和线电压

相电压/V	线电压/V
$V_{an} = V_p \angle 0°$	$V_{ab} = \sqrt{3} V_p \angle 30°$
$V_{bn} = V_p \angle -120°$	$V_{bc} = \sqrt{3} V_p \angle -90°$
$V_{cn} = V_p \angle -240°$	$V_{ca} = \sqrt{3} V_p \angle -210°$

2.3.1 同步发电机

同步发电机被认为是全球发电的主要来源，根据气隙不同分为两种磁结构：中空、柱状结构是定子，在定子内开槽的可动部分是转子。

法拉第电磁感应定律是发电的基本原理，当带电导体在磁场中移动时，带电导体产生并收集电动势。这种力—磁—电结构由同步发电机来满足，磁场由直流电通过转子绕组产生（也称为激磁绕组），旋转的涡轮提供转子的机械旋转。最终，这种旋转磁场在发电机的定子绕组（也称为电枢绕组）中产生三相交流电压。换言之，转换能量所需的两个条件是：在转子上环绕的激磁磁场在内部提供耦合磁场，涡轮机提供动能的旋转的转子。交流电压的输出频率与发电机的机械转速同步，因此称为同步发电机。如图 2.6 所示，转子在均匀气隙中是圆形的（隐极），应用于核电站和燃气发电厂，还有一种凸极转子，通常用于水力发电厂。

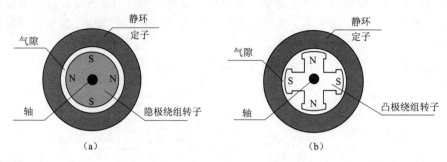

图 2.6 配有（a）一个隐极四极绕组转子和（b）一个凸极四极绕组转子的同步发电机[3]

2.4 变压器

发电厂三相发电机所发出的 16～34.5kV 交流电压，经由升压变压器升高到 138～765kV 以实现低损耗远程传输。这些高压电降低到比较低的配电电压等级，再降低到安全额定电压等级供用户使用。

变电站的核心设备是电力变压器。变压器是一个电磁装置，两个或多个线圈缠绕在一个有 N 匝线圈的铁芯上。变压器的输入绕组（初级侧）有 N_1 匝，输入交流电，并在一个特定的电压水平运行。输出绕组通过磁耦合产生与输入绕组相同的交变磁通 ϕ，此时次级绕组（N_2 匝）会出现较高或较低的交流电。变压器输出电压由匝比 a 决定。方程式表示为（2.1）。

$$a = \frac{N_2}{N_1} \tag{2.1}$$

右手法则用来确定初级绕组和次级绕组感应电压的电流方向。根据该法则，如果右手 4 指顺着电流的方向握紧线圈，拇指所指的就是磁通量的方向。同样，如果拇指指向次级绕组的磁通量方向，电流则会以握住线圈 4 指的方向流动。

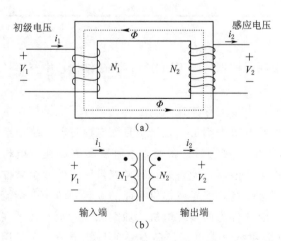

图 2.7 所示为理想变压器，具有两个线圈，N_1 代表输入，N_2 代表输出。两个线圈缠绕在一个普通铁芯上，用电路符号进行模拟。

理想变压器的电流符号如图 2.7（b）所示，初级绕组和次级绕组的线圈为感应线圈，中间一对平行的双杠代表铁芯。在这个电路中，用标记点代替右手法则来确定感应电压方向。

次级绕组的感应电压可为负载供电，或输入到另一个变压器。根据法拉第定

图 2.7 （a）一个理想的两绕组变压器；
（b）变压器的电路符号

律和右手法则，假设漏磁通为零，可通过式（2.2）计算增益值。

$$v_1 = N_1 \frac{\mathrm{d}\phi}{\mathrm{d}t}, \quad v_2 = N_2 \frac{\mathrm{d}\phi}{\mathrm{d}t} \tag{2.2}$$

由此增益可表示为式（2.3）。

$$\frac{v_2}{v_1} = \frac{N_2}{N_1} = \alpha \tag{2.3}$$

由式（2.3）可知，开压变压器次级绕组的线圈匝数多于初级绕组，即升压变压器的匝比大于1，降压变压器的匝比小于1。

对于一个低损耗的变压器，功率变换为100%。换言之，由初级绕组产生的电能会全部输送到次级绕组，方程式为式（2.4）。

$$P_{\mathrm{in}} = P_{\mathrm{out}} \tag{2.4}$$
$$v_1 i_1 = v_2 i_2$$

$$\frac{v_1}{v_2} = \frac{i_2}{i_1} = \frac{N_1}{N_2} = \frac{1}{\alpha} \tag{2.5}$$

式（2.3）~式（2.5）覆盖了电压、电流和变压器次级绕组相应的阻抗水平，通过输电线路传输。

2.5　输电线路

首个交流系统于1886年投入使用，标志着美国西屋电气公司在与直流系统的交战中取得胜利。然而高压直流输电系统作为一种使能技术，随着电子电力技术的发展与进步，正渐渐兴起，再一次挑战了目前交流系统的主体地位。无论是交流电还是直流电，无论是高高悬挂的输电线路，还是地下/水下电缆，电流必须通过电线或电缆传输；也就是说，把电能传输到配电所，通过电力传输或电线才能最终供消费者使用。从发送端到接收端，线路一定要高效、可靠并且损耗低。因此必须分析和模拟输电线路。

输电线路实际上是把若干具有极高导电性（低电阻），且未绝缘的铝线捆绑在一起而制成，承载三相电流，中间辅助内嵌钢芯以防下垂，并外镀隔离膜防止恶劣天气侵蚀和雷击。这些导体称为钢芯铝导线（ACSR），如图2.8所示。输电线路安装在钢制塔架或木制电线杆上，与导体分隔开，它们的参数根据其所设定的功率处理能力、输电距离以及它们的成本而变化[3,4]。

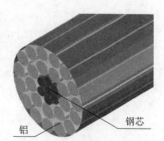

铝　　　　钢芯

图2.8　钢芯铝线输电线路导体的截面图

2.5.1　输电线路参数

电流通过输电线路在线路附近产生电场和磁场。电场和磁场相互作用的效果可以通过单位长度上均匀分布的方式进行模拟：电阻和电感串联形成阻抗，电容和电导并联形成导纳。输电线路的电导通常被忽视，因为它的影响很小[5]。Ω/m、H/m和F/m是计量单位。输电线路超过240km即视为长线路，低于80km则视为短线路，处于中间的则为中长线路。

2.5.2　输电线路电阻

和其他导体一样，输电线也可以通过每米输电线的极小直流电阻来建模，即 $R_{UL} = \frac{\rho}{A}$，其中下标 UL 表示单位长度。如果输电线的直径变大，每米输电线的电阻就会变小，功率损耗 $I^2 R$ 就会减少，[●] 实际上，在成本较高时，这会改善电力传输的效率。输电线的长度增加，其电阻也会增加，并且发热损耗也会增加。除此之外，电阻随温度升高而升高，使导体膨胀，导致输电线下垂加剧。所以，除了能量损耗会增加之外，如果下垂的输电线接触到了下面的树，还会破坏线路甚至造成停电[3,5,6]。

直流电流（频率为零）均匀地分散在导体横截面。由于频率变大，交流电流更多地集中在外部表面，而不是中心，所以交流电流会不均匀地覆盖在外部表面。这种现象称为集肤效应，集肤效应使导体有效横截面区域变小，与直流电流电阻相比，导体交流电流电阻变大[4]。许多生产厂家都会以表格的形式提供单位长度的输电线路电阻数据。

2.5.3　输电线路电磁感应

回想法拉第定律，根据右手定则，带有正弦交变电流的导体周围会产生正弦变化的磁场。这个磁场会产生电压，电压与电流流动方向相反。由磁场产生的对交流电流的电阻就是输电线的感抗作用。图 2.9 显示的就是单导体、中性线以及产生电磁场的示意图。其中，r_1 和 r_2 分别表示单相导体和中性线的半径。D 表示两者的间距。

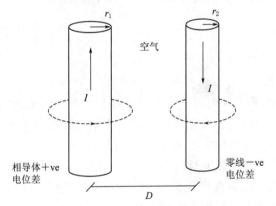

图 2.9　带有零线回流线的单相输电线

许多教材和参考文献中都提到计算参数值的方程式的推导方法。我们会对方程式做出明确规定，式（2.6）和式（2.7）分别表示单相和三相输电线的单位长度电感值。

$$L_{1\varnothing} = 2 \times 10^{-7} \ln \frac{D_{1\varnothing}}{D_s} \tag{2.6}$$

$$L_{3\varnothing} = 2 \times 10^{-7} \ln \frac{D_{3\varnothing}}{D_s} \tag{2.7}$$

式中　$L_{1\varnothing}$、$L_{3\varnothing}$——单相和三相单位长度电感；

　　　$D_{1\varnothing}$——几何平均直径（GMD），也就是单相导体和中性线之间的距离；

　　　$D_{3\varnothing}$——三相几何平均直径，即 $D_{3\varnothing} = \sqrt[3]{D_{12} D_{23} D_{31}}$，其中 D_{12} 表示第一相与第二相导体之间的距离，D_{23} 表示第二相与第三相导体之间的距离，D_{31} 表示第三相与第一相导体之间的距离；

　　　D_s——三相导体的几何平均半径，每相的几何平均半径可以通过等式 $D_s = e^{-1/4} \times r_i = 0.778 r_i$ 来求得[5]。

[●]　所有交流电流均为有效值。

22

2.5.4 输电线路电容

电容是输电线模型要考虑的最后一个参数。如图2.9所示，有两个并列的导体，绝缘介质是空气，两者存在电位差，这就是电容。式（2.8）给出了等距的单相输电线和三相输电线的电容值，其推导详见文献[4]。

$$C_n = \frac{2\pi k}{\ln(D/r)} \tag{2.8}$$

式（2.8）中的C_n表示相电容（单位为F/m），k表示空气的介电常数。如果是间距不等的输电线，则D由$D_{3\varnothing}=\sqrt[3]{D_{12}D_{23}D_{31}}$替代。

2.5.5 输电线路模型

在表2.2中，根据输电线长度l（图2.10），列出了三种等效π模型。输入端的电压和电流可以表示成两种端口网络等式，如：$V_S = AV_R + BI_R$ 和 $I_S = CV_R + DI_R$。

其中，ABCD常数在表2.2中表示每段线路的长度。

表2.2　　　　　　　　　　　　输　电　线　模　型

输电线长度l	等效π模型	分　析
短线：$l \leqslant 80\mathrm{km}$	图2.10(a)	$A=1,B=Z$, $C=0,D=1,S$或$\mho$
中线：$80 \leqslant l \leqslant 240\mathrm{km}$	图2.10(b)	$A=D=\dfrac{ZY}{2}+1$ $B=Z$, $C=Y\left(1+\dfrac{ZY}{4}\right),S$或$\mho$
长线：$l \geqslant 240\mathrm{km}$	图2.10(c)	$A=D=\dfrac{Z'Y'}{2}+1$ $B=Z'$, $C=Y^{\left(1+\frac{Z/Y'}{4}\right)},S$或$\mho$

其中$Z'=Z\dfrac{\sinh\gamma l}{\gamma l}$，$\dfrac{Y'}{2}=\dfrac{Y}{2}\dfrac{\tanh(\gamma l/2)}{\gamma l/2}$，$\gamma=\sqrt{zy}$，$l$表示线长度，$\gamma$表示带有总电阻抗$Z=zl$的传播常数，总导纳$Y=yl$。

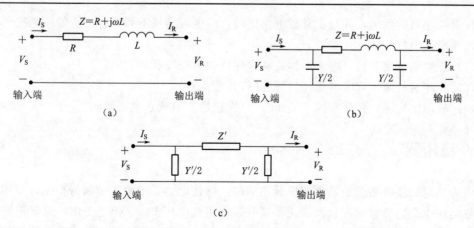

图2.10　(a) 短输电线模型；(b) 中输电线模型；(c) 长输电线模型

2.6 继电器和断路器

电力系统的故障主要有对称故障（三相）和非对称故障（一相或两相）两种。闪电带有过多电荷，是引发电路故障的首要原因，因为闪电中断了高空输电线正常的电流流动，并且为这些电荷穿过地面提供了一个短路路径而不是正常的输电线电流。测控措施（继电器）可以避免对输电线绝缘体和（或）变压器产生永久性的破坏，保护措施（断路器）可以避免这些时间短但是破坏程度高的故障出现。继电器，就像是保护系统的"大脑"，可以给高速开关电路的断路器发送一个"打开"控制信号，目的是在故障排除前将故障部分和其他部分断开。经过几次短暂的断路之后，继电器会向断路器发送一个"关闭"信号，使系统重新开始正常平稳运行。

故障分析及过载电流计算和电压计算都不是本章的内容，但是这一专题对继电器和断路器的选取以及评定十分重要，并且在很多参考文献中都出现过。

保护设备包括互感器、传感器、继电器和断路器，这些设备安装在电力系统中的不同位置，如图 2.11 所示。

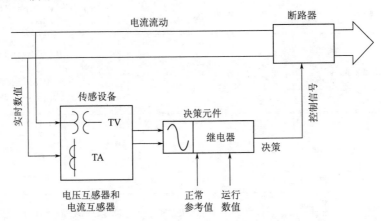

图 2.11　保护系统的主要元件以及保护系统的运行方式

根据互感器的数值，并与正常数值相比较，继电器会从下列三种可能的控制决策中向断路器输出其中之一：

（1）探测到正常运行：电流继续流动（保持"运行"状态）。

（2）检测到故障：切断电流"打开"（打开断路器）。

（3）故障已排除：短暂断路"关闭"（再次接通，电流正常流动）。

2.7 稳压器

电力系统的接收端负载是由变压器供给的。即使电力系统输入源保持稳定，变压器的二次侧电压也会随负载的变化而变化，接收端的负载电压 V_R 也随之变化。建议把绝对电压变化控制在小范围内，负载变化范围为零负载到全负载，即电压调节或者负载调制。电压调节通常用百分数来表示（$V_R\%$），式（2.9）显示的是全负载。

$$V_{R\ \text{at full load}}\% = \frac{|V_{R\ \text{at no load}}| - |V_{R\ \text{at full load}}|}{|V_{R\ \text{at full load}}|} \times 100 \quad (2.9)$$

电压调节百分比可以作为一种测控方法，即按照输电线路的性能，随着负载的变化，在尽可能保持输出电压平稳方面进行比较。电压调节数值越小，输电系统的性能越好。

2.8 二次输电

不同的工业负载由不同电压等级的发电厂供电，这些工业负载通过高压长输电线（电压范围为 138～765kV）、中高压二次输电系统（电压范围为 34.5～138kV），或者中低压短配电线路（电压范围为 4.16～34.5kV），和偏远区域的发电机相连，如图 2.1 所示。输电线的直径和输电线之间的间距随着电压等级降低而变小。

二次输电网络无论是考虑作为高压输电端还是低压配电端的一部分，都仍然存在争议。

2.9 配电系统

城市间负载、工业负载、商业负载以及居民生活负载都是由配电变电站通过基本的配电线路供给的，配电线路的最高电压值可以达到 34.5kV。通过沿路的配电变压器，配电线路的电压值不断下降，直到到达用户附近，此时配电线路的有效值达到最低，通过馈电线，实现标准居民用电等级，即 120/240V。图 2.12 所示为简要描述配电系统的径向图。

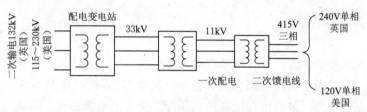

图 2.12　配电系统径向图[1,5,7]

随着用电需求的增加，合理的系统规划、精确电流、未来全时段负载预测以及电能转换能力，都是在运行和操作配电系统时的重要因素[3,7]。

对现有的配电系统进行改造，主要是对分布式发电机的整合，使可再生能源为发电系统供能，从而达到二次输电以及配电的电压水平。

2.10 负载

电能通过短配电线路到达用户所在地，电负载的规模各不相同，和三相电源相似，负载可以分为星形连接（Y）或者三角形连接（△），如图 2.13 所示。

平衡的三相星形连接负载意味着等值的相间阻抗，即 $Z_{L\text{-}Y} = Z_A = Z_B = Z_C$。与之类似，平衡的三相三角形连接负载也是 $Z_{L\text{-}\triangle} = Z_{AB} = Z_{BC} = Z_{CA}$。

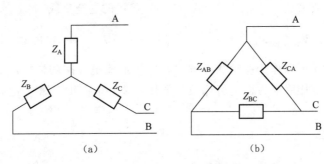

图 2.13 （a）星形和（b）三角形连接三相负载

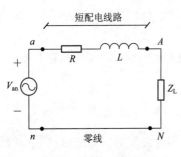

图 2.14 平衡三相系统的
单相等值电路

所以，存在四种可能的电力系统配置：

（1）星形连接三相电源供给三相星形连接负载。

（2）星形连接三相电源供给三相三角形连接负载。

（3）三角形连接三相电源供给三相星形连接负载。

（4）三角形连接三相电源供给三相三角形连接负载。

在每一个平衡系统内都可以分析某一单相电路，将三角形接线转变成星形接线，电源的单相回路和负载就被包含在配电线和零线之间。图 2.14 所示为用于解决平衡系统问题的单相等值电路图。

2.11　电力电容器

负载通常本身是感性的，并且输电线也是感性的，电力系统运行中出现滞后功率因数也是常见现象。为了满足用户的实际负载需求（瓦特），需要产生更多无功功率，但会导致输电线上的电流增加，进而出现更高的电压降、更多的电能损耗、系统效率的降低以及额外费用。因此，为了使系统更好地运行，应该建立统一的功率因数。这种功率因数的校正方法主要是为了增加系统的无功功率，弥补或者减少电感的滞后效应。在实际操作中，可以给负载增加电容器元件组或者平行负载组。因此，电容器在电力系统中应用广泛，主要在馈电线和变电站母线中使用。

2.12　控制中心

电网系统中，系统规模大小、性质以及用电需求的变化、信息和通信技术领域的快速发展都会通过控制中心反映出来。对分布式（去中心式）、整合式以及智能控制系统的需求，证明系统强大的稳定性、可靠性和效率是十分必要的，依据决策部署改善电能管理也十分必要。控制中心正在从远程终端单元向监督控制、数据获取、能源管理系统以及商业管理系统方面转变。

2.13　家用电压和频率的全球标准

　　各国家用电压和频率的标准皆不相同，即使是同一国家内，不同州的标准也可能不同。几乎所有的手持型家用电器都应用了电力电子学的使能技术，除此之外，家用电器的插头都是适用型的，所以家用电器可以在不同标准电压和频率的条件下安全使用。欧洲各国以及大多数国家的标准可用电压是 220～240V，有效频率为 50Hz，其他发达国家和北美主要地区的标准电压是 100～127V，频率为 60Hz。还有一些国家设置为 60Hz，220～240V，或者 50Hz，100～127V 的组合。许多网站和教科书上都列出了世界各国不同的电压和频率标准[9]。

2.14　电能系统表示法

　　人们经常用带有标准图例的单线图来描述电能系统，而不用带有等值电路的单线图。单线图展示的是整个电能系统的概况，但是从不同角度出发，单线图所展示的信息和绘图的目的会有所不同。电气与电子工程师协会（IEEE）在其出版物《电气和电子图示用图示符号》上列出了很多标准图例[10]。

2.15　等值电路和电抗图

　　和单线图不同，电抗图主要用来分析和计算。从单线图中获取的信息可以帮助完成电阻抗图和电抗图，电阻抗图和电抗图可以用来检测系统运行状况。单线图中的输电线仅用一条连接线表示，在电阻抗图和电抗图中，则是根据其参数来进行模拟。图 2.15 所示分

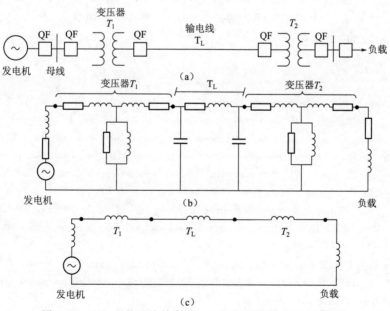

图 2.15　(a) 电能系统单线图；(b) 电阻抗图；(c) 电抗图

27

别为简易电能系统单线图、电阻抗图和电抗图。

2.16　标幺值系统

为了避免混淆和变压器有关的不同电压等级以及电能系统中使用的大单位（千或百万），人们采用了单位标记法，所有标幺值都根据之前规定的参考数值或基数用比率或者百分比表示。在电压基数选定为120V时，电压110V和127V分别表示成0.917（标幺值）和1.06（标幺值）。电压（kV）、电流（A）、视在功率（MVA）和电阻抗（Ω）相互关联，所以经常把kV和MVA作为基数，再根据这一基数来推导其他单位。

2.17　总结

本章回顾了电能系统包含的组成部分。阐述了发电、输电、配电以及补充电路系统，例如断路器、输电线参数和控制中心。本章还介绍了单线图、电阻抗图和电抗图，以及单位标记法。

问题

1. 讨论三相发电系统的原理。

2. 推导平衡正序三相发电系统的瞬时功率。

3. 在图2.7（b）中，一级输电端的电压为240V，在二级输电端电压为120V，给50Ω的负载供电，试求：a. 变压器的匝数比；b. 输电端产生的功率大小。

4. 有一平衡星形三相电源，电压为416V［图2.5（a）］，给一平衡三相星形负载供电［图2.13（a）］，负载的相电抗组为12＋j8 Ω，输电线的单相电抗组为0.09＋j015 Ω。在这个系统中，求：a. 画出单相等值电路；b. 线路电流；c. 输电效率。

5. 请列举50Hz系统和60Hz系统的不同。

参考文献

［1］　Freris L，Infield D. Renewable energy in power systems. West Sussex，UK：John Wiley & Sons；2008.

［2］　Masters GM. Renewable and efficient electric power systems. New Jersey：John Wiley & Sons；2010.

［3］　Mohan N. Electric power systems first course. New Jersey：John Wiley & Sons；2012.

［4］　Chapman S. Electric machinery and power system fundamentals. New York：McGraw－Hill；2001.

［5］　Grainger JJ，Stevenson WD. Power system analysis. New Jersey：McGraw－Hill；1994.

［6］　The Worldbank. Available from：wdi. worldbank. org/table/3.7♯；2014.

［7］　Gonen T. Electric power distribution engineering. 3rd ed. Florida：CRC Press；2014.

［8］　Wu F，Moslehi K，Bose A. Power system control centers：past，present，and future. Proc IEEE 2005；93（11）：1890－908.

［9］　El－Sharkawi MA. Electric energy：an introduction. 3rd ed. Florida：CRC Press；2012.

［10］　315－1975－IEEE Standard，American National Standard，Canadian Standard，Graphic Symbols for Electrical and Electronic Diagrams.

3 太 阳 能

Ahteshamul Haque
Department of Electrical Engineering，Faculty of Engineering & Technology，
Jamia Millia Islamia University，New Delhi，India

3.1 引言

人类很早便开始尝试利用太阳能资源。在公元前 5 世纪，希腊人设计了被动式太阳能系统，冬季利用太阳能为房屋供暖。随后对这项发明进一步改进，使用了当时先进的云母和玻璃，防止白天太阳能热量的流失。另一个发明是在美国，用太阳能把水加热。第一个商用太阳能热水器在 19 世纪 90 年代开售。19 世纪，科学家们在欧洲建造了第一个太阳能蒸汽机。[1]

20 世纪 50 年代，科学家们在贝尔实验室开发了第一代商用光伏（PV）电池。这些光伏电池能够把太阳光转化为电能，从而为电气设备供电，之后开始用于太空计划，也就是为卫星供电等。随着科技的发展，光伏电池降低了价格，并开始用于家庭供电[2]。

目前，全球电力需求增加[3]。不可再生的化石燃料与温室气体排放已经导致人们对于能源危机和气候威胁的严重担忧。这些问题促使研究人员寻找替代能源，而太阳能被认为是在所有可再生能源中最能被人类所接受的能源。太阳能资源十分丰富且不需开采成本，且分布广泛。据报道，地球可以接收来自太阳的超过地球总能源需求 10000 倍的能量[4]。

从太阳能到电能的转换是通过太阳能光伏板完成的。太阳能光伏具备非线性特性，其输出随环境条件的变化而变化，如太阳能辐射、环境温度等[5]。

本章讨论了被动式和主动式的太阳能能量转换系统，另外还包括光伏建模、运行操作、组件、集成和评估参数等内容。最后，给出了具体的思考题。

3.2 被动式太阳能系统

被动式太阳能系统（PSES）利用太阳的能量加热或冷却一个生活空间。被动式太阳能系统可以用于减少加热和冷却方面的能源费用，并增加舒适感。在此系统中，完整的或部分的生活空间（也就是建筑物内）中都可以利用太阳能的这一特点。被动式太阳能系统需要的运作部件很少，维修费用低，不需要机械的加热或冷却系统。

被动式太阳能系统设计相对简单，但要用到太阳几何学，气候学和窗口技术是其设计的必备基础。被动式太阳能系统可以集成到任何一个合适地点的建筑里。下面是被动式太阳能供暖技术的分类[1]。

（1）直接获取。太阳能辐射将直接渗透到建筑内，然后存储。

（2）间接获取。收集、存储太阳辐射，并像特朗伯墙（Trombe wall）一样分布式使用蓄热器的材料。

（3）分离获取。将太阳能的照射收集在建筑中的一块区域，这块区域可以选择性地打开或关闭。

被动式太阳能系统的基本目的是在冬季最大化地吸热，在夏季最小化地吸热。以下是用于实现被动式太阳能系统的具体技术：

（1）建筑物的长轴为由东至西的方向。

（2）使用玻璃，且其大小和朝向的设置是为了冬天可以最大地吸收热能，并在夏天最少地吸收热能。

（3）悬帘设置在南面，夏季遮挡窗户，冬季获取热能（图 3.1）。

（4）热介质存储在墙壁或地板，用于蓄热。

（5）白天应该提供照明。

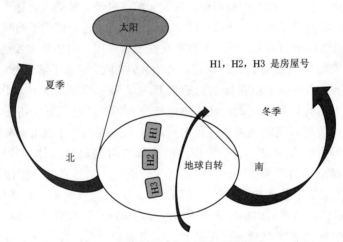

图 3.1　房屋被动式太阳能系统说明

必要的遮阳、窗口的选择、绝缘以及自然空气的流通可以降低建筑物内的温度。在许多被动式太阳能系统的设计中，在考虑气候条件时，可以晚上打开窗户流通室内空气，白天关窗，从而大大降低降温需求。

被动式太阳能系统的缺点是它的效果每天只能持续 16～18h，其余时间（上午吸热时间）进行加热/冷却时需依赖一个加热/冷却的后补系统。但利用被动式太阳能系统加热/冷却可以节省大量费用。

3.3　主动式太阳能系统（光伏）

光伏电池用来将太阳能转换为电能。这个概念是 1839 年由法国科学家 Edmund Bec-querel 提出的，称为光生伏打效应。1870 年首次研究了固体——硒的光生伏打效应。硒太阳能的转换效率为 1%～2%，这是非常昂贵的，因此工程师不能在能量转换装置中使用。随着这一领域的不断发展，在 20 世纪 50 年代出现了一种生产高纯度晶体硅的方法。1954 年，贝尔实验室开发的硅光伏电池，其效率是 4％，之后进一步提高到 11％。从此，发电电池的新时代开始了。1958 年，一个美国航天卫星使用了一组小电池为无线电发电。当前可用的光伏电池由硅制成并被人们称为太阳能电池[2]。

3.3.1 原理

太阳光是由光子组成的。这些光子包含的能量不同，对应不同波长的光。当光子照射到光伏电池上，它们可能被吸收、反射，或穿过这些电池。在光伏电池中，光子吸收后生成电子空穴对。电子空穴对会导致电压的产生，从而驱动当前的外部电路。图 3.2 所示为光对硅光伏电池的作用。图 3.3 所示为光伏电池与外部负载/电路的连接。

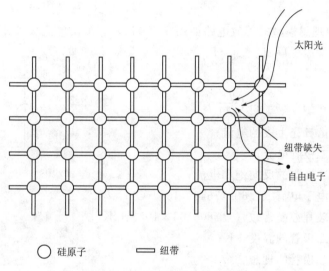

图 3.2　光对硅光伏电池的作用

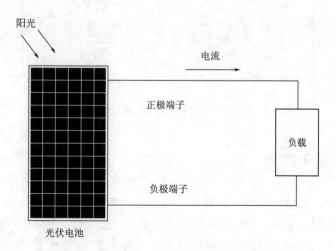

图 3.3　光伏电池与外部负载/电路的连接

3.3.2 光伏电池的类型

光伏电池由硅制成，硅资源丰富，可利用。光伏电池有以下制造技术：①单晶硅；②多晶硅；③柱状晶体硅；④薄膜技术。

单晶硅电池的转换效率为 13％到 17％不等，多晶硅电池的转换效率为 10％～14％。单晶硅比多晶硅性价比高。多晶硅电池的预期寿命是 20～25 年，单晶硅电池是 25～30 年。柱状晶体硅的转换效率为 11％左右。薄膜技术的生产成本逐步降低，但效率很低，范围在 5％和 13％之间，寿命为 15～20 年。

此外，最新的技术是有机光伏电池。

3.4 理想的光伏模型

一个光伏电池理想模型的等效电路如图 3.4[5] 所示。输出电流 I 如式（3.1）。

$$I = I_{pv,cell} - I_d \qquad (3.1)$$

在此，有式（3.2）。

$$I_d = I_o \left[\exp\left(\frac{qV}{akT}\right) - 1 \right] \qquad (3.2)$$

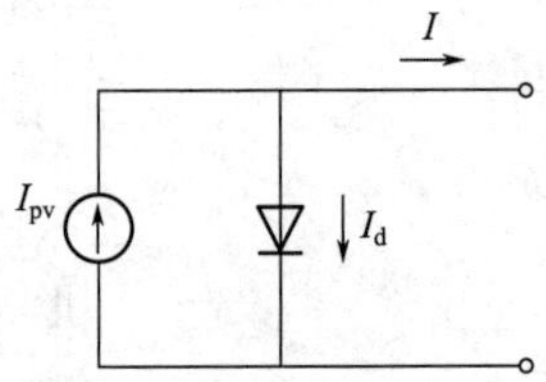

式中　$I_{pv,cell}$——由日光生成的电流；

　　　I_d——二极管电流；

　　　I_o——二极管的反向饱和电流；

　　　q——电子电荷（$1.60217646 \times 10^{-19}$C）；

　　　k——玻耳兹曼常数（$1.3806503 \times 10^{-23}$J/K）；

　　　T——二极管的温度，K；

　　　a——二极管的理想常数。

图 3.4 理想的光伏电池模型

图 3.5 为伏安特性曲线，如式（3.1）所示。

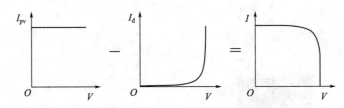

图 3.5 伏安特性曲线的来源，来自参考文献 [5]

3.5 实际的光伏模型

在实际应用中，光伏电池通过串联和并联连接。光伏电池串联连接，增加输出电压和输出电流，称为阵列。式（3.1）是一个光伏电池的理想方程。但在实际应用中人们会使用光伏阵列，因此，其他参数也要加以考虑。实际的光伏电池模型等效电路如图 3.6 所示。

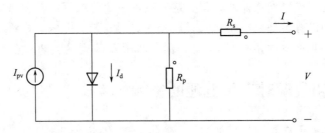

图 3.6 实际的光伏电池模型

实际光伏阵列的表达式为式（3.3）。

$$I=I_{pv}-I_o\left[\exp\left(\frac{V+R_sI}{V_ta}\right)-1\right]-\frac{V+R_sI}{R_p} \tag{3.3}$$

$$I_o=I_{or}\exp\{qE_{GO}/bk[(1/T_r)-(1/T)]\}(T/T_r)^3$$

$$I_{pv}=S[I_{sc}+K_I(T-25)]/100$$

式中　I_{pv}、I_o——光伏电流和漏电流；

　　　a、b——理想因素；

　　　K_I——I_{sc} 的短路电流温度系数；

　　　S——太阳辐射，W/m^2；

　　　I_{sc}——25℃，$1000W/m^2$ 条件下的短路电流；

　　　E_{GO}——硅的能隙；

　　　T_r——参考温度；

　　　I_{or}——在 T_r 处的饱和电流温度；

　　　V_t——是阵列的热电压，$V_t=N_skT/q$；

　　　N_s——光伏电池串联连接的数量。

阵列是由并联的光伏电池组成，$I_{pv}=I_{pv,cell}N_p$，$I_{pv}=I_{pv,cell}N_p$ 为阵列的等效串联电阻，R_p 为阵列的等效并联电阻。

式（3.3）的图例如图 3.7 所示（为特定的光伏阵列模型），并称为光伏电池的伏安特性曲线。

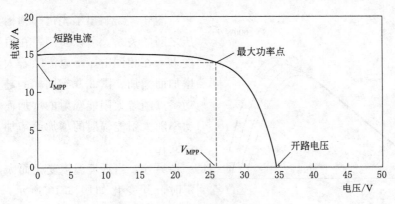

图 3.7　光伏电池的伏安特性曲线

制造商提供光伏电气参数而非方程。这些技术参数已被标注并突出显示在图 3.7 中。

开路电压是当没有被外部电路接入时，光伏阵列的最大电压。短路电流是光伏阵列终端被短路的电流。其他参数还有 V_{MPP} 和 I_{MPP}，即光伏阵列最大功率点的电压和电流。

3.6 辐照度和气温对光伏电池的影响

光伏电池的特性方程见式（3.3）～式（3.5）。伏安特性曲线（I—V，光伏阵列输出电流和电压）和功率—电压（P—V，光伏阵列的功率和电压）特性曲线分别如图 3.8 和图 3.9 所示。光伏特性曲线的数据取自 Kyocera 模型 no.KC200GT，总结见表 3.1。

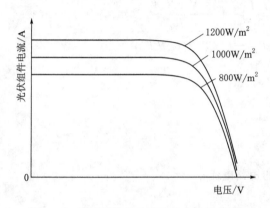

图 3.8　不同环境条件下的伏安特性曲线　　图 3.9　不同环境条件下的功率—电压特性曲线

表 3.1　　　　　　　Kyocera 模型 no.KC200GT 的光伏电池参数@1000W/m²，25℃

参数	值	参数	值
V_{oc}	32.9V	P_{max}	200W
I_{sc}	8.21A	N_s	54
I_{MPP}	7.61A	K_I	0.0032A/K
V_{MPP}	26.3V		

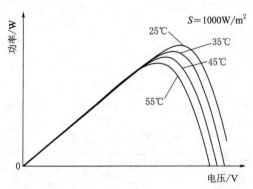

图 3.10　不同环境温度下的功率—电压特性曲线

图 3.8 绘制出了光伏阵列输出电流和电压之间的关系。可以看到，在恒定的环境温度下，在相同电压下电流随着太阳辐照度的增加而增加。图 3.9 有同样的趋势，即最大功率点随着太阳能辐射的增加而增加。光伏功率随太阳能辐射的增加而增加，且为非线性变化。

另外，当环境温度变化而太阳辐照度恒定时，其变化如图 3.10 所示，可以看出，周围环境温度的增加会导致最大功率和开路电压下降。

最好的光伏气候条件是高太阳辐照度和低环境温度。然而，光伏效率应该取决于精确的太阳能辐射水平。

3.7　光伏组件

光伏电池的基本单位是单体光伏电池。单体光伏电池只能产生少量的电能，其发电量取决于电池的效率。根据电池效率，单位面积的发电量变化范围为 $10\sim25\,mW/cm^2$，对应 $10\%\sim25\%$ 电池效率[6]。一个单体光伏电池的典型面积是 $225\,cm^2$。10% 的电池效率产生的最大功率是 $2.25\,W$。为了满足高功率的要求，这些单体光伏电池串联或并联组合形成组件。目前光伏组件可用的额定功率范围为 $3\sim200\,W$。这些组件可以进一步连接形成阵列，如图3.11所示。一个光伏阵列可以提供几百瓦到几兆瓦的电量。

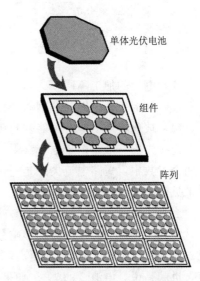

图3.11　单体光伏电池、组件和阵列

3.7.1　光伏电池的串联和并联

光伏电池串联和并联的目的产生大功率。光伏电池串联可以提高输出电压，并联可以提高输出电流。假设所有的光伏电池串联和并联的参数是完全相同的。

图3.12所示为光伏电池串联的伏安特性曲线。可以看出，串联后开路电压增大。图3.13所示为光伏电池并联的伏安特性曲线。可以看出并联后短路电流增大。

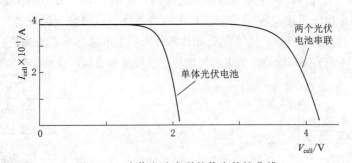

图3.12　光伏电池串联的伏安特性曲线

3.7.2　光伏电池参数失配

在光伏组件中，光伏电池通过串联或并联构成，并假设连接在一起的光伏电池的所有参数相同。在实际中的失配可能出于以下原因：

（1）电池或组件参数相同但制造工艺有差别。

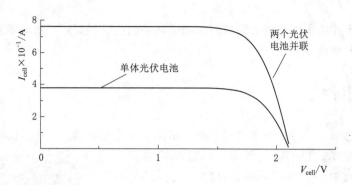

图 3.13 光伏电池并联的伏安特性曲线

（2）电池的加工不同。

（3）外部条件，即局部阴影条件不同。

（4）玻璃覆盖物等，可能被打破。

连接失配一般是由于电气参数，其中最常见的是两个参数的失配，即 V_{oc} 和 I_{sc}。在这两个参数中，短路电流失配是一个关注点，尤其是当光伏电池串联连接在一起时，是十分常见的。

当光伏电池/组件并联时，V_{oc} 的失配也是一个问题。

图 3.14 所示为 I_{sc} 的失配影响分析，它显示了两个光伏电池串联时其 I_{sc} 不同时的情况。电池 1 与电池 2 相比 I_{sc} 更高。根据规定短路电流流过外部电路时的大小等于 I_{sc} 的低值，也就是说，电池 2 的 I_{sc}。如果在短路条件下进行合并，两个电池的端电压总和为零，即在 Y 轴（虚线处）。为了满足电流值，光伏电池电流 I_{sc} 低值被迫在反向偏差下运行，因为这个原因，将会产生很大的功率损耗。

3.7.3 局部阴影造成的过热点

在光伏组件中有许多光伏电池是以串联连接的。如图 3.15 所示，在多云的天气情况下，串接的一个或多个电池可能接收不到阳光。在短路条件下，阴影下的电池串将会反向偏置，被迫在 V_{bias} 下工作（图 3.16）。这可能会导致部分阴影下电池功率严重损耗。由于电池过热，这个电池可能会停止工作。此外，负电压可能使二极管反向击穿，也可能导致电池停止工作。

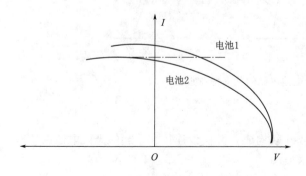

图 3.14　伏安特性曲线电池参数失配

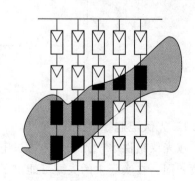

图 3.15　局部阴影条件，来自参考文献［7］

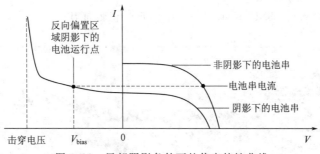

图 3.16　局部阴影条件下的伏安特性曲线

由于反向偏置，电池产生热量，成为光伏阵列上的热点。这些热点和工作失效可以通过使用旁路二极管来避免。这些二极管与电池并联限制了反向电压和阴影下的电池功率损耗[7]。研究人员提出，在由 36 个串联电池组成的电池组中，两个旁路二极管可以连接 18 组电池（图 3.17）。旁路二极管的电压限制了阴影下的电池电压，使其达不到反向击穿电压，并且会为电流提供其他路径。

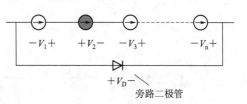

图 3.17　旁路二极管，来自参考文献 [7]

3.8　光伏阵列的日功率剖面图

正如在上一节中所讨论的，光伏系统的输出功率主要取决于太阳能辐射。并且输出功率随环境条件变化而变化，显示为非线性。根据气候条件不同，光伏阵列的输出功率剖面图不同。在光伏阵列平面上的总太阳能照射称为入射太阳能辐照。功率剖面图是根据性能比衡量的。它被定义为日光伏系统发电效率与额定光伏效率之比。它可以日、月、年为单位进行运算。性能比是光伏系统的一个性能指标，由光伏系统容量和入射太阳辐照决定。1.0 是一种理想化的性能比，意味着光伏系统在标准测试条件运行，在试验期间没有任何损失[8]。图 3.18 所示为以小时为单位的全年光伏发电功率剖面图。可以看出，当太

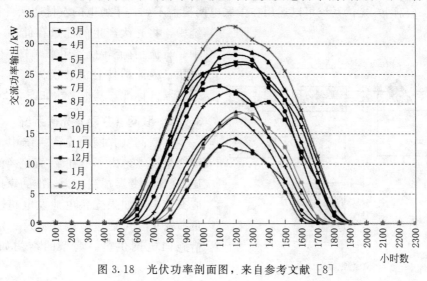

图 3.18　光伏功率剖面图，来自参考文献 [8]

阳能可用时产生功率。图3.19所示为一年中的日光伏性能比。

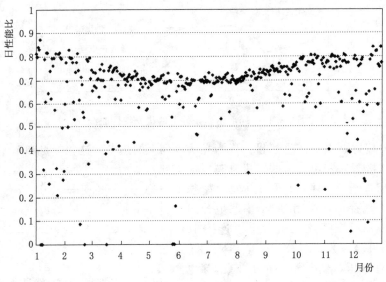

图3.19 日光伏性能比，来自参考文献 [8]

3.9 光伏系统集成

光伏系统大致分为以下类型：

（1）独立（离网）光伏系统。

（2）联网（并网）光伏系统。

（3）光伏电站供电网。

3.9.1 独立（离网）光伏系统

独立（离网）光伏系统可以运用在国家电网覆盖不到，不通电的农村地区。在这类系统中，将光伏产生的能量存储在一个电池中。直流/直流转换器用来调节产生的直流电压，换流器使直流转换为交流，符合家用电器的标准。基本结构如图3.20所示。

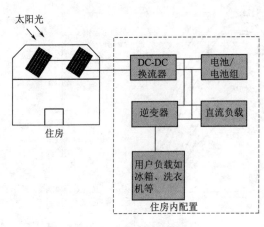

图3.20 独立光伏系统

3.9.2 联网（并网）光伏系统

在联网（并网）光伏系统中，光伏电池产生功率，由一个直流/直流换流器和直流/交流逆变器控制，为标准的家用电器供应交流电。如果光伏电池发电超过房屋的负荷需求，可通过智能仪器及一定的保护措施向电网供电。典型的结构如图3.21所示。

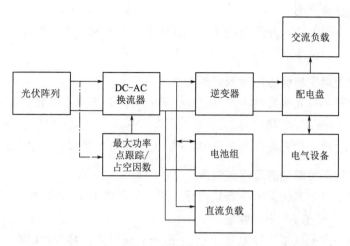

图 3.21　联网光伏系统

3.9.3　光伏电站供电网

光伏电站供电网用于可生产大量电能,并且发电的负荷范围从数百千瓦到数百千兆瓦。光伏发电系统安装在当地的空旷区域,并连接网络。这些系统都安装在大型工业设施或终端。安装的照片如图3.22所示。

图 3.22　大规模联网光伏系统

(网页图片:Courtesy NREL website photos:http://www.nrel.gov./esi)

3.10　光伏系统评估

以下参数可用来评估光伏系统。

3.10.1 光伏系统净产出

光伏系统产生净电能，并运送到设备负载或输出到电网。表示为月产出、年产出、每月的日平均产出。单位为 kW·h/月，kW·h/年，kW·h/日。

3.10.2 光伏发电额定峰值的日等效时间

额定光伏容量将日光伏发电生产规范化。表示为每月平均小时数、每天、每个额定光伏容量。单位为 h/day/kW 额定容量。

计算公式为：净光伏系统发电量（kW·h/天）/额定光伏容量（kW）。

3.10.3 光伏发电额定峰值的年等效时间

额定光伏容量将年光伏发电生产规范化。表示为年度数千小时数/每年/每个额定光伏容量。单位为 1000h/年/W 额定容量。

计算公式为：净光伏系统发电量（kW·h/天）/额定光伏容量（kW）。

3.10.4 光伏发电抵消的设备用电负荷

由光伏系统生产的净电能与设备用电总量之间的比值。表示为每年及每月光伏系统设备用电负荷百分比。单位为百分比×100（kW·h/月、kW·h/年）（无量纲值）。

计算公式为：净光伏系统发电量/设备总用电量。

3.10.5 通过光伏系统生产所满足的设备总能量负荷

由光伏系统生产的净电能，与设备总的能源使用相对比。一座建筑所生产的能量比它所使用的能量多，那么结果就是 100％或者比通过光伏系统所满足的设备能量负荷更大。表示为每月和每年通过光伏系统所满足的设备总能量负荷百分比。

计算公式为：净光伏系统发电量/设备电力能源总用量。

3.10.6 供给公用电网的电力总额

当光伏系统生产比设备用电更多的交流电时，多余的电通常会被输出到公用电网。表示为每年和每月输出到公用电网的电力总额。单位为 kW·h/月、kW·h/年。

3.10.7 入射太阳辐照总量

光伏阵列平面上的太阳辐照。它可以通过每单位面积上各时间段内太阳能辐射通量的总和与光伏阵列面积的乘积计算得出。表示为月、年度入射太阳辐照总量。单位为 kW·h/年，kW·h/月。

计算公式为：光伏阵列面积/入射太阳辐照总量。

3.10.8 光伏系统交流电生产效率

光伏系统每时段、每月和每年将入射的太阳能资源转换为用于建筑或输出至电网的交流电量。

计算公式为：光伏系统净发电量/入射太阳辐照总量。

3.10.9 光伏系统性能比

光伏系统日度、月度和年度交流发电效率与额定光伏组件效率之比。性能比是光伏系统的一个性能指标，由光伏系统容量和入射太阳辐照量而量化。性能比可以显示由于系统效率低下，额定光伏容量整体的损失效果，如电池温度的影响。表示为日、月、年平均性能比。

计算公式为：额定光伏组件效率（在标准测试条件下）/光伏系统交流发电效率。

3.10.10 光伏系统产生的最大需求量降低

月度的峰值需求下降是由于光伏系统要为设备提供交流电。如果一个建筑的电气系统对需求响应控制装置不起作用，那么它便有可能并很简单地用来测量因光伏造成的需求减少。表示为光伏系统造成的月度需求量降低。单位为 kW 或 kVA。

计算为其月度值：非光伏系统的总设施用电最大需求量（kW 或 kVA）－设备用电的净最大需求量（kW 或 kVA）。

3.10.11 光伏系统产生的能源费用降低

光伏系统为建筑物提供了可用的电力而造成能源成本的降低。能源成本的降低是非光伏系统下所计算出的能源成本与实际用电费用之间的差额。表示为每月和每年从光伏系统所节省的电力成本累计数。单位为美元/月，美元/年。

计算公式为：非光伏系统的设备发电费用－设备发电费用。

3.11 太阳能的优点

在所有的可再生能源中太阳能被认为是最可靠的能源。它有以下优点：

3.11.1 节能与获利

光伏系统的安装可以减小电力及其他能源消耗，如果供给电网还可以获利。

3.11.2 能源独立

通过屋顶光伏发电系统，顾客可以获得完全独立的能源。

3.11.3 工作和经济

大型的太阳能系统高度集成，可以衍生新的产业，创造新的就业，增强国家的经济。

3.11.4 安全

太阳能的安全性高。

3.12 太阳能的缺点

其缺点是太阳不能 24 小时利用，所以在没有太阳的时候需要有其他替代能源。

3.13 总结

本章提供了被动与主动（光伏）式太阳能系统中太阳能运用的基本原理，列出了光伏系统工作原理有关的详细信息，以及其对环境条件的依赖，功率分布图，讨论了其评估参数。本章还描述了光伏系统集成，太阳能的优点和缺点。

问题

1. 什么是被动式太阳能系统？
2. 什么是主动式太阳能系统？
3. 在一个被动式太阳能系统中，房屋朝向的重要性是什么？
4. 什么是光生伏打（光伏）？解释其工作原理。
5. 一个光伏电池组件和一个光伏电池阵列的区别是什么？
6. 如果出现参数失配，电池串联会遇到什么问题？
7. 什么是旁路二极管，为什么要使用它？
8. 什么是局部阴影？
9. 独立光伏系统和联网光伏系统的区别是什么？
10. 光伏系统的优点和缺点是什么？

参考文献

［1］ Technology Fact Sheet. Passive solar design. Energy，efficiency and renewable energy，USA，Department of Energy，December 2000.

［2］ Solar Information Module. Photovoltaic，principles and methods. Solar Energy Research Institute，USA，Department of Energy，February 1982.

［3］ AEO. Annual Energy Report. Department of Energy，USA. Available from：http：//www. eia. gov. ；2013.

［4］ De Brito MAG，Galotto L，Poltronieri L，Guilherme de Azevedo e Melo M，Canesin Carlos A. Evaluation of the main MPPT techniques for photovoltaic applications. IEEE Trans Ind Electron 2013；60（3）pp. 1156－1167，vol. 3.

［5］ Villalva MG，Gazoli JR，Filho ER. Comprehensive approach to modelling and simulation of photovoltaic arrays. IEEE Trans Power Electron 2009；5：1198－208.

［6］ Solanki SC. Solar photovoltaics：fundamentals，technologies and applications. New Delhi，India：PHI；2012.

［7］ Bidram A，Davoudi A，Balog RS. Control and circuit techniques to mitigate partial shading effects in photovoltaic arrays. IEEE Trans Photovoltaic 2012；2（4）；532－46.

［8］ Technical Report. Procedure for measuring and reporting the the performance of photovoltaic systems in buildings. NREL，USA，October 2005.

4 风　　能

Abdul R. Beig，*S. M. Muyeen*

Department of Electrical Engineering，The Petroleum Institute，Abu Dhabi，UAE

4.1　引言

　　传统能源，如天然气、石油、煤炭或核能都是有限的，但它们仍然是能源市场中的主要能源。可再生能源，如风能、燃料电池、太阳能、生物燃料、潮汐、地热等都是干净且丰富可用的自然能源，因此它们可与常规能源相竞争。其中，风能有巨大的潜力，将成为现代世界可再生能源中的主要能源。风力发电是一种清洁、无排放的发电技术。世界风能理事会（GWEC）2013 年的统计数据显示，全球累计总容量已达到 318GW，而在过去的5 年中增加了近 200GW。世界风能理事会预测到 2030 年风力发电量可以达到近 2000GW，可供应全球电力的 16.7%～18.8%，并且每年可减少超过 30 亿 t 的二氧化碳排放量。照此发展，在不久的将来，风力发电将会占领可再生能源和传统能源的市场。从目前到 2020 年，温室气体排放量必将达到高峰然后开始下降，如果我们仍然对避免气候变化的最坏影响还抱有一点希望，风能是唯一一种发电技术，可以使电力部门有效缩减二氧化碳排放量。然而，由于风力发电并网有巨大的市场渗透性，因此人们要对并网、电压和功率波动的问题引起足够的重视。

4.2　风力机

　　风力机是风力发电系统的最基本部分。它可以使风的动能（简称风能）转换为机械能然后转换为电能。历史上，风车用于提水，风能转化为机械能[1]。风车吊水的应用可以追溯到公元 644 年[1]。直到 20 世纪，不同类型的风车还应用于世界各地，如提水、抽水、吊重物，如原木、研磨的谷物等。1891 年，丹麦的 Poul La Cour 首次从一台风力机中发出了直流（DC）电[1]。他创造的风力机主要基于传统风车技术，能够生产少量的电力。从那时起，风力机技术取得重大进步，目前在世界不同地区已经成功安装风电场，发电功率高达几千兆瓦。下一节将简要解释风力机的不同组成部分：叶片、齿轮箱、发电机、水塔、偏航、制动、电缆、测速仪和俯仰角。水平轴风力机的组成如图 4.1所示。

4.2.1　转子叶片

　　就性能与风力发电系统的成本来说，转子叶片是风力机最重要的部分。转子叶片的形

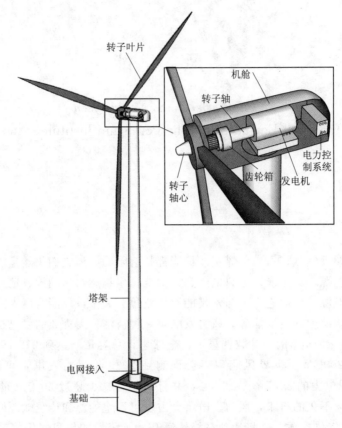

图 4.1　水平轴风力机的组成

状对性能有着直接的影响，因为它对与风紧密相关的动能转换到机械能（扭矩）起着决定性作用。在这类风力机中，基于空气动力学原理，叶片被设计为具有较高的升阻比。叶片数量的选择也根据气动效率、组件成本和系统可靠性而定。

理论上，零宽度、无限数量的叶片是最有效率的，可以在叶尖速比值很高的情况下工作。但涉及其他因素，如制造、可靠性、性能和成本，限制了风力机的制造，导致其只有少数叶片。大多数的风力机为水平轴式，有 3 个叶片。涡轮叶片必须具有低惯性及良好的机械强度以便耐用和操作稳定。叶片是由铝或玻璃纤维增强聚酯、碳纤维增强塑料、木头或环氧复合材料制成的[2,3]。图4.2 给出了叶片的示意图。叶片的外观形状是基于空气动力学设计的，内部设计更注重强度。低功率发电机的叶片直接固定轴心，因此是静态的。高功率发电机

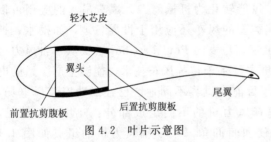

图 4.2　叶片示意图

的叶片由变浆距机构固定，风速控制转速，以调整它们的攻角。变浆距机构固定于轴心。叶片由桨叶组成，形成了一个连续的锥形纵梁结构，使之具有一定的刚度和强度来承受风荷载及承载叶片重量。桨叶集成到中心点。在桨叶周围安置了两个符合空气动力学形状的

44

外壳，外壳的两条边都被密封固定。风力机的轴心固定在转子轴上，直接驱动或穿过一个齿轮箱来驱动发电机。污垢会沉积在转子叶片表面，这会影响涡轮的性能。因此，人们需要经常清洁叶片表面，还可以通过必要地抛光来保持叶片性能完好。

4.2.2 机舱

机舱为箱形结构，坐落在塔架的顶部，并连接到转子。风力机中，发电组件的机舱房包括发电机、变速箱、传动系统和刹闸装置等。机舱由玻璃纤维制成，可以保护风力机不受外部损坏。现代大型风电场有直升机吊装平台，建在机舱上面，能够支持服务人员。

4.2.3 齿轮箱

风轮旋转产生的机械能，通过主轴、齿轮箱和高速轴转移到发电机转子。风力机以非常慢的速度旋转，这就需要很多杆子集成到发电机上。为优化设计，就必须在风力机主轴和发电机轴之间加装齿轮箱来提高速度。齿轮箱的速度比是固定的，那主要就是增加速度。齿轮比的范围是 20～300[3]。在齿轮箱中可以用润滑油来减少摩擦。

4.2.4 发电机

发电机可以将机械能转换成电能。发电机具有广泛而多样的机械输入形式。它通常被连接到高功率电网系统。低功率发电机可以单独运行，为地方电网供电。发电机通常可以生产变频、变电压和三相交流电。其电压通常会转换为直流电，然后使用交流/直流或者直流/交流变换器转换为规律的、固定频率的交流电。

4.2.5 塔架

塔架是用来安装风力机的。风能随其高度增加而增加。但风力机的最优设计会限制塔架的高度，因为如果塔架太高，其成本费用也太高。塔架通常由管状钢或混凝土制成。管状塔架是圆锥形，其朝顶端方向的直径逐渐减小。钢塔架造价昂贵。还有一种用混凝土制成的塔架。

4.2.6 偏航装置

水平轴式风力机使用强迫偏航，发动机和齿轮箱使转子叶片垂直于风向。上风向机组在偏航装置上使用制动装置。偏航装置由自动控制装置控制，该装置监测转子。电缆携带风力机产生的电流向下穿过塔架。偏航装置还可以保护电缆，使其不会变形。除了跟踪风向，偏航装置还对发电机机舱与塔架的连接起到重要作用。

4.2.7 制动装置

制动装置有气动制动、电子制动和机械制动三种主要类型。在气动制动的情况下，旋转叶片，使提升效果消失。在电子制动中，电能流入电阻元件组中。在机械制动中，盘式或鼓式制动器被用于锁住叶片。

4.2.8 涡轮机保护

风力机需要防止过热、超速和超载。振动是风力机停运的主要原因之一，所以振动监测和保护系统都要安装在风力机上。想要完美操作风力机，风向和风速也十分重要。转杯风速计就是用于此目的。因为风力机有旋转部分，所以润滑系统是必需的，润滑系统可以是强制循环系统，也可以是加压润滑系统。其他测量或传感器用于齿轮箱、发电机温度的测量，或电压频率测量、速度测量等。

4.3 风的动能

质量为 m 的一部分空气以速度 v_w 朝方向 x 运动的动能表示为式（4.1）。

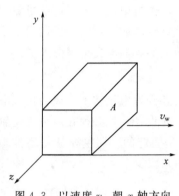

$$E_\mathrm{w} = \frac{1}{2}mv_\mathrm{w}^2 = \frac{1}{2}(\rho Ax)v_\mathrm{w}^2 \qquad (4.1)$$

式中　E_w——动能，J；

$\quad\quad A$——横截面积，m^2；

$\quad\quad \rho$——空气密度，$\mathrm{kg/m}^3$；

$\quad\quad x$——空气厚度，m。

图 4.3　以速度 v_w 朝 x 轴方向移动的部分空气

如果想象侧边 x 以速度 v_w（m/s）移动，其对边在原位置不动，如图 4.3 所示。可以看到动能随着 x 匀速增加，因为质量也在匀速增加。风功率 P_w 是动能的时间导数，即式（4.2）。

$$P_\mathrm{w} = \frac{\mathrm{d}E_\mathrm{w}}{\mathrm{d}t} = \frac{1}{2}\rho A v_\mathrm{w}^2 \frac{\mathrm{d}x}{\mathrm{d}t} = \frac{1}{2}\rho A v_\mathrm{w}^3 \qquad (4.2)$$

因此，风功率与横截面积和风速的立方成正比。

4.4 气动力

4.4.1 理想的风力机输出

根据式（4.1），可以把理想的风力机输出看作是源头处供应的动力，使得集聚后空气的能量增加。风力机可以从 x 一侧吸收能量，式（4.2）表示这个表面能供给的所有能量，这些能量都可以被提取。

在一个不断移动的大型空气团中，风力机的实体存在改变了局部区域内空气的速度和压力，如图 4.4 所示。图中所示为水平轴式风力机。

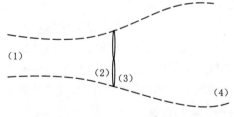

图 4.4　理想风力机的圆管状气团流动图

试想有一股移动气团，当它接近风力机时，其初始或原状直径为 d_1，速度为 v_w1，压强为 p_1。越靠近风力机，空气移动速度越下降，导致空气直径扩大为 d_2。风力机正前方的空气压强会上升到最大值，风力机背面的压强会下降并低于大气压。为了产生这种压强的增加，空气中的一部分动能会转换为势能。随后会有更多的动能转换为势能，使空气压强提高到大气压水平。导致风速继续下降，直到压力达到平衡状态。一旦风速达到最低值，当它接收到来自周围的空气动能时，气团的速度将重新增加至 $v_\mathrm{w4} = v_\mathrm{w1}$[2,4,5]。

图 4.4 中[2,4,5]，在最佳条件下，当最大功率值从气团转移到风力机时，关系等式（4.3）适用。

$$v_{w2} = v_{w3} = \frac{2}{3} v_{w1}; \quad v_{w4} = \frac{1}{3} v_{w1}$$

$$A_2 = A_3 = \frac{3}{2} A_1; \quad A_4 = 3A_1 \tag{4.3}$$

被提取的机械能是风力机中输入值和输出值之间的差额，如式（4.4）。

$$P_{m,ideal} = P_1 - P_4 = \frac{1}{2} \rho (A_1 v_{w1}^3 - A_4 v_{w4}^3) = \frac{1}{2} \rho \left(\frac{8}{9} A_1 v_{w1}^3 \right) \tag{4.4}$$

这表明一个理想的风力机可以提取原始管状气团功率的8/9。这个管状气团比风力机小，即得到一个让人匪夷所思的结果。正常表示提取功率的方法是利用静态风速 v_{w1} 和风力机面积 A_2。用这种方法可以得出式（4.5）。

$$P_{m,ideal} = \frac{1}{2} \rho \left[\frac{8}{9} \left(\frac{2}{3} A_2 \right) v_1^3 \right] = \frac{1}{2} \rho \left(\frac{16}{27} A_2 v_1^3 \right) \tag{4.5}$$

因子16/27＝0.593称为Betz系数。它表明现实中的风力机在同一面积的原管状气团中无法提取到高于59.3％的功率。因为实际中的机械是不完美的，其提取的部分功率总是比理想中的要少。在最佳条件下，现实可提取35％～45％就是较为理想的。风力机可提取风能40％的功率，占理想风力机可提取的2/3左右。要考虑到气动问题、不断变化的风速和方向，以及叶片表面摩擦损失和粗糙度[5]，所以这个结果还算令人满意。

4.5　实际的风力机输出功率

实际风力机从风能中提取的部分功率用 C_p 表示，代表性能系数或功率系数。代入 C_p，并忽略式（4.3）的下标，实际的输出机械功率为式（4.6）。

$$P_m = C_p \left(\frac{1}{2} \rho A v_w^3 \right) = \frac{1}{2} \rho \pi R^2 v_w^3 C_p(\lambda, \beta) \tag{4.6}$$

式中　R——风力机的叶片半径，m；

　　　v_w——风速，m/s；

　　　ρ——空气密度，kg/m³。性能系数不是常量，而是随风速、风力机转速、叶片参数如攻角和俯仰角的变化而变化的。通常情况下，功率系数 C_p 是一个函数，表示叶尖速比 γ 和叶片桨距角 β（°）的关系。

4.6　叶尖速比

叶尖速比是在风力机叶片尾部的转子圆周速度比，即在转子叶片前面的最大速度 v_m 和风速 v_w 之比。最初，它被表示为式（4.7）。

$$\lambda = \frac{v_m}{v_w} \tag{4.7}$$

另一种更流行的，风能产业用来表示叶尖速比的公式为式（4.8）。

$$\lambda = \frac{\omega_R R}{v_w} \tag{4.8}$$

式中　ω_R——风力机转子叶片的机械角速度，rad/s；

　　　v_w——风速，m/s。

4.7　性能系数和风力机效能系数

齿轮系统和发电机的机械部件会产生能量损失，所以总体的效率为

$$\eta = C_p \eta_m \eta_g$$

式中　η_m——机械效率；

　　　η_g——发电机效率。

$$\eta = \frac{P_o}{(1/2)\rho A v_w^3}$$

式中　P_o——输出功率。

风力机转子的建模比较复杂。根据叶片元素理论，叶片和轴的建模需要复杂和冗长的计算。此外，它还需要关于转子尺寸详细、准确的信息。因此，只考虑系统的电气特性，人们通常使用一种简单的风力机叶片和轴的建模方法。

不同的 β 值下 MOD-2 风力机的 C_p-λ 典型曲线如图 4.5 所示[6,7]。

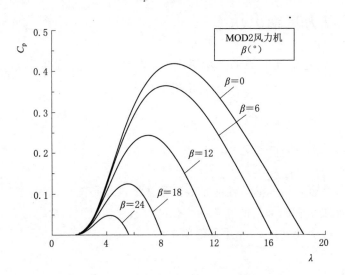

图 4.5　不同桨距角的 C_p-λ 曲线

4.8　风力机的运行范围

风力机仅允许在明确界定的风速范围内运行。其运行的最低风速要求叶片克服惯性和

摩擦，称为切入风速 $v_{\text{cut-in}}$。切入风速的典型值是 $3\sim5\text{m/s}$。最高风速为 25m/s，以避免损害风力机，使风力机停止旋转，称为切出风速 $v_{\text{cut-out}}$。图 4.6 可以完美地阐释风电机组的运行范围。

在正常的风速范围内，风力机将会产生额定功率。额定风速 v_r 即指风力机产生额定功率时的风速。典型值为 $12\sim16\text{m/s}$，对应其最高转换效率。

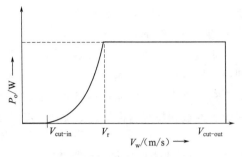

图 4.6　输出功率和风速的关系

4.9　风力机的分类

风力机按其构造设计可分为水平轴式和垂直轴式两类。

4.9.1　水平轴风力机

几乎所有商业目的建立的风电能源系统都使用水平轴风力机。它的旋转轴是水平的。水平轴风力机的主要优点是通过运用桨距控制来控制转子转速和输出功率。当风速变得异常高时，桨距控制也可以保护风力机，防止超速。水平轴风力机的基本原理类似螺旋桨，所以螺旋桨设计技术的进步可以很容易应用于现代高效的风力机产品中[1]。图 4.1 所示为水平轴风力机图解。4.1 节给出了水平轴风力机各部分的细节说明。

4.9.2　垂直轴风力机

Darrius 于 1925 年提出了垂直轴风力机的概念，使现代风电场具备了前沿特色。叶片改为弯曲状，并使转子可以围绕垂直轴旋转。图 4.7 所示为 Darrius 式垂直轴风力机。

相对于水平轴风力机，垂直轴风力机的叶片形状较为复杂，因此制造难度更大。H型垂直轴风力机使用平直叶片，而不是如图 4.8 所示的弯曲叶片。叶片穿过支柱固定在转

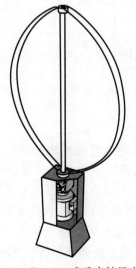

图 4.7　Darrius 式垂直轴风力机

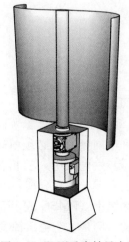

图 4.8　H 型垂直轴风力机

子上。其他类型的垂直轴风力机还有桶形风车和 V 形垂直轴风力机[1,2]。它们的叶尖速比和功率系数很低，因此只能在功率极低的风电系统中使用。

垂直轴风力机的设计简单。轴是垂直的，所以发电机安装在地面上，塔只需挂载叶片即可。缺点是其叶尖速比和输出功率与水平轴风力机相比非常低，而且垂直轴风力机需要一个初始推力，它不能自动启动，也不可能通过倾斜转子叶片控制功率输出。除了塔，还需要支撑线和拉线。由于这些原因，垂直轴风力机得到的关注也相对较少。

4.10 风力发电机的类型

风力发电机（WTGS）将风中存在的能量转换为电能。因为风是一种不断变化的资源，不能存储，人们必须根据这一特点来运行风力发电机。基于风力机的旋转速度，风力发电机可大致分为定速风力发电机和变速风力发电机两类。

4.10.1 定速风力发电机

定速风力发电机由一个传统的、耦合了直连电网的鼠笼型感应发电机组成，有结构坚固、耐用、成本费用低、维护免费和操作简单等优点。鼠笼型感应发电机转子转速随发电量多少而不同，但不同转子的转速差异很小，大概只有额定转速的 1%～2%。因此，这类风能转换系统通常称为恒速或定速风力发电系统。恒速风力发电系统的优点是相对简单，因此造价往往低于变速风力发电机。在机械运作上，恒速风力发电机也比变速风力发电机更加强劲[3]。因为转子速度不能变化，风速的波动将直接转化为驱动链上扭矩的波动，也会产生比变速风力发电机更大的结构负荷。这在一定程度上部分抵消了之前采用相对便宜发电系统所带来的成本缩减（图 4.9）。

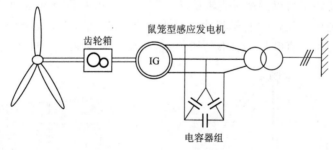

图 4.9 定速风力发电系统示意图

4.10.2 变速风力发电机

如图 4.10 和图 4.11 所示，为目前可用的变速风力发电系统拓扑图。要允许变速操作，机械转速和电网频率就必须解耦。因此，变速风力发电机就需要使用电力电子变换器。在双馈式异步发电机中，三相转子绕组需要一个背靠背电压源变换器。通过这种方式，使机械转速和转子频率分离，电机定子和转子频率可以独立地匹配机械转速。在直驱型同步发电机系统中（PMSG 或 WFSG），发电机通过变频器完全从电网解耦出来。此变频器所在电网的一侧是一个电压源变换器，即绝缘栅双极型晶体管（IGBT）桥接器。发电机侧可以是一个电压源变换器或二极管整流器。

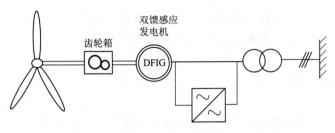

图 4.10　使用绕线式异步电动机的变速风力发电系统示意图

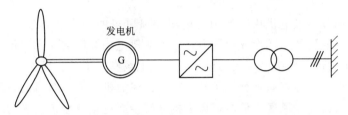

图 4.11　使用同步发电机的变速风力发电系统示意图

发电机使用励磁绕组（如励磁同步发电机）或者永磁体（如永磁同步发电机）来励磁。除了这三种主要发电系统，还有一些其他类型的系统，如参考文献 [6，7]。在这里有必要提及的是半调速系统。在半调速风力发电系统中，需使用绕线式感应发电机。输出功率受转子电阻控制，这是通过使用电力电子转换器实现的。通过改变转子电阻，使发电机的转矩/速度特性发生转移，从额定转速中减少了大约 10％的转子转速。在这个发电系统中，能以相对较低的成本实现一定的速度可变能力。其他变化就是鼠笼型感应异步发电机或常规同步发电机可以通过齿轮箱连接到风力发电机，并通过全频率发电机的电力电子换流器连接到电网。

变速风力机的每一个瞬时风速，都有一个特定的涡轮旋转速度，这与风力发电机提供的最大功率相一致。这样，在变速风力机中，每个风速的最大功率点跟踪（MPPT）增加就相应带来发电量的增加[8,9]。图 4.12 说明了这一点。

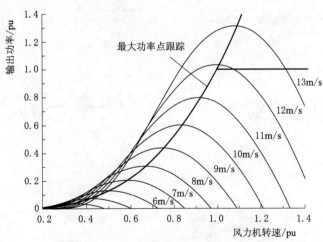

图 4.12　风力机最大功率点跟踪的特性

当风速变化时，旋转速度会遵循最大功率点跟踪变化并受其控制。在这里还应提到，精确的风速测量十分困难。因此，最好计算出最大功率 P_{max}。

4.11 风电场性能

风电场输出主要取决于风速模式。以变速风力机为例，从风中获得它的最大功率，使风力发电机输出功率最大化。电压波动问题可以由变速风力发电机中配备的电力电子转换器来处理[9]。

然而，在定速风力发电机中，风力发电机或风电场的功率和终端电压常常会随意变化。这是因为风是随机的，从而导致风力发电机或风电场终端的功率起伏不定。

图 4.13 所示为风电场中可利用的风速，此风电场有 5 个风力发电机。图 4.14 所示为风电场的输出功率。电容器通常会连接到一个定速风力机终端，其目的是维护额定风速的单位功率因数。因此，当风速变低时，风力机终端会有过量或盈余的无功电力，这将导致风电场产生过电压，如图 4.15 所示。

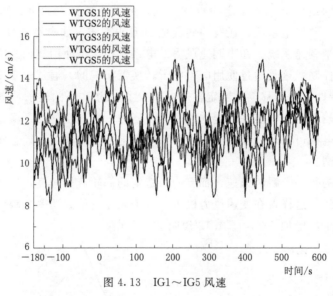

图 4.13　IG1～IG5 风速

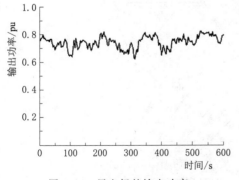

图 4.14　风电场的输出功率

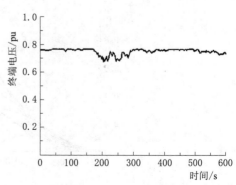

图 4.15　风电场的终端电压

4.12 优点和缺点

4.12.1 优点

(1) 风能是一种清洁能源，它不是通过燃烧化石燃料发电的。

(2) 风力机比一般发电站占用的空间少。

(3) 现代技术使人们可以更有效地提取风能。风能是免费的，因此只有安装成本和运行成本，费用很低。

(4) 在偏远地区，考虑到环境和经济方面的因素，人们传统上使用的电线达不到那么远，所以风能是偏远地区生成电能最便捷的能源。

4.12.2 缺点

(1) 风速变幻莫测，难以掌控。当风的强度太低无法启动风力机时无法发电。

(2) 大型风电场需要产出大量的电能，所以不能取代传统的化石燃料发电厂。风能只能替代少量的能源需求或个别的低功率负载。

(3) 在最初的调试过程中，由于在野外环境，超大型风力机的安装非常昂贵，造价很高。

(4) 如果风力机安装在人口稠密地区，噪声污染可能是个问题。

4.13 总结

本章解释了风力机的各个组成部分。还讨论了不同类型的风力机将风能转换为电能的风动力学和基本原则，以及不同类型风力机的配置和发电系统。

问题

1. 求一个风力机转子的直径，给定 8m/s 的稳定风速，其中发电量为 100kW。假设空气密度为 $1.225kg/m^3$，$C_p=16/27$，$\eta=1$。

2. 直径 50m，风速 15m/s，三叶片风力机可生产 800kW 的电。空气密度是 $1.225kg/m^3$。求：

(1) 风力机转子的叶尖速比为 5.0。

(2) 叶尖速度。

(3) 如果发电机转速是 1600r/min，求其齿轮传动比。

(4) 风力机系统的效率。

3. 风力机以稳定的风速运行，发电量 1800kW，发电机转速为 30r/min。其突然断开与电网的连接，刹车制动无法使用。假设空气动力无变化，需要多长时间使其操作速度翻倍？取 $J=4\times10^2kg/m^2$。

4. 一个独立的单相风力机可产出 220V，50Hz 的交流电。发电机的输出端连接到一个二极管桥式全波整流器上，并产生一种脉动直流电压。

（1）如果发电机的输出端使用了二极管全波整流器，请求出平均直流电压。

（2）如果发电机的输出端使用了一种全波可控晶闸管整流器，触发角是 45°，请求出平均直流电压。

5. 一个四极异步发电机额定值是 500kVA 和 400V。其参数如下：$X_{LS} = X_{LR} = 0.15\Omega$，$R_S = 0.014\Omega$，$R_R = 0.013\Omega$，$X_M = 5\Omega$。

（1）转差为 -0.025（同步转速为 1500r/min），那么将会产生多大的功率？

（2）求出它的速度。

（3）求出转矩和功率因数。

参考文献

［1］ Hau E. Wind turbines, fundamentals, technologies, applications, economics. 3rd ed. Berlin, Heidelberg：Springer；2013.

［2］ Manwell JF, Mcgown JG, Rogers AL. Wind energy explained：Theory, design and application, 2nd edition, Chichester, West Sussex, UK, John Wiley and Sons Ltd；2009.

［3］ Wagner H‐J, Mathur J. Introduction to wind energy systems. Berlin, Heidelberg：Springer；2013.

［4］ Johnson GL. Wind energy systems. Loose Leaf, University Reprints；2006, ASIN：B007U79DJK.

［5］ Golding E. The generation of electricity by wind power. New York：Halsted Press；1976.

［6］ Muyeen SM. Wind energy conversion systems. Berlin, Heidelberg：Springer；2012.

［7］ Muyeen SM, Tamura J, Murata T. Stability augmentation of a grid‐connected wind farm. London：Springer‐Verlag；2008.

［8］ Slootweg JG. Wind power：modelling and impact on power system dynamics. PhD thesis, Delft University of Technology, Netherlands, 2003.

［9］ Heier S. Grid integration of a wind energy conversion system. Chichester, UK：John Wiley & Sons Ltd；1998.

5 水 力 发 电

Sreenivas S. Murthy，*Sriram Hegde*

Department of Electrical Engineering，Indian Institute of Technology，Delhi；
CPRI，Bengaluru，India and
Department of Applied Mechanics，Indian Institute of Technology，Delhi，India

5.1 引言

本章论述了利用水发电的过程。虽然从历史上看，这是最古老的发电方法之一，但是由于温室气体（GHG）的排放、全球变暖和化石燃料耗尽等问题，水能在可再生能源中变得十分重要。水电能源是可再生能源发电的重要组成部分。水轮发电机的装置规模相差非常大，从几千瓦到几百兆瓦——其技术也相应地有所不同。装置规模主要根据其规模大小和额定功率值来界定。常规的规模分类是袖珍型（几千瓦）、微型（数百千瓦）、小型（几兆瓦）和巨型（几百兆瓦）。袖珍型、微型和小型水力发电装置都被认为是小水力发电厂，而巨型水轮发电机则归属于大型水力发电厂。小型水力发电在偏远地区、社区发展，综合基础设施方面扮演着重要角色，在发达国家和发展中国家均是如此。所有的大型水轮发电装置都并网发电，而小水力发电厂则可能会并网发电，也可能是离网或者独立类型。所有的小型水力发电厂都会将产出的电能并网，而微型水电厂可能并网发电，也可能是离网形式，同时袖珍型水电厂则始终是"独立"的。大型水轮发电机涉及大型水坝的建造与大型土建工程。由于大规模的森林砍伐和栖息地的变迁，这些并不算是环境友好型建设。此外，他们还会导致温室气体的大量排放。对比中发现，小水电是更加可持续的，因为他们只需要少量的土木工程，生态干扰较小。

就全球而言，87%的可再生能源都是水能，160个国家采用了水力发电。然而，发展占比不均衡。图 5.1 所示为典型的分布状况。巴西、加拿大、中国、俄罗斯、美国占据了 50%以上的水电生产。非洲地区水电生产增加了 10 倍，亚洲 3 倍，预计南美洲在不久的将来会增加一倍。

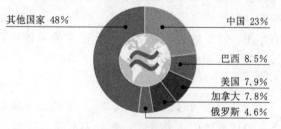

图 5.1　全球水力发电容量的典型分布图（2008）

下述括号中所示是一些水力发电领先国家和他们理论上的水电产量（TW·h/年）：巴西（3040），加拿大（2216），中国（6083），哥伦比亚（1000），刚果（1397），埃塞俄比亚（650），格陵兰（800），印度（2638），印度尼西亚（2147），日本

（718），尼泊尔（733），挪威（563），秘鲁（1577），俄罗斯（2295）。

图 5.2 所示为包括水能在内的可再生能源分布图。

世界可再生能源

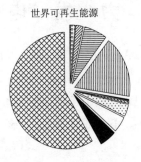

☒大型水电58.23%	■小水电5.12%	□风电4.58%	▨生物质发电3.42%
▨地热发电0.72%	■光伏发电0.42%	■其他0.05%	▥生物热17.08%
▤光热6.83%	▨地热能2.17%	▦生物柴油1.21%	▨生物乙醇燃料0.16%

图 5.2　可再生能源分布图（2008）

5.2　水力发电的过程

从水动力提取到完成发电需要以下过程。水电是天然可用的，水能在恰当的地形涌出，可以通过水坝和湍急的河流而增强。这种力量转换为机械能，通过水轮机或用作涡轮机的水泵，然后通过发电机转换为电能。因此，能量转换发生在两个阶段：①水能转化为机械能；②机械能转化为电能。

5.3　泵与水轮机概述

5.3.1　涡轮设备

所有能从不断移动的流体（液体或气体）提取能量或者给其赋予能量的装置都称为涡轮设备。流体团储存的能量以潜在、活跃的形态出现，并且是分子能量。旋转轴通常传输动能。涡轮机可能是能量生产（涡轮）设备或是泵设备，它利用了旋转部件——转子的动力作用。转子的运行改变了连续移动的流体穿过机器时的能量水平。涡轮设备包括涡轮机、泵、压缩机和风扇等。

5.3.2　泵

泵是一种通过机械作用，将流体的机械能转换为液压能（液体、气体或泥浆）的设备。根据液体的运动方式，泵分为不同的种类。

5.3.2.1　泵的分类

泵可以分为以下类型：

（1）旋转动力泵。流体运动是动态行为，机械能通过一个旋转部件输入到系统。

（2）往复泵。液体被吸入到一个圆筒中，然后运用机械能反推压强。

（3）旋转式正排量泵。容器中的液体在旋转环境下反推压强。

旋转动力泵，即离心式泵、轴流泵，可以高速操作，往往直接耦合到发电机。这类泵既可适用于小容量流体，也可用于大容量流体。他们能够承受腐蚀性和黏性液体甚至浆料。和其他种类的泵相比，旋转动力泵整体效率高。因此，旋转动力泵应用最广泛。按流动方向，它可以分为径向流动型、混流型和轴向流动型。径向流动型或纯离心泵一般在高压下适用于小容量液体。混流泵在中等压力适用于较大容量流体。轴流泵可以处理非常大的容量，但对于压强，泵的操作还会有很大的限制。这三类泵的整体效率取决于具体的流动与速度。

5.3.2.2　离心泵

在离心泵中，通过转动叶片的离心动作，能量被赋予到流体上。也就是说，动力从内半径向外半径实现了传递。离心泵的主要部件有叶轮、套管，以及带密封套的旋转轴和填充物。此外，带有单向阀（脚阀）的吸入管与带有输送阀的输出管构成了整个系统。

叶轮转动带来的抽吸力使流体沿着轴向进入叶轮眼。叶轮叶片引导流体，并给予流体动力，从而增加流体的总压头（或压力），进而使流体向外流。套管是一种简单的蜗壳或扩压器。蜗壳是逐渐增加截面的螺旋套。流体中的一部分动能被转换为套管中的压力。

密封套和填充物，或是填料箱都是用来减少顺着驱动轴方向的液体/气体泄漏。使用蜗形泵壳或者对动压头予以扩散均能使离心泵装置恢复为可用型静压头。

5.3.3　涡轮机

涡轮机是一种旋转的机械装置，从流体中提取能量，并将它转换为可用功。它有一个移动的组件，称为转子集（有叶片），安装于轴上。流体让其作用在转子上以便它们向转子传递能量。转子耦合到感应电动机或发电机，将机械能转换成电能。

涡轮机包括蒸汽涡轮机、风力机、燃气涡轮机和水轮机。蒸汽涡轮机由石油、煤炭驱动，或者通过核能来驱动，这些是生产电力的最常见方法。绿色电力应用项目包括风力发电机和水轮机，他们分别用于风力发电和水力发电。

由于涡轮机的许多应用会涉及各种各样的技术，在完善涡轮机和强化转子效率以及叶片寿命方面的研究仍在进行中。本节将集中讨论水轮机类型和工作细节。

5.3.3.1　涡轮机的分类

涡轮机的分类取决于水对涡轮机的作用类型。

（1）冲击式涡轮机。在喷头位置，势能转换成动能。喷气机产生压力，供给涡轮使之转动。涡轮机内的压力是大气。这种类型适用于势能较高、流量（放电）相对较低的情况。

（2）反动式涡轮机。可用的势能逐步被转换进入涡轮机转子（分阶段），加速流动的水流导致轮子转动。根据压头的可用性，这些机器又分为径向流动型、混流型和轴向流动型。径向流动型适用于中等压头和中等流量。轴向流动型适用于压头较低和流量较大的情况。

5.3.3.2　水轮机

当有非常充足的水流时，水轮机是非常有用的。虽然最初的投资成本较高，但一旦投入运行，就可以提供一个持续的、可预测的能源，而其他发电技术（特别是风能和太阳能）只能提供间歇的、不可预知的能源。

5.3.3.3 微型水电系统及涡轮机

一个完整的微型水电系统包含以下主要组件：

（1）过滤机制。

（2）带阀门的压力水管。

（3）涡轮机和尾水管。

（4）电力转换设备（发电机或直接驱动）。

系统设计中通常被忽略的一个主要问题是，在水进入涡轮机之前需将水中的固体物从水中除去。如果没有安装此类系统，涡轮可能会受到损害，运转失灵，甚至停滞。因此，通常会从主流中选择一个侧流来安装水电系统。

一定长度的进水管道，即水渠，需要直接将水引到水轮机。根据管道中的压力可能会产生足够大的压强，承受水在压头处产生的压力。为了防止机械损伤，管道会埋于地下。

涡轮机被安置于水渠之后，这里的流体能量会转化为机械能来驱动电机转子。涡轮机的排放物被收集在一个压力回收装置，即尾水管中。这样就能进一步用被传送到下游的出料罐收集液体。涡轮机和发电机都与轴连接。因此，当转子启动时，轴开始旋转，通过相关设备将机械能转换为电能，向电网或微电网送电。

在许多小型/袖珍型/微型水电的许多实验中，不同的水轮机，如双击式水轮机、斜击式水轮机、单喷嘴和多喷嘴培尔顿水轮机，以及法氏水轮机，都是之前人们所用过的。目前对于采用哪种特定类型的水轮机，尚无明确的建议。

发电设备，不论发电机操作或发动机操作，都可以作为发电机，将轴的能量转化为电能。这一部分将于 5.4 节讨论。

1. 比转速

比转速的概念有助于比较不同的涡轮机，测量其效率和其他操作参数。比转速用于选择某种特定类型的泵。制造商生产的泵，其性能曲线充分利用了各种文献数据。无量纲参数的比转速可表示为式（5.1）或式（5.2）。

$$N_s = \frac{N\sqrt{Q}}{(gH)^{3/4}}（泵）\tag{5.1}$$

$$N_s = \frac{N\sqrt{P/Q}}{(gH)^{5/4}}（水轮机）\tag{5.2}$$

式中　N——转速比，r/min；

　　　Q——放电量，m^3/s；

　　　P——功率，W；

　　　H——压头（管口），m；

　　　g——重力加速度，m/s^2。

2. 水力机械的能量方程式

与能量转移有关的流体力学基本方程式，对于所有的转子动力机器以及流体元素穿过转子所适用的动量平衡，都是相同的。在式（5.3）～式（5.5）中，在 1 处流体进入转子，其通过转子的半径为 r_1，被排放到 2 处，此时半径为 r_2。流体受叶片数量的影响，能量随叶片角速度变化而发生转移。为了便于理解，认为流体是稳定的轴对称式流动。涡轮机叶片的数量是无限的，并且是零厚度的。广义上转子叶片的速度三角形关系如图 5.3 所示。

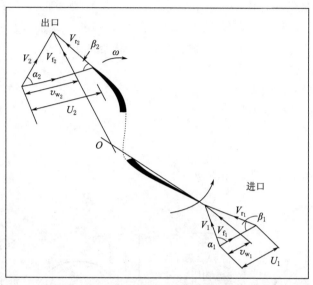

图 5.3 广义上转子叶片的速度三角形关系

速度的变化只发生在径向。人们还观察到，在入口和出口处的相对速度正切于叶片。径向分量 v_f 是直接通过轴心放散状旋转的，切向分量 v_w 是沿着正向直接到径向方向，并且沿转子的切线方向旋转。

由于整个流体都是在转子的控制流量内，根据动量定理有式（5.3）。

$$T = m(v_{w_2} r_2 - v_{w_1} r_1) \tag{5.3}$$

式中　T——流体上转子产生的转矩；

　　　m——流体通过转子时的流体质量流比。

流体的功率 P 为式（5.4）。

$$P = T\omega = m(v_{w_2} r_{2\omega}\omega - v_{w_1} r_1\omega) = m(v_{w_2} U_2 - v_{w_1} U_1) \tag{5.4}$$

式中　ω——转子的角速度，$U = r\omega$，代表转子的切向速度。

因此，U_2 和 U_1 是转子的切向速度，分别在点 2（出口）和点 1（进口）处。式（5.4）称为与流体机械有关的欧拉方程。理论压头增加 H_{th} 为式（5.5）。

$$H_{th} = \frac{v_{w_2} U_2 - v_{w_1} U_1}{g} \tag{5.5}$$

这里，转子的轴功率 P（$= \rho g Q H_{th}$）和 Q 是在出口处通过转子所释放的功率。式（5.5）称为欧拉流体力学的能量方程。理论压头是考虑所有类型旋转类机械的速度而推导出的。从式（5.5）可知，当等号右边为正时，即 $v_{w_2} U_2 > v_{w_1} U_1$ 时，流体就像有泵一样，获得了能量。当等号右边为负时，即 $v_{w_2} U_2 < v_{w_1} U_1$ 时，H_{th} 为负值。因此，流体像有涡轮机一样，释放能量。因此，在顺时针旋转时，可以从式（5.5）和图 5.1 中得出结论，旋转机械作为一个"泵"在工作，反之，如果是逆时针旋转，那同样的旋转机械就作为一个

"涡轮机"在工作。这一原理一直用于发电行业，通过泵或叶轮叶片实现以"涡轮机"模式来工作（图5.2）。

3. 泵作为涡轮机运行的理论

在许多发展中国家，小水电站有着巨大的需求。泵作为涡轮机使用（PAT），对于国内工业应用是一项富有吸引力和显著意义的选择（图5.4）。泵能大批量生产，所以与定制涡轮机相比，小水电使用的泵更具有优势。主要优势如下：

（1）结合泵和涡轮机现成的技术。

（2）压头和流量的范围大。

（3）有很多不同的标准型号。

（4）初始成本低。

（5）输送时间短。

（6）密封和轴承等零部件使用容易。

（7）安装方便。

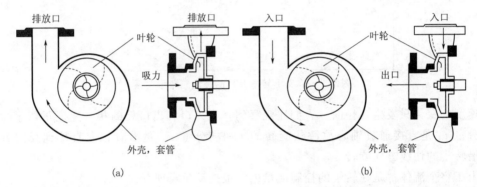

图5.4　泵作为涡轮使用的操作概念。(a) 典型的泵；(b) 泵作为涡轮机操作。来自参考文献 [1]

泵作为涡轮机运行最主要的缺陷是，定制的机组装备可以运行的流量范围比传统涡轮机小得多。由于传统叶轮缺少导流叶片，因此在负荷变化的情形下，部分负荷的控制也是无法实现的。由于缺乏泵作为涡轮机工作的实验数据，这些机器领域的应用尚未明确。此外，由于叶轮性能比不宜超过特定的上限值，所以此项技术应用范围是非常窄的。

抽水蓄能是泵作为涡轮使用的最重要应用方式。这类设计用来提升能源系统的运行水平。

不是所有的泵都能采用以泵作为涡轮机操作的工作模式。基于某些因素，如压头的可用范围、容量、水轮机出口处的背压、需要的速度等，这类反向运行的泵会安装在特定地点。

4. 恰当选择泵的类型

选择哪种类型的涡轮机取决于排放和现场的压头可用性，以及建设成本和维护费用。根据 Lueneburg 和 Nelson 的说法，所有的离心泵，无论其比转速低或高，单向或多向，放射状或轴向剖分式，水平或垂直安装都可以用反向模式。在涡轮模式中还可以使用内联和双吸泵。然而，需要意识到，涡轮模式的效率会比较低。

最主要的原则就是多向径流泵适用于高压头和低排放的电站，而轴流式泵适用于低压头和高排放的范围。

泵作为涡轮机操作，成本效益好，其成功与否取决于在安装前能否做好性能预测。性能预测的难度主要在于泵制造厂商通常不提供反向模式操作的性能曲线。虽然一些研究者也试图基于泵的性能或比转速来预测泵作为涡轮机操作的工作性能，但这只能得到近似值，还需要对压头和排放进行适当的纠正。

5.4 水力发电的发电机和能源转换方案

发电机在第12章将有详细讨论。正如其中所述，它们可能运行于并网模式或者离网模式。可以创建一个两者均包含的微型智能电网。小水电系统包括小型、微型和袖珍型，通常属于可再生能源范畴，这也是我们感兴趣的地方。如前所述，小型水力发电厂的功率通常是几兆瓦，在并网模式下运行，袖珍型水力发电厂的功率通常为几十千瓦，在离网模式下运行，微型水力发电厂功率在两者范围内，并网模式或离网模式都可运行。

以下类型的发电机通常用于并网模式：

（1）三相同步发电机（风电场）——有刷和无刷。

（2）三相异步发电机（鼠笼型）。

以下类型的发电机通常用于离网模式：

（1）三相同步发电机（风电场）——有刷和无刷。

（2）三相电容自励异步发电机（SEIG），包括鼠笼型转子。

（3）以单相模式操作的三相自励异步发电机。

（4）单项自励异步发电机。

以下部分描述了并网和离网的小型水电系统。

5.4.1 并网系统

根据并网的微型水力发电厂功率不同，常规设备规模可能会从几百千瓦到几兆瓦不等。风电场同步发电机（WFSG）和鼠笼型异步发电机（SCIG）都可以在此使用。在这个方案中，水轮机通过水能直接驱动发电机工作，也可通过速度增强机制来驱动。升压变压器用于匹配发电机电压与电网电压。水轮机功率为 P，单位为 W，可表示为式（5.6）。

$$P = \rho g Q H \tag{5.6}$$

式中 ρ——水密度，kg/m^3；

      g——重力加速度，m/s^2；

      Q——流量，L/s；

      H——压头，m。

通常情况下，小型不可控涡轮机会以一个近似恒定的压头常数来运行和排放。因此，在特定季节会生产相对恒定的电力。因此发电机向电网馈入的电力几乎是不变的。在大型水电项目中，通过控制涡轮叶片可以生产不同的输入功率。

5.4.1.1 同步发电机

如图5.5所示，同步发电机由水轮机驱动。依赖水轮机输入电力时，馈入到电网的功

率 P 几乎恒定，除非有涡轮机控制。

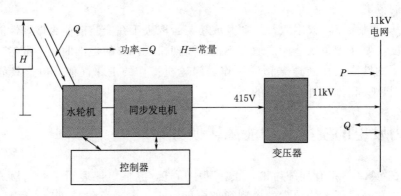

图 5.5　水轮机驱动的同步发电机并网

感性无功功率或者视在功率 Q 可以由励磁电流 I_f 控制。如果在 I_f 较低或欠励的状态下，Q 为正，功率因数是滞后的。如果在 I_f 较高或者过励磁的状态下，Q 为负，而功率因数是超前的。因此，当 $Q=0$ 时，有一个 I_f 值，功率因数与其一致。无功功率控制是微型水力发电机性能的一个重要特征，风电场同步发电机灵活性良好。但其第一个缺点是需要调节同步发电机与电网电压、频率和相位的关系，使其与电网同步。另一个缺点是大短路电流。风电场同步发电机配置滑环和电刷，需要定期维护，碳刷可用旋转二极管代替。一个用来稳定电网电压的自动电压调节器（AVR）和无功功率控制器是系统的有机组成部分，但增加了系统的复杂性。如图 5.5 所示的控制器通过自动电压调节器来控制发电电压。在大型水电站，涡轮机可以控制叶片的方向。控制器是通过接收来自发电机/涡轮机的反馈信号来工作的。

5.4.1.2　异步发电机

鼠笼型异步发电机也适用于连接电网的小水电系统，如图 5.6 所示。为了减少电网的无功功率，使用终端电容器。因为输入电网的功率是常数，滑差也是常数。无功功率控制是通过电容器实现的，可以根据电网预期的功率因数来确定它的值。和同步发电机相比，由于无刷笼建造降低了单位成本，维护也简便，所以鼠笼型异步发电机的构造更简单，而且不需要同步。短路情况下的性能也比同步发电机好。异步发电机可以通过控制输入功率

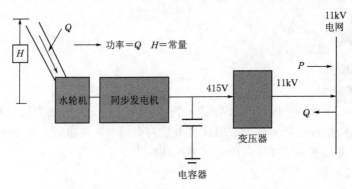

图 5.6　微型水电系统中的鼠笼型异步发电机

实现变速操作。它可以作为一个电动机来启动，而有水流流入时可以作为发电机运行。

5.4.2 离网（微电网）系统

离网系统对于可再生能源是一个优先选项，尤其是对于偏远地区和农村地区，在那里架设电网是不经济的，或不可实现的。在面对变化多端的资源功率和负载时，挑战随处可见，需要一个鲁棒控制器来与两者相匹配。离网小型水电系统通常分为袖珍型和微型，容量通常从 1kW 到 100kW 不等，低容量用袖珍型，其余用微型系统。对于这样的独立发电机，自励异步发电机是一个十分重要的选择。如图 5.7 所示为微型离网水电站效果图。在一个有利的高度，自然河流中的水能被转移到一个固定高度的"前池槽"，通过运河。如图所示，从"前池槽"出来的水能再通过压力管道投送到水轮机从而使发电机通过微型电网向当地的独立负载输电。

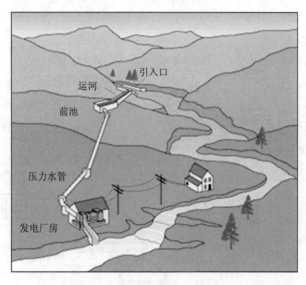

图 5.7　微型离网水电站效果图

如图 5.8 所示，是一个独立的微型/袖珍型水电系统示意图。这是一个接近恒功率的示意图，不同产品的压头不同，其功率会有所不同。排量是常数。自励异步发电机非常适合这个方案，可为不同的负载提供不同的转换功率。但会产生电力不平衡，可以通过一个电子负载控制器（ELC）予以调整，过滤掉多余功率（超过所需求的负载功率）达到假负载。随着负载功率 P_1 的变化电子负载控制器不断调整电子负载控制器功率 P_2，确保总功率 P 总是一个常数。

如图 5.9 所示，第一作者开发了带有必要硬件的实际方案。这里，水能驱动微型水轮机，进而驱动自励异步发电机输出电力。连接的电容器提供自励产生负载电压。自励异步发电机向用户负载和电子负载控制器输电，随着用户功率的变化，电子负载控制器会调整总功率。有单相和三相两种方案，后者将使用三相自励异步发电机和电子负载控制器，而负载可能是单相的也可能是三相的。适当的相间负载平衡是很有必要的。图 5.10 是为一个偏远农村供电的水轮机/自励异步发电机工况安装图。

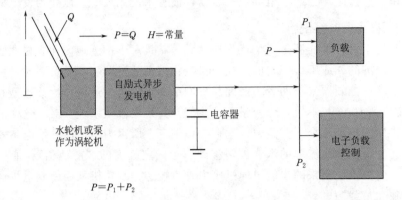

$$P=P_1+P_2$$

图 5.8　独立的微型/袖珍型水电系统示意图

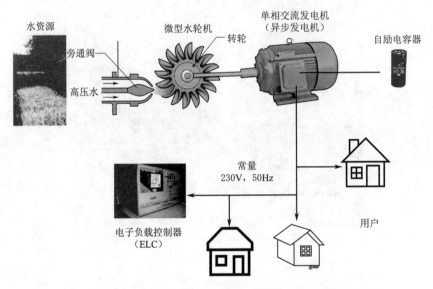

图 5.9　包含关键部件的微型水电系统实际方案

图 5.10　水轮机/自励异步发电机工况安装图

5.5 总结

水力发电是可再生能源系统的一个重要组成部分。高达几兆瓦规模的小型水力发电系统是经济环保的，在世界各地安装数量非常多，并网和离网模式都有。地球上的水资源储量巨大，所有的山川和河流地区几乎均有分布。适当建设，对水进行改道是很有必要的。水电系统广义上包括水轮机和发电机，还包括相关的人员工作，为用户提供高质量电能。本章阐述了不同类型的涡轮机。逆功率模式下，泵也可以作为涡轮机工作。同步发电机和异步发电机可以用来将涡轮功率转换为电能。并网系统可以使用这两种类型，而异步发电机更适用于离网系统。每个应用都必须开发适合其自身的电子控制器。

参考文献

[1] Jain SV，Patel RN. Investigations on pump running in turbine mode：a review of the state‐of‐the‐art. Renew Sustain Energy Rev 2014；30：841-68.

6 燃料电池

M. Hashem Nehrir，*Caisheng Wang*

Electrical & Computer Engineering Department，Montana State University，
Bozeman，MT，USA and

Electrical & Computer Engineering Department，Wayne State University，
Detroit，MI，USA

6.1 引言

　　燃料电池是一种静态能量转换装置，可将某一种燃料的化学能直接转换为直流（DC）电能。与电池存储电能的方式不同，只要给电池提供燃料，燃料电池就会将输入其中的燃料化学能转换成电能。燃料电池通常通过电力电子转换器可用于各种各样的用途，例如，以电为主/辅助的电力运输工具、建筑中的常备电力、热电联产应用，以及独立系统的发电来源（例如独立的微电网）和并网应用等。

　　本章的重点是固定式燃料电池的发电应用。图 6.1 所示为常规燃料电池发电系统的主要发电过程，这里的燃料（如天然气）含有碳氢化合物，化合物输入到燃料处理器，进行清洁并转换为富氢气体。通过电化学能量转换，氢能被转换成直流电能。这些燃料电池以串联、并联组合方式捆绑在一起（称为燃料电池堆栈），用来为特定的应用生产所需的功率和电压。功率调节器将直流电能转换成符合用户使用规定的直流电或交流电。能源存储设备也可以是燃料电池系统中的一部分，来管理能源或预防任何类型的瞬态干扰，因为这些干扰可能会影响燃料电池系统的性能。在燃料电池堆栈输出端和存储系统之间的能量流

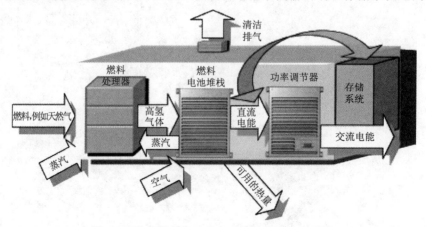

图 6.1　常规燃料电池发电系统的主要发电过程

可以是双向的。燃料电池能源系统的副产品包括热量和干净的废气，这些可用于加热水和取暖供暖，或者生产额外的电能。

6.2 燃料电池的基本原理

燃料电池的主要燃料是氢，尽管一些燃料电池可以直接作用于天然气或甲醇（比如甲醇燃料电池）。氢可以是纯氢，也可以是从其他燃料中提取的氢气、天然气、甲醇等。在这种情况下，需要一个转化装置来分解燃料并生产出氢供燃料电池使用。氢燃料电池内的燃料在空气中与氧结合，产生电、水（蒸汽）和热，如图6.1所示。

在燃料电池单元中，氢分子在电池正极分解，通过电化学过程，生成的氢离子和电子。氢离子通过膜（电解质）从负极移动到正极，但电子不能这样移动。电子穿过外部电路（负载），在负极同氢质子和氧分子重组，产生水。在正极和负极产生的化学反应为式（6.1）和式（6.2）。

$$2H_2 \Longrightarrow 4H^+ + 4e^- \tag{6.1}$$

$$O_2 + 4H^+ + 4e^- \Longrightarrow 2H_2O + 热量 \tag{6.2}$$

在不同的燃料电池之中离子的两极和其输送方向可以是不同的，从而决定水在产生和排出时的位置。如果通过电解质的离子转移是向正极的，如图6.2所示，那么水在负极产生。如果工作离子是负的，如在固态氧化物和熔融碳酸盐燃料电池（本章后面有讨论）中，水会在正极形成。在这两种情况下，电子通过外部电路产生电流。

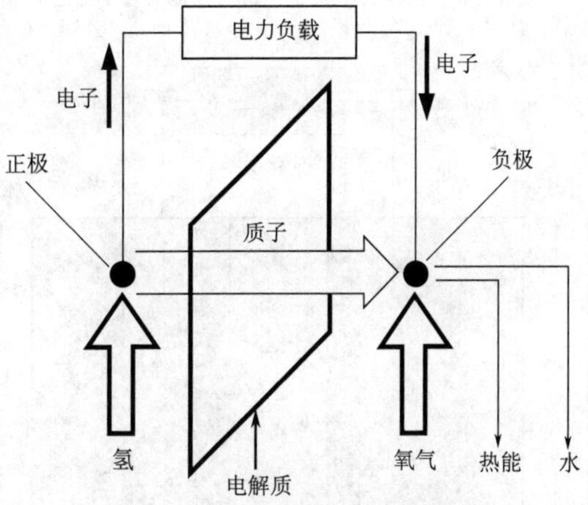

图 6.2　氢燃料电池单元树状图

6.2.1　燃料电池的类型

按其电解液分类，燃料电池分类如下：

（1）聚合物电解质膜燃料电池（也称为聚合物电解质膜燃料电池）（PEMFC）。

（2）碱性燃料电池（AFC）。

（3）磷酸燃料电池（PAFC）。

（4）直接甲醇燃料电池（DMFC）。

（5）固体氧化物燃料电池（SOFC）。

（6）熔融碳酸盐燃料电池（MCFC）。

前四种属于低温类型的燃料电池，在200℃及以下环境中工作，后两种类型温度在600~1000℃范围内工作。高温燃料电池（固体氧化物燃料电池和熔融碳酸盐燃料电池）通常在大型（超过200kW）分布式发电应用中。低温燃料电池通常用于较小规模（家用水平）及汽车应用中，如聚合物电解质膜燃料电池，它们有固体电解质。不同类型的电池将更进一步地讨论。氧化反应、运行温度范围和效率见表6.1。

表 6.1   燃料电池化学反应对比图

类型	移动离子	负 极 反 应	正 极 反 应	总 反 应	效率/%	运行温度范围/℃
AFC	OH^-	$1/2O_2+H_2O+2e^- \Longrightarrow 2(OH)^-$	$H_2+2(OH)^- \Longrightarrow 2H_2O+2e^-$	$H_2+1/2O_2 \Longrightarrow H_2O$	$60\sim70$	$50\sim200$
PEMFC	H^+	$1/2O_2+2H^++2e^- \Longrightarrow H_2O$	$H_2 \Longrightarrow 2H^++2e^-$	$H_2+1/2O_2 \Longrightarrow H_2O$	$35\sim60$	$30\sim100$
PAFC	H^+	$1/2O_2+2H^++2e^- \Longrightarrow H_2O$	$H_2 \Longrightarrow 2H^++2e^-$	$H_2+1/2O_2 \Longrightarrow H_2O$	~40	~200
DMFC	H^+	$3/2O_2+6H^++6e^- \Longrightarrow 3H_2O$	$CH_3OH+H_2O \Longrightarrow 6H^++6e^-+CO_2$	$CH_3OH+3/2O_2 \Longrightarrow 2H_2O+CO_2$	$\sim40\%$	$50\sim130$
MCFC	CO_3^{2-}	$1/2O_2+CO_2+2e^- \Longrightarrow CO_3^{2-}$	$H_2+CO_3^{2-} \Longrightarrow H_2O+CO_2+2e^-$	$H_2+1/2O_2+CO_2 \Longrightarrow H_2O+CO_2$	$50\sim60$*	~600
SOFC	O_2^-	$1/2O_2+2e^- \Longrightarrow O_2^-$	$H_2+1/2O_2^- \Longrightarrow H_2O+2e^-$	$H_2+1/2O_2 \Longrightarrow H_2O$	$45\sim65$*	$500\sim1000$

注   AFC，碱性燃料电池；PEMFC，聚合物电解质膜燃料电池（也称为聚合物电解质膜燃料电池）；PAFC，磷酸燃料电池；DMFC，直接甲醇燃料电池；MCFC，熔融碳酸盐燃料电池；SOFC，固体氧化物燃料电池。

*   在热电联供的运行模式中，这些电池的效率能达到或者超过80%。

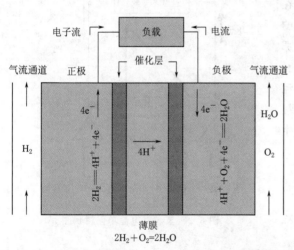

图 6.3   聚合物电解质膜燃料电池的化学反应示意图[1]

在 20 世纪 60 年代，通用电气公司首次发明了聚合物电解质膜燃料电池（PEMFC），其最初被美国宇航局用于首个载人太空飞船。它采用了薄（类似塑料袋厚度）离子导体聚合物作为电解质，允许通过氢离子并阻挡电子。如图 6.3 所示，显示了聚合物电解质膜燃料电池的化学反应和电子/离子流动，与图 6.2 相似。聚合物电解质膜燃料电池使用少量铂作为催化剂来加速氢分子到正离子和电子的分裂聚变。

碱性燃料电池（AFC）是燃料电池中最古老的一种，出现在 20 世纪初，但直到 20 世纪中期才被证明是一种可用的电力资源。碱性燃料电池曾用于阿波罗计划——首次将人类送上月球。碱性燃料电池的电解质是碱性溶液，而氢氧化钾（KOH）是最常用的。碱性燃料电池通常用纯氢气和氧气来避免二氧化碳（CO₂）产生，因为氢氧化钾和二氧化碳的反应会产生碳酸钾（K₂CO₃），使燃料电池有毒。这也导致碱性燃料电池必须在一个可控的环境中（如航天应用程序）工作，尽管它效率很高。

磷酸燃料电池（PAFC）是第一款商业批量生产的燃料电池。磷酸在磷酸燃料电池中用作电解质。在磷酸燃料电池的运行温度（200℃左右）下，磷酸是唯一一种具有足够的热量、化学稳定性以及低挥发性的酸。不像在碱性燃料电池中用作电解质的碱性溶液，磷酸对二氧化碳有耐受性，这在氢燃料中也可能存在。这个特性使磷酸燃料电池更适用于商业用途。像聚合物电解质膜燃料电池，氢在负极被分裂为氢离子（质子）和电子；氢离子经过磷酸燃料电池的电解质，而电子流过外部负载后与氢离子和氧在负极重组然后产生水。

直接甲醇燃料电池（DMFC）是聚合物电解质膜燃料电池（PEMFC）中的一种，其中甲醇（CH_3OH）用作燃料。甲醇是一种高能量密度的替代燃料，对便携式电子产品的应用很有吸引力，所需功率低、能量高（如持续时间长）。除了甲醇燃料，直接甲醇燃料电池在电池正极需要把水作为额外的反应物。在直接甲醇燃料电池中，氢离子在正极产生，通过离子导电电解质，并与电子结合，流过外部负载，最终到达负极。副产品（废弃物）是不太环保的二氧化碳。和其他类型的燃料电池相比，直接甲醇燃料电池的效率相对较低（最高可达 40%）。

固体氧化物燃料电池（SOFC）使用一层陶瓷膜作为电解质，它允许在负极产生的氧离子（O^{2-}）通过，氧离子是由氧分子和进入负极的电子相结合而产生的。这种电池通常应用于分布式发电。由于它的操作温度偏高（600～1000℃），所以无需昂贵的催化剂——低温燃料电池需要的，很容易就能实现高反应速度。此外，可以直接使用天然气等气体作燃料，无需转化装置。在正极，高温将气体裂变，并释放氢分子，接着和进入正极的氧离子结合并产生水，如图 6.4 所示。固体氧化物燃料电池另一个实用功能是作为一种高温燃料电池，对其废热加以利用，可以与产生的电力相结合，称为热电联供（CHP）。在热电联供模式中，固体氧化物燃料电池系统的总体效率可以从 60%～65%（仅供发电）增加至 75%～80%。

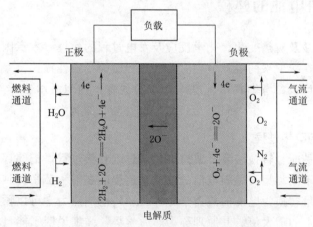

图 6.4　固体氧化物燃料电池的化学反应示意图[1]

熔融碳酸盐燃料电池（MCFC）也是一种高温燃料电池（通常可以达到 600～700℃），应用于固定类分布式发电。它使用一种碱性金属碳酸盐的熔融混合物作为电解质，并应用廉价的催化剂（镍）。在高温下，碱性盐混合物在液体状态中，是一个很好的碳酸盐离子（CO_3^{2-}）导体。在负极，氧气和二氧化碳与电子结合，产生 CO_3^{2-}。在正极，CO_3^{2-} 与氢燃料结合，产生二氧化碳、水和电子，它们通过燃料电池外部负载发电，并到达电池正极。熔融碳酸盐燃料电池的高温工作范围也带给了很大的燃料适应性。熔融碳酸盐燃料电池可以使用氢气作为燃料，像其他燃料电池，也可以使用碳氢化合物（天然气、甲烷或酒精）作为燃料。熔融碳酸盐燃料电池的工作效率一般为 50%～60%，但它在热电联合模式的总体效率高达 80%。熔融碳酸盐燃料电池的原理图和化学反应如图 6.5 所示。

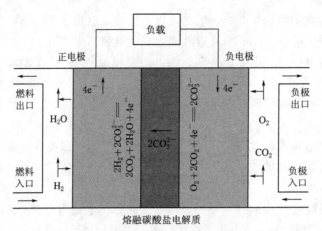

图 6.5　熔融碳酸盐燃料电池示意图[1]

燃料电池是一个动态的研究领域。正在不断进行积极的探索研究，能从多方面提高燃料电池的耐用性和成本缩减，比如新型电极材料、膜/电解质和催化剂，以及新的制造技术（例如纳米技术）。不久的将来可能会有新的研究成果，本章已论述的燃料电池性能参数和操作特点需要不断地与时俱进。

6.3　理想燃料电池的建模

燃料电池建模涉及对热变化、化学反应及发电过程的建模，本章因篇幅有限无法对这些过程详加解释。在接下来的各章节会对这些过程做简要定性描述。

有兴趣的读者可以参考燃料电池基本知识的教材，相似教材在本章最后的参考文献[1-3] 中。

6.3.1　燃料电池的电热过程

燃料电池是一种能量转换装置，通过电化学过程和热过程，把储存在燃料中的能量转化为电能和热能。不同类型的燃料电池的电化学过程已在前一节中提到。本节将简要描述储存燃料中的能量转换为电能的热力学原理。燃料电池热力学可以预测一个反应中所产生电力输出在理论上的最大值。其原理称为热力学势，详细说明了能量转移是如何从一种形式到另一种形式的。这个内容在以后会有进一步的描述[2]。

内能 U 是指在系统的温度和系统容积没有任何改变的情况下，创建一个系统所必需的能量。也就是说，系统内能的变量等于热量在转移到系统时所发生的变量 dQ，减去系统所做的功 dW，如式（6.3）所示。

$$dU = dQ - dW \qquad (6.3)$$

式中　dU——内能的变量，可以通过 dQ 和 dW 在系统与其周边之间相互转换得到。

焓 H 是创建一个系统所需要的能量 U，与在容积 V 和压强 P 下所需要的功之和，即式（6.4）。

$$H = U + PV \qquad (6.4)$$

亥姆霍兹自由能 F 是创建一个系统所需要的能量，减去从恒定温度为 T 的系统环境中获得的能量，即式（6.5）。

$$F = U - TS \tag{6.5}$$

式中　S——系统熵。

熵可以解释在恒定温度下，系统内热传递中的变化是如何发生的。在恒定压力下的可逆（理想）传热，系统熵可以变为式（6.6）。

$$dS = \frac{dQ_{rev}}{T} \tag{6.6}$$

式中　dS——系统的熵变，即在恒定的温度 T 下，系统在一个可逆传热递（dQ_{rev}）时的熵变。关于系统熵更深入的知识，感兴趣的读者可以参考热力学的标准课本。

吉布斯自由能 G 是创建一个系统所需要的能量，减去由于热传递从环境中可以获得的少许能量。它代表了系统的工作潜能，即式（6.7）。

$$G = U + PV - TS = H - TS \tag{6.7}$$

对于一个电化学反应（如燃料电池），生产的最大电能 W_e 等于吉布斯自由能的变化[2]，即式（6.8）。

$$W_e = -\Delta G = n_e FE \tag{6.8}$$

式中　n_e——参与电子的数量；

　　　　F——法拉第常数（96485.3 C/mol）；

　　　　E——电极之间的电位差。

因此，燃料电池热化学反应的结果是势差将会引导穿过整个燃料电池电极，即式（6.9）。

$$E = \frac{-\Delta G}{n_e F} \tag{6.9}$$

势差是在燃料电池中的氢气和氧气的电池温度及压力的函数[2]。

6.3.2　燃料电池的等效电路

在一块电池中，燃料电池的终端电压低于电池的内部电压。这是因为电化学反应下会产生损失，欧姆耗损是由于电流流过电阻产生的。一共有三种不同的损失（电压降）来源，包括活化作用、欧姆耗损和燃料电池内部的浓度电压降，如图6.6所示。

电压降是负载电流和电池温度/压力的函数，欧姆电阻的电压降是在某个操作点上燃料电池负载电流的线性函数，但欧姆电阻 $R_{ohm,cell}$ 通常是燃料电池温度的函数。与燃料电池内部的压力或温度一样，活化能电压降

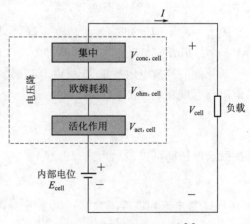

图6.6　燃料电池电压降[1]

和浓度电压降是负载电流的非线性函数。从图6.6中可以看出，燃料电池的输出电压可以写成[1]式（6.10）。

$$V_{cell} = E_{cell} - V_{act,cell} - V_{ohm,cell} - V_{conc,cell} \tag{6.10}$$

式中 V_{cell}、E_{cell}——燃料电池的输出电压和内部电压；

$V_{act,cell}$、$V_{ohm,cell}$、$V_{conc,cell}$——之前讨论的电压降。

假设把多个电池单元的参数集中可表示为一个燃料电池堆栈，那么可以推出一个燃料电池堆栈的输出电压为式（6.11）。

$$V_{out} = N_{cell}V_{cell} = E - V_{act} - V_{ohm} - V_{conc} \tag{6.11}$$

式中 V_{out}——燃料电池堆栈的输出电压，V；

N_{cell}——电池堆栈的数量；

E——燃料电池堆栈的内部电势，V；

V_{act}——整体的活化能电压降，V；

V_{ohm}——整体电阻电压降，V；

V_{conc}——整体浓度电压降，V。

活化能电压降是燃料电池电流和温度的函数，根据塔费尔公式可以得出式（6.12）。

$$V_{act} = \frac{RT}{\alpha z F} \ln \frac{I}{I_0} = T(a + b \ln I) \tag{6.12}$$

式中 α——电子转移系数；

I_0——交流电流，A；

R——气体常数，$R = 8.3143 J/(mol \cdot K)$；

T——凯尔文温度；

z——参与电子的数量；

a、b——经验常数。

V_{act}可以进一步描述为V_{act1}和V_{act2}的总和，即式（6.13）。

$$V_{act} = \eta_0 + (T-298)a + Tb\ln I = V_{act1} + V_{act2} \tag{6.13}$$

式中 η_0——V_{act}的温度不变式，V。

$V_{act1} = \eta_0 + (T-298) \times a$ 是电压降，只受燃料电池内部温度影响（即与电流无关），而 $V_{act2} = Tb\ln I$，与电流和温度都有关。

活化能的等效电阻被定义为V_{act2}和燃料电池电流的比值。式（6.14）中需要注意的是电阻与温度和电流都有关系。

$$R_{act} = \frac{V_{act2}}{I} = \frac{Tb\ln I}{I} \tag{6.14}$$

总的欧姆电压降可以表示为式（6.15）。

$$V_{ohm} = IR_{ohm} \tag{6.15}$$

其中R_{ohm}是电流和温度函数，可以参考[1]，即式（6.16）。

$$R_{ohm} = R_{ohm0} + k_{RI}I - k_{RT}T \tag{6.16}$$

式中 R_{ohm0}——R_{ohm}的常量之一；

k_{RI}——计算$R_{ohm}(\Omega/A)$的实际常量；

k_{RT}——计算$R_{ohm}(\Omega/K)$的实际常量。

燃料电池的浓度过电压表示为式（6.17）。

$$V_{\text{conc}} = -\frac{RT}{zF}\ln\left(1 - \frac{I}{I_{\text{limit}}}\right) \tag{6.17}$$

浓度损耗的等效电阻定义为式（6.18）。

$$R_{\text{conc}} = \frac{V_{\text{conc}}}{I} = -\frac{RT}{zFI}\ln\left(1 - \frac{I}{I_{\text{limit}}}\right) \tag{6.18}$$

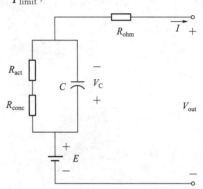

燃料电池结构中，电极由电解质/膜分离，只允许一种离子（正离子或负离子）流过，此结构导致在电解质/膜的两侧总有电荷积累物，从而使能量储存在电池内的电场中。这种现象可以由电容器表现出来，代表双层电荷效应[1,3]。燃料电池的等效电路考虑双层充电效果，如图6.7所示，R_{act}、R_{conc}和R_{ohm}都表示电阻，对应活化能电压降，浓度电压降和欧姆电压降，C是双层电容的充电效应，E是电池内部电势［式（6.11）］。

图 6.7　燃料电池中双层充电效应的等效电路[1]

从图6.7中可知，电压穿过电容器，电池的输出电压可以写成：

$$V_{\text{C}} = \left(I - C\frac{\text{d}V_{\text{C}}}{\text{d}t}\right)(R_{\text{act}} + R_{\text{conc}}) \tag{6.19}$$

$$V_{\text{out}} = E - V_{\text{act1}} - V_{\text{C}} - V_{\text{ohm}} \tag{6.20}$$

式中　V_{act1}——V_{act}的温度因变量。

在实际中，双层电容的充电效应只在燃料电池的瞬态响应下出现。燃料电池电压是稳态下的恒定直流电压，而且没有电流通过电容器。因此，电容器作为一个开放的电路，不会影响燃料电池的稳态响应。

6.3.3　燃料电池的稳态电特性

如图6.7所示，假设电容器是充满电的，也是一个开放的稳态电路，燃料电池输出电压可以由式（6.11）得出。因为式（6.11）中所有电压降都是负载电流和温度的函数，燃料电池的输出端电压也是负载电流和温度的一个非线性函数。

图 6.8　500W Avista－Labs PEM 燃料电池

6.3.4　燃料电池的实际模型

不同类型的燃料电池建模取决于它们的电化学特性，其特性也是不同的。因此，准确来讲，每一个燃料电池类型都应该独立建模。在本节中，500W Avista－Labs PEM 燃料电池的稳态模型和实际性能，可参看图6.8和参考文献［1］。

图 6.9 所示为聚合物电解质膜燃料电池的电路模型框图，考虑到燃料电池的电热化学特性，燃料电池的输出电压作为负载电流的函数，基于式（6.20），以及它的输出功率（输出电压和负载电流的乘积），在 Matlab/Simulink© 进行了模拟，如图 6.10 所示[1]。燃料电池的活化能、电阻和浓度区也在图 6.10 中显示。图中指出，当负载电流增加时，燃料电池的输出电压降低，并且它可以提供的最大功率几乎接近燃料电池的额定电流值，在燃料电池进入浓度模式之前，这一现象适用于不同类型的燃料电池。

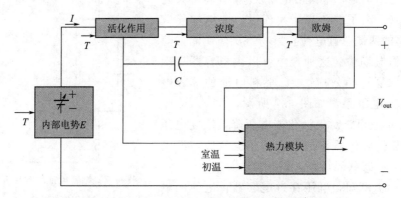

图 6.9　聚合物电解质膜燃料电池的电路模型框图

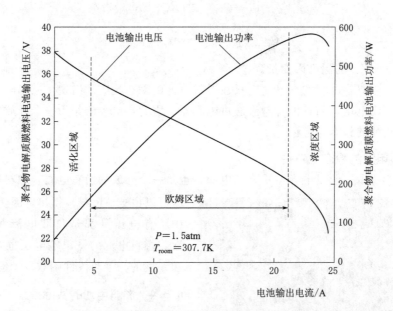

图 6.10　500W 聚合物电解质膜燃料电池堆的模拟 $V—I$ 和 $P—I$ 特性曲线[1]

图 6.11 和图 6.12 所示为实验得出的聚合物电解质膜燃料电池堆 SR - 12V—I 和 P—I 特性曲线对比图，Simulink 和 PSpice 模拟结果为模型开发提供成果[1]。两张图中所示的上、下曲线分别是实验数据的高低范围，呈曲线分布。原始曲线数据已被筛选出来，平均特性曲线更易对比。对进一步的信息模型开发和实验结果感兴趣的读者可以参考文献 [1]。

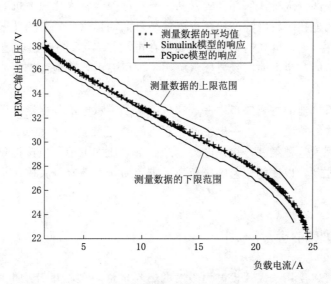

图 6.11　SR - 12 型聚合物电解质膜燃料电池、Simulink 和
PSpice 模型的 V—I 特性曲线

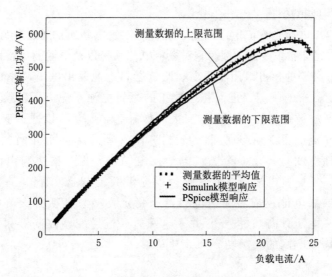

图 6.12　SR - 12 型聚合物电解质膜燃料电池、Simulink 和
PSpice 模型的 P—I 特性曲线

6.4　燃料电池的优点和缺点

　　燃料电池与内燃机（ICEs）和电池比有一定的特点和优势。与内燃机类似，燃料电池燃料（氢气）的能量转换为电能，且与电池类似，其能量转换依赖于电化学原理。然而，燃料电池是零排放（或接近于零）静态发电设备，直接将燃料的化学能转化为电能，

不必在系统的核心部分进行任何部件的移动。燃料电池通常也比内燃机效率更高，通过以串联和并联的方式连接燃料电池堆栈，可以伸缩自如地提供所需的功率范围，既可低至1W（如用在手机中），也可高达兆瓦级（如用在电力设备）。与普通电池不同，燃料电池不必存储电能，但能产生电能。只要燃料可用，即可发电，而电池需要放电后再充电才能发电。

高成本是燃料电池的主要缺点之一，这也阻碍了燃料电池的广泛应用。此外，燃料电池不是快速反应式的发电设备。一般来说，它们对快速交变负载和负载的瞬态响应较慢，如图6.1所示，因为这种限制，快速电力生产设备（比如电池）应该把独立的燃料电池进行并联，并妥善控制，以便能快速响应负载要求。由于需重复开关应用程序，燃料电池耐久性也会被减弱。

6.5　燃料电池的电力应用

最常见的、可以应用于大规模电力用途的燃料电池，包括聚合物电解质膜燃料电池、固体氧化物燃料电池和熔融碳酸盐燃料电池。它们可以并网或离网。在这两种配置中，它们通常称为燃料电池分布式发电系统。下面就讨论一下这两种运行模式。

6.5.1　并网燃料电池的配置

燃料电池的输出电压是直流电。因此，燃料电池发电站通常通过电力电子接口设备与电网相连接。接口是非常重要的，因为它对燃料电池系统以及电网的运行都有影响。直流/直流换流器是十分必要的，可以用于提高和调节燃料电池输出电压，并使电压达到直流/交流换流器（逆变器）的规定，进而将已校正的燃料电池直流电压转换为所需的交流电压。交流电压的谐波被过滤掉，使电压变大。如果有必要，可以通过变压器以及输电线路连接到电网。交流电压必须与电网同步。图6.13所示为一个并网燃料电池DG系统框架示意图。要注意的是，在一个燃料电池发电站中，把一些燃料电池堆栈串联可以提供所需的电压，把一些电池堆栈并联则可以提供额定电流。直流/直流换流器经调节后的输出电压主要靠电池组或者超级电容器来稳定，接着转换为交流电压。然后将交流电压谐波过滤，电压升高，（同步）并入电网。通过逆变器控制器和燃料电池堆栈可以控制燃料电池输入电网的实际功率和无功功率。

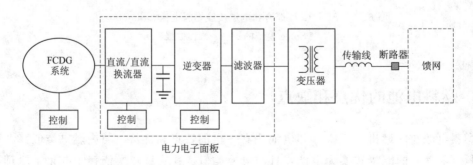

图6.13　并网燃料电池DG系统框架示意图

6.5.2　离网燃料电池的配置

离网燃料电池系统已经在偏远地区和岛屿中作为备用电源、运输工具电源使用。如图 6.14 所示是一个离网燃料电池 DG 系统框架示意图。系统组件与并网燃料电池系统的组件基本相同，不同的是此系统提供独立的负载，并且没有并入到公用电网。由于负载瞬变，电池组也被用于提供足够的存储容量，来处理功率的快速偏离。当燃料电池向交流负载供电时，逆变器可以将直流电压转变交流电压。

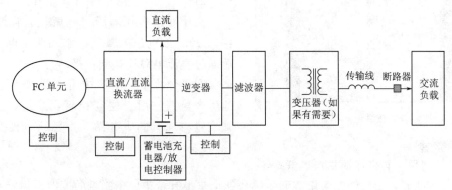

图 6.14　离网燃料电池 DG 系统框架示意图

6.6　FC 和环境：氢气生产和安全

在所有燃料中，氢气拥有最高的能量或者能量密度（120MJ/kg）。它也是一种零排放燃料，可以在燃料电池中生产直流电力。例如用在内燃机里为交通工具提供电力，或用于航天器的推进设备。氢可以大规模生产，用于商业化的电力发电、客运车辆和飞机，即我们生活在一个氢经济的社会里。

6.6.1　氢气的生产

目前主要的氢气生产技术如下：

（1）利用天然气生产氢气。

（2）利用煤生产氢气。

（3）利用核能生产氢气。

（4）通过电解槽电解水生产氢气，由电网供电。

（5）利用可再生能源生产氢气。

本节简要介绍了用电网供电通过电解水来制氢以及通过可再生能源制氢。使用核能生产氢气也是以电解水为基础。除了以上方式外，其他有关氢气生产的内容在参考文献［1，4］进行讨论。

6.6.1.1　水电解产生氢气

水分子分离成氢气和氧气的过程称为电解。这种方法世界各地都有运用，在化工厂最为常见，生产氢气可以满足他们的需求。电解作用发生时所用到电化学设备称为电解槽。

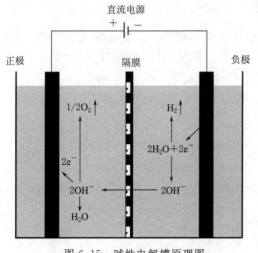

图 6.15　碱性电解槽原理图

电解槽中的电化学反应过程基本上与燃料电池是反向的。因此，电解槽是将直流电能转化为化学能，储存在氢气中。图 6.15 所示为碱性电解槽原理图，两个水分子与两个电子结合，到达负极，通过直流电源，产生一个氢分子和两个 OH^-，即式 (6.21)。

$$2H_2O+2e^- \longrightarrow H_2\uparrow+2OH^- \quad (6.21)$$

离子通过多孔隔膜（电解质）向正极迁移，OH^- 放电进入氧气、水和两个电子，最后通过直流电源迁移到负极。

在氢经济中，电解槽可以用来为燃料电池生产氢气，用于住宅和商业建筑，也可以被安装在现有的服务站，为燃料电池交通工具生产氢燃料。

6.6.1.2　利用可再生能源生产氢气

可再生能源，如风能、太阳能和生物质能都是很有希望用于制氢的能源。风能和太阳能光伏（PV）产生的电力可用于电解水，从而生产大量氢气。图 6.16 所示为一个独立的混合风能—太阳能—燃料电池能源系统原理图，以及相关的电力电子转换器（交流/直流、直流/交流和/或直流/直流）。风能/太阳能所发的电供给到负载，其他所有额外可用的电力首先会给电池充电，然后供给到电解槽生成氢气，氢气被分别压缩和存储在容器和备用

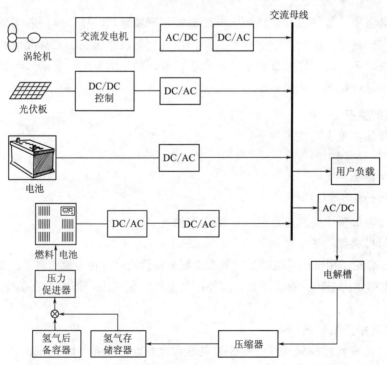

图 6.16　独立的混合风能—太阳能—燃料电池能源系统原理图

容器中。期间，当风能和太阳能发电不足以供应负载时，氢燃料可为燃料电池供电以便其发电。

还可以使用生物质能，通过生物质气化生产氢气。农业耕作产生的农作物和有机废料生物能源，以及木材加工的有机废弃物（通常被称为生物质残留物）可以转换成氢气。从以上能源来看，制氢最根本的能源是太阳能。

综上所述，制氢技术目前面临的挑战是其制造过程效率较低，成本较高。假设风能和太阳能转化系统的效率在30％左右，电解槽的效率约为50％，那么风能和太阳能制氢的效率则在15％左右。由于生物质中氢含量和能量相对较低，因此生物质—氢气的能量转换效率更低。

氢气也可以直接通过太阳—热能转换系统以更高的效率来产生。水（蒸汽）在2000℃下可以分解成氢气和氧气，且不需要通电；高温蒸汽可以从高密度的太阳能电厂获得。

6.6.2　氢气的安全性

氢气会在未来世界能源中起到十分重要的作用。如果处理得当，氢的生产、存储以及配送都被认为是相对安全的[4,5]。氢气比空气轻14.4倍，上升速度约为20m/s（45m/h），并迅速稀释和蒸发；它比天然气在空气中扩散速度快3.8倍，上升速度大概高了6倍。因此，如果氢气被意外释放，就会迅速向上升起并扩散，与汽油相比，则质量更重，传播更慢。此外，氢燃烧排放是清洁的，只产生水蒸气。基于上述特点，如果处理得当，氢气使用会很安全，很有潜力成为未来零排放首选燃料。

6.7　氢经济

氢经济在很大程度上依赖氢气，因为商业燃料可以为国家提供大量的能源和服务。如果能够以环保的方式，更经济地从国内能源中生产氢气，那么这一愿景肯定可以成为现实。燃料电池技术也可以变得更加成熟和经济，燃料电池和燃料电池汽车才可以获得市场份额，才能与常规发电设备和运输车辆相竞争。由于对石油和煤炭作为常规能源依赖的降低，整个世界都将受益，通过进一步降低碳排放，环境质量会得到提升。然而，在这一设想成为现实之前，要过渡到这一经济社会情况，还必须战胜许多技术、社会和政策难题。

氢是一种能量存储介质，即一种能量载体，而不是一种初始能源。在各种各样的应用中，它有作为燃料来使用的潜力，包括燃料电池发电设备和燃料电池汽车。由于它是易燃气体，因此可以作为燃料用在传统内燃机中，以生产机械能或电能。在这种情况下，其整体能源效率高于使用传统柴油或汽油等燃料的内燃机。此外，与传统内燃机不同，传统内燃机在燃烧时，会排放污染气体。而氢作为动力的内燃机、燃料电池、燃料电池汽车只排放水蒸气。正由于这些原因，达成氢经济是可以实现的。然而，过渡到氢经济阶段，需要克服多重挑战，与汽油和天然气相似，需要大规模的基础设施建设，以及考虑氢的生产和储存成本。我们要以坚定的信念和不懈的研究来战胜这些挑战。例如20世纪初传统汽车刚刚出现时，还没有任何汽油供应的设施，人们只能在药店购买数量有限的汽油。铭记这些，可以给我们希望，使氢经济社会能在未来成为现实。最近，页岩气兴起，其始于2005年，这使得氢经济实现会比之前更有希望。

可再生能源如风能和太阳能，以及其他类型的再生资源，都可用来发电以用于氢的生产，也都是环保的选择。特别是太阳能表面可用总功率可达近似85000TW（85000×10^{12}W）[6]，远超人类的需求，而目前所用大约仅为15TW。这对人类生产可持续的电力（太阳能或太阳能热）非常有益，或可以直接使用光热能来制造氢气，用于燃料电池发电和为内燃机提供燃料。图6.17所示为一个氢经济社会的愿景示意图，图中各种不同的、不可调度的可再生能源都用于氢的生产和存储。

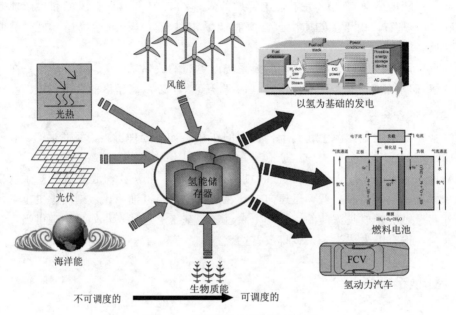

图6.17　氢经济社会的愿景示意图

参考文献

[1]　Nehrir MH，Wang C. Modeling and control of fuel cells：distributed generation applications. Hoboken，New Jersey：IEEE Press – Wiley；2009.

[2]　O'Hayre R，Cha S，Colella W，Prinz F. Fuel cell fundamentals. New York：Wiley；2006.

[3]　Larminie J，Dicks A. Fuel cell systems explained. 2nd ed. Hoboken，New Jersey：John Wiley & Sons，Ltd；2003.

[4]　Abott D. Keeping the energy debate clean：how do we supply the world's energy needs. Proc IEEE 2010；98（1）：42 – 66.

[5]　Das LM. Safety aspects of a hydrogen fueled engine system development. Int J Hydrogen Energ 1991；16（9）：619 – 24.

[6]　Bull SR. Renewable energy today and tomorrow. Proc IEEE 2001；89（8）：1216 – 21.

7 地 热 能

Tubagus Ahmad Fauzi Soelaiman
Mechanical Engineering Department，Faculty of Mechanical and Aerospace
Engineering，Thermodynamics Laboratory，Engineering Centre for Industry，
Institut Teknologi Bandung，Bandung，Indonesia

7.1 引言

地热能这一术语是从希腊语派生而来，"ge"表示地球，"therme"表示热，"energos"表示主动的或是做功的[1]。因此可以将地热能看作是从地球内部获取的活跃热能。

如果地热能供大于求，就可以认为地热能是可再生的。与其他可再生能源（太阳能、风能、生物能、水能以及海洋能等）相比，例如：与风能相比，地热能具有高能量密度，所以是一种理想能源；与太阳能相比，人们可以源源不断地获取地热能；但是地热能并不能像煤、石油、天然气等化石燃料那样长距离运送或输出，必须要在原地直接利用地热能的热量或者利用地热能发电。

靠近太平洋火山带的地区大多都有地热能，在这些火山带地区地壳构造板块相互碰撞。这些地区因为地热能而受益，但同时也面临着火山喷发的风险。

从地质学角度看，地热能的存在形式有：火山、熔岩流、间歇泉（间歇性向空气中喷水的温泉）、火山喷气孔（释放干燥蒸汽或者潮湿蒸汽的小孔洞）、温泉（释放热水/温水的泉眼）、暖池（温度高于周围环境温度的池子，这说明在这里的地表下存在地热源）、热湖（面积较大的暖池）、泥浆池（热泥池，通常地表上会出现二氧化碳气泡）、冒汽地面（释放蒸汽的地表）、微热地面（温度高于周围环境温度的地表）以及硅华（银色的二氧化硅凝结物，这种凝结物会形成硅华平面或者由沉淀硅石形成的平面）[3,4]。这些表现形式表明地热能是可以利用的，并且可以从地表以下开发利用。

图 7.1 所示为典型的地热田。从地球的中心来看，距离地球表面最近的岩浆如图 7.1 所示。这种岩浆会凝固成火成岩、不透水岩，如果在地表上的就称为火山岩。岩浆通过热传导使火成岩变热，然后通过对流给水库里和渗水岩中的地下水加热。在水库四周岩石顶端覆盖着不渗水盖岩。岩石可能有裂缝，为加热的水库排气。排放的形式多是自然形成的间歇泉、火山排气孔或者温泉；利用地热电厂的生产井可以有效利用排放出来的热气。利用回注井，冷却的液体会重新流回地下。

岩浆产生的蒸汽称为岩浆蒸汽，由岩浆加热的地下水形成的蒸汽称为陨石蒸汽[4]。

地热源会产生蒸汽，但并不是所有的地热源都会产生蒸汽。一些地热源产温水，还有

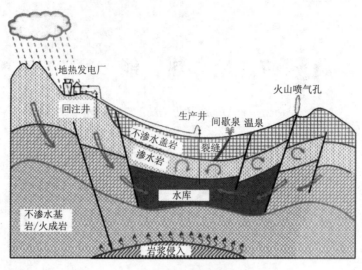

图 7.1　典型的地热田

一些地热源不产水，只是一些干热岩。根据能源来源，地热源通常分为水热源、地压源和气热源[4]。

水热源系统就是由热岩加热的水组成，如果把水加热直到产生大量蒸汽，就称为蒸汽型水热源系统。如果大部分的水仍然是液体，就称为液体型水热源系统[4]。

地压源系统就是利用位于地表下深层的水库，水库在地下 2000～9000m，温度低（大约160℃），压力强（大于 1000bar）。水库中盐度很高，在 4%～10%，并且内部富含天然气，其中大部分甲烷可以用于发电，水库中水的热能也可以用来发电[4]。

气热源系统不包含自然生成的水。热源以干热岩的形式存在，用水泵把水注入破碎的干热岩中时可以提取热量，这一过程产生的蒸汽可用于发电[4]。

7.2　地热能的利用和种类

在林达尔图表中可以看到一些地热能的利用，但是并不仅限于此。人们对 1973 年原版的林达尔图表不断进行修改[5]，衍生成了几种不同的形式，图 7.2 所示为其中一种[6]。从图表中可以得知，热源或者水库的低温可用于家用热水、温室、制铜、土壤加温、养鱼等。与此同时，发电厂中的蒸汽轮机和发电机可以利用高温水库来发电，输电线可以将产生的电能传输给用户。

利用地热能的热能来洗澡、供暖、种植花草等，就是直接利用地热能。将地热能通过热力循环的形式转换成电能，就是间接利用地热能。

7.2.1　地热能的直接利用

直接利用其热能就是对地热能的直接利用形式，这是最古老也是最常见的利用地热能的形式。长久以来，人们都是在自然形成的水池里或者湖里洗澡，这些水池和湖都是由地热资源加热的。地热能可以给水、蒸汽和海水加热，同时也可以直接用于空间加热、集中

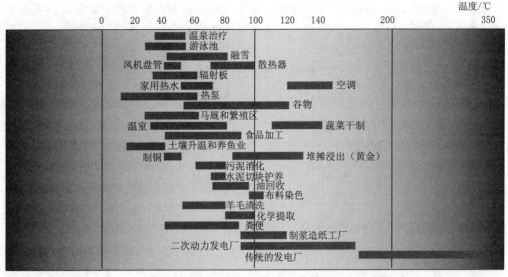

图 7.2　林达尔图表，改编自参考文献［6］

供暖、融雪、道路除雪、农业用加热或干燥等，特别是在寒冷的国家。

7.2.1.1　空间加热和物体加热

利用地热能给空间和物体加热是地热能最常见的利用方式。通过地热能加热的蒸汽、水和盐水可以将热能传递到空间中或者某一物体上，这个空间或者物体的温度就会升高或者是保持不变。人们可以从地热流体中直接获取热能，或者利用这些地热流体来给其他流体加热，例如水或者空气，然后就可以给空间或者物体进行加热。如果使用其他流体，那么整个系统就会变得更加复杂，但是人们可以更加准确、更加简单地来控制温度。除此之外，使用其他流体可以避免地热流体的不良属性，例如有些地热流体是具有腐蚀性的。

图 7.3 所示为在冰岛雷克雅未克利用地热能集中供暖的例子。三口生产井用 80℃ 的地热能给房子供暖，流到排水管的冷却后的液体也有 35℃。

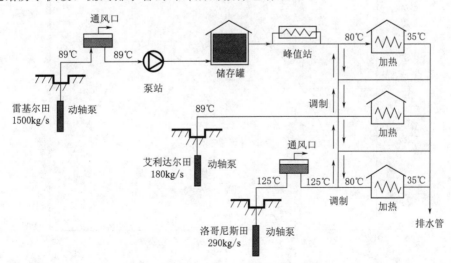

图 7.3　冰岛雷克雅未克在集中供暖系统中直接利用地热能的例子，改编自参考文献［6］

83

如图 7.4 所示，利用环形结构中的管道系统可以从地下提取热能。如果可以获得地下空间，在地下挖足够深的沟渠，利用一个水平环形结构可以获取恒定不变的温度；如果地下空间有限，可以在地下钻井，然后使用垂直的环形结构管道；如果附近有池塘，可以将环形管道埋在池塘的地表下，这样就可以减少挖沟的成本；如果有地下水的话，可以通过水泵抽取温水，用于加热整个系统，然后冷却的水可以流入池塘中。

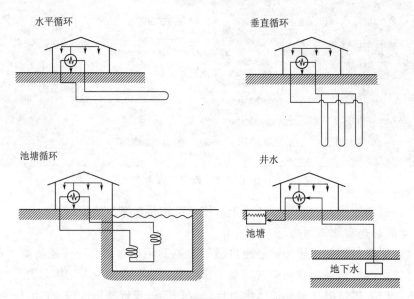

图 7.4 地热加热的几种管道线路环形结构图，改编自参考文献 [7]

在农业方面，众所周知的是在特定环境温度下，某些植物会迅速生长。例如图 7.5 所示的莴苣、西红柿和黄瓜[6]。当然，其他的一些变量对植物的生长也很重要，例如土壤

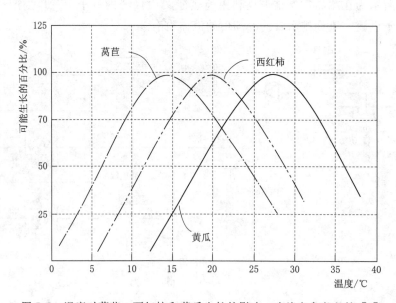

图 7.5 温度对莴苣、西红柿和黄瓜生长的影响，改编自参考文献 [6]

的类型、光照量、二氧化碳浓度、空气和土壤的湿度以及空气流动。在一个可控的封闭空间内对这些变量做出调整，可以在任何季节、任何天气条件下种出很好的农产品，食品安全也更有保障。

在温室中，可用地热能给这些植物和其他农产品加热升温，使环境温度达到最适合生长的温度。还可以设计一些管道系统，如图7.6所示，这些管道用于处理自然的和强制的空气流动。在Soelaiman的研究中可以找到一些其他将地热能直接用于农作物中的例子，例如椰子干制、咖啡干制、可可干制、棕榈糖生产以及蘑菇生产[8]。

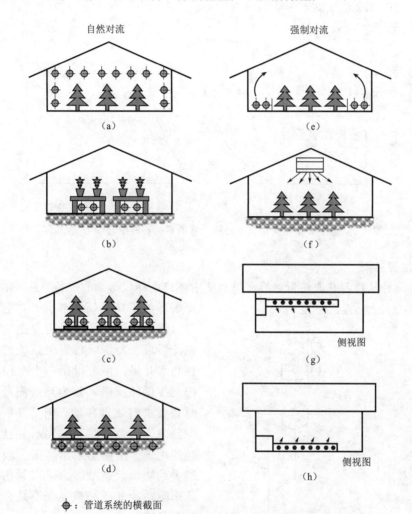

图7.6　温室中利用管道系统进行地热加热的例子
自然空气流动（自然对流）环境中的加热装置：（a）空中管道加热；（b）在板凳上加热；（c）空气加热的低位加热管；（d）土壤加热。强制空气流动（强制对流）环境中的加热装置：（e）侧位；（f）空中风扇；（g）高位管道；（h）低位管道

周围环境温度对家畜和水生生物的生长也会产生影响。图7.7所示为几种家畜和水生生物的增长百分比，一些在控制温度环境中生长的常见水生生物有鲤鱼、鲶鱼、鲈鱼、罗

非鱼、胭脂鱼、鳝鱼、鲑鱼、鲟鱼、小虾、龙虾、小龙虾、螃蟹、牡蛎、蛤蜊、扇贝、蚌、鲍鱼等[6]。人们在利用图 7.4 中所示的类似装置后，可以利用地热能来获得农场或池塘最适合生物生长的温度。

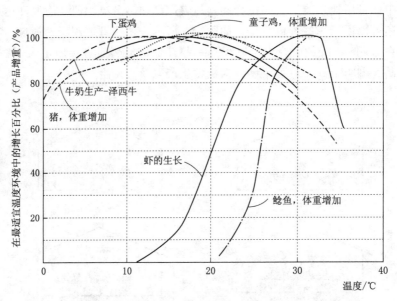

图 7.7　温度对食用类动物生长或产量的影响，改编自参考文献［6］

7.2.1.2　地源热泵

热泵是一种从冷源获取热量然后在热水槽中将热量释放出来的设备。热泵的工序和制冷循环的工序相反。事实上，空调系统也可以作为热泵使用，只需要把空调系统的制冷器放在冷源，将空调系统的蒸发器放在热水井里。但可以用一个专门的阀门来把制冷循环反向调整为热泵循环，而不是对装置进行物理移动。图 7.8 所示为利用地热源为热泵加热家庭用水并且给房间供暖的例子。使用热泵给房间供暖可以消耗较少的能源，这是因为可以利用少量的电能来驱动冷却压缩机，而不是直接用电为房间供暖。

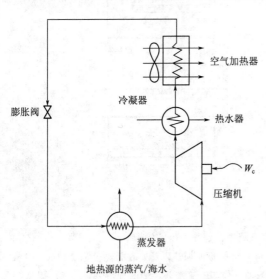

图 7.8　家用热泵用于烧水和加热空气

可以利用热泵从房子外面获取热量，然后将热量在房子里释放。但是在冬天，户外的空气温度非常低，室内外温差很大，热泵需要做更多的功。与此同时，地面几米以下的土壤层，其温度通常会保持恒定，大概是 13℃（55°F）。所以，热泵可以从比较温暖的地下获取热量，而不是从户外的冷空气中获取热量，这样就会减少给房子加热所消耗的能量。图 7.9 所示为使用热泵进行地热供暖的示意图[9]。

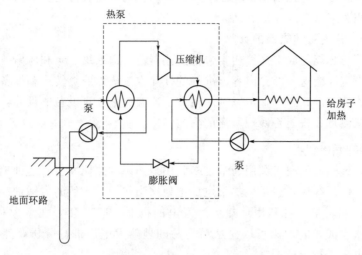

图 7.9 地源热泵示意图，改编自参考文献 [9]

7.2.1.3 地热制冷

夏季空气的温度高（25～40℃），下层土的温度低（约 13℃），水和空气会被注入或者吹到地下，温度降低，然后重新送到一个空间中或者一个物体内，利用换热器来制冷。这个循环装置和图 7.4 很相似，但是这种装置是用来制冷的。这是一种地面制冷装置，相比室外空气温度，这种装置利用了温度更低的下层土。

也可以把地热能用作吸收式制冷循环的热源。图 7.10 所示为吸收循环的一个例子，其中氨（NH_3）是制冷剂，水（H_2O）是吸收剂，或者可用水作为制冷剂，用溴化锂（LiBr）作为吸收剂。图 7.10 显示的是利用地热能给发电机加热，用蒸汽装置给空间或者

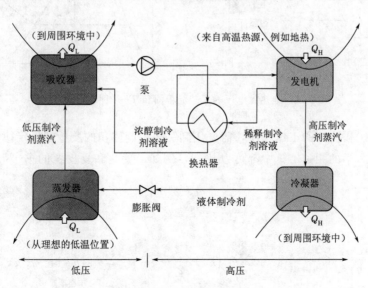

图 7.10 利用地热能作为热源的吸收式制冷循环

物体降温。和利用压缩机的蒸汽制冷相比，吸收式制冷装置利用泵，所以运行成本更低。本书并没有完全解释吸收式制冷系统的工作原理，如果想要获得更多信息，请参考热力学和制冷系统的相关书籍。

7.2.1.4 关于直接使用地热能的计算

对直接利用地热能的成本测算通常包括换热器、管道系统、泵和风扇的尺寸及原材料选择。本书也没有介绍这一部分内容。准确的计算方法请参照热转换和设备尺寸的相关书籍。当已知工作流体的状态时，可以利用对数平均温差来计算设备的尺寸，也可用转移单位数量计算法来测算设备能否实现所需的热能转换。

7.2.2 地热能的间接利用

如上所述，地热能的间接利用通常是指利用地热源的热能发电。这种地热发电厂基本上和蒸汽动力发电厂很像，但是地热发电厂把地球当作一个天然的大锅炉。皮耶罗·吉诺里·康迪王子发明了第一台利用地热蒸汽发电的机器，1904 年，在意大利的拉德瑞罗，这台机器第一次完成发电[6]。可以先从最简易的地热发电厂进行分析，然后再对更复杂系统的地热发电厂进行分析。

7.2.2.1 最简易的地热发电厂

在最简易的地热发电厂中，从地热井中获取的蒸汽经过涡轮机后膨胀，给发电机提供发电的动力。图 7.11 所示为这种地热发电厂的工艺流程图和 T—s 图表的流程图。通过练习才能画出 h—s 和 P—s 图表的流程图。

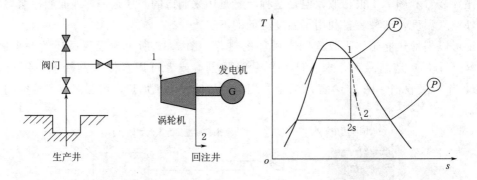

图 7.11　地热发电厂的工艺流程图和 T—s 图表的流程图

为了分析工作流体的工作程序，需要用到关于控制体积的质量守恒定律和能量守恒定律，这些在热力学的相关书籍中都可以找到，例如，莫兰和夏皮罗的书[10]。这两条定律可以表示成

$$\frac{\mathrm{d}m_{CV}}{\mathrm{d}t} = \sum \dot{m}_i - \sum \dot{m}_e$$

$$\frac{\mathrm{d}E_{CV}}{\mathrm{d}t} = \dot{Q}_{CV} - \dot{W}_{CV} + \sum \dot{m}_i \left(h_i + \frac{V_i^2}{2} + gz_i \right) - \sum \dot{m}_e \left(h_e + \frac{V_e^2}{2} + gz_e \right)$$

在稳态条件下，液体状态不会随时间而改变，所以有

$$\mathrm{d}m_{\mathrm{CV}}/\mathrm{d}t = 0 \quad \mathrm{d}E_{\mathrm{CV}}/\mathrm{d}t = 0$$

$$\sum \dot{m}_{\mathrm{i}} = \sum \dot{m}_{\mathrm{e}}$$

$$0 = \dot{Q}_{\mathrm{CV}} - \dot{W}_{\mathrm{CV}} + \sum \dot{m}_{\mathrm{i}}\left(h_{\mathrm{i}} + \frac{V_{\mathrm{i}}^2}{2} + gz_{\mathrm{i}}\right) - \sum \dot{m}_{\mathrm{e}}\left(h_{\mathrm{e}} + \frac{V_{\mathrm{e}}^2}{2} + gz_{\mathrm{e}}\right)$$

将涡轮机的数值代入这些方程式中，假设在涡轮机中没有质量流失，则质量守恒定律可以写成

$$\dot{m}_{\mathrm{i}} = \dot{m}_{\mathrm{e}} = \dot{m}$$

假设涡轮机是隔热的（没有热损耗），并且动能和势能的变化很小，可以忽略不计，那么涡轮机的能量守恒定律可以表示成

$$\dot{W}_{\mathrm{T}} = \dot{m}(h_{\mathrm{i}} - h_{\mathrm{e}}) = \dot{m}(h_1 - h_2)$$

如果在实验中可以获取涡轮机的等熵效率 η_{i}，那么涡轮机实际所做的功可以表示为

$$\dot{W}_{\mathrm{T}} = \eta_{\mathrm{i}} \dot{m}(h_1 - h_{2\mathrm{s}})$$

一台干燥的涡轮机的等熵效率 η_{td} 通常为 85%，但是在地热发电厂中，几乎可以肯定的是涡轮机里存留的蒸汽位于两相共存区。根据鲍曼定理[11]，平均 1% 的水分会导致涡轮机的工作效率降低 1% 左右。下列不等式是计算一台潮湿涡轮机近似工作效率的方法[11]

$$\eta_{\mathrm{tw}} = \eta_{\mathrm{td}} \frac{x_{\mathrm{in}} + x_{\mathrm{out}}}{2}$$

因为蒸汽的质量很小而且蒸汽中存在杂质，所以蒸汽无法直接在涡轮机中使用，这也是较少使用最简易地热发电厂的原因所在。在实际操作中，通常需要一个分离器把蒸汽中的水滴弄干，并且除去蒸汽中的杂质，蒸汽在源头附近，或者在蒸汽收集装置中，这种收集装置从不同的源头收集蒸汽。假设在分离器中没有质量流失（分离器排放的盐水和固体可以忽略不计），由于分离器中有好的绝缘体，所以分离器是隔热的，动能和势能的变化可以忽略，那么就可以认定分离器在工作过程中焓的值是恒定的（等焓的）。所以，质量守恒定律和能量守恒定律可以表示成

$$\dot{m}_{\mathrm{i}} = \dot{m}_{\mathrm{o}} = \dot{m}$$

$$h_{\mathrm{i}} = h_{\mathrm{o}} = h$$

如果分离器不断释放液体或盐水，那么分离器也会从干燥的蒸汽中将液体分离出来。所以，分离器工作的过程中，等焓压力下降，蒸汽压力保持恒定（等压的），而且会有液体分离。图 7.12 所示为装有这种分离器的最简易地热发电厂的示意图和流程图。

【例 7.1】
画出图 7.12 中所示的循环过程的 h—s 图和 P—h 图。

解决方案
按照图 7.13 中所示的装有分离器的最简易地热发电厂的 h—s 图、P—h 图、等焓线、等压线和等熵线，画出即可。

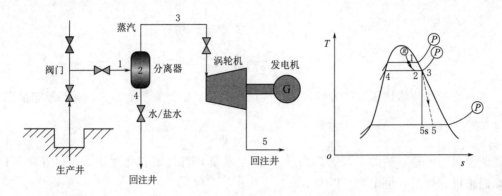

图 7.12 装有分离器的最简易地热发电厂的示意图和流程图

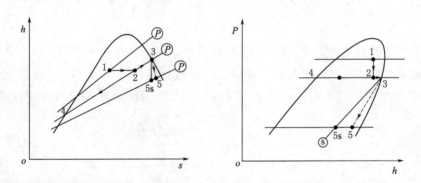

图 7.13 装有分离器的最简易地热发电厂的 $h—s$ 图和 $P—h$ 图

【例 7.2】

蒸汽经过生产井的阀门之后，以 $\dot{m}=400\text{t/h}$ 的流速进入分离器中，压力为 12bar（绝对值），且 $x=70\%$。如果分离器内的压力值降低了 2bar，那么干燥涡轮机的等熵效率则为 85%，如果蒸汽以 1~0.6atm 膨胀，请计算涡轮机所产生的能量，并就结果进行讨论。

解：

整个循环过程的示意图和 $T—s$ 图表与图 7.12 相似。

质量的流动速度（$\dot{m}$）为 400t/h 或者 400t/h×(1000kg/t)×(1h/3600s)＝111.11kg/s。

当压力为 12bar、$x=70\%$ 时，通过 $h_1=h_f+x(h_g-h_f)$ 可计算出 h_1 的值。在蒸汽特性表和蒸汽计算器中都可以找到蒸汽的热力学特性。例如，通过以下网址便可找到蒸汽计算器：http://www.peacesoftware.de/einigewerte/calc _ dampf.php5。将压力＝12bar 输入到"饱和蒸汽热力学特性的计算"一栏中，按回车键或者点击菜单上的"计算"键，即可计算出蒸汽的热力学特性。

计算 $h_1=h_f+x(h_g-h_f)=798.49+(0.70)\times(2787.77-798.49)=2188.186\text{kJ/kg}$。

设压力下降值为等焓压力值，那么 $h_2 = h_1 = 2188.186$ kJ/kg。

当质量为 2，$x_2 = (h_2 - h_f)/(h_g - h_f) = (21.88.186 - 792.68)/(2777.12 - 762.68) = 0.7032$，或者 70.32%，和点 1 相比，质量有少量增长。

在在线蒸汽计算器"饱和蒸汽热力学特性的计算"一栏中输入 10bar，可以得到饱和线的特性。$s_2 = 10$bar 时，计算 $s_2 = s_f + x(s_g - s_f) = 2.1384 + 0.7032 \times (6.5849 - 2.1384) = 5.2651788$ kJ/(kg·K)。

因为等熵是最理想的，所以点 3 的熵值和点 2 的熵值相等，因此，$s_{3s} = s_2 = 5.2651788$ kJ/(kg·K)。那么这一点的蒸汽质量就可以按照以下方法计算：$x_{3s} = (s_{3s} - s_f)/(s_g - s_f) = (5.2651788 - 1.067)/(7.35438 - 1.3067) = 0.6545$（65.45%）。

在 1atm（1.01325bar）中，求得涡轮机出口处的饱和热力学特性。然后把 1.01325bar 作为压力值输入，利用所获得的饱和特性，可以计算 $h_{3s} = h_f + x(h_g - h_f) = 418.9907 + 0.6545(2675.53 - 418.99) = 1895.896$ kJ/kg。

所以，假设涡轮机的等熵效率为 85%，那么涡轮机的功率为：

$$\dot{W}_t = \dot{m} \times (\eta_{iT})(h_2 - h_{3s}) = 111.11 \text{kg/s} \times 0.85 \times (2188.186 - 1895.896) =$$
27604.85 kJ/(kg·s) $= 27$MW。

如果将涡轮机出口的空气抽空到 0.6atm（0.61bar），利用压力值为 0.61bar 的特性：

$$x_{3s} = (s_{3s} - s_f)/(s_g - s_f) = (5.2652 - 1.1502)/(7.5255 - 1.1502) = 0.6455$$
（64.55%）。

$$H_{3s} = 361.261 + [0.6455(2,653.5525 - 361.621)] = 1841.06 \text{kJ/kg}。$$

$$\dot{W}_T = 111.11[0.85(2188.186 - 1841.06)] = 32783.79 \text{kJ/(kg·s)} = 33\text{MW}。$$

要注意的是，将涡轮机出口的压力从 1atm 降低到 0.6atm，那么涡轮机的功率就会增加 6MW 或者 22%，即从 27MW 增加到 33MW。大多数现代地热发电厂会使用冷凝器来降低涡轮机出口处的压力，目的是增加涡轮机的功率，同时也提高整个循环过程的效率。通过蒸汽喷射泵或者液环真空泵，可以将冷凝器中的空气抽空。

从向涡轮机供给蒸汽的状态来看，地热发电厂有以下类型：

（1）直接干燥蒸汽式。

（2）一次闪蒸蒸汽式。

（3）二次闪蒸和多次闪蒸蒸汽式。

（4）二次循环或有机朗肯循环。

（5）卡琳娜循环。

（6）全流装置。

（7）混合系统。

（8）干热岩。

7.2.2.2 直接干燥蒸汽式地热发电厂

如果涡轮机使用的蒸汽是干燥的（质量 $x = 100\%$），那么蒸汽就可以直接进入涡轮机，和最简易的地热发电厂中相同。除此之外，涡轮机内焓值降低，有利于提高涡轮机的功率，所以人们可以增加一台冷凝器来降低涡轮机出口处的压力。为了降低温度，需要注入冷却水，这样才能减小冷凝器的压力。冷却塔可以给冷凝水降温，冷却塔水池溢出来的水可以排放到河里。但是排出来的水仍然是温的，把温水排放到河里使河流的生态系统发生变化，所以溢出来的水通常会再次注入回注井中。为了降低成本，回注井可以利用一个在水库外围较低的生产井或者不用的生产井。回注井应该建在离水库比较远的地方，这样在短期或长期内就不会降低水库的温度。图 7.14 所示为直接干燥蒸汽式地热发电厂的示意图和 $T—s$ 图。需要注意的是，图中分离器的工作流程图是在连续分离液体和蒸汽的前提下制作的。如果压力变小，分离器的排放忽略不计的话，那么流程图中的点 1 就与点 3 处于同一位置。

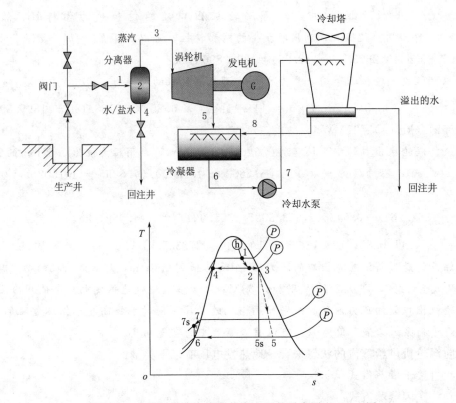

图 7.14 直接干燥蒸汽式地热发电厂的示意图和 $T—s$ 图

发电厂的质量守恒定律和能量守恒定律可以表示成

涡轮机：

$$\dot{m}_3 = \dot{m}_5$$

$$\dot{W}_T = \dot{m}_5(h_3 - h_5) = \eta_i \dot{m}_5(h_3 - h_{5s})$$

冷凝器：

$$\dot{m}_5 + \dot{m}_8 = \dot{m}_6$$

$$\dot{m}_5 h_5 + \dot{m}_8 h_8 = (\dot{m}_5 + \dot{m}_8)h_6$$

式中　h_8——饱和液体在环境压力下的焓值；

　　　h_6——饱和液体在冷凝器压力下的焓值。

7.2.2.3　一次闪蒸蒸汽式地热发电厂

低质蒸汽含有很多水，其质量值 $x=0$ 或 $x\approx0$，这种蒸汽也不能直接注入涡轮机中，因为蒸汽里的水滴会缩短涡轮叶片的使用寿命，特别是在最开始的阶段。为了避免出现这样的情况，低质蒸汽的压力可以迅速降低，生成干燥的蒸汽，然后将蒸汽分离出来注入涡轮机中。但是多余的水要再次注入回注井中。从冷凝器中排出蒸汽的程序和地热式发电厂一样。一次闪蒸过程中理想的热力学过程应该是等焓的，分离过程应该是隔热的，如图 7.15 所示。

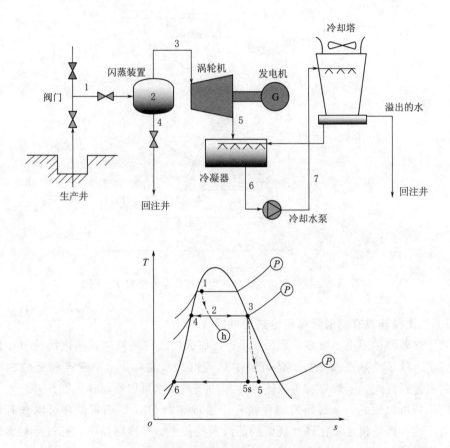

图 7.15　一次闪蒸蒸汽式地热发电厂的示意图和 $T—s$ 图

这种电厂的热力学分析和直接干燥蒸汽式地热发电厂相似，计算出输出功率和电厂效率就可以得出每个组成元件的质量和能量平衡。

7.2.2.4　二次闪蒸和多次闪蒸蒸汽式地热发电厂

如果低质蒸汽的压力足够高，那么蒸汽就可以进行二次闪蒸，即对第一次蒸汽溢出来的水再进行一次闪蒸。将经第一次蒸汽之后的饱和蒸汽注入高压涡轮机中，再将二次闪蒸之后的饱和蒸汽注入低压涡轮机中。两种涡轮机可以前后相连，用相同的转速使发电机转动，两者也可以分开。涡轮机需要更多的蒸汽，所以要用更复杂、更昂贵的系统来提高整套系统的功率输出。从理论上来说，也可以制造三次闪蒸、四次闪蒸或者多次闪蒸蒸汽系统。图 7.16 所示为二次闪蒸式地热发电厂的示意图和 $T—s$ 图。

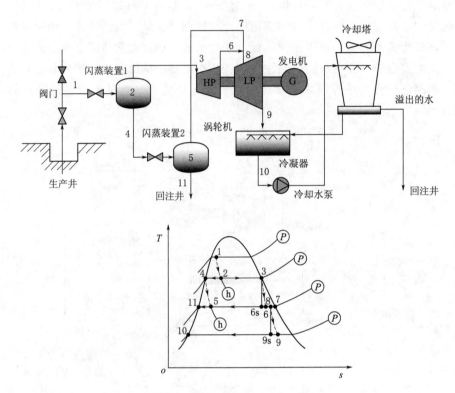

图 7.16　二次闪蒸蒸汽式地热发电厂的示意图和 $T—s$ 图

7.2.2.5　二次循环或有机朗肯循环地热发电厂

如果地热蒸汽的温度不够高，低于 200℃，那么把这种蒸汽注入蒸汽涡轮机中使用就不够经济了。除了地热蒸汽之外，还可以用热蒸汽、水或者盐水给沸点较低的二次水加热，二次水包括丙烷、丁烷等有机流体。冷却的蒸汽和水可以重新注入回注井中。与此同时，有机流体可以形成一个封闭的朗肯循环，通常称为 ORC，朗肯循环可以在有机涡轮机中做功。这种涡轮机通常比同等规模的蒸汽涡轮机小。在冷凝器中，通过冷却水或者冷却的空气将做功的流体冷却下来。

图 7.17 所示为朗肯循环的工艺流程示意图和流程图。蒸发器可以给有机流体加热，直到流体变成饱和液体（点 4′）或者过热液体（点 4′）。需要注意的是，在退变质流体中，例如正丁烷、异丁烷、正戊烷和异戊烷，$T—s$ 图的右侧会出现曲线，意味着涡轮机的输出通常会出现在过热区域。

7.2.2.6　卡琳娜循环地热发电厂

除了有机朗肯循环，还有一种卡琳娜循环。这种循环由亚历山大·卡琳娜博士在 20 世纪 70 年代时提出，主要利用由沸点不同的两种流体组成的溶液。卡琳娜循环中最常见

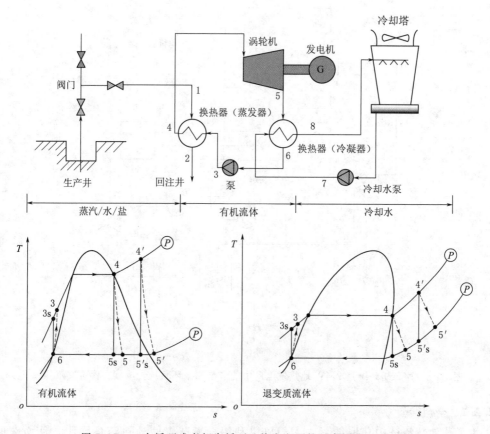

图 7.17　二次循环或者朗肯循环地热发电厂的示意图和 T—s 图

的两种液体工作介质是氨和水，但也可以将其他液体作为工作介质。封闭的循环系统利用地热井内低温的蒸汽、水或者盐水给液体工作介质加热，在封闭的换热器中用冷却水或者冷却空气给液体工作介质降温。

以两种沸点不同的液体为工作介质，这种溶液会在一定的温度范围内沸腾或者冷却，这样就可以从地热流体中获取更多的热量，所获取的热量比利用一种液体工作介质要多。可以根据热量的输入温度，通过调整溶液中两种液体的比例来调整溶液的沸点范围。所以，加热过程中液体工作介质的平均温度要更高一些，冷却过程中的平均温度要低一些，从而使循环系统的效率更高。图 7.18 所示为简易的卡琳娜循环系统。稍微复杂一些的卡琳娜循环带有更多的分离器和复热器，效率更高，但是系统更复杂，成本也更高。

冰岛的胡萨维克学院利用卡琳娜循环可实现 2MW 的发电功率以及 20MW 的热能功率，在德国 Unterhatching 学院（临近慕尼黑），有学者利用卡琳娜循环实现了 3.4MW 的发电功率和 38MW 的热能功率[12,13]。

卡琳娜循环不仅在地热发电厂中得以应用，在其他电厂的工作流程中也都得到了应用，加热过程和冷却过程都是在工作介质为液态或者气态时进行的，在这一过程中，系统温度时而上升，时而下降（同一阶段内温度不会发生变化，保持恒定）。

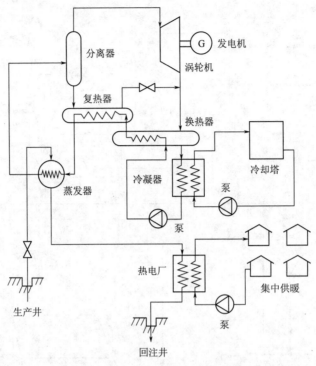

图 7.18 冰岛胡萨维克 2MW 地热发电厂中的卡琳娜循环系统，改编自参考文献〔12〕

7.2.2.7 全流装置

为了从地热流体中获取能量，人们可以利用全流装置使地热流体膨胀，从而获取能量，使发电机运行。虽然这样做效率很低，但是这种装置一般情况下不需要额外的复杂设备。全流装置包括[14]：

（1）水热电力公司的原动机：盐水扩张器。

（2）罗伯特森发动机。

（3）无叶片涡轮（例如特斯拉涡轮机）。

（4）凯勒转子摆动叶片机。

（5）阿姆斯特德—海洛涡轮机。

（6）重力循环机。

（7）电子气体动力装置。

（8）总流量冲力式涡轮机。

（9）双相涡轮机。

参考文献〔14〕简要介绍了这些装置。

7.2.2.8 混合系统

在混合系统中，地热能可以用作化石燃料发电厂的预热能源，从而降低锅炉运行所需的燃料成本。在另外一种混合系统中，可以用化石燃料给地热流体加热，使之达到过热状态，从而增加地热发电厂的输出功率和效率。只有在靠近地热资源和化石燃料的地方，这种系统才可以得到很好的利用。这两种混合系统的工艺流程图和 T—s 图分别如图 7.19 和图 7.20 所示。

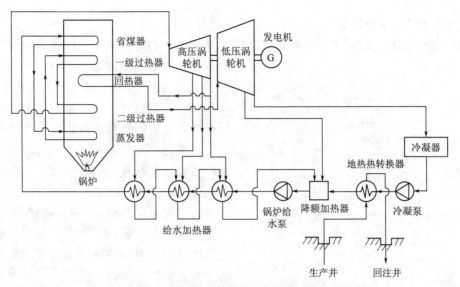

图 7.19 混合系统：用地热能预热的化石燃料发电厂

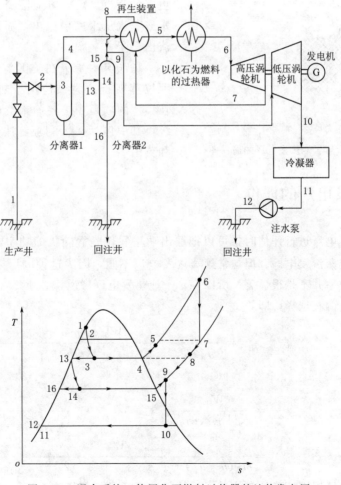

图 7.20 混合系统：使用化石燃料过热器的地热发电厂

7.2.2.9 干热岩地热发电厂

干热岩，也称为增强型地热系统，是地热系统的一部分。干热岩中没有自然生成的水，岩浆只能给干热岩的上方加热。为了开发利用干热岩的热能，要在岩石上打两口井。一口井用于把地表的水运送到干热岩中，水加热后，生成的蒸汽会沿第二口井上升到地面上的涡轮机中（图 7.21）。其他的装置和发电厂装置（包括直接干燥蒸汽、二次闪蒸或者有机朗肯循环）相同。

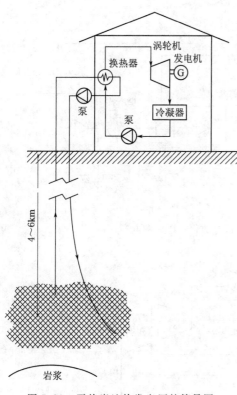

图 7.21　干热岩地热发电厂的简易图

为了增强岩石和水之间的热量传递，可以用泵将水注入岩石，这样岩石在受到水的压力之后会分裂成碎块，或者可以采取可控的方法先将岩石爆破。岩石经爆破之后变成小块的岩石，从而更有效地给水加热，生成更多的蒸汽。爆破时应注意不要产生裂缝使水或蒸汽从水库中流出，而应从打好的井中流出。

1970 年，有人在美国新墨西哥州的洛斯阿拉莫斯首次尝试使用干热岩系统。随后，在类似的项目中，各国都尝试使用了这种系统，其中包括澳大利亚、法国、德国、日本和英国[4]。

7.3　地热发电厂的评价

在对地热发电厂进行评估时，可以把输出功率看作是涡轮机的功率，或者记作 $\dot{W}_T$，即没有泵的常规蒸汽发电厂。但与常规蒸汽发电厂不同，因为这种电厂把地球当作锅炉，所以发电厂的效率并不是很显著。所以，对于地热发电厂来说，必须要给出一个新的关于效率的定义。有两种选择，即

$$\eta_{\text{geothermal power plant}} = \frac{\dot{W}_T}{(\dot{m}_h)_{\text{steam exiting the well}} - (\dot{m}_h)_{\text{fluid reinjected}}}$$

或

$$\eta_{\text{geothermal power plant}} = \frac{\dot{W}_T}{\text{入口蒸汽的㶲}}$$

$$= \frac{\dot{W}_T}{\dot{m}[(h-h_o)+T(s-s_o)+(V^2/2)+gz]_{\text{inlet steam}}}$$

其中，下标 o 表示周围环境处在停滞不动的状态，通常指气压为 1atm，温度为 25℃。最

后一个方程式也称为利用效率[11]。

7.4　总结

　　本章主要介绍地热能的基本知识。对地热能的定义、分布以及表现形式都进行了详细的讲解。在给空间和物体进行加热方面，以及在农业、家畜和水生生物生长方面，都可以直接利用地热能，对此本章也进行了讲解。其他方法，如利用热泵和吸收式制冷的问题也是本章的内容。地热发电厂利用地热来发电是间接使用地热能的体现，也是本章所讨论的内容。如何利用以蒸汽为主的地热资源和以液体为主的地热资源，也是本章所讨论的内容。本章内容还包括有机朗肯循环和卡琳娜循环中有机液体的使用、全流装置以及如何在地热发电厂中使用干热岩。在本章结尾，作者就地热发电厂的总功率和效率问题进行了讨论。

　　高级课程会包含以下内容：电厂的放射本能分析、液环真空泵分析、管道系统、冷却塔、如何处理有腐蚀性的液体、环境概论等。

问题

　　1. 画出图 7.14～图 7.17（均为液体）以及图 7.20 中循环系统的 $h—s$ 和 $P—h$ 图。

　　2. 如果蒸汽是干燥的（$x = 100\%$），则无须分离器。再做一次［例 7.2］，并将这两次的结果进行对比。

　　3. 如果蒸汽是潮湿的，$x = 30\%$，再做一次［例 7.2］。可以使用一个闪蒸装置，而不用分离器，涡轮机出口处为 0.6atm。改变闪蒸器的压力值，找到涡轮机的功率输出达到最高值的合适压力值。

术语

　　h　焓（kJ/kg）

　　m　质量（kg）

　　$\dot{m}$　质量流（kg/s）

　　P　压力（Pa）

　　$\dot{Q}$　热量传递速率（kJ/kgs）

　　s　熵（kJ/kgK）

　　T　温度（K）

　　t　时间（s）

　　$\dot{W}$　功率（kJ/kgs）

脚注

　　cv　控制体积

　　e　出口

f 饱和液体

g 饱和气体

i 入口，等熵的

s 等熵的

t 涡轮机

td 干燥涡轮机

tw 潮湿涡轮机

致谢

作者要向以下几位学者表示衷心的感谢：Adi Nuryanto、Maesha Gusti Rianta、Putranegara Riauwindu 和 Achmad Refi Irsyad，感谢他们提供了本章所用到的图表和数据。

参考文献

[1] Morris N. Geothermal power - facts, issues, the future. Mankato, MN, USA：Franklin Watts；2008.

[2] "Pacific Ring of Fire" by Gringer（talk）23：52，（UTC）. Licensed under Public Domain via Wikimedia Commons. Available from：http：//commons. wikimedia. org/wiki/File：Pacific _ Ring _ of _ Fire. svg♯mediaviewer/File：Pacific _ Ring _ of _ Fire. svg；2009 [accessed 26. 12. 2014].

[3] Saptadji NM, Ashat A. Basic geothermal engineering. Jurusan Teknik Perminyakan ITB；2001.

[4] El - Wakil MM. Powerplant technology. Singapore：McGraw - Hill Publishing Company；1984. 499 - 529.

[5] Lindal B. Industrial and other applications of geothermal energy. In：Armstead HCH，editor. Geothermal energy. a review of research and development. Earth science 12. Paris：UNESCO；1973. p. 135 - 48.

[6] Dickson MH, Fanelli M. What is geothermal energy? Available from：http：//www. unionegeotermica. it/What _ is _ geothermal _ en. html；[accessed 26. 12. 2014].

[7] Available from：http：//www. andrewsauld. com/products - services/geothermal/；[accessed 28. 12. 2014].

[8] Soelaiman TAF, Geothermal energy development in Indonesia. Institut Teknologi Bandung, Kyoto University, Kyoto University, GCOE, Program of, HSE. The Con tribution of Geosciences to Human Security, Logos Verlag Berlin GmbH；2011. pp. 191 - 209.

[9] Available from：http：//www. nzgeothermal. org. nz/ghanz _ heatpumps. html；[accessed 28. 12. 2014].

[10] Moran MJ, Shapiro HN. Fundamentals of engineering thermodynamics. 6th ed NY, USA：John Wiley & Sons Inc；2008.

[11] DiPippo R. Geothermal power plants - principles, applications, case studies and environmental impact. 3rd ed Oxford, UK：Butterworth - Heinmann, Elsevier；2012.

[12] Available from：http：//www. mannvit. com/GeothermalEnergy/GeothermalPowerPlants/Kalinacyclediagram/；[accessed 28. 12. 2014].

[13] Available from：http：//en. gtn - online. de/Projects/Deepgeothermalenergyuse/Projectexampleinfo/biggestgeothermalpowerstationinsouthgermany；[accessed 28. 12. 2014].

[14] Armstead HCH. Geothermal energy, its past, present and future contributions to the energy needs of man. 2nd ed. NY, USA：E. & F. N. Spon；1983.

8　生物资源在燃料和能源生产方面的利用

Farid Nasir Ani

Faculty of Mechanical Engineering，Universiti Teknologi Malaysia

8.1　引言

生物资源是天然的可再生能源，例如有机废弃物和自然形成或由人类和动物活动所形成的原材料。大部分生物资源都是农业、林业、海洋业和市政部门生产的。这些生物资源原料可用于生产和制造，如用于油棕工厂。生物资源的生物制品由农业植物制成，这些生物制品可以用作能量载体、平台化合物或者特色产品。在马来西亚和其他热带国家，林业、农业、海洋业和市政部门生产农业制品的潜力巨大。就农业制品而言，这些新兴产业与传统产业大不相同，因为在不同行业层面，这些原料、产品和应用的自然属性和特点都是不同的。图 8.1 描述的是可持续碳循环，是碳质量连续转换成各种用途和形式的过程。太阳能进入碳循环中，人们根据在食物、能量和原料上的需求，在这一过程中将其进行处理。

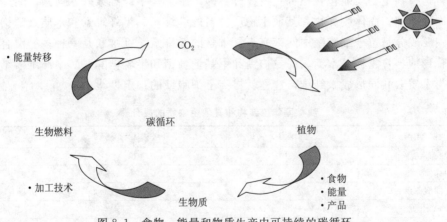

图 8.1　食物、能量和物质生产中可持续的碳循环

生物制品工业部门包括生物资源原材料的供应部门、制造部门和产品使用者。为确保可行性，生物资源的数量必须足够充足，保证长期基础供应，或者能保证可持续性生产。制造业的利用需要一个转换方法，这一方法以最先进的技术为基础，要经济适用，并且可持续操作，同时还要保护环境。本章中的生物资源是指生物质、有机固体废弃物、碳质固体废弃物和农业废弃物。本章中的大部分研究都是关于自然属性相同的固体废弃物，而非

属性相异的废弃物，这是因为还需要处理自然和环境方面的限制。

人们越来越关注生物质，因为生物质是一种可获得的可再生能源，利用生物质可以减少人类对化石燃料的依赖。人们把农业废弃物归为生物质，且在大量不同的农业活动中可以持续产生。一些农业废弃物可用作燃料，提供热能和电能。利用生物质进行的能量转换仍然十分有限，因为生物质的燃料性能不足，例如水分高、灰分含量高、体积密度低、能含量低以及存储、处理和运输方面的困难。但生物质的过量生产不仅会带来处理上的问题，而且还是一种资源的浪费。

在化石燃料存储量有限的国家，把生物质作为可再生能源加以利用就显得尤为重要。由于城市和农村工业化的发展，城乡地区所产生的固体废弃物也在不断增加。对工业产生的生物质或者碳质固体废弃物、生产能量和附加值产品加以利用，有助于国家能源供给，对现在和将来的资源供应也有帮助。生物质是唯一一种可再生碳能源，它是能源、材料和化学工业的基石。

8.2 生物质特征描述

生物质能用作生物燃料和材料主要取决于它的化学性质和物理性质。农业、工业和林业都会产生生物质，包括锯木厂和木材行业产生的木屑。生物质还来自城市各环节产生的混合废弃物，这些废弃物基本都是城市固体废弃物，包括废旧轮胎、橡胶废弃物碎屑、避难所产生的废弃物、无用的家具废弃物以及其他有机和无机废弃物。生物质的另一个重要特征就是用于附加值产品时的热性能。了解这些参数，有助于更好地设计和研发出合适的热能转换处理流程，这一流程应该简单、可靠、高效、经济且适合当地使用。

通常，植物生物质能包含三种主要成分，即纤维素、半纤维素和木质素。表 8.1 显示的是不同种类油棕固体废弃物和其他生物质材料的纤维素、半纤维素和木质素的构成。生物质的主要成分是位于细胞壁中间带有半纤维素的纤维素。纤维素是一种多糖混合物，其中包括葡萄糖、甘露糖、木糖、阿拉伯糖和甲基葡萄糖和半乳糖醛酸。半纤维素结合纤维素纤维与木质素共同形成微纤维，这样就提高了细胞壁的稳定性[1]。

表 8.1　　　　　　　　　　　　　油棕固体废弃物和其他生物质的成分

种　　类	纤维素	半纤维素	木质素
油棕榈壳[2]	31.0	20.0	49.0
油棕榈纤维[3]	40.0	39.0	21.0
油棕榈空束[4]	40.0	36.0	24.0
软木[5,6]	41.0	24.0	27.8
硬木[5,6]	39.0	35.0	19.5
小麦秸秆[5,6]	39.9	28.2	16.7
稻秆[5,6]	30.2	24.5	11.9
甘蔗渣[5,6]	38.1	38.5	20.2

木质素是一种高度分支替代物，是木质生物质细胞壁中的单细胞芳香聚合物，通常与纤维素纤维相邻，形成木质纤维素复合物。通常将木质素看作是一组非晶形的、具有高分

子量的化合物。木质素的构筑块被认为是附着于 6 个碳原子环上的 3 个碳链，它们彼此交叉相连，各自带有不同的化学键，使细胞壁自身具有最大的机械强度[1]。

目前还没有可以推荐用于界定废弃物的标准程序，但可以确认的是，美国材料与试验协会（ASTM）所提出的针对化石燃料的标准，符合固体废弃物特征分析的目的。椰子、油棕壳、橡胶木和轮胎废弃物中含有大量的挥发物。固体废弃物的种类、存储和干燥时间的不同，决定了固体废弃物中水含量的不同。能量含量随着固体废弃物的水分和剩余油含量的变化而变化。能量含量从 13MJ/kg 上升到 30MJ/kg 时，发现椰子壳炭和木炭中的能量含量最高。这是因为两者具有较高的碳含量，且挥发物质较少。灰尘和挥发物质会影响废弃物的能量含量。椰子壳、油棕壳和橡胶木能带来的热值仅次于木炭。

农业废弃物通常含水量高、体积密度低，所以热值相对较低。废弃物的能量含量根据废弃物的水和剩余油含量的变化而变化。表 8.2 为一些固体废弃物的化学性能和物理性能。在一定水含量和无灰的情况下，生物质的氧气含量为 38%～45%。含氧量高使废弃物的热值比碳氢燃料的热值低 14～20MJ/kg，这些废弃物的硫含量都很低，大多数废弃物的灰含量低于煤炭的灰含量[7]。生物质中含有大量钾，所以在燃烧过程中会形成积灰。这种碱性灰能够腐蚀或者侵蚀锅炉管道、换热器和涡轮叶片。生物质也包含少量无机矿物，例如钾、钠、磷、钙和镁。

表 8.2 　　　　　　　　　　　　　　　**热带生物质废弃物的分析**

废弃物	元素组成 wt%（干燥无灰）				近似分析 wt%（空气干燥）			CV 总量 /(MJ/kg)	平均体积密度 /(kg/m³)
	碳	氢	氮	氧	灰	VM	FC		
壳	55.35	6.27	0.37	38.01	2.5	77.2	20.3	19.56	440 （尺寸＜18mm）
纤维	52.89	6.43	1.08	39.6	7.1	73.3	19.6	19.15	—
束	47.89	6.05	0.65	45.41	6.0	72.3	21.7	17.83	—
稻壳	55.8	0.31	1.7	42.07	21.0	9.5	19.4	14.1	100
橡胶木	—	—	—	—	1.0	81.0	18.0	18.6	—
废旧轮胎	78.28	6.78	0.17	8.71	5.1 （硫:0.96）	63.2	31.3	36.2	—

生物质通常来自现存活体或者近期活体产生的生物材料和有机物质，且数量基本相等。作为一种可再生能源，生物质可以直接利用或者转换成其他能源产品，如生物燃料。

8.3　生物质的预处理

对生物质进行预处理是为了降低纤维素的结晶度，从而增加生物质的孔隙率并且进行碎片处理。预处理的方法有很多，如物理预处理、物理化学预处理、化学预处理和生物预处理。Keshwani 和郑先生曾写过许多关于木质纤维素材料的论文[8]。

8.3.1　物理预处理

木质素的物理预处理通常是指磨碎、研磨和碎裂等粉碎方法。目的是降低生物质中纤维素的结晶度。在反应的过程中，粉碎对于消除质量和热量转换限制也十分必要。碎裂后的材料大小通常为 10～30mm，磨碎或者研磨后的大小为 0.2～3mm。通常使用球磨研磨方法来粉碎小于 90mm 的颗粒，和大颗粒相比，这种颗粒的纤维含量更低。对于锤式粉碎，随着颗粒尺寸的减小以及颗粒含水量的增加，粉碎过程所需的能量会直线增加，当颗粒尺寸小于 2mm 时，研磨所需能量就会趋向稳定。通常来说，生物质的含水量越高，粉碎所需的能量就越多。

8.3.2　物理化学预处理

物理化学预处理有蒸汽爆破、氨纤维爆破（AFEX）和二氧化碳爆破三种类型。蒸汽爆破中，在压力骤降导致生物质出现爆发性减压之前，即将被粉碎的生物质会承受短时间内的高压饱和蒸汽。在这一过程中，木质纤维发生转化，半纤维素不断降解。对于硬木和农业残留物来说，蒸汽爆破是一种经济有效的预处理方法。氨纤维爆破和二氧化碳爆破与蒸汽爆破相似，在短时间内，生物质暴露在高温高压的液体氨和二氧化碳之下，然后经历压力突降。氨纤维爆破无法溶解半纤维素，而且出于成本和环境考虑，必须要对氨进行回收。

8.3.3　化学预处理

生物质的化学预处理包括利用臭氧、酸、碱、有机溶液和过氧化物进行化学预处理。臭氧分解通常在室温环境下进行，能够有效地将木质素脱离，而不会产生有毒的副产品。利用硫酸进行弱酸预处理能够有效地将半纤维素脱离，但是这一方法无法有效脱离木质素。弱酸预处理同样能够帮助脱离生物质中的灰。利用氢氧化钠进行稀碱预处理会破坏木质素和半纤维素之间的分子间键，并提高生物质的孔隙率。其他关于稀碱预处理的研究已经对氨水和氢氧化钙的使用进行了检验。也有人研究了将甲醇、乙醇、丙酮、乙二醇与无机酸、有机酸作为催化剂来使用，但是和物理化学预处理相比，这种方式的成本相对较高。

8.3.4　生物预处理

生物预处理是利用微生物来进行预处理，即有选择地降解木质素和半纤维素。与化学预处理、物理化学预处理相比，生物预处理的能量消耗较低，只需要温和的反应条件。但是，这一过程十分缓慢，所以在商业应用方面前景不佳。

8.4　热量转换方法

8.4.1　转换方法

研究人员应该了解农业废弃物的回收潜能、能量利用以及升级的产品。这些固体废弃物中含有大量能量。对这些废弃物进行加工，就可将废弃物转化成能量和附加值产品，从而节省大量能源资源，大大降低工厂对传统能源和燃料的依赖。在缓解一国能源问题方面，生物质能看起来具有很大的潜力，也有一定的可操作性。图 8.2 所示为热能转换的主要方法。很多技术可以将生物质转换成能量和高附加值产品，这些技术主要有生物化学、热化学、物理以及液化。

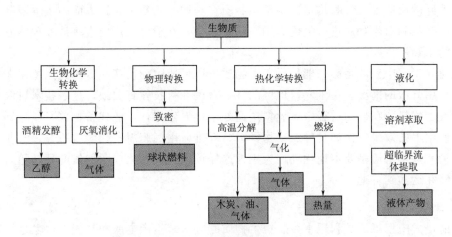

图 8.2　热能转换的主要方法

　　生物过程或者湿制过程会产生厌氧甲烷或者导致乙醇发酵。厌氧消化方法会产生沼气和淤泥，两者可以分别加工成燃料和肥料。在合适的温度和酸碱度下时，仔细挑选的微生物可以产生甲烷或者氢气。乙醇发酵方法会产生乙醇、二氧化碳和固体废弃物。含有糖和淀粉的生物质可以转换成葡萄糖，这种葡萄糖利用微生物可以生成乙醇。在液化方法中，在高压和中等温度条件下，可以利用溶剂获取液体产物，同时利用反应性运载气体生成氢化液体燃料。

　　生物质致密是将松散的生物质转化成更紧密形态的物理性转换方式，例如：型煤、球状燃料或者燃料原木，其更便于处理和存储；在高压环境下使用（或者不使用）黏合剂对松散生物质进行挤压；为获得木炭形式而进行的碳化处理。将生物质制成粒状或者砖状基本上都会增加生物质原有形态的能量密度。

　　热化学过程或者干燥过程是热能转换的主要方法。在将固体废弃物转化成能量和副产品时，会有 3 个主要的热过程，即高温分解、气化和燃烧。每一个过程都会产生不同种类的产物，即气体、液体或者固体，这取决于对过程的控制程度。图 8.3 显示了在能量和升级产品所需氧气不尽相同的情况下，热能转换过程也各有差异[9]。对于特殊用途，系统

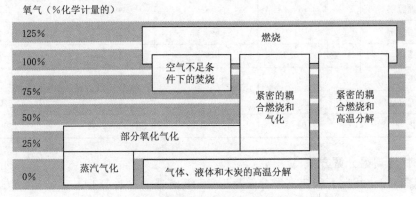

图 8.3　热转换过程和需氧量[9]

包含了不同的反应堆设计和构造。由于生物质在获取、收集和运输方面的成本限制，要转换为升级产品和对生物质进行最优利用，要使农作物在粉碎工厂内直接被处理然后让其产生足够的生物质。

在粉碎工厂中获取足够的能量后，生物质可以生成附加值产品。因此这适用在农村地区技术运用分散的情况。由于农村地区的社会发展和科技教育欠缺，这一技术对农村人口来说是一个优势。在使用过程中，燃料用途处于优先位置，农业残留物也可以达到其他传统资源使用上的效果，例如食物、动物饲料、纤维应用、肥料、化学应用等。农业残留物的应用策略基本上还是要本地化处理为主，这样可以将其转化成附加值产品，随后将这些产品存储并运输到各地。

8.4.2 燃烧方法

目前，大中型工厂都利用直接燃烧生物质的方法来生产电能和热能，这也是从这些废弃物中进行能量回收的最简单方法。市场中有很多不同的燃烧技术，其可用性取决于生物质本身的特性。通常来说，生物质在一种斜体移动床式燃烧装置中可以有效燃烧。采用分段燃烧技术可以提高排放标准。生物质的燃烧通常包括挥发性燃烧和炭化类燃烧。对不同种类的生物质来说，这两种燃烧的热能转换和停留时间不同，因此各种生物质燃烧方法的设计也不同。燃烧方法产生的热能可用于干燥过程，产生的蒸汽可以用于加热和蒸汽发电。

8.4.3 高温分解方法

生物质高温分解是在无氧、中等温度环境下，对有机物进行的热化学分解。这是生产木炭或生物炭最古老的方法之一，通常称为碳化，即生产高碳含量的固体残渣。这样做的目的是去除水分，期间使生物质材料中的挥发物具有更高的碳含量。这一方法的关键是，要在惰性环境中长时间停留以及中等加热。把生物质转换成木炭有多种技术，从埋藏已经加热的生物质到蜂窝状的炉子，再到现代碳化工厂。表 8.3 显示了各种高温分解方法，这些方法有各自的停留时间和末端温度。

表 8.3　　　　　　　　　　以工艺参数为基础的高温分解方法种类[10-13]

高温分解方法	停留时间	加热速度	T/℃	压力/bar
快速高温分解	0.1~2s	高	400~650	~1.01
闪速高温分解	<0.5s	非常高	>1000	~1.01
慢速（碳化）	数小时~数天	非常慢	300~500	~1.01
慢速高温分解	数小时	低	400~600	~1.01
真空高温分解	2~30s	中等	350~450	~0.15
液化	<10s	高	250~325	250~300

8.4.3.1 快速高温分解方法

与燃烧和气化相比，快速高温分解是近 25 年出现的一种新型技术。这一方法把固体生物资源转换成液体产物，这些液体产物可以加工成液体燃料和附加值化学品。这一方法可以转换大量的液体产物，这些液体产物可以存储和运输。液体热解油经过快速高温分解之后的产物就是生物原油。这一方法同样在中等温度下进行，且在蒸汽环境中停留一小段时间，这样的环境是最适合液体产物的。这项技术的核心是反应堆，这也正是现在研究的关注焦点。生物原油，其产量75wt％以上以干式获取为主，连同生物炭的副产品和汽油，在这一方法中都可以重复利用，实现能量回收。根据过程的不同，有三个主要的产物即生物炭（固体）、热解油或者生物原油（液体），以及低热值的气体燃料。生物原油是一种高能量密度燃料，便于运输和存储。处理过的生物原油可以在蒸汽发电厂中直接燃烧发电，或者在生物炼油厂中将其转换成高级燃料。升级后的生物原油热值较高，质量较好，可以用于内燃机和燃气涡轮机。

8.4.4　气化方法

生物质气化主要用于给火炉、锅炉、内燃机在发电和加热过程中的燃烧活动提供洁净的气体燃料。使用的生物质多是炭，而不是干燥后的生物质，因为生产的煤气不含焦油、水和腐蚀成分。下吸式气化炉非常受欢迎，这种气化炉能为燃气发动机专门消除气体中的焦油和油类。在固定的床式气化炉中，通常在进入高温分解区之前，会在顶部干燥区域将水分排干。焦油和油类通过热炭层区域，在这里焦油和汽油将被合成为更简单的气体。在下吸式气化炉中，气流速度慢，灰分会落在炉底格栅处，这样气体带走的灰分就会很少。在发动机使用这些气体之前，这些气体会通过干燥洁净系统——通常包含旋风分离器、过滤袋和气体冷却器。现在，因为系统的维护很混乱，导致小型生物质气化装置在发电厂的使用并不多。商用规模时是与等离子气化循环系统整合在一起的生物质装置，它最初是以煤炭气化为目的而设计和运行的。

8.4.5　生物化学方法

8.4.5.1　生物气

生物气是厌氧细菌产生的，或是在无氧环境下有机物分解产生的。这是一种可再生能源，利用肥料、污水、城市废弃物、绿色废弃物、植物材料和有机废水等生物降解材料进行厌氧消化。生物气主要包含甲烷（CH_4）、二氧化碳（CO_2）和微量硫化氢。甲烷、氢气和一氧化碳（CO）遇氧会燃烧或者氧化。这种能量释放使得清洁类生物气可用作燃料，生物气可用于做饭等加热活动。同样，生物气也可用于燃气发动机，将气体中的能量转换成电能和热能。

在马来西亚，电能来自于棕榈油榨油厂，这里每生产1t棕榈油，就会产生3.5t的液体废水。通常使用厌氧工序来生产生物气，同时会产生28m³/t的棕榈油工业废水（POME）。在燃气发动机中使用生物气体，每立方米的生物气体可以产生1.8kW·h的电。由棕榈油工业废水产生的生物气被用于发电和供热。含有60％～70％甲烷、30％～40％二氧化碳和微量氧化硫的生物气可以用作蒸汽锅炉的燃料，或用于棕榈油炼油厂加热器的燃料。在传统棕榈油榨油厂中，每生产1t棕榈油，就会产生2.5m³的工厂废水。通常将这些气体输送到棕榈油榨油厂附近使用生物气的其他行业，例如陶瓷工厂或者棕榈油炼油厂。生物气可以压缩，和压缩天然气的方法一样；生物气也可用于给机动车提供动力。

8.4.6　物理转换方法

可以把干燥过程描述成在 $200\sim300℃$ 的温度之间进行一种轻度的高温分解形式。在这个过程中，生物质中包含的水和多余的挥发物都被蒸发，生物质会减少 20% 的质量，10% 的热值，但是体积没有变化，所以能量密度降低。这样做的目的是在燃烧和气化的使用中得到更好的燃料质量，同样也可以更容易地将生物质制成球状或砖状。

8.4.7　生物质液化方法

像煤这样的生物质可以转换成价值更高的碳氢化合物，例如液体燃料、甲烷和石油化学产品。从生物质到液体燃料或者生物质制油，和从煤炭到液体燃料或者煤制油很相似。生物质液化就是在高温高压环境下，利用溶剂或者催化剂，将生物质制成液体燃料的方法。具体的液化技术通常分为直接液化和间接液化两类。间接液化通常包括将煤炭或者生物质进行气化形成一氧化碳和氢气（合成气）的混合物，然后利用诸如 Fischer - Tropsch 的合成工艺，将合成气体的混合物转换成液态碳氢化合物。直接液化是将煤炭或者生物质直接转换成液体，省略中间的气化步骤，在高压高温环境下，利用溶剂或催化剂，将煤炭或生物质的有机结构分解。通常，液态碳氢化合物的摩尔比率要高于煤炭或者生物质，所以在直接液化和间接液化技术中，经常会用到加氢工艺或者脱碳工艺。生物质或者煤炭的液化通常是一种在高温高压下完成的方法，工业化生产时会有巨大的能量消耗（每天几千桶），并且需要数十亿美元的资本投入。所以，生物质、煤炭液化过去只有在油价较高时才经济可行，目前存在巨大的投资风险。

8.5　生物质致密

生物质的体积密度较低，使得开发和使用成本较高，效益不足。为了解决这一问题，可以增加生物质的密度，通常是通过某种形式的挤压来显著增加生物质的体积密度。制成砖块是一种致密技术，这种技术提高了生物质运输和存储的可操作性。所以，距离生物质资源越近的地方，对生物质的使用也是最经济易行的。生物质致密的方法可以生产出能量密度比原始材料更高的同质产品。

之前有人研究了生物质材料的转换过程，从一组生物质材料包括油棕壳、油棕纤维、空果串、干叶子、稻壳、木材废料等中选取材料制成生物质煤。这一过程包括高温分解，高温分解是指在模具中对松散的生物质颗粒施加压力，同时对这个模具进行加热，在无氧或低氧环境下将这些颗粒转换成要求范围内密致、成团的生物质煤产品。可以利用多种生物质材料来提高生物质煤的物理和化学特性，同时利用压力、温度和间隔时间等方法来生产生物质煤。可以把生物质和用于提高生物质质量的其他生物质材料或者添加剂调和在一起。在碳含量、灰含量、挥发物含量固定的前提下，可以生成生物质煤。图 8.4 所示为生物质密度的变化。生物质从原始状态开始不断改善燃料特性。每一种生物质所采用的方法都有各自具体的碳化温度和定时高温分解压力，这样才能生成符合物理特性要求的生物质煤[14]。

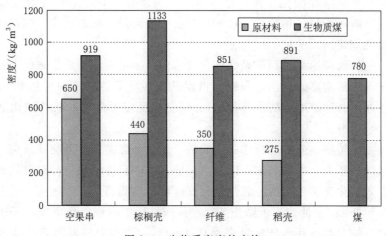

图 8.4 生物质密度的变换

8.6 生物质气化

生物质气化是一种化学方法，即把生物质固体残渣转换成一种名称为"发生炉煤气"的可用气体燃料。这是一种最清洁、最有效的方法，可以利用低阶煤、石油焦、生物炭和生物质材料这些低价值碳基原料制成合成气。在亚化学计量空气条件下，燃烧碳材料就会产生发生炉煤气。发生炉煤气主要成分有一氧化碳、氢气、甲烷、水蒸气和一些惰性气体。在和空气混合后，发生炉煤气只要做一点改动，就可以在内燃机中使用。同样，也可以把发生炉煤气和其他液体燃料一起用作混合燃烧燃料，例如柴油或者生物柴油，这样就可以使液体燃料的消耗达到最小值。有很多种适用于气化过程的气化炉，如上吸式、下吸式、平吸式和流动床式气化炉。

在之前的研究中，有人尝试将发生炉煤气作为燃料，利用混合燃烧技术完成干燥过程。这种概念在双燃料燃烧器中得到应用。在另外一项研究中，有人在使用低排放旋流式燃烧器的下吸式气化炉中使用了压力引导流。同时还使用了空气喷射器、带孔汽缸和一台煤气燃烧器。在这一过程中，在向气化炉第一次注入压缩空气时，对生物质和煤炭进行了混合气化。发生炉煤气从气化炉中流出，流入带孔汽缸和煤气燃烧器。为了协助混合过程和燃烧过程，需要利用一台空气喷射器向煤气燃烧器第二次注入压缩空气。根据第二次空气压力供给的不同，可以获得更低的排放等级。

8.7 生物柴油燃料

动植物脂肪和油类都富含甘油三酯，这是一种含有游离脂肪酸、三元醇和丙三醇的酯类。甲醇是最常见的应用醇类，因为和其他长链醇相比，甲醇的成本低而且活跃性高。反应需要使用甘油三酯、醇类、热量和一点催化剂（酸或碱），催化剂是用来加速化学反应。需要格外注意的是，反应过程不会消耗催化剂，所以催化剂不是反应物。由高游离脂肪酸产生的生物柴油需要酸性催化作用，这一过程较为缓慢。醇化是一种酸性催化的化学反应，其中包含高游离脂肪酸和醇类，这一反应会生成大量烷基酯和水。硫酸成本低，所以是最常见的酸性催化剂。

几乎所有的生物柴油都是利用碱性催化技术由纯净植物油提炼出来的，这种技术是处理原始植物油最经济实惠的方法，只需在低温低压环境下转换率即可达到98％以上（假设原始植物油的水分和游离脂肪酸都很低）。酯交换反应中常见的碱性催化剂包括氢氧化钠、氢氧化钾和甲醇钠。

生物柴油是由植物油或者动物脂肪制成的，通过和醇类发生酯交换反应，把甘油三酯转换成脂肪酸的烷基酯（生物柴油）以及丙三醇，这一反应使用一种碱性均相催化剂，例如氢氧化钠、氢氧化钾和乙酸钠。碱性催化反应堆游离脂肪酸非常敏感，并且无法适用于游离脂肪酸高于3％的原油。为了防止酯交换反应过程中出现皂化现象，必须使用游离脂肪酸不低于0.5的净油，且水分含量应为0.05wt％。油类中的游离脂肪酸过高，也会在酸碱中和反应中消耗碱性催化剂。碱性催化反应同样要求氢氧化钠催化剂必须能与酸性溶液中和，并且通过水洗方式可以从反应器流出物中去除。酸碱中和反应的含盐产物必须要与生物柴油产品分离。

在马来西亚，人们已经成功利用棕榈油生产棕榈柴油（棕榈油甲酯），并且已经用于公交车、卡车、出租车和其他类汽车上未改装过的发动机。棕榈原油已经直接在德国Esbett发动机中使用，这种发动机安装在一些梅德赛斯车型上面，在试用期间证明这种原油很好用。不可食用的种子油，例如麻风树，在印度是作为生物柴油燃料使用的，许多热带国家正在种植和使用这些植物作为生物柴油的替代品。

均相酸性催化反应很缓慢，并且不适合生物柴油加工。尽管酸性催化剂的功效不会受到原油或者脂肪原料中脱离脂肪酸的影响，但是酸性催化方法需要较高的醇油摩尔比，而且，由于酸性催化剂的活跃性较低，所以反应时间会很长。当酯交换反应过程中使用碱性或酸性催化剂，会出现一种腐蚀性的环境，这就需要中和反应、水洗、过滤、固体废弃物处理等步骤，才能把废的催化剂从生物柴油和丙三醇产品中去除，成本很高。

非均相酸性催化剂和碱性催化剂也可以划分为Brönsted和Lewis催化剂。像锡、镁、铝、锌等一些固体金属氧化物都是非均相催化剂。非均相催化反应有以下特点：温度比均相催化反应的温度高，且需要大量的甲醇；可以回收，反复利用，对生物柴油的分离效果好；环保，无须做进一步的净化提纯工序便可持续使用；价格便宜，且供应量大；且经过简单调整就可以具有所需要的催化性能，因此即使在酯交换反应方法中存在游离脂肪酸或者水，也不会对反应过程产生负面作用。

8.8　生物质中提取生物乙醇

第一代生物乙醇（源自食物）大多提取自甘蔗、玉米和木薯，这些植物是生产乙醇的最好原料。油棕、空果串和甘蔗渣（第二代——非食物来源）含有纤维素物质，这些植物可以转换成单糖。糖的发酵过程会产生液体，随后对这些液体进行提取蒸馏，就可以获得燃料用乙醇。乙醇是一种高辛烷值燃料，可以提高发动机的性能，并且减少废气排放。可以使用纯净的乙醇，也可以使用和汽油混合在一起的乙醇，这种和汽油混合在一起的乙醇称为精汽油混合燃料（22％为乙醇）。东盟国家，例如泰国和菲律宾都已经开始规定在商用汽油中使用乙醇（E5），并且会将百分比提高到 E11 的标准。

生物乙醇的生产包括对预处理的木质纤维素材料进行水解，利用酶将复杂的纤维素分解成葡萄糖等单糖，随后进行发酵和蒸馏。利用生物方法生成乙醇的步骤包括：第一，预处理阶段，对木材或稻草等木质纤维素物质进行水解；第二，纤维素水解作用，将分子分解成糖；第三，分离过程，把含糖溶液从残渣材料中分离出来；第四，含糖溶液的微生物发酵反应；第五，蒸馏，生成纯度为 95％ 的乙醇，通过分子筛对乙醇进行脱水干燥，将乙醇的浓度提高到 99.5％ 以上。

8.9　生物质现在和未来的使用情况

目前，从植物中提取生物质都是在一些工厂中提取的，例如棕榈油榨油厂、甘蔗加工厂、大米加工厂等较易管理的工厂。城市废弃物，如城市固体废弃物和工业废弃物都属于此类，这些都需要分离操作并做进一步加工。小型生物质制造者应该是可以存储、买卖或者利用自身产物来满足个人或者社区需求的。生物质的最好应用是，了解生物质作为某一项具体应用的价值，从而实现利益的最大化。理想的情况是，首先进行物理回收，然后进行热化学回收。对于剩余生物质，将生物质作为燃烧燃料，这是在热回收过程中发生的，在这一过程中会在锅炉中燃烧生物质，用于发电或者热联电厂的加热。

8.10　总结

应该根据可用生物质的数量、种类以及使用的距离来发展本国技术，而不是引进外国的技术。本地技术也许有些粗糙，没什么吸引力，并且缺少审美价值，但是可以通过不断的积累来提高其性能。也许资金有限，但是政府和当地居民应该以他们的技术为荣，所以，发展中国家培育自己的技术、标准和政策十分重要。政府应该迅速采取措施促进当地的投资者和私人企业来研发和改进这些技术，因为很难从国外引进到最先进的技术。这些措施有利于激发当地人民的创造性和创新性，并且提高下一代的生活水平。各大学的研究可以为不同的机构提供关于未来活动的最新信息，政府也应该提出一套完整的经济改革计划，促进国家经济的发展，满足人们未来的需求。

参考文献

［1］ Mohan D, Pittman CU Jr, Steele PH. Pyrolysis of wood/biomass for bio - oil：a critical review. Energy Fuels 2006；20：848 - 89.

［2］ Islam，MN. Pyrolysis of biomass solid wastes and its catalytic upgrading with technoeconomics analysis. PhD thesis, Universiti Teknologi Malaysia, 1998.

［3］ Huffman DR，Vogiatzis AJ, Bridgwater AV. The characterisation of fast pyrolysis biooils. In：Bridgwater AV，editor. Advances in thermochemical biomass conversion. London：Blackie Academic and Professional; 1992.

[4] Saka S, Munusamy MV, Shibata M, Tono Y, Miyafuji H. 2008. Chemical constituents of the different anatomical parts of the oil palm for their sustainable utilization. JSPS – VCC Group Seminar, Natural Resources and Energy Environment. Kyoto, Japan; November 24 – 25, 2008. p. 19 – 34.

[5] Bridgwater AV. Production of high grade fuels and chemicals from catalytic pyrolysis of biomass. Catal Today 1996; 29: 285 – 95.

[6] Czernik S, Bridgwater AV. Overview of applications of biomass fast pyrolysis oil. Energy Fuels 2004; 18: 590 – 8.

[7] Ani FN. Fast pyrolysis of bioresources into energy and other applications. Proceeding of Energy from Biomass 2006 Seminar, Conversion of Bioresources into Energy and Other Applications. Kuala Lumpur; 2006. p. 1 – 12.

[8] Keshwani DR, Cheng JJ. Switchgrass for bioethanol and other value – added application: a review. Bioresour Technol 2009; 100: 1515 – 23.

[9] Bridgwater AV, Peacock GVC. Fast pyrolysis process for biomass. Renew Sustain Energy Rev 2000; 4: 1 – 73.

[10] Bridgwater T. Biomass for energy. J Sci Food Agric 2006; 86 (12): 1755 – 68.

[11] Bulushev DA, Ross JRH. Catalysis for conversion of biomass to fuels via pyrolysis and gasification: a review. Catal Today 2011; 171 (1): 1 – 13.

[12] Huber GW, Iborra S, Corma A. Synthesis of transportation fuels from biomass: chemistry, catalysts, and engineering. Chem Rev 2006; 106 (9): 4044 – 98.

[13] Vamvuka D. Bio – oil, solid and gaseous biofuels from biomass pyrolysis processes – an overview. Int J Energy Res 2011; 35: 835 – 62.

[14] Ani and Sarif. Automation and continuous production of biocoal. Malaysian Patent Filing, PI 2008 4024; 2008.

9 单相交流电源

Sameer Hanna Khader，*Abdel Karim Khaled Daud*

Department of Electrical Engineering，College of Engineering，Palestine
Polytechnic University，Hebron – West Bank，Palestine

9.1 引言

电路分为直流电路（DC）和交流电路（AC），在这两种电路中，电压和电流分别呈现出恒定不变和交替变化的特点。这两种电路都产生电能，但是世界上大部分使用的电能都是交流电能。交流电能的应用十分广泛，所以应该很好地了解交流系统的物理特性。

交流电路有很多优点。其中最重要的就是交流电路能够实现大规模的发电、输电和配电，这一点要优于直流电传输[10,12]。大型交流发电机都是多相的（主要是三相），且额定功率高，配有高效变压器从而增加或降低交流电压。因此可以通过高压输电系统，将交流

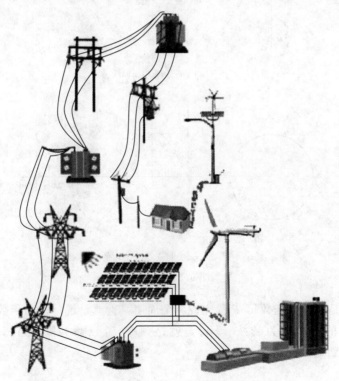

图 9.1 电力系统

电能从远距离的发电厂（发电站）输送到不同的负载中心，且操作经济可行，如图 9.1 所示。电力变压器是输电系统中的重要组成部分。

9.2　交流电路波形

一种简单正弦电压为式（9.1）。

$$v(t) = V_M \sin\omega t \qquad (9.1)$$

式中　$v(t)$——在瞬时时间为 t 的情况下电压正弦波的瞬时值；

$\quad\quad V_M$——电压振幅或者峰值；

$\quad\quad \omega$——角频率，rad/s；

$\quad\quad \omega t$——正弦函数的参数。

式（9.1）中的函数如图 9.2（a）所示，容易看出，这个函数每 2π 个弧度就会重复。数学上，用 $v(\omega t + 2\pi) = v(\omega t)$ 来表示这种情况。

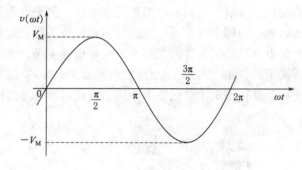

（a）ωt 的正弦电压曲线

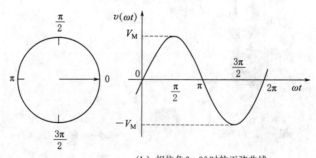

（b）相位角 $\theta = 0°$ 时的正弦曲线

图 9.2　波形图

需要注意的是，这个函数每 T 秒完成一个周期，也就是说，这个函数 1s 走过 $1/T$ 个周期或圈，每秒的圈数称为赫兹（Hz），就是频率 f，$f = 1/T$。如图 9.2（a）所示，$\omega t = 2\pi$，可以得到式（9.2）。

$$\omega = \frac{2\pi}{T} = 2\pi f \qquad (9.2)$$

这就是以 s 为单位的时间、以 Hz 为单位的频率和弧度频率之间的关系。上文已经讨论了正弦曲线的一些基础性质，正弦电压函数的通用表达式为式（9.3）。

$$v(t) = V_M \sin(\omega t + \theta) \tag{9.3}$$

式中　$\omega t + \theta$——正弦函数的参数；

　　　　θ——相位角。

从式（9.3）中可以观察到，正弦曲线的初始值（例如，$t=0$ 时的值）完全取决于相位角 θ，因为 $t=0$ 时，$\omega t=0$，也就是说，$t=0$ 时，正弦曲线的值从 0 的变化决定了相位角 θ 的大小，也决定了正弦曲线的位置。图 9.2（b）是相位角 $\theta=0°$ 的正弦曲线。因为 $V_M \sin(\omega \times 0 + 0) = 0$，所以正弦曲线的初始值为 0。

图 9.3（a）所示为相位角 $\theta=45°$ 时的正弦曲线。从图 9.3 可以看出，$\omega t=0°$，相位角为正角（$0° \sim 180°$）时，正弦曲线的瞬时值也为正值。也就是说相位角为正角时，正弦曲线向左移动，即正弦曲线在时间上超前。图 9.3（b）所示为相位角 $\theta=-60°$ 的正弦曲线，$\omega t=0°$，相位角为负角（$0° \sim -180°$）时，正弦曲线的瞬时值也为负值。

也就是说，相位角为负角时，正弦曲线向右移动，即正弦曲线在时间上滞后。图 9.2 和图 9.3 也显示了 $\omega t=0°$ 时的正弦曲线相量表示。需要注意的是，在图 9.2 和图 9.3 中，$\omega t=0°$ 时，代表正弦曲线的旋转相量顶端的垂直距离和正弦曲线的瞬时值相符。

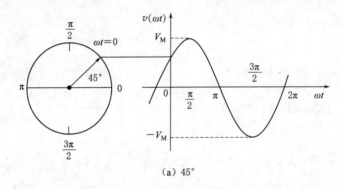

(a) 45°

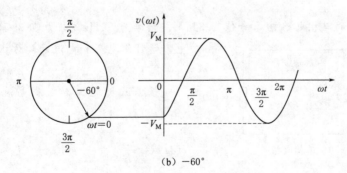

(b) -60°

图 9.3　不同相位角 θ 的正弦曲线

上述讨论的虽然是正弦函数，但是也可以很容易地获得余弦函数，这两种曲线的不同之处就在于相位角，即式（9.4）。

$$\cos\omega t = \sin(\omega t + \pi/2) ; \sin\omega t = \cos(\omega t - \pi/2) \tag{9.4}$$

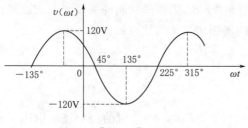

图 9.4 ［例 9.1］的波形图

【例 9.1】

假设电压 $v(t) = 120\cos(314t + \pi/4)$，求电压频率和相位角。

解：

根据表达式 $f = \omega/2\pi = 314/2\pi = 50\text{Hz}$，可以求出频率；利用式（9.4），$v(t)$ 可以写成 $v(t) = 120\cos(314t + 45°) = 120\sin(314t + 135°)$，其中 $v(t)$ 的相位角为 $135°$。图 9.4 就是这个函数图。

9.3 均方根

RMS 表示均方根，将均方根定义为"与等值直流电产生相同热效应的交流电电能"。可以说，均方根值就是瞬时值平方和的平方根值，也称为有效值，因为其结果是单一值，这一数值可以用于功率计算。均方根值的符号是 V_{RMS} 或者 I_{RMS}。

在直流电路中，很容易确定其电压、电流和相应的功率值，但是在交流电路中，可以根据图 9.5 来确定均方根值，即式（9.5）。

$$
\begin{aligned}
V_{\text{RMS}} &= \sqrt{\frac{1}{T}\int_0^T v^2\omega t\,\mathrm{d}(\omega t)} \\
&= \sqrt{\frac{1}{T}\int_0^T [V_{\text{M}}\sin(\omega t)]^2\,\mathrm{d}(\omega t)} \\
&= \frac{V_{\text{M}}}{\sqrt{2}} = 0.707V_{\text{M}} \quad\quad (9.5)
\end{aligned}
$$

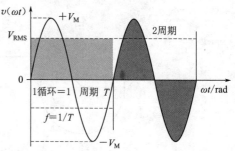

图 9.5 感应电压的正弦波形图

【例 9.2】

图 9.6 所示的单相电路电源峰值为 311V，频率为 50Hz，给电阻为 10Ω 的加热器供电。请计算电压和电流的均方根值。

解：

根据欧姆定律，负载电流可以表示为式（9.6）。

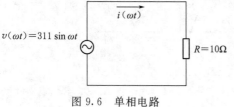

图 9.6 单相电路

$$
i(\omega t) = \frac{v(\omega t)}{R} = \frac{V_{\text{M}}}{R}\sin(\omega t) = I_{\text{M}}\sin(\omega t) \quad (9.6)
$$

其中，I_{M} 为电流的峰值。需要注意的是，在纯电阻电路中，负载电流的相位角和电压的相位角相同，所以，利用式（9.6）可将负载电流表示为

$$
i(\omega t) = \frac{311}{10}\sin(\omega t) = 31.1\sin(\omega t)
$$

所以，电源电压和电流的均方根值为

$$V_{\text{RMS}} = 311/\sqrt{2} = 220\text{V}$$
$$I_{\text{RMS}} = V_{\text{RMS}}/R = 220/10 = 22\text{A}$$

9.4 相位位移

通常，交流电路包括电阻、电感和电容。阻抗用字母 Z 表示，单位为 Ω，是交流电路中导体对电流的阻碍；阻抗是电阻 R 和电抗 X 的结合，$Z = R + \text{j}X$[2]。在交流电路中，因为电抗成分的存在，所以电流和电压不能同时达到最大峰值，通常，两者有时间差异。这个时间差异就称为相位位移，符号为 φ，范围为 $0° \leqslant \varphi \leqslant 90°$，用°来衡量。图 9.7 描述的是不同相位位移的负载电流，其中 j 是复算子[11,13]。

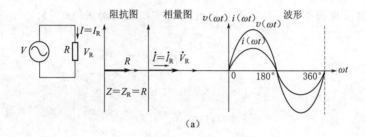

(a)

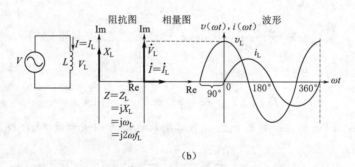

(b)

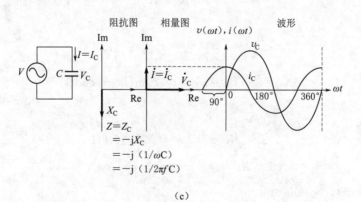

(c)

图 9.7 （a）纯电阻电路的 $V-I$ 关系；（b）纯电感电路的 $V-I$ 关系；（c）纯电容电路的 $V-I$ 关系

9.5 相量的概念

相量是用某一固定复数来表示随时间变化的正弦波形[3,13]。换言之，相量就是一个复数，表示正弦电压和正弦电流的幅值和相位角。相量和复阻抗只与正弦电源相关。如果有两个正弦波，那么前一个先达到其峰值，后者随后达到其峰值。

【例 9.3】

参照图 9.6 中的单相电路，电阻为 5Ω，电感为 $20\mathrm{mH}$，电容为 $100\mu\mathrm{F}$。电源电压频率为 $50\mathrm{Hz}$，有效值为 $220\mathrm{V}$，请计算以下电路中的阻抗、相位角以及均方根值：(1) R 电路，(2) R-L 电路，(3) R-C 电路以及 (4) R-L-C 电路，(5) 写出 MATLAB 代码并画出电压和电流波形。

解：

(1) 此电路呈现出电阻特性，电路中的电流可以表达为式 (9.7)。

$$i(\omega t)=\frac{v(\omega t)}{R}=\frac{V_{\mathrm{M}}}{R}\sin(\omega t-\theta_{\mathrm{R}}) \tag{9.7}$$

其中
$$V_{\mathrm{M}}=\sqrt{2}\times220=311.126\mathrm{V}$$

$$\theta_{\mathrm{R}}=\arctan(X_{\mathrm{L}}/R)=0°$$

参照式 (9.7)，电流值为

$$i(\omega t)=\frac{311.126\mathrm{V}}{5\Omega}\sin(\omega t-0°)=62.225\sin(\omega t)\mathrm{A}$$

所以，电流的均方根值为

$$I_{\mathrm{RMS}}=I_{\mathrm{M}}/\sqrt{2}=62.225/\sqrt{2}=44\mathrm{A}$$

(2) 此电路呈现出电阻—电感特性，电路中的电流可以表示为式 (9.8)。

$$i(\omega t)=\frac{V(\omega t)}{Z}=\frac{V_{\mathrm{m}}}{\sqrt{R^2+X_{\mathrm{L}}^2}}\sin(\omega t-\theta_{\mathrm{L}}) \tag{9.8}$$

其中
$$V_{\mathrm{m}}=\sqrt{2}\times220=311.126\mathrm{V}$$

$$X_{\mathrm{L}}=2\pi fL=2\pi\times50\times20\mathrm{mH}=6.283\Omega$$

电路的阻抗为

$$Z=\sqrt{R^2+X_{\mathrm{L}}^2}=8.029\angle\theta_{\mathrm{L}}°\Omega$$

$$\theta_{\mathrm{L}}=\arctan(X_{\mathrm{L}}/R)=\arctan(6.283/5)=51.487°$$

参照式 (9.8)，电流值为

$$i(\omega t)=38.750\sin(\omega t-51.487°)\mathrm{A}$$

所以电流的均方根值为

$$I_{RMS} = I_m/\sqrt{2} = 38.750A/\sqrt{2} = 27.4A$$

（3）此电路呈现出电阻-电容特性。电路中的电流可以表示为式（9.9）。

$$i(\omega t) = \frac{V(\omega t)}{Z} = \frac{V_m}{\sqrt{R^2 + X_C^2}}\sin(\omega t - \theta_C) \qquad (9.9)$$

其中 X_C 是容抗，表示为

$$X_C = 1/2\pi fC = 1/2\pi \times 50 \times 200\mu F = 15.293\Omega$$

$$\theta_C = \arctan(X_C/R) = \arctan(-15.293/5) = -71.895°$$

参照式（9.9），电流值为

$$i(\omega t) = 18.641\sin(\omega t + 71.895°)A$$

所以，电流的均方根值为

$$I_{RMS} = I_m/\sqrt{2} = 18.641/\sqrt{2} = 13.181A$$

（4）此电路呈现出电阻—电感—电容特性。电路中的电流可以表示为式（9.10）。

$$i(\omega t) = \frac{V(\omega t)}{Z} = \frac{V_m}{\sqrt{R^2 + (X_L - X_C)^2}}\sin[\omega t - (\theta_L - \theta_C)] \qquad (9.10)$$

其中

$$Z = \sqrt{R^2 + (X_L - X_C)^2} = 10.304\angle\theta°$$

阻抗角为

$$\theta = \arctan[(X_L - X_C)/R] = \arctan(-9.01/5) = -60.972°$$

参照式（9.10），电流值为

$$\theta = \arctan[(X_L - x_C)/R] = \arctan(-9.01/5) = -60.972°$$

所以，电流的均方根值为

$$I_{RMS} = I_m/\sqrt{2} = 30.194/\sqrt{2} = 21.350A$$

（5）［例 9.3］中的 MATLAB 代码表示如下[9]：

```
clc;
% Example 10.3:Calculating the circuit current at various load
characters and displaying the current waveform.
% The Input Data
% The circuic resistance,Ohm
R=input(' The circuit resistance：    R,Ohm=' );
% The circuit inductance,L.
L=input(' The circuit inductance：    L,mH=' );
```

```
% The circuit capacitance
C=input(' The circuit capacitance:    C,μF=' );
% The RMS value of supply voltage
V=input(' The RMS value of supply voltage:    V,V=' );
% The supply voltage frequency
f=input(' The frequency of supply voltage:    f,Hz=' );


% Solution
% the circuit reactance XL
XL=2 * pi * f. * L/1000;
% the circuit reactance XC
XC=1e+6/(2 * pi * f. * C);
% the magnitude of the impedance Zm
Zm_RL=sqrt(R. ^2+XL. ^2);
Zm_RLC=sqrt(R. ^2+(XL-XC)^2);
% the magnitude of the supply voltage Vm
Vm=sqrt(2) * V;
% the magnitude of the circuit current ImR,ImL,ImLC
Im_R=Vm. /R;
Im_RL=Vm. /Zm_RL;
Im_RLC=Vm. /Zm_RLC;
% The RMS values of the obtained current I
I_R=Im_R/sqrt(2);
I_RL=Im_RL/sqrt(2);
I_RLC=Im_RLC/sqrt(2);
% the phase angle of the current Thita,dg
Thica_L_rd=atan(XL/R);
Thita_L=Thita_L_rd * 180/pi;
Thita_LC_rd=atan((XL-XC)/R);
Thita_LC=Thita_LC_rd * 180/pi;
% generating the instantaneous sinusoidal current waveforms i(wt)
W=2 * pi * f;
T=1/f;
dt=T/1000;
ts=0:dt:T;
Vt=Vm. * sin(W * ts);
It_R=Im_R. * sin(W * ts-0);
```

```
It_RL＝Im_RL.＊sin(W＊ts－Thita_L_rd);
It_RLC＝Im_RLC.＊sin(W＊ts－Thita_LC_rd);

％Plot the sinusoidal current waveforms i(wt)
plot(ts＊1000,It_R,ts＊1000,It_RL,ts＊1000,It_RLC);
title('Plot of the drawn currents versus time at various characters');
label('Time,ms');
ylabel('i(wt),A');
axis([0 T＊1000＋Im_R－Im_R]);
Hold on;
```

图 9.8 显示的是模拟结果,从中可以看出,电流的大小会随着电路特征的不同而变动;纯电阻电路的电流相位角有变化,相位位移为 0°,除此之外,RL 电路的滞后相位角为 51.48°,RLC 电路的超前相位角为 60.97°。

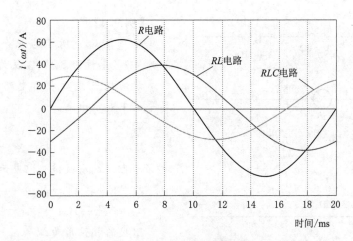

图 9.8 同特点电路的电流波形

9.6 复数分析

定义:什么是复数?实数和虚数以 $A＋jB$ 的形式进行组合,其中,A 和 B 都是实数,j 是虚数单位。A 和 B 的值可以是 0[14]。例如:1＋j,2－j6,－j5,4。

什么是虚数?虚数表示为 $j＝\sqrt{-1}$;$j^2＝-1$,也就是说虚数是一个平方之后为负数的数。如果对一个实数进行平方根计算,通常会得到一个正数或零,在电气和电子应用中,正弦信号表示这些应用的核心,复数表示电路的唯一解。

复数的形式:复数可以写成三种不同的形式(矩形复数、极点复数和指数复数),表 9－1 展示了这些表达形式的关系。

表 9 - 1 　　　　　　　　　　　　　不同书写形式的复数

形式	通用式	例　子	形式之间的转换
矩形复数	$X+jY$	$3+j4$	
极点复数	$R(\cos\theta+j\sin\theta)$	$5(\cos53°+j\sin53°)$	$R=\sqrt{X^2+Y^2}$ $\theta=\arctan\dfrac{Y}{X}$
指数复数	$Re^{j\theta}$	$5e^{j(53/180)\pi}$	

9.7　复阻抗

　　电路的阻抗 Z 是电路中不同元件对电路中电流的有效阻碍，单位是 Ω。电路中通过所有三个元件（电阻、电容和电感）的总电压记作 V_{RLC}。为了求得总电压，不能仅仅把电压 V_R、V_L 和 V_C 相加，因为 V_L 和 V_C 都是虚数，电压为 $V_{RLC}=IZ$，所以 $Z=R+j(X_L-X_C)$，其中，Z 为式（9.11）。

$$Z=\sqrt{R^2+(X_L-X_C)^2} \tag{9.11}$$

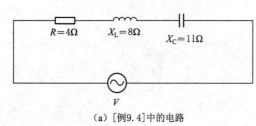

（a）[例9.4]中的电路

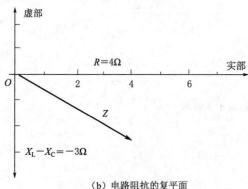

（b）电路阻抗的复平面

图 9.9　一个交流电路的三个主要元件

【例 9.4】

　　图 9.9（a）所示为一个交流电路，电阻为 4Ω，感抗为 8Ω，容抗为 11Ω。

　　请用极点复数表示电路的阻抗，并在复平面中表示出来。

　　解：

　　$R=4Ω$；$X_L=8Ω$；$X_C=11Ω$。电路阻抗 Z 和阻抗的有效值可以表示为式（9.12）。

$$Z=R+j(X_L-X_C)=4+j(8-11)$$
$$=(4-j3)Ω;\Rightarrow|Z|=5Ω \tag{9.12}$$

阻抗的相位角为

$$\theta=\arctan[(X_L-X_C)/R]$$
$$=\arctan[(8-11)/3]=-36.87°$$

电路阻抗的极点形式为

$$Z=|Z|\angle\theta=5\angle-36.87°Ω$$

　　根据所获得电路阻抗的结果，该电路的复平面可以表示为图 9.9（b），其中充分展示了电路的电容特点，所以可以画出带有电容特点的电路图。

9.7.1　串联阻抗

　　纯电阻的欧姆定律为 $V=IR$，当电路中既包含阻抗，又含有电感元件或者电容元件时，欧姆定律就变成：$V=IZ$。如果超过一个阻抗以串联的方式连接起来，总阻抗就可以表示为

$$Z_T = Z_1 + Z_2 + Z_3 + \cdots + Z_n = \sum_{k=1}^{n} Z_n = R_T + jX_T = \sum_{k=1}^{n} R_k + jX_k$$

$$R_T = R_1 + R_2 + R_3 + \cdots + R_n$$

$$X_T = X_1 + X_2 + X_3 + \cdots + X_n$$

(9.13)

其中，Z_T 是总阻抗。

【例 9.5】

如图 9.10 所示，这是一个串联阻抗电路，设
电源电压为 110V，50Hz，求：

(1) 电路总阻抗和相应的总电阻和总电抗，以
及相位角。

(2) 电路的相位角变化情况以及总电流。

(3) 每个元件上的电压降。

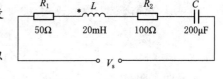

图 9.10 串联连接的阻抗

解：

(1) 由式（9.13）可知，总阻抗为式（9.14）。

$$Z_T = Z_1 + Z_2 = R_T + jX_T$$

$$R_T = R_1 + R_2 = 5 + 10 = 15\Omega$$

(9.14)

$$X_T = \omega L_1 - \frac{1}{\omega C} = 2\pi f L_1 - \frac{1}{2\pi f C} = 6.28 - 15.923 = -9.643\Omega$$

总阻抗和相位角为式（9.15）。

$$Z_T = 15 - j9.643 = |Z_T| e^{-j\theta} \Omega$$

(9.15)

其中 $\quad |Z_T| = \sqrt{R_T^2 + X_T^2} = 17.832\Omega; \theta = \arctan\dfrac{X_T}{R_T} = -32.735°$

所以，$Z_T = 17.832\angle -32.735°\Omega = 17.832 e^{+j32.735}\Omega$。

(2) 电路的相位角 $\theta = -32.735\Omega$，此电路带有电容性特点，所以电流可以由式
（9.16）求得。

$$I_T = \frac{V_s\angle 0°}{Z_T} = \frac{100\angle 0°}{17.832\angle -32.753°} = 5.607\angle +32.735°A$$

(9.16)

电流的幅值为 $I_m = \sqrt{2} I_T = 7.930A$，超前于电压。

(3) 每段阻抗的电压降为式（9.17）。

$$V_{Z_1} = I_1 Z_1 = (5.607\angle 32.735°)(8.027\angle 51.474°) = 45\angle 84.209°V$$

$$V_{Z_2} = I_1 Z_2 = (5.607\angle 32.735°)(18.803\angle -57.870°) = 105.428\angle -25.065°V$$

(9.17)

$$V_T = \sqrt{V_{Z_1}^2 + V_{Z_2}^2} = \sqrt{45^2 + 105.428^2} = 114.630V$$

需要注意的是，根据式（9.17），电路的总有效电压约为 115V，高于电源电压。用这样的方法可以降低输电线的电压降。

9.7.2 并联阻抗

将几个电阻（R_1，R_2，R_3，…，R_n）并联，那么总电阻 R_T 为式（9.18）。

$$\frac{1}{R_T}=\frac{1}{R_1}+\frac{1}{R_2}+\frac{1}{R_3}+\cdots+\frac{1}{R_n} \tag{9.18}$$

如果是交流电路，就变成式（9.19）。

$$\frac{1}{Z_T}=\frac{1}{Z_1}+\frac{1}{Z_2}+\frac{1}{Z_3}+\cdots+\frac{1}{Z_n} \tag{9.19}$$

假设两个阻抗 Z_1 和 Z_2 并联连接，那么总阻抗 Z_T 为式（9.20）。

$$\frac{1}{Z_T}=\frac{1}{Z_1}+\frac{1}{Z_2}=\frac{Z_1+Z_2}{Z_1 Z_2} \tag{9.20}$$

两边取倒数得到式（9.21）。

$$Z_T=\frac{Z_1 Z_2}{Z_1+Z_2} \tag{9.21}$$

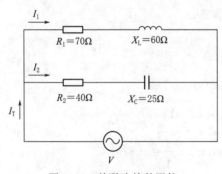

图 9.11 并联连接的阻抗

【例 9.6】

如图 9.11 所示，是一个并联电路，求：

（1）极点形式和矩形形式的总阻抗。

（2）如果电源电压是 220V，50Hz，求各支路的电流。

解：

（1）电路上部分的阻抗为 Z_1，下部分的阻抗为 Z_2，$Z_1=70+j60\Omega$，$Z_2=40-j25\Omega$。通过式（9.21）可以计算总阻抗

$$Z_T=\frac{(70+j60)(40-j25)}{(70+j60)+(40-j25)}=\frac{(92.20\angle40.60°)(47.17\angle-32.01°)}{115.4\angle17.65°}=37.69\angle-9.06°\Omega$$

（2）想要计算电路的电流和总功率因数（PF），首先，必须确定通过电路的总电流，然后假设电源电压的相位为 0° 作为参考相量，求每个支路的电流。电流可以由式（9.22）算法求得。

$$V=I_T Z_T \Rightarrow I_T=\frac{V}{Z_T}=\frac{220\angle0°}{37.69\angle-9.06°}=5.837\angle9.06°A \tag{9.22}$$

总功率因数为 $\cos9.06°=0.987$（滞后）。电路中每个支路的电压相同，所以支路电流为式（9.23）。

$$I_1 Z_1=I_2 Z_2=I_T Z_T \Rightarrow I_T=\frac{I_T Z_T}{Z_T}=\frac{I_T(Z_1 Z_2)}{Z_1(Z_1+Z_2)}=\frac{I_T Z_2}{Z_1+Z_2} \tag{9.23}$$

$$\therefore \quad I_1 = \frac{(5.837\angle 9.06°)(47.12\angle -32.01°)}{115.4\angle 17.65°} = 2.383\angle -40.6°\text{A}$$

同样，第二个支路电流为式（9.24）。

$$I_2 = \frac{I_T Z_T}{Z_2} = \frac{I_T(Z_1 Z_2)}{Z_2(Z_1 + Z_2)} = \frac{I_T Z_1}{Z_1 + Z_2} = 4.663\angle 32°\text{A} \qquad (9.24)$$

利用基尔霍夫定律也可以求得第二个支路的电流为式（9.25）。

$$I_2 = I_T - I_1 = 5.837\angle 9.06° - 2.383\angle -40.6° = 4.663\angle 32°\text{A} \qquad (9.25)$$

本例中所得结果表明，一个支路有超前特性，另一个支路有滞后特性，整个电路呈现滞后特性。

9.8 电功率

电功率表示电能在电路中的转移速度，即在一定时间内所做的功[4,8]。电功率表示的是做功的速度，单位是瓦特（W），也就是焦耳每秒（J/s）。发电机可以发电，其他电源例如电池、风力发电机和光伏发电机等也可以产生电能[5,6]。本书将在后面的部分讨论这些专业术语。

9.8.1 有功功率

有功功率是指负载的电阻所消耗的功率。有功功率的公式和直流电路的公式一样，即 $P = VI$，但是在交流电路中，电压和电流都是时间的函数。瞬时功率为式（9.26）。

$$P(\omega t) = v(\omega t)i(\omega t) = V_M \sin(\omega t) I_M \sin(\omega t) = \frac{V_M I_M}{2}[1 - \cos(2\omega t)] \qquad (9.26)$$

式（9.26）有两个组成部分，一个恒定成分，表示平均成分，可以表示为式（9.27）。

$$P = \frac{V_M I_M}{2} = \frac{V_M}{\sqrt{2}}\frac{I_M}{\sqrt{2}} = V_{rms} I_{rms} = P_{rms}\text{W} \qquad (9.27)$$

其中 V_{rms}、I_{rms} 和 P_{rms} 分别表示电流均方根值、电压均方根值和功率均方根值。图 9.12 所示为瞬时电压、瞬时电流和瞬时功率，功率为正值，其均值称为实值或者有效值。

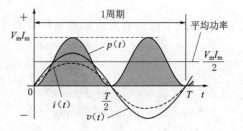

图 9.12 电阻负载的 $v(t)$、$i(t)$ 和 $p(t)$

9.8.2 无功功率

无功功率 Q 就是电感和电容之间交换的功率的无功分量，可以表示为式（9.28）。

$$Q = I^2 X = \frac{V_s^2}{X} \qquad (9.28)$$

式中　Q——无功功率，var。

按照惯例，电容的无功功率为负，电感的无功功率为正，根据无功功率的特点，每一个元件的无功功率可以表示为式（9.29）。

$$V_L(\omega t) = V_M \sin[(\omega t) + 90°]; I_L(\omega t) = I_M \sin(\omega t)$$

$$\therefore \Rightarrow P_L(\omega t) = V_L(\omega t) I_L(\omega t) = \frac{V_M}{\sqrt{2}} \frac{I_M}{\sqrt{2}} \sin(2\omega t) = V_{rms} I_{rms} \sin(2\omega t)$$

$$V_C(\omega t) = V_M \sin(\omega t - 90°); I_C(\omega t) = I_M \sin(\omega t)$$ (9.29)

$$\therefore \Rightarrow P_C(\omega t) = V_C(\omega t) I_C(\omega t) = -\frac{V_M}{\sqrt{2}} \frac{I_M}{\sqrt{2}} \sin(2\omega t) = -V_{rms} I_{rms} \sin(2\omega t)$$

其中，V_L、V_C、I_L 和 I_C 分别表示电感和电容两端的电压和电流。图 9.13 所示为每种元件的功率，在同一周期，这些元件的功率有正有负，所以平均功率为 0。无功分量 Q_L 和 Q_C 是功率进入负载后又退出的部分，对平均功率无贡献。

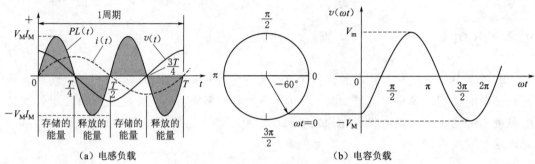

图 9.13　不同负载的无功功率

9.8.3　视在功率

视在功率就是"似乎"流向负载的功率。可以通过类似计算有功功率和无功功率的公式来计算视在功率的大小，即式（9.30）。

$$\dot{S} = \dot{P} + j\dot{Q}$$
$$|\dot{S}| = VI = I^2 Z \,(\text{VA})$$ (9.30)

也可以通过电流共轭来计算复功率，即式（9.31）。

$$\dot{S} = \dot{V}\dot{I}^* = (V\angle\theta_v)(V\angle-\theta_1) = \underbrace{VI\cos(\theta_v + \theta_1)}_{P} + \underbrace{jVI\sin(\theta_v - \theta_1)}_{Q}$$

(9.31)

$$\dot{P} = \text{Re}[\dot{S}] = S\cos\theta\,(\text{W})$$
$$\dot{Q} = \text{Im}[\dot{S}] = S\sin\theta\,(\text{var})$$

式中　$\dot{I}^*$——复电流共轭；

θ_v——电源电压的相位角，以 0°作为参考值；

θ_1——是电流的相位角，$\theta_1 = \theta$。

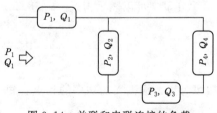

图 9.14　并联和串联连接的负载

9.8.4　交流电路的总功率

总有功功率 P_T 和总无功功率 Q_T 就是所有单独电路元件的有功功率和无功功率之和。图 9.14 所示为并联和串联连接的负载。需要注意的是，元件如何连接不会影响总功率的计算。总有功功率和无功功率可以表示为式（9.32）。

126

$$P_T = \sum_{n=1}^{\infty} P_n = P_1 + P_2 + P_3 + \cdots$$

$$Q_T = \sum_{n=1}^{\infty} Q_n = Q_1 + Q_2 + Q_3 + \cdots \tag{9.32}$$

$$S_T = \sqrt{P_T^2 + Q_T^2}, \theta_T = \arctan \frac{Q_T}{P_T}$$

其中 P_T、Q_T、S_T 和 θ_T 分别表示电路的总有功功率、总无功功率、总视在功率和相位角。

【例 9.7】

根据［例 9.6］的电路计算有功功率和无功功率，并计算总功率和功率角。

解：

从例 9.6 可以看出，每一个电流支路的视在功率都可以通过相同支路的电压以及支路电流来计算。

第一种方法：利用支路电流来计算总功率。

$$\dot{I}_1 = 2.383 \angle -40.6° A$$

$$\dot{S}_1 = \dot{V}_s \dot{I}_1^* = (220\angle 0°)(2.383\angle 40.6°) = 524.26\angle 40.6°$$
$$= 398.055 + j341.175 VA$$

$$\dot{I}_2 = 4.663 \angle 32° A$$

$$\dot{S}_2 = \dot{V}_s \dot{I}_2^* = (220\angle 0°)(4.663\angle -32°) = 1025.86\angle -32° \tag{9.33}$$
$$= 869.978 - j543.623 VA$$

$$\dot{I}_T = 5.837 \angle 9.06°$$

$$\dot{S}_T = \dot{V}_s \dot{I}_T^* = (220\angle 0°)(5.837\angle -9.06°) = 1284.14\angle -9.06°$$
$$= 1268.119 - j202.211 VA$$

$$\therefore \quad P_T = 1268.119 W; Q_T = -202.211 var; \theta_T = -9.06°$$

第二种方法：已知系统的有功功率和无功功率，由式（9.32）通过功率总和来直接求得。如果已知第一种方法的结果，总功率可以通过以下算法求得

$$P_T = P_1 + P_2 = 398.055 + 869.978 = 1268.033 W$$

$$Q_T = Q_1 + Q_2 = +341.175 - 543.623 = -202.448 var \tag{9.34}$$

$$S_T = S_1 + S_2 = P_T + jQ_T = 1268.11 - j202.21 VA$$

$$= 1284.134\angle -9.065 VA$$

无论是第一种方法还是第二种方法，得到的结果都是一样的。如图 9.15 所示，电路总体呈现电阻—电容特性，其中，总电流超前电源电压，电路消耗容性无功，并把感性无功送回电源。这就是功率因数校正系统最主要的概念，将在后续章节中详述。

9.8.5 功率因数

功率因数（PF）是所有电力公司在把电能输送到工业和家用领域时都要考虑的一个

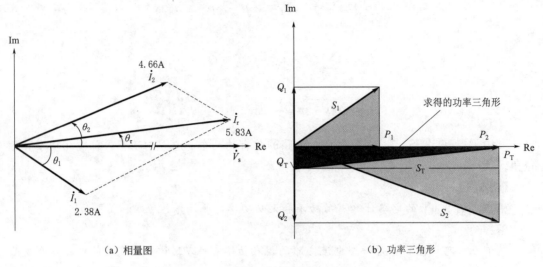

（a）相量图　　　　　　　　　　　　　（b）功率三角形

图 9.15　电流相量、电压相量和功率三角形

重要因素。功率因数是衡量电能输送质量的重要指标，并且对电能的成本有着直接影响[7]。功率因数表示有功功率和总视在功率之比，即式（9.35）。

$$PF = \frac{\text{有功功率（kW）}}{\text{视在功率（kVA）}}$$

$$= \frac{\text{有功功率}}{\text{有功功率＋无功功率}} = \frac{P}{S} = \cos\theta \qquad (9.35)$$

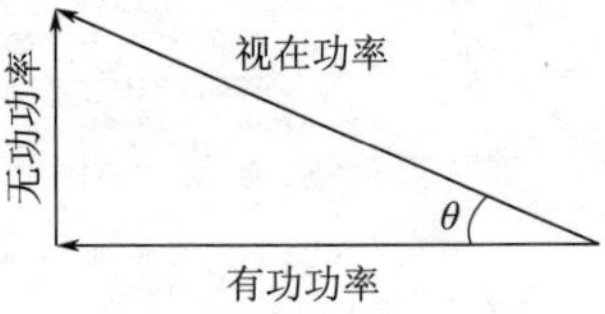

图 9.16 所示为功率三角形。

根据负载的特点，功率因数和电流相位角可以分为三类，即式（9.36）。

图 9.16　功率三角形

$$PF \begin{cases} >0 & \text{感性负载 } \theta>0° \Rightarrow Q=Q_L-Q_C>0 \\ =1 & \text{阻性负载 } \theta=0° \Rightarrow Q=0 \\ >0 & \text{容性负载 } \theta<0° \Rightarrow Q=Q_L-Q_C<0 \end{cases} \qquad (9.36)$$

【例 9.8】

根据［例 9.7］，计算每一个电流支路的功率因数以及电路的总功率因数。

解：

上述电路的功率因数可以通过式（9.37）算得。

$$PF_1 = \frac{P_1}{S_1} = \frac{398.055}{524.60} = 0.758 \Rightarrow \theta_1 = \arccos 0.758 = 40.64°$$

$$PF_2 = \frac{P_2}{S_2} = \frac{869.978}{1025.86} = 0.848 \Rightarrow \theta_2 = \arccos 0.848 = 32° \qquad (9.37)$$

$$\sin\theta_2 = \frac{Q_2}{S_2} = \frac{-543}{1025.86} = -0.529 \Rightarrow \theta_2 = -32°$$

电路的总功率因数为式（9.38）。

$$PF_T = \frac{P_T}{S_T} = \frac{1268.119}{1284.14} = 0.987 \Rightarrow \theta_T = \arccos 0.987 = 9.25°$$

(9.38)

$$\sin\theta_T = \frac{Q_T}{S_T} = \frac{-202.11}{1284.14} = -0.157 \Rightarrow \theta_T = -9.056°$$

9.8.6 功率因数校正

功率因数是有功功率和视在功率的比值，如果视在功率不变，有功功率减小，功率因数就会减小。所以什么会使系统的无功功率较大？答案是感性负载。这些负载包括变压器、感应电动机、感应发电机、焊接机、高强度放电照明设施、电力电子转换器等。

提高系统功率因数的好处如下：

（1）当功率因数降低到允许的最小值以下时，避免出现能量损失。

（2）降低变压器、布线和发动机的损耗。

（3）在有功功率相同的情况下，减少电厂的总无功功率。

（4）减少公共电能消耗。

（5）提高电压管理水平。

（6）降低配电系统投资成本。

通过安装消耗容性无功功率并且把电感性无功功率送回到系统中的负载，可以校正功率因数，减少总视在功率，提高功率因数。这样的负载包括电容器组和同步电动机。提高功率因数的方法很多。最常见的一种方法就是安装电容器组（一套电容器），安装的电容器组会产生感性无功供给公共负载。图9.17所示为加入电容器组后对视在功率的影响。提高功率因数所需的电容器组可以根据实际功率因数相关的有功功率和理想功率因数求得[1]，即式（9.39）。

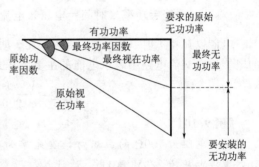

图 9.17 安装电容器组的影响

$$Q_C = P(\tan\theta_1 - \tan\theta_2)$$

(9.39)

式中 P——负载的有功功率，kW；

      θ_1——校正前的功率因数角（实际的）；

      θ_2——校正后的功率因数角（理想的）；

      Q_c——无功功率，kvar。

【例 9.9】

按照要求，安装了一组由 22V/50Hz 单相电源供电的电容器组。请计算，在功率消耗最大值为 200kW 的前提下，将功率因数从 0.82 提高到 0.95 所需要的电容，并计算功率因数校正所释放的无功功率。

解：

回忆式（9.39），所需的电容器组可以通过式（9.40）和式（9.41）计算。

$$Q_C = P(\tan\theta_1 - \tan\theta_2) = 200[\tan(\arccos 0.82) - \tan(\arccos 0.95)] \tag{9.40}$$

$$= 200(\tan 34.915° - \tan 18.198°) = 73.867\text{kvar}$$

$$C = \frac{1000\text{kvar}}{2\pi f(\text{kV})^2} = \frac{1000 \times 73867}{2\pi 50(0.22)^2} = 4860.438\mu\text{F} \tag{9.41}$$

$$X_C = \frac{10^6}{2\pi fC} = 6.552\Omega \text{ and } I_C = \frac{V}{X_C} = 33.577\text{A}$$

释放的无功功率可以通过式（9.42）求得。

$$\text{kVA} = \text{kW}\left(\frac{1}{\text{actualPE}} - \frac{1}{\text{desiredPF}}\right) = 200\text{kW}\left(\frac{1}{0.82} - \frac{1}{0.95}\right) = 33.34\text{kVA} \tag{9.42}$$

也就是说，通过有功功率不变，视在功率节省 33.34kVA，提高了整个系统的容性，并且降低了电能损耗。

9.9 电能

电能是电子或离子等带电粒子从某一电势移动到另一电势所做的功，并产生热、移动、光、声音等[11,13]。所做的功以焦耳为单位，也定义了将电能转换成机械能，从而推动这些电子在单位时间内在电势两端移动所消耗的电功率。所以：

$$\text{电能} = \text{功率} \times \text{时间} = \text{电压} \times \text{电流} \times \text{时间} = \frac{\text{焦耳}}{\text{库仑}} \times \frac{\text{库仑}}{\text{秒}} \times \text{秒} = \text{焦耳}$$

电能以瓦特·时（W·h）或者千瓦·时（kW·h）来计算，意思是某项做功所消耗的电能。在交流电路中表示电能的主要方程式为式（9.43）。

$$\text{电能} = \frac{VI\cos\theta}{1000}\text{h} = \cdots \text{kW·h} \tag{9.43}$$

【例 9.10】

一只电阻为 100Ω 的白炽灯，发光率为 75%，功率因数为 0.85（滞后），每天照明 5h，电源电压为 220V/50Hz，请计算：

（1）灯泡消耗了多少功率，且灯泡每平方米所产生的光亮度是多少？

（2）产生的年电能和年电能损耗是多少？

（3）1kW·h 的电能单价是 0.06 美元，一年消耗的电费是多少？

解：

灯泡的电阻为 100Ω，有一定的电抗，是通过已有的功率因数间接表现出来的，根据源功率 P_{inp} 可以计算出其消耗的电能，源功率的大小取决于输出功率 P_{out} 和灯泡的发光率 η，所以：

（1）输入功率和输出功率为式（9.44）。

$$P_{\text{out}} = VI\text{PF} = \frac{V^2\text{PF}}{R} = \frac{(220\text{V})^2(0.85)}{100\Omega} = 411.4\text{W} \tag{9.44}$$

$$P_{\text{inp}} = \frac{P_{\text{out}}}{\text{发光率}} = \frac{411.4\text{W}}{0.75} = 548.534\text{W} = 0.5485\text{kW}$$

灯泡产生的发光量由发光强度决定，白炽灯的发光强度约为 17lm/W [15,16]。

$$光亮度 = P_{\text{out}} \times \frac{\text{lm}}{\text{W}} = 411.4\text{W} \times \frac{17\text{lm}}{\text{W}} = 6993.8\text{lux} = 6993.8\text{lm/m}^2 \qquad (9.45)$$

（2）灯泡产生的年电能 E_{an} 和年电能损耗 E_{is} 为式（9.46）。

$$E_{\text{an}} = P_{\text{inp}}(运行小时数/年) = 0.5485\text{kW} \times 5\text{h} \times 365\text{d} = 1001.012\text{kW·h/年}$$

$$E_{\text{is}} = (1-\eta)E_{\text{an}} = (1-0.75)1001.012\text{kW·h/年} = 250.253\text{kW·h/年} \qquad (9.46)$$

（3）一年消耗的电费为式（9.47）。

$$电费 = E_{\text{an}} \times 价格/(\text{kW·h}) = (1001.012\text{kW·h/年}) \times [0.06\text{ 美元}/(\text{kW·h})] \approx 60\text{ 美元/年}$$

$$(9.47)$$

9.10 单相电源的优缺点

单相交流电源为各种交流电源提供了参考依据，并且可以作为这些电源的基本参照。与三相电源相比，单相电源有以下优缺点：

9.10.1 优点

（1）为工业和家庭用电提供简单的、价格低的供电电源。

（2）只需要利用一台变压器就可以实现电能转换和传输。

（3）单相电流在一个周期内能够 2 次达到峰值，而三相电流在一个周期内能够 6 次达到峰值，产生较强的机械力和电机转矩。

（4）在某些情况下，单相电源供电比三相电流更便宜。

（5）和三相电源相比，在数学建模和物理运作过程方面，单相电源操作更简单。

9.10.2 缺点

（1）单相电能输送需要一根火线和一根零线，电流流过两条线，每条线（有一条）都会驱动电动势，造成电能损失；而在三相电能输送中，每一段的电流总和都是零，在对称负载的情况下，不会出现电流回流，也就是说有一个可以"免费"获得的回流导体。

（2）一个平衡的三相三线电路，仅使用单相供电电路所需铜的 75%。

（3）随着工业负载在规模和用电量方面的增加，单相供电已无法满足需求。

（4）由于零线中的回流电流相同，所以单相电压下降比三相电压下降更快。

（5）单相电源在单相电动机中会产生一个吸入式磁场，也就是说这些电动机（单相电动机和电容性电动机）在没有额外线圈的前提下无法实现自启动，这种额外线圈包括启动线圈、电容器和离心开关。一个三相电源可以产生旋转磁场，在三相电动机中形成一个自启转矩。

（6）三相电动机价格更便宜，而且比相同功率定额的单相电动机轻便小巧。且三相电动机的外壳选择比单相电动机的要多。

（7）一些三相负载会产生一系列电流谐波，造成导体过热、功率损耗和低效率，但使用三相电源时，电流谐波的影响较轻，三相变压器的连接方式（三角形连接）使损耗较少，效率较高。

（8）切断单相电源会给负载带来功率损耗，但是在三相电源中，通过一种特殊的变压器连接方式（开放三角形），某一相的损耗可以通过其他两相来恢复，也就是说负载可持续获得额定值不断降低的电源功率。

（9）关于功率因数校正，单相电源只能用电容器组的办法进行校正，但是三相电源可以通过三种方法进行功率校正。和三相电容器组相比，单相电容器组保持相同无功功率的成本更高。

使用单相电源有一些优点，但是这种电源的缺点更多。所以在三相电源方面的投资更多，使用了最先进的技术以提高电源质量，并且以卓越的服务质量为消费者提供无限制的电能。

9.11 总结

单相电源已经被广泛使用，主要集中于家用和小型工业系统领域。这种电源便于设计、操作和管理。但是，和三相电源相比，这种电源在功率容量、信号质量和性能方面有许多缺点。本章的应用分析方法是以所积累的知识为基础，来了解这些电源的运作方式以及连接的负载在负载特点、功率损耗、功率因数校正和能量损耗方面的表现。

本章主要包括以下内容：

（1）对电功率和发电进行回顾。

（2）在电抗、阻抗、电流、电流相位位移和功率方面，交流电基本原理的应用。

（3）复数在解决交流电方面问题的应用。

（4）了解了串联和并联负载的原理。

（5）了解了消耗功率、生产损耗和所产电能的概念。

（6）了解了功率因数校正和成本分析的原理。

（7）讨论了单相电源的主要优缺点。

问题

1. 一台 $2\text{kW} \cdot \text{h}$ 的加热器使用的是 220V、50Hz 的单相电源。

a. 加热器的电阻和有效消耗电流是多少？

b. 消耗的功率是多少？

2. RLC 负载由 220V、50Hz 的单相电源供电，$R=10\Omega$、$L=15\text{mH}$、$C=100\mu\text{F}$。

a. 求出额定频率条件下，流过负载的电流。

b. 假设频率与额定值相比降低了 20%，请计算流过的电流。

c. 电流和电压相匹配的电压频率为多少？

d. 写出 MATLAB 代码，并写出以上问题的计算结果。

3. 串联连接的四个组件，$R_1 = 6\Omega$，$R_2 = 12\Omega$，电路电感为 $15\mathrm{mH}$，电容为 $150\mu\mathrm{F}$。电源电压的有效值为 $100\mathrm{V}$，频率为 $50\mathrm{Hz}$，请计算：

a. 电路总阻抗，相应的总电阻和总电抗以及相位角。

b. 电路的相位角和总电流。

c. 每个元件的电压降。

4. 并联连接的四个组件形成了两个支路，第一个支路 $R_1 = 6\Omega$，$L = 15\mathrm{mH}$，第二个支路 $R_2 = 12\Omega$，$C = 150\mu\mathrm{F}$。电源电压有效值为 $100\mathrm{V}$，频率为 $50\mathrm{Hz}$。请计算：

a. 电路总阻抗，相应的总电阻和总电抗以及相位角。

b. 这个电路的相位角和总电流。

c. 每个元件的电压降。

d. 根据这一题和上一题的结果，你能得出什么结论？

5. 写出 MATLAB 代码，并回答系列问题：

a. 改变连接的电感值，观察电路元件中电流和电压情况。

b. 删掉已连接电容器的值后，观察电路的情况。

c. 电源电压频率为何值时，电流能达到最大值？

d. 画出以上所有任务的结果。

6. 串联连接的阻抗电路 $Z_1 = 5+\mathrm{j}6\Omega$；$Z_2 = 3-\mathrm{j}4\Omega$，$Z_3 = 5\Omega$，电源电压为 $100\mathrm{V}$，频率为 $50\mathrm{Hz}$，请计算：

a. 电路总阻抗，相应的总电阻和总电抗以及相位角。

b. 这个电路的总电流和相应的功率因数。

c. 每个元件的电压降。

7. 串联连接的阻抗电路有三个元件，$Z_1 = 5+\mathrm{j}6\Omega$；$Z_2 = 3-4\mathrm{j}\Omega$；$Z_3 = 3-\mathrm{j}8\Omega$，电源电压为 $100\mathrm{V}$，频率为 $50\mathrm{Hz}$。请计算：

a. 电路总阻抗，相应的总电阻和总电抗以及相位角。

b. 这个电路的总电流和相应的功率因数。

c. 每个元件的电压降。

8. 图 9.18 所示为串联连接和并联连接的阻抗组合，请计算：

a. 电路总阻抗、相应的总电阻和总电抗以及相位角。

b. 这个电路的总电流和相应的功率因数。

c. 每个元件的电压降。

9. 根据第 8 题的结果，请计算：

a. 电路元件的功率分量和总电路功率。

b. 根据题中电路的整体特点，画出电流的相量和功率三角形。

c. 写出 MATLAB 代码，并画出电流、电压和功率的波形。

10. 关于图 9.19 中电路，请计算：

a. 分别计算电阻 R，总有功功率 P_T 和无功功率 Q_T 的值。

b. 画出功率三角形。

c. 计算总功率因数并概括所得功率因数的特点。

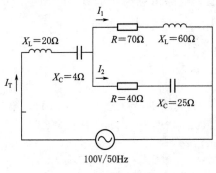

图 9.18 第 8 题图

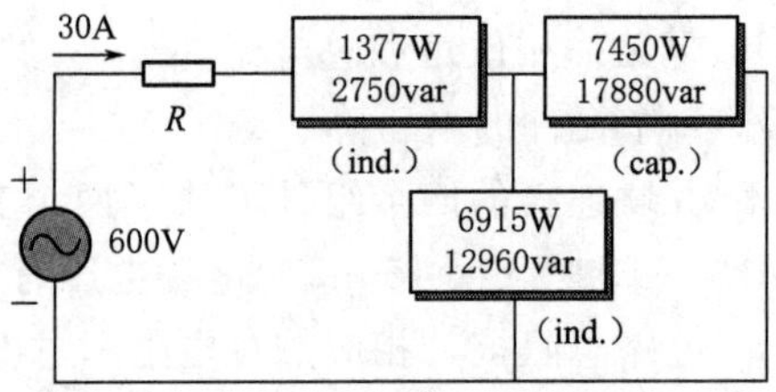

图 9.19 第 10 题图

11. 需要安装一个由单相电源（220V/50Hz）供电的电容器组，请计算电容器组和电容器电流：

a. 参照图 9.20 提供的年度耗电图，其中恒定功率因数为 0.88，通过按月收费的方法来提高功率因数。

b. 为了将功率因数从 0.85 提高到 0.96，功率消耗最大值为 300kW。

c. 将电源换成另一个由安装三角形连接的电容器组供电 380V 的三相电源，再做一次之前的任务，你能得出什么结论？

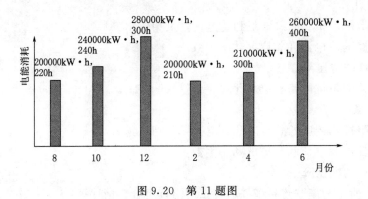

图 9.20 第 11 题图

参考文献

[1] Alpes Technologies. How to calculate the power of capacitors. Available from：http：//www. alpestechnologies. com/sites/all/images/pdf _ EN/Calculate. pdf；2011.

[2] Bakshi UA，Bakshi VU. Electrical circuits & machines. 3rd ed. Pune：Technical Publication；2007.

[3] Boylestad LR. Introductory circuit analysis. 4th ed. Ohio：Charles E. Merrill Publishing Company；1982.

[4] Chapman JS. Electric machinery fundamental. 4th ed. Australia：McGraw Hill；2005.

[5] Weedy BM，Cory BJ，Jenkins N，Ekanayake JB，Strbac G. Electric power systems. Sussex，England：John Wiley & Sons；2012.

[6] Chowdhury H. Load flow analysis in power systems. University of Missouri – Rolla，USA：McGraw – Hill；2000. p. 11. 1 – 11. 16.

[7] Christopher AH，Sen PK，Morroni A. Power factor correction：a fresh look into today's power

systems. 2012 IEEE – IAS PCA San Antonio, TX. 54th Cement Industry Technical Conference, May 13 – 17, 2012.

[8]　Hirofumi A, Watanabe EH, Mauricio A. Instantaneous power theory and applications to power conditions. Hoboken, NJ: John Wiley & Sons Inc.; 2007.

[9]　Matlab User's Guide, version 8, R2008a.

[10]　Power systems solutions. Available from: http://www.pssamerica.com/resources/PF Correction, Application Guide.pdf.

[11]　Rajput RK. Alternating current machines. New Delhi, India: Firewall Media; 2002. p. 260.

[12]　Herman SL. Alternating current fundamentals. 8th ed. NY: Delmar Cengage Learning; 2011. Available from: CENGAGE brain.com.

[13]　Kuphalt TR. Alternating current electric circuit'. 6th ed. 2007. Available from: www.gnu.org/licenses/dsl.html.

[14]　Yagel EA. Complex numbers and phasors. Michigan: Department of EECS, University of Michigan; 2005.

[15]　Smith WJ. Modern optical engineering – the design of optical systems. 3rd ed. Kaiser Electro – Optics Inc., Carisbad, California, USA: McGraw – Hill; 2000 [chapter 8].

[16]　Candela, Lumen, Lux: the equations – CompuPhase. http://www.compuphase.com/electronics/candela_lumen.htm.

10 三相交流电源

Abdul R. Beig

Department of Electrical Engineering，The Petroleum Institute，
Abu Dhabi，UAE

10.1 引言

三相系统是解决长距离大规模输配电的一种经济可行的方法。三相系统包括连接三相负载的三相电压电源，两者通过变压器和输电线连接。有两种连接类型，即三角形（△）连接和星形（Y）连接。输电线采用三角形连接方式，通常情况下，电力系统都是在平衡的三相状态下运行的。大多数的大规模负载，例如工业负载，本质上都是三相平衡负载。但是，如果出现单相负载和三相负载混合的情况，例如住宅负载，那么负载就会变得不平衡。但是，不平衡的负载可以分解成为多个平衡负载，因此，想要了解三相系统，就要对稳态状态下的平衡系统进行分析。

10.2 三相电压的产生

三相交流发电机，也称为交流发电机，主要用于发电。交流发电机由水轮机、燃气轮机、汽轮机或者内燃机驱动。交流发电机有三个分开的绕组，分布在定子的内部边缘[1]。系统三相对应的三个绕组通过电力作用，彼此分开 120°。转子包括磁场绕组或者电磁场，在原动机的推动下，以同步速度旋转。旋转的磁场切割定子绕组，根据法拉第定律[1,2]，这些绕组会产生电压。

这样设计三相绕组能保证产生的三相电压呈现正弦曲线，有相同的频率和峰值电压，并且每相之间相差 120°。平衡状态的三相电压可以通过式（10.1）定义，图 10.1 所示为这种电压的波形图。

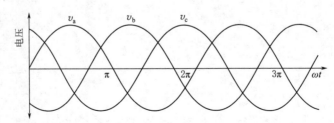

图 10.1 三相绕组产生的电压波形

$$v_a = V_m \sin(\omega t)$$

$$v_b = V_m \sin\left(\omega t - \frac{2\pi}{3}\right)$$

(10.1)

$$v_c = V_m \sin\left(\omega t - \frac{4\pi}{3}\right) \text{ 或 } v_c = V_m \sin\left(\omega t + \frac{2\pi}{3}\right)$$

把三相分别记作 a，b，c，以 a 相电压作为参考，那么 b 相电压与 a 相相差 120°（或者 $2\pi/3$rad），c 相电压与 a 相相差 240°（或者 $4\pi/3$rad）。相序为 a—b—c，除了用 a—b—c 这种表达方式，也可以通过 R（红）—Y（黄）—B（蓝）这种颜色代码来表示。前面提到的相序称为正相序，如果三相进行位置互换（例如，b 相和 c 相位置互换），也就是 c 相和 a 相相差 120°，b 相和 a 相相差 240°，那么 a—c—b 的相序就称为负相序。

在过去的几十年中，人们关注的重点主要是可再生能源，例如风能、光伏系统和燃料电池等。第 3 章、第 4 章和第 6 章分别讲述了如何利用这些能源进行发电。在这些电源中，都是在直流——交流转换器的帮助下，完成了三相发电[3]，第 15 章将主要讲述直流电源平衡三相正弦电能的发电方式。

10.3 三相电路的连接

三相电源可以通过三角形或者星形方式连接。同样，三相负载也可以通过三角形或者星形连接[4,5]。

10.3.1 星形连接的对称电源

图 10.2 所示为星形连接的对称电源。在星形连接中，共用终端"n"是电源的中性线端，Z_{sa}、Z_{sb} 和 Z_{sc} 分别代表 a 相、b 相和 c 相的电源阻抗。在对称电源中，$Z_{sa} = Z_{sb} = Z_{sc} = Z_s$。电压 v_a、v_b 和 v_c 表示的是三相 a，b，c 电源内部电压（或者是感应电动势）。就对称电源来说，三个电压有相同的频率和幅值，正如式（10.1）所规定的一样，每相之间的间隔为 120°（$2\pi/3$rad）。

10.3.1.1 相电压

相电压表示"a""b""c"端的电压，以中性点"n"为参照进行衡量。

在图 10.2 中，在开放电路条件下有式（10.2）。

$$v_{an} = V_m \sin(\omega t)$$

$$v_{bn} = V_m \sin\left(\omega t - \frac{2\pi}{3}\right)$$

(10.2)

$$v_{cn} = V_m \sin\left(\omega t - \frac{4\pi}{3}\right)$$

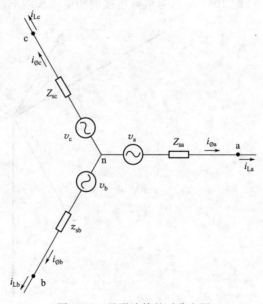

图 10.2 星形连接的对称电源

相量形式的相电压为

$$\dot{V}_{an}=V_{\varnothing}\angle 0°$$

$$\dot{V}_{bn}=V_{\varnothing}\angle -120°$$

$$\dot{V}_{cn}=V_{\varnothing}\angle -240°$$

式中　$V_{\varnothing}$——相电压的均方根值，$V_{\varnothing}=\dfrac{V_m}{\sqrt{2}}$。

在对称条件下，$v_{an}+v_{bn}+v_{cn}=0$，且 $\dot{V}_{an}+\dot{V}_{bn}+\dot{V}_{cn}=0$。

10.3.1.2　线电压

两个相线终端或者两相之间的电压差就是线电压。根据基尔霍夫电压定律，已知相电压，线电压 v_{ab}，v_{bc} 和 v_{ca} 可以表示为式（10.3）。

$$v_{ab}=v_{an}-v_{bn}=V_m\sin(\omega t)-V_m\sin\left(\omega t-\frac{2\pi}{3}\right)=\sqrt{3}\,V_m\sin\left(\omega t+\frac{\pi}{6}\right)$$

$$v_{bc}=v_{bn}-v_{cn}=V_m\sin\left(\omega t-\frac{2\pi}{3}\right)-V_m\sin\left(\omega t-\frac{4\pi}{3}\right)=\sqrt{3}\,V_m\sin\left(\omega t-\frac{\pi}{2}\right) \quad (10.3)$$

$$v_{ca}=v_{cn}-v_{an}=V_m\sin\left(\omega t-\frac{4\pi}{3}\right)-V_m\sin(\omega t)=\sqrt{3}\,V_m\sin\left(\omega t-\frac{7\pi}{6}\right)$$

相量形式的线电压为

$$\dot{V}_{ab}=V_L\angle 30°$$

$$\dot{V}_{bc}=V_L\angle -90°$$

$$\dot{V}_{ca}=V_L\angle -210°$$

式中　V_L——线电压的均方根值，$|\dot{V}_L|=\dfrac{\sqrt{3}\,V_m}{\sqrt{2}}=\sqrt{3}\,|\dot{V}_{\varnothing}|$。

注意：在对称条件下，$v_{ab}+v_{bc}+v_{ca}=0$，且 $\dot{V}_{ab}+\dot{V}_{bc}+\dot{V}_{ca}=0$。

图 10.3 所示为星形连接的相电压和线电压的相量图。

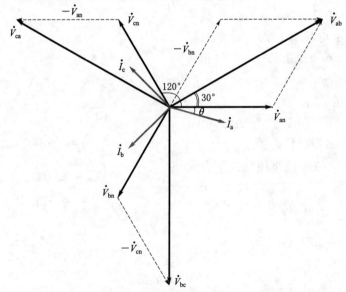

图 10.3　星形连接的相电压和线电压的相量图

10.3.1.3　相电流

电源绕组或者电源中流动的电流就是相电流。电源的相电流表示为式（10.4）。

$$i_{\varnothing a}=I_{m}\sin(\omega t-\theta)$$

$$i_{\varnothing b}=I_{m}\sin\left(\omega t-\frac{2\pi}{3}-\theta\right)$$

$$i_{\varnothing c}=I_{m}\sin\left(\omega t-\frac{4\pi}{3}-\theta\right)$$

(10.4)

式中　θ——相电压和相对应的相电流之间的相位角。

式（10.4）的相量形式可以写成

$$\dot{I}_{\varnothing a}=I_{\varnothing}\angle-\theta°$$

$$\dot{I}_{\varnothing b}=I_{\varnothing}\angle-120°-\theta°$$

$$\dot{I}_{\varnothing c}=I_{\varnothing}\angle-240°-\theta°$$

其中 $|I_{\varnothing}|=\dfrac{I_{m}}{\sqrt{2}}$。注意 $i_{\varnothing a}+i_{\varnothing b}+i_{\varnothing c}=0$。

10.3.1.4　线电流

从终端流出的电流称为线电流。以星形连接电源的线电流和相电流相等，即式（10.5）。

$$I_{La}=I_{\varnothing a}\ I_{Lb}=I_{\varnothing b}$$

$$I_{Lc}=I_{\varnothing c}$$

$$I_{L}=I_{\varnothing}$$

(10.5)

注意：在对称星形连接系统中，线电压超前相应相电压30°，且线电压的大小是相电压的$\sqrt{3}$倍；相电流等于线电流。

10.3.2　三角形连接的对称电源

图10.4所示为三角形连接的对称电源。Z_{sa}、Z_{sb}和Z_{sc}表示a相，b相，c相的电源阻抗，在对称电源中，$Z_{sa}=Z_{sb}=Z_{sc}=Z_{s}$。电压$v_{a}$、$v_{b}$和$v_{c}$表示电源的a相、b相、c相的内部电压（或者感应电动势）。就对称电源来讲，三个电压有相同的频率和幅值，正如式（10.1）所规定的一样，每相之间的间隔为120°（2π/3rad）。

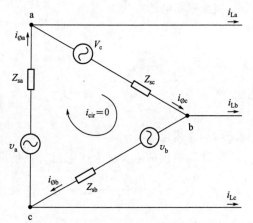

图10.4　三角形连接的对称电源

10.3.2.1　线电压

如图10.4所示，在三角形连接结构中，每相的绕组都是在两条线路之间。在开放电路的条件下，三角形连接电源的相电压可以表示为式（10.6）。

$$\left.\begin{array}{l}v_{ab}=v_{a}=V_{m}\sin(\omega t)\\[4pt]v_{bc}=v_{b}=V_{m}\sin\left(\omega t-\dfrac{2\pi}{3}\right)\\[4pt]v_{ca}=v_{c}=V_{m}\sin\left(\omega t-\dfrac{4\pi}{3}\right)\end{array}\right\}$$

(10.6)

相量形式的线电压为

$$\dot{V}_{ab} = V_L \angle 0°$$

$$\dot{V}_{bc} = V_L \angle -120°$$

$$\dot{V}_{ca} = V_L \angle -240°$$

式中 V_L——线电压的均方根值，$|V_L| = \dfrac{V_m}{\sqrt{2}}$。

注意：$v_{ab} + v_{bc} + v_{ca} = 0$，所以 $i_{cir} = 0$。

10.3.2.2 相电压

三角形连接的电源，相电压等于线电压，即式（10.7）。

$$V_\varnothing = V_L \tag{10.7}$$

10.3.2.3 相电流

电源绕组或者电源中流动的电流是相电流。电源的相电流表示为式（10.8）。

$$\left. \begin{aligned} i_{\varnothing a} &= I_m \sin(\omega t - \theta) \\ i_{\varnothing b} &= I_m \sin\left(\omega t - \frac{2\pi}{3} - \theta\right) \\ i_{\varnothing c} &= I_m \sin\left(\omega t - \frac{4\pi}{3} - \theta\right) \end{aligned} \right\} \tag{10.8}$$

式中 θ——相电压和相应相电流之间的相位角。

相量形式的相电流为

$$\dot{I}_{\varnothing a} = I_\varnothing \angle -\theta°$$

$$\dot{I}_{\varnothing b} = I_\varnothing \angle (-120° - \theta)°$$

$$\dot{I}_{\varnothing c} = I_\varnothing \angle (-240° - \theta°)$$

其中
$$|I_\varnothing| = \frac{I_m}{\sqrt{2}}$$

10.3.2.4 线电流

从终端流出的电流称为线电流。三角形连接的电源，线电流可以表示为式（10.9）。

$$\left. \begin{aligned} i_{La} &= i_{\varnothing a} - i_{\varnothing c} = I_m \sin(\omega t - \theta) - I_m \sin\left(\omega t - \frac{2\pi}{3} \pm \theta\right) = \sqrt{3}\, I_m \sin\left(\omega t - \frac{\pi}{6} \pm \theta\right) \\ i_{Lb} &= i_{\varnothing b} - i_{\varnothing a} = I_m \sin\left(\omega t - \frac{2\pi}{3} \pm \theta\right) - I_m \sin(\omega t \pm \theta) = \sqrt{3}\, I_m \sin\left(\omega t - \frac{5\pi}{6} \pm \theta\right) \\ i_{Lc} &= i_{\varnothing c} - i_{\varnothing b} = I_m \sin\left(\omega t - \frac{4\pi}{3} \pm \theta\right) - I_m \sin(\omega t \pm \theta) = \sqrt{3}\, I_m \sin\left(\omega t - \frac{3\pi}{2} \pm \theta\right) \end{aligned} \right\} \tag{10.9}$$

三角形连接电源的线电流相量形式表示为

$$\dot{I}_{La} = I_L \angle \pm \theta°$$

$$\dot{I}_{Lb} = I_L \angle -120° \pm \theta°$$

140

$$\dot{I}_{\text{Lc}} = I_{\text{L}} \angle -240° \pm \theta°$$

其中
$$|I_{\text{L}}| = \sqrt{3}|I_{\emptyset}| = \frac{I_{\text{m}}}{\sqrt{2}}$$

注意：在对称三角形连接系统中，与其相应的相电流比较，线电流滞后 30°，且线电流的大小是相电流的 $\sqrt{3}$ 倍；相电压与线电压相等。

图 10.5 所示为三角形连接电源中的电压和电流相量图。

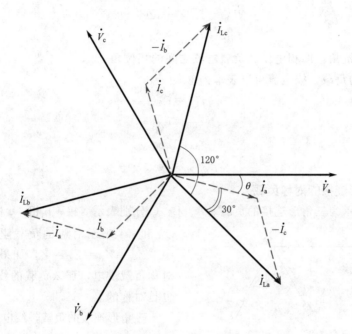

图 10.5　三角形连接电源中的电压和电流相量图

10.3.3　星形连接的对称负载

图 10.6 所示为星形连接的负载。A，B，C 分别表示 a 相、b 相、c 相的终端。三个负载在公共点 "N" 处连接，这个点称为负载的中性点。Z_{A}、Z_{B} 和 Z_{C} 表示a 相，b 相，c 相的电源阻抗。在对称负载中，$Z_{\text{A}} = Z_{\text{B}} = Z_{\text{C}} = Z$。假设用相电压 V_{AN} 作为参考，那么

$$\dot{V}_{\text{AN}} = V_{\emptyset} \angle 0°$$

$$\dot{V}_{\text{BN}} = V_{\emptyset} \angle -120°$$

$$\dot{V}_{\text{CN}} = V_{\emptyset} \angle -240°$$

线电压为

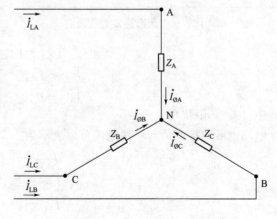

图 10.6　星形连接的负载

$$\dot{V}_{AB} = \dot{V}_{AN} - \dot{V}_{BN} = \sqrt{3}\,|V_\emptyset|\angle 30° = |V_L|\angle 30°$$

$$\dot{V}_{BC} = \dot{V}_{BN} - \dot{V}_{CN} = \sqrt{3}\,|V_\emptyset|\angle -90° = |V_L|\angle -90°$$

$$\dot{V}_{CA} = \dot{V}_{CN} - \dot{V}_{AN} = \sqrt{3}\,|V_\emptyset|\angle -210° = |V_L|\angle -210°$$

且 $$|V_L| = \sqrt{3}\,|V_\emptyset|$$

如果对称电源给星形连接的对称负载供电,那么,负载中的相电流也是对称的,即

$$\dot{I}_{\emptyset A} = I_\emptyset \angle \pm\theta°$$

$$\dot{I}_{\emptyset B} = I_\emptyset \angle -120° \pm\theta°$$

$$\dot{I}_{\emptyset C} = I_\emptyset \angle -240° \pm\theta°$$

式中　θ——阻抗角,即相电压和负载电流之间的相位角。

星形连接的负载,线电流可以表示为

$$i_{LA} = i_{\emptyset A}$$

$$i_{LB} = i_{\emptyset B}$$

$$i_{LC} = i_{\emptyset C}$$

且 $$I_L = I_\emptyset$$

10.3.4　三角形连接的对称负载

图 10.7 所示为三角形连接的负载。A、B、C 分别表示 a 相、b 相、c 相的终端。Z_A、Z_B 和 Z_C 表示对应的负载阻抗。对称电源中,$Z_A = Z_B = Z_C = Z$,如果用对称电源给对称负载供电,那么负载的线电流和相电流也是对称的。

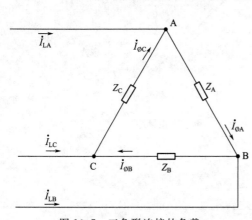

图 10.7　三角形连接的负载

三角形连接的负载,线电压可以表示为

$$\dot{V}_{AB} = V_L \angle 0°$$

$$\dot{V}_{BC} = V_L \angle -120°$$

$$\dot{V}_{CA} = V_L \angle -240°$$

在三角形连接的负载中,$V_L = V_\emptyset$。

如果用对称电源给三角形连接的对称负载供电,那么负载的相电流也是对称的,即

$$\dot{I}_{\emptyset A} = I_\emptyset \angle \pm\theta°$$

$$\dot{I}_{\emptyset B} = I_\emptyset \angle -120° \pm\theta°$$

$$\dot{I}_{\emptyset C} = I_\emptyset \angle -240° \pm\theta°$$

式中　θ——阻抗角。

三角形连接的负载,线电流可以表示为

$$\dot{I}_{LA} = \dot{I}_{\emptyset A} - \dot{I}_{\emptyset B} = \sqrt{3}\,|I_\emptyset|\angle -30° \pm\theta°$$

$$\dot{I}_{LB} = \dot{I}_{\emptyset B} - \dot{I}_{\emptyset C} = \sqrt{3}\,|I_\emptyset|\angle -150° \pm\theta°$$

$$\dot{I}_{LC} = \dot{I}_{\emptyset C} - \dot{I}_{\emptyset A} = \sqrt{3}\,|I_\emptyset|\angle -270° \pm\theta°$$

$$|I_L| = \sqrt{3}\,|I_\emptyset|$$

10.4　混合连接的电路

三相系统主要有四种网络系统，见表 10.1。

表 10.1　三相网络系统的种类

连接的种类	电源	负载
星形—星形连接	星形	星形
星形—三角形连接	星形	三角形
三角形—星形连接	三角形	星形
三角形—三角形连接	三角形	三角形

三角形连接电源或者负载可以分别转换成同等的星形连接电源或者负载[4,5]。其他三种连接方式都可以通过将其转换成同等的星形—星形网络来进行分析。下面对星形—星形网络进行分析。

10.4.1　星形—星形网络

线电流 I_L 就是每条线路流过的电流，相电流 $I_\emptyset$ 就是单个电源或负载中流过的电流。简单来说，这里只分析无源负载，即只包括电阻，电感和电容元件的负载。

图 10.8 所示的电路就是典型的星形—星形网络。

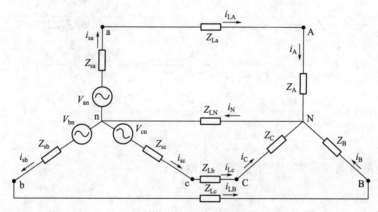

图 10.8　星形—星形网络

$Z_{sa}=Z_{sb}=Z_{sc}=Z_s$，$Z_{La}=Z_{Lb}=Z_{Lc}=Z_L$ 表示连接电源和负载的线阻抗，这些值相等，称为线阻抗。

$Z_A=Z_B=Z_C=Z$，是星形连接中的负载阻抗，N 表示负载的中性点。

在电源中性点"n"应用基尔霍夫电流定律，则节点方程式为

$$\frac{V_{a'n}-V_{Nn}}{Z_{sa}+Z_{La}+Z_A}-\frac{V_{b'n}-V_{Nn}}{Z_{sb}+Z_{Lb}+Z_B}+\frac{V_{c'n}-V_{Nn}}{Z_{sc}+Z_{Lc}+Z_C}=\frac{V_{Nn}}{Z_{Ln}}$$

$$\frac{V_{a'n}+V_{b'n}+V_{c'n}}{Z_s+Z_L+Z}=\frac{V_{Nn}}{Z_{Ln}}+\frac{V_{Nn}}{Z_s+Z_L+Z}$$

对称电源中，$\dot{V}_{a'n}+\dot{V}_{b'n}+\dot{V}_{c'n}=0$，即

$$\frac{\dot{V}_{Nn}}{Z_{Ln}}+\frac{\dot{V}_{Nn}}{Z_s+Z_L+Z}=0$$

所以，对称三相电路中，$\dot{V}_{Nn}=0$。

也就是说，电源中性点"n"和负载中性点"N"没有电压差。所以 $\dot{I}_N=0$。鉴于此，可以把对称的星形—星形结构中的中性线去掉，形成一个三相三线星形—星形连接结构，或者把 n 和 N 连接起来，形成一个三相四线星形—星形连接结构[1,4,5]。

10.4.1.1 线电流和相电流

线电流 I_{LA}，I_{LB} 和 I_{LC} 表示通过线阻抗从电源终端流出、并流进负载终端的电流。

在图 10.8 中，每相电源电压可以定义为

$$\dot{V}_{a'n}=|V_\varnothing|\angle 0°$$

$$\dot{V}_{b'n}=|V_\varnothing|\angle -120°$$

$$\dot{V}_{c'n}=|V_\varnothing|\angle -240°$$

电压 $\dot{V}_{a'n}$ 作为参考相量。

规定 $Z_\varnothing=Z_s+Z_L+Z=|Z_\varnothing|\angle\theta$，$|I_\varnothing|=\dfrac{|V_\varnothing|}{|Z_\varnothing|}$，则

$$\dot{I}_{sA}=\dot{I}_{LA}=\dot{I}_A=\frac{\dot{V}_{a'n}}{Z_{sa}+Z_{La}+Z_A}=\frac{\dot{V}_\varnothing}{Z_{sa}+Z_{La}+Z_A}=\frac{|V_\varnothing|\angle (0-\varnothing)°}{|Z_\varnothing|}=I_\varnothing\angle -\varnothing°$$

$$\dot{I}_{sB}=\dot{I}_{LB}=\dot{I}_B=\frac{\dot{V}_{b'n}}{Z_{sb}+Z_{Lb}+Z_B}=\frac{\dot{V}_\varnothing}{Z_{sb}+Z_{Lb}+Z_B}=\frac{|V_\varnothing|\angle 0°-\varnothing°}{|Z_\varnothing|}=I_\varnothing\angle -\varnothing°$$

$$\dot{I}_{sC}=\dot{I}_{LC}=\dot{I}_C=\frac{\dot{V}_{c'n}}{Z_{sc}+Z_{Lc}+Z_C}=\frac{\dot{V}_\varnothing}{Z_{sc}+Z_{Lc}+Z_C}=\frac{|V_\varnothing|\angle 0°-\varnothing°}{|Z_\varnothing|}=I_\varnothing\angle -\varnothing°$$

$$\dot{I}_A+\dot{I}_B+\dot{I}_C=0$$

星形连接的负载或电源，线电流等于相电流。

所以 $\dot{I}_L=\dot{I}_\varnothing$。

注意：对称三相星形—星形网络，负载电流是对称的，也就是说，电流的大小相等，且每相间隔为 120°；中性线中没有电流。

可以通过等效每相网络的相量用表示之前提到的系统。图 10.9 所示为任意一相的等效电路（例如 a 相）。

10.4.1.2 负载终端的线电压

在图 10.8 中，负载终端的相电压可以表示为

$$\dot{V}_{AN}=\dot{I}_A Z$$

$$\dot{V}_{BN}=\dot{I}_B Z$$

$$\dot{V}_{CN}=\dot{I}_C Z$$

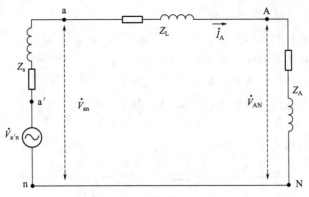

图 10.9 每相等效电路

可以看出，所有的三相电压对称。

$$\dot{V}_{AN} + \dot{V}_{BN} + \dot{V}_{CN} = 0$$

线电压可以表示为

$$\dot{V}_{AB} = \dot{V}_{AN} - \dot{V}_{BN}$$

$$\dot{V}_{BC} = \dot{V}_{BN} - \dot{V}_{CN}$$

$$\dot{V}_{CA} = \dot{V}_{CN} - \dot{V}_{AN}$$

可以看出，所有的线电压都是对称的。所以，$\dot{V}_{AB} + \dot{V}_{BC} + \dot{V}_{BC} = 0$，且参照 10.3.1 节，线电压超前对应的相电压 30°，且 $|V_L| = \sqrt{3} |V_{\varnothing}|$。

10.4.1.3 电源终端的线电压

在图 10.8 中，相终端的相电压可以表示为

$$\dot{V}_{an} = \dot{V}_{a'n} - \dot{I}_{sa} Z_{sa} = \dot{V}_{a'n} - \dot{I}_A Z_s$$

$$\dot{V}_{bn} = \dot{V}_{b'n} - \dot{I}_{sb} Z_{sb} = \dot{V}_{b'n} - \dot{I}_B Z_s$$

$$\dot{V}_{cn} = \dot{V}_{c'n} - \dot{I}_{sc} Z_{sc} = \dot{V}_{c'n} - \dot{I}_C Z_s$$

可以看出，所有的相电压都是对称的，即

$$\dot{V}_{an} + \dot{V}_{bn} + \dot{V}_{cn} = 0$$

电源终端的线电压可以表示为

$$\dot{V}_{ab} = \dot{V}_{an} - \dot{V}_{bn}$$

$$\dot{V}_{bc} = \dot{V}_{bn} - \dot{V}_{cn}$$

$$\dot{V}_{ca} = \dot{V}_{cn} - \dot{V}_{an}$$

可以看出，所有的线电压都是对称的。

在 10.3.1 节中可以得出这样的结论，线电压超前对应的相电压 30°，且 $|V_L| = \sqrt{3} |V_{\varnothing}|$。

【例 10.1】

一台对称三相星形连接发电机，内部阻抗为每相 $0.2 + j0.5\Omega$，且相电压为 220V。这台发电机给一个对称三相星形连接的负载供电，负载的阻抗为每相 $10 + j8\Omega$。连接发电机和负载的线路阻抗为 $0.2 + j0.8\Omega$。发电机相电压作为参考相量。

（1）请构建这个系统的单相等效电路。

（2）请计算线电流 $\dot{I}_{LA}$、$\dot{I}_{LB}$ 和 $\dot{I}_{LC}$。

（3）请计算负载的相电压 $\dot{V}_{AN}$、$\dot{V}_{BN}$ 和 $\dot{V}_{CN}$。

（4）请计算负载终端的线电压 $\dot{V}_{AC}$、$\dot{V}_{BC}$ 和 $\dot{V}_{CA}$。

（5）请计算发电机终端的相电压 $\dot{V}_{an}$、$\dot{V}_{bn}$ 和 $\dot{V}_{cn}$。

（6）请计算发电机终端的线电压 $\dot{V}_{ab}$、$\dot{V}_{bc}$ 和 $\dot{V}_{ca}$。

解：

（1）单相等效电路（图 10.10）：

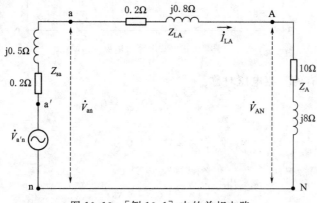

图 10.10　[例 10.1]中的单相电路

（2）线电流 $\dot{I}_{LA}$、$\dot{I}_{LB}$ 和 $\dot{I}_{LC}$ 为

$$\dot{I}_{LA}=\frac{\dot{V}_{an}}{Z_\varnothing}=\frac{220\angle 0°}{(0.2+0.2+10)+j(0.5+0.8+8)}=\frac{220\angle 0°}{13.95\angle 41.8°}=15.77\angle -41.8°A$$

$$\dot{I}_{LB}=15.77\angle(-41.8°-120°)=15.77\angle -161.8°A$$

$$\dot{I}_{LC}=15.77\angle(-41.8°+120°)=15.77\angle 78.2°A$$

（3）负载的相电压 $\dot{V}_{AN}$、$\dot{V}_{BN}$ 和 $\dot{V}_{CN}$ 为

$$\dot{V}_{AN}=\dot{I}_{LA}Z_A=(15.77\angle -41.8°)(10+j8)=202\angle -3.14°V$$

$$\dot{V}_{BN}=202\angle(-3.14°-120°)=202\angle -123.14°V$$

$$\dot{V}_{CN}=202\angle(-3.14°+120°)=202\angle 116.86°V$$

（4）负载终端的线电压 $\dot{V}_{AB}$、$\dot{V}_{BC}$ 和 $\dot{V}_{CA}$ 为

$$\dot{V}_{AB}=\sqrt{3}\dot{V}_{AN}\angle 30°=\sqrt{3}\times 202\angle(-3.14°+30°)=349.9\angle 26.86°V$$

$$\dot{V}_{BC}=\sqrt{3}\dot{V}_{BN}\angle 30°=\sqrt{3}\times 202\angle(-123.14°+30°)=349.9\angle -93.14°V$$

$$\dot{V}_{CA}=\sqrt{3}\dot{V}_{CN}\angle 30°=\sqrt{3}\times 202\angle(116.86°+30°)=349.9\angle 146.86°V$$

（5）发电机终端的相电压 $\dot{V}_{an}$、$\dot{V}_{bn}$ 和 $\dot{V}_{cn}$ 为

$$\dot{V}_{an}=220\angle 0°-\dot{I}_{sa}Z_s=220\angle 0°-(15.77\angle -41.8°)(0.2+j0.5)=212.43\angle -1.02°V$$

$$\dot{V}_{bn}=212.43\angle(-1.02°-120°)=212.43\angle -121.02°V$$

$$\dot{V}_{cn}=212.43\angle(-1.02°+120°)=212.43\angle 118.98°V$$

（6）发电机终端的线电压 $\dot{V}_{ab}$、$\dot{V}_{bc}$ 和 $\dot{V}_{ca}$ 为

$$\dot{V}_{ab}=\sqrt{3}\,V_{an}\angle30°=\sqrt{3}\times212.43\angle(-1.02°+30°)=367.94\angle28.98°\text{V}$$

$$\dot{V}_{bc}=\sqrt{3}\,V_{bn}\angle30°=\sqrt{3}\times212.43\angle(-121.02°+30°)=367.94\angle-91.02°\text{V}$$

$$\dot{V}_{bc}=\sqrt{3}\,V_{bn}\angle30°=\sqrt{3}\times212.43\angle(118.98°+30°)=367.94\angle148.98°\text{V}$$

10.4.2 三角形与星形连接的转换

三角形连接负载（或电源）可以转换成星形连接负载（或电源），反之亦然。对于将其他类型的结构转换成等效星形—星形结构，这种转换十分有用。

假设 Z_D 为三角形连接的负载，如图 10.11 所示。电源电源为 $\dot{V}_{AB}=V\angle0°$，$\dot{V}_{BC}=V\angle-120°$ 且 $\dot{V}_{CA}=V\angle-240°$。

利用叠加原则，假设每次只有一个电源。

首先，考虑电源 $\dot{V}_{AB}$：

$\dot{V}_{AB}=V\angle0°$；$\dot{V}_{BC}=0$（开放电路）；$\dot{V}_{CA}=0$（开放电路）

三角形连接的负载电流为

$$\dot{I}_{LA}=\frac{\dot{V}_{AB}}{Z_D\parallel2Z_D}$$

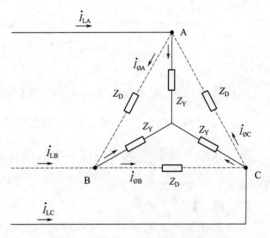

图 10.11 三角形连接的负载和星形连接的等效负载

设 Z_Y 作为同等电源供电的每相等效星形连接负载。

星形连接的负载电流为

$$\dot{I}_{LA}=\frac{\dot{V}_{AB}}{Z_Y+Z_Y}$$

所有的电流是相等的，所以有

$$\frac{\dot{V}_{AB}}{(Z_D\times2Z_D)/3Z_D}=\frac{\dot{V}_{AB}}{2Z_Y}$$

$$\frac{3}{2Z_D}=\frac{1}{2Z_Y}$$

$$3Z_Y=Z_D$$

$$Z_Y=\frac{Z_D}{3} \tag{10.10}$$

10.4.3 星形连接的电源/三角形连接的负载

图 10.12 所示为星形连接的电源和三角形连接的负载。通过将三角形转换成星形，可以用等效星形连接的负载替换三角形连接的负载。在图 10.12 中，对称负载中每相的负载为 $Z_A=Z_B=Z_C=Z_D$。

147

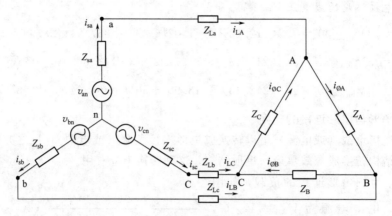

图 10.12 星形连接电源和三角形连接负载

利用式（10.9），可以用 $Z_Y = \dfrac{Z_D}{3}$ 等效星形连接的负载代替前面提到的负载。

现在得到的星形—星形网络可以通过 10.4.1 节提到的步骤解决。

在三角形连接的负载中，每相的负载电流幅值为 $I_\emptyset = \dfrac{I_L}{\sqrt{3}}$，且相电流会超前线电流 30°。

【例 10.2】

一对称的三相星形连接发电机的内部阻抗为 $0.2 + j0.5\Omega/\emptyset$，相电压为 220V。发电机给三角形连接负载供电，这一负载的单相阻抗为 $30 + j24\Omega$。连接发电机和负载的线路阻抗为 $0.1 + j0.9\Omega$。将发电机的每相内部电压定义为参考相量。

（1）请构建这个系统的单相等效电路。

（2）请计算线电流 $\dot I_{LA}$、$\dot I_{LB}$ 和 $\dot I_{LC}$。

（3）请计算负载的相电压 $\dot V_{AN}$、$\dot V_{BN}$ 和 $\dot V_{CN}$。

（4）请计算负载的相电流。

（5）请计算发电机终端的线电压 $\dot V_{ab}$、$\dot V_{bc}$ 和 $\dot V_{ca}$。

解：

（1）构建系统的单相等效电路（图 10.13）：

$$Z_Y = \frac{Z_D}{3} = \frac{30 + j24}{3} = 10 + j8$$

（2）线电流 $\dot I_{LA}$、$\dot I_{LB}$ 和 $\dot I_{LC}$ 为

$$\dot I_{LA} = \frac{\dot V_{an}}{Z} = \frac{220\angle 0°}{(0.2 + 0.1 + 10) + j(0.5 + 0.9 + 8)} = \frac{220\angle 0°}{14\angle 42.38°} = 15.78\angle -42.38°\text{A}$$

$$\dot I_{LB} = 15.78\angle(-42.38° - 120°) = 15.78\angle -162.38°\text{A}$$

$$\dot I_{LC} = 15.78\angle(-42.38° + 120°) = 15.78\angle 77.62°\text{A}$$

148

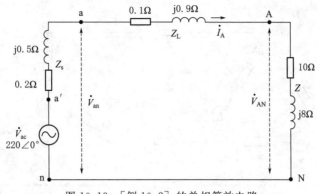

图 10.13 ［例 10.2］的单相等效电路

（3）负载相电压 $\dot{V}_{AN}$、$\dot{V}_{BN}$ 和 $\dot{V}_{CN}$ 为

$$\dot{V}_{AN} = \dot{I}_{aA} Z_Y = (15.78\angle-42.38°)(10+j8) = 202\angle-3.72°V$$

$$\dot{V}_{BN} = 202\angle(-3.72°-120°) = 202\angle-123.72°V$$

$$\dot{V}_{CN} = 202\angle(-3.72°+120°) = 202\angle116.38°V$$

（4）负载电流 $\dot{I}_{AB}$、$\dot{I}_{BC}$ 和 $\dot{I}_{CA}$ 的相电流为

$$\dot{I}_{\emptyset A} = \frac{\dot{I}_{aA}\angle30°}{\sqrt{3}} = \frac{15.78\angle(-42.38°+30°)}{\sqrt{3}} = 9.11\angle-12.38°A$$

$$\dot{I}_{\emptyset B} = 9.11\angle(-12.38°-120°) = 9.11\angle-132.38°A$$

$$\dot{I}_{\emptyset C} = 9.11\angle(-12.38°+120°) = 9.11\angle107.62°A$$

（5）发电机终端的线电压 $\dot{V}_{ab}$、$\dot{V}_{bc}$ 和 $\dot{V}_{ca}$。

首先计算发电机终端的相电压 $\dot{V}_{an}$、$\dot{V}_{bn}$ 和 $\dot{V}_{cn}$，然后有

$$\dot{V}_{an} = 220\angle0° - \dot{I}_{LA} Z_{an} = 220\angle0° - (15.77\angle-42.38°)(0.2+j0.8) = 212.38\angle-0.998°V$$

$$\dot{V}_{ab} = \sqrt{3}V_{an}\angle30° = \sqrt{3}\times212.38\angle(-0.998°+30°) = 367.86\angle29.002°V$$

$$\dot{V}_{bc} = 367.86\angle(29.002°-120°) = 367.86\angle-90.998°V$$

$$\dot{V}_{ca} = 367.86\angle(29.002°+120°) = 367.86\angle149.002°V$$

10.4.4 三角形—星形网络

图 10.14 所示为三角形—星形网络，可以用星形连接电源等效三角形连接电源。通过类似的星形—星形网络计算得到等效电路。

10.4.5 三角形—三角形网络

图 10.15 所示为三角形—三角形网络。等效星形连接电源和星形连接负载可以分别等效为三角形连接电源和三角形连接负载。通过类似的星形—星形网络计算得到等效电路。

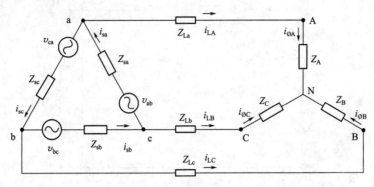

图 10.14　三角形—星形网络

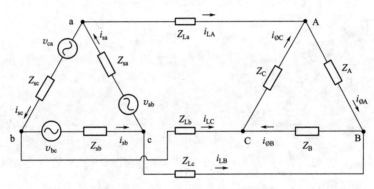

图 10.15　三角形—三角形网络

10.5　对称三相电路的功率计算

10.5.1　对称的星形负载

设一个星形连接的对称负载（图 10.6），每相带有负载阻抗，$\dot{Z} = |Z| \angle \pm \theta$。

负载的相电压为

$$\dot{V}_\emptyset = V_\emptyset \angle 0°$$

每相的负载电流为

$$\dot{I}_\emptyset = \frac{\dot{V}_\emptyset}{Z}$$

每相的有功功率为

$$P_\emptyset = V_\emptyset I_\emptyset \cos\theta \qquad\qquad (10.11)$$

每相的无功功率为

$$Q_\emptyset = V_\emptyset I_\emptyset \sin\theta \qquad\qquad (10.12)$$

每相视在功率为

$$S_\varnothing = P_\varnothing + jQ_\varnothing$$
$$|S_\varnothing| = V_\varnothing I_\varnothing \tag{10.13}$$

在一个星形连接的系统中有

$$\dot{V}_L = \sqrt{3}\dot{V}_\varnothing$$

且

$$\dot{I}_L = \dot{I}_\varnothing$$

一个三相电路的总有功功率为

$$P = 3P_\varnothing = 3V_\varnothing I_\varnothing \cos\theta = \sqrt{3}V_L I_L \cos\theta \tag{10.14}$$

一个三相电路的总无功功率为

$$Q = 3Q_\varnothing = 3V_\varnothing I_\varnothing \sin\theta = \sqrt{3}V_L I_L \sin\theta \tag{10.15}$$

三相电路的总视在功率为

$$S = P + jQ, |S| = 3V_\varnothing I_\varnothing = \sqrt{3}V_L I_L \tag{10.16}$$

10.5.2 对称的三角形负载

设一个三角形连接的对称负载（图 10.7），每相带有负载阻抗，$\dot{Z} = |Z| \angle \pm\theta$。

穿过节点 A 和节点 B 的负载所消耗的有功功率和无功功率为

$$P_{AB} = V_{AB} I_{\varnothing A} \cos\theta$$
$$Q_{AB} = V_{AB} I_{\varnothing A} \sin\theta$$

穿过节点 B 和节点 C 的负载所消耗的有功功率和无功功率为

$$P_{BC} = V_{BC} I_{\varnothing B} \cos\theta$$
$$Q_{BC} = V_{BC} I_{\varnothing B} \sin\theta$$

穿过节点 C 和节点 A 的负载所消耗的有功功率和无功功率为

$$P_{CA} = V_{CA} I_{\varnothing C} \cos\theta$$
$$Q_{CA} = V_{CA} I_{\varnothing C} \sin\theta$$
$$|V_{AB}| = |V_{BC}| = |V_{CA}| = |V_\varnothing|$$
$$|I_{\varnothing A}| = |I_{\varnothing B}| = |I_{\varnothing C}| = |I_\varnothing|$$

三相三角形连接负载所消耗的总有功功率和总无功功率为

$$P = P_{AB} + P_{BC} + P_{CA} = 3V_\varnothing I_\varnothing \cos\theta$$
$$Q = S_{AB} + S_{BC} + S_{CA} = 3V_\varnothing I_\varnothing \cos\theta$$

在三角形连接的系统中，$V_L = V_\varnothing$ 且 $I_L = \sqrt{3}I_\varnothing$，有

$$P = 3V_\varnothing I_\varnothing \cos\theta = \sqrt{3}V_L I_L \cos\theta \tag{10.17}$$
$$Q = 3V_\varnothing I_\varnothing \sin\theta = \sqrt{3}V_L I_L \sin\theta \tag{10.18}$$
$$S = P + jQ \qquad |S| = 3V_\varnothing I_\varnothing = \sqrt{3}V_L I_L \tag{10.19}$$

【例 10.3】

假设以 ［例 10.1］ 中的星形—星形网络为基准：

（1）请计算负载每相的有功功率、无功功率和视在功率。

(2) 请计算负载所消耗的总有功功率、总无功功率和总视在功率。

(3) 请计算电源所提供的总有功功率、总无功功率和总视在功率。

解：

从 ［例 10.1］ 中可得：

负载电流为

$$\dot{I}_A = 15.77 \angle -41.8° \text{A}$$

负载终端的相电压为

$$\dot{V}_{AN} = 202 \angle -3.14° \text{V}$$

(1) 计算负载每相的有功功率、无功功率和视在功率。

$$P_\varnothing = V_\varnothing I_\varnothing \cos\theta = 202 \times 15.77 \times \cos(41.8°-3.14°) = 202 \times 15.77 \times \cos 38.66° = 2.487 \text{kW}$$

$$Q_\varnothing = V_\varnothing I_\varnothing \sin\theta = 202 \times 15.77 \times \sin(41.8°-3.14°) = 202 \times 15.77 \times \sin 38.66° = 1.989 \text{kvar}$$

$$S_\varnothing = V_\varnothing I_\varnothing = 202 \times 15.77 = 3.185 \text{kVA}$$

(2) 计算负载所消耗的总有功功率、总无功功率和总视在功率。

$$P = 3P_\varnothing = 3 \times 2.487 = 7.461 \text{kW}$$

$$Q = 3S_\varnothing = 3 \times 1.989 = 5.967 \text{kvar}$$

$$S = 3S_\varnothing = 3 \times 3.185 = 9.555 \text{kVA}$$

(3) 计算电源所提供的总有功功率、总无功功率和总视在功率。

电源电压为

$$\dot{I}_{LA} = 15.77 \angle -41.8° \text{A}$$

电源的相电压为

$$\dot{V}_{an} = 220 \angle 0° \text{V}$$

$$P = 3V_\varnothing I_\varnothing \cos\theta = 3 \times 220 \times 15.77 \times \cos 41.8° = 7.759 \text{kW}$$

$$Q = 3V_\varnothing I_\varnothing \sin\theta = 3 \times 220 \times 15.77 \times \sin 41.8° = 6.937 \text{kvar}$$

$$S = 3V_\varnothing I_\varnothing = 3 \times 220 \times 15.77 = 10.408 \text{kVA}$$

【例 10.4】

假设以 ［例 10.2］ 的星形—三角形网络为基准：

(1) 请计算负载每相的有功功率、无功功率和视在功率。

(2) 请计算负载所消耗的总有功功率、总无功功率和总视在功率。

(3) 请计算电源提供的总有功功率、总无功功率和总视在功率。

解：

(1) 计算等效星形连接负载的每相有功功率、无功功率和视在功率。

$$\dot{I}_\varnothing = 15.78 \angle -42.38° \text{A}$$

$$\dot{V}_\varnothing = 202 \angle -3.72° \text{V}$$

在三角形连接的负载中，相电压等于负载电压，即

$$\dot{V}_{AB} = \sqrt{3} V_{AN} \angle 30° = \sqrt{3} \times 202 \times \angle(-3.72+30)° = 349.87 \angle 26.28°$$

每相的负载电流为

$$\dot{I}_{AB}=\frac{I_\emptyset}{\sqrt{3}}\angle(\theta+30)\text{A}$$

$$\dot{I}_{AB}=9.11\angle-12.38°\text{A}$$

$$P_\emptyset=V_\emptyset I_\emptyset\cos\theta=349.87\times9.11\times\cos(26.28°+12.38°)$$
$$=349.87\times9.11\times\cos38.66°=2.488\text{kW}$$

$$Q_\emptyset=V_\emptyset I_\emptyset\sin\theta=349.87\times9.11\times\sin(26.28°+12.38°)=1.990\text{kvar}$$

$$S_\emptyset=V_\emptyset I_\emptyset=348.87\times9.11=3.186\text{kVA}$$

（2）计算负载所消耗的总有功功率、总无功功率和总视在功率。

$$P=3P_\emptyset=3\times2.487=7.461\text{kW}$$

$$Q=3S_\emptyset=3\times1.901=5.703\text{kvar}$$

$$S=3S_\emptyset=3\times3.186=9.558\text{kVA}$$

（3）计算电源提供的总有功功率、总无功功率和总视在功率。

电源的每相电压为

$$\dot{V}_\emptyset=220\angle0°\text{V}$$

电源的相电流为

$$\dot{I}_\emptyset=\dot{I}_A=15.78\angle-42.38°\text{A}$$

$$P=3V_\emptyset I_\emptyset\cos\theta=3\times220\times15.78\times\cos42.38°=7.693\text{kW}$$

$$Q=3V_\emptyset I_\emptyset\sin\theta=3\times220\times15.78\times\sin42.38°=7.020\text{kvar}$$

$$S=3V_\emptyset I_\emptyset=3\times220\times15.78=10.414\text{kVA}$$

10.6　三相电源的优缺点

10.6.1　优点
（1）三相电源的电力传输能力达到单相电源的 3 倍。
（2）更可靠。如果一相或两相出现故障，剩余正常工作的一相可以供电。
（3）两个电压等级。可以通过两个电压等级来连接单相和三相（线和相）。

10.6.2　缺点
（1）需要三条线路，和单相相比，价格更贵。
（2）当使用单相和三相负载时，难以维持准确的对称负载。

10.7　总结

（1）在一个对称的三相系统中，所有的相电压或者线电压频率相同、大小相等，每相之间相隔 120°。

（2）在一个对称的三相系统中，所有的相电压或者线电流频率相同、大小相等，每相之间相隔 120°。

（3）在一个星形连接的系统中，线电压的大小是相电压大小的$\sqrt{3}$倍，线电压会超前相应的相电压$30°$。线电流等于相电流。

（4）在一个星形连接的系统中，线电流的大小是相电流大小的$\sqrt{3}$倍，线电流会超前相应的相电流$30°$。线电压等于相电压。

（5）在对称的三相系统中，三相（线）的电压总额等于零，三相（线）的电流总额等于零。

（6）一个对称星形—星形电路可以简化为一个单相等效单相电路，可以利用分析单相电路的方法进行分析。

（7）一个三角形连接电源或负载可以转换成一个等效星形连接电源或负载。所以，星形—三角形，三角形—星形和三角形—三角形网络可以转换成等效星形—星形网络。

问题

1. 判断每一组电压是否三相对称。如果不对称，请解释原因。

a. $v_a = 156\cos(314t)\,\text{V}$

　$v_b = 156\cos(314t - 120°)\,\text{V}$

　$v_c = 156\cos(314t + 120°)\,\text{V}$

b. $v_a = 600\sqrt{2}\sin(377t)\,\text{V}$

　$v_b = 600\sqrt{2}\sin(377t - 240°)\,\text{V}$

　$v_c = 600\sqrt{2}\sin(377t + 240°)\,\text{V}$

c. $v_a = 1796\sin(\omega t + 10°)\,\text{V}$

　$v_b = 1796\cos(\omega t - 110°)\,\text{V}$

　$v_c = 2796\cos(\omega t + 130°)\,\text{V}$

2. 以时域形式来表示在星形连接负载终端处的三个线与线中间点电压值：

$$v_{AN} = 1796\cos(\omega t)\,\text{V}$$
$$v_{BN} = 1796\cos(\omega t + 120°)\,\text{V}$$
$$v_{CN} = 1796\cos(\omega t - 120°)\,\text{V}$$

请以时域形式写出三个线电压 v_{AB}、v_{BC} 和 v_{CA}。

3. 一个理想的对称三相星形连接电源的相电压大小为 2200V。通过一条配电线路，将电源和一对称星形连接负载连接，线路阻抗为 $2+\text{j}16\,\Omega$。每相的负载阻抗为 $20+\text{j}40\,\Omega$。电源的相序为 a—b—c。将电源的每相电压作为参考值，请详细说明下列数量的大小和相位角：

a. 线电流。

b. 电源的线电压。

c. 负载的相电压。

d. 负载的线电压。

4. 一个对称三角形连接负载连接一个星形连接电源。每相的负载阻抗为 $36+\text{j}10\,\Omega$。连接电源和负载线路阻抗为 $0.1+\text{j}1\,\Omega$。负载终端的线电压为 33kV。

a. 请计算负载的相电流。

b. 请计算线电流。

c. 请计算电源侧的线电压。

5. 在一个对称三相系统中，电源是对称星形连接的，线电压为190V。负载是一个对称星形连接并联一个对称三角形连接。星形连接负载每相阻抗为$4+j3\Omega$，三角形连接负载每相阻抗为$3-j9\Omega$。每条线的线路阻抗为$1.4+j0.8\Omega$。

a. 请计算星形连接负载的电流。

b. 请计算三角形连接负载的电流。

c. 请计算电源的电流。

6. 一个三角形连接电源与一星形连接负载相连。每相的负载阻抗为$100+j200\Omega$，线路阻抗为$1.2+j12\Omega$。电源的线电压为6600V。电源的内部阻抗可以忽略不计。

a. 请构建这个系统的单相等效电路。

b. 请计算负载终端的线电压。

c. 请计算三角形连接电源的相电流。

7. 一个三相三角形连接发电机，其每相内部阻抗为$0.6+j4.8\Omega$，带有一开放电路，电路的终端电压为33000V。这个发电机给一个三角形连接负载供电，两者通过阻抗为$0.8+j6.4\Omega$的输电线连接。负载的每相阻抗为$2877-j864\Omega$。

a. 请计算线电流。

b. 请计算负载终端的线电压。

c. 请计算电源终端的线电压。

d. 请计算负载的相电流。

e. 请计算电源的相电流。

8. 对称正序三相电源的输出容量为100kVA，功率因数为0.8（超前）。电源的线电压为400V。连接电源和负载线路阻抗为$0.05+j0.2\Omega$。

a. 请计算负载的线电压。

b. 请计算负载终端的总复功率。

9. 一个对称三相电压电源给一对称星形连接负载供电，三相电压电源为220V。负载阻抗$8+j6\Omega$，频率为50Hz。电源的内部阻抗和连接电源和负载的线路阻抗可以忽略不计。请计算负载电流和电源电流。

10. 一个对称星形连接负载的电流为8A。电源为星形连接，相电压为230V。负载的功率因数为0.8（滞后）。电压内部阻抗和连接电源和负载的线的阻抗忽略不计。请计算负载的电阻和电抗。

11. 一个三相星形连接系统的功率为1000W，无功功率为1000var，电源电压为220V。电源的内部阻抗和连接电源和负载的线路阻抗可以忽略不计。请计算每相的阻抗和电流。

12. 一个对称三相电路的瞬时功率保持恒定，等于$15V_mI_m\cos\theta_\phi$，其中V_m和I_m分别表示相电压和相电流的最大值。

13. 一个对称三相电源正在给两个对称星形连接的平衡负载供电，视在功率为

90kVA，功率因数为 0.8（滞后）。连接电源和负载的线路阻抗可以忽略不计。负载 1 是纯电阻负载，能吸收 60kW 的功率。如果线电压为 415.69V，阻抗元件串联连接，请计算负载 2 的每相阻抗。

14. 一个对称三相星形—三角形系统的总视在功率为 10kVA，线电压为 190V，如果线阻抗忽略不计，负载的功率因数角为 25°，请计算负载的阻抗。

15. 在一个对称三相系统中，电源相序为 a—b—c，星形连接，且 $\dot{V}_{an}=110\angle20°\text{V}$。电源给两个星形连接的负载供电。负载 1 的每相阻抗为 $8+j6\Omega$，负载 2 每相的复功率为 $600\angle36°\text{VA}$。请计算电源提供的总复功率。

参考文献

[1] Hayt W，Buck J. Engineering electromagnetics. 8th ed. New York：McGraw－Hill International Edition；2011.

[2] Chapman SJ. Electric machinery fundamental. New York：McGraw－Hill International Edition；2005.

[3] Nilsson J，Riedel SA. Electric circuits. 9th ed. New Jersey：Pearson International Edition；2011.

[4] Dorf RC，Sroboda JA. Introduction to electric circuits. New Jersey：John Wiley and Sons，Inc.；2006.

[5] Rashid MH. Power electronics－circuits，devices and applications. 4th ed. New Jersey：Pearson International Edition；2013.

11　磁路和电力变压器

Easwaran Chandira Sekaran
Associate Professor，Department of Electrical and Electronics Engineering，
Coimbatore Institute of Technology，Coimbatore，INDIA

11.1　引言

磁路和磁性元件（例如电感器和变压器）是大多数电力电子系统和可再生能源系统中非常重要、不可分割的组成部分。磁性元件分成两类：①能量存储设备；②能量转移设备。

能量存储设备能把优质电流穿过其自身时所产生的动能存储起来，这类设备称为电感器。

能量转移设备能将电能从一个能量端口转移到另一个能量端口，且在这一过程中不会存储或者损耗能量，这类设备称为变压器。

11.2　磁路

磁路[1]由铁芯和线圈组成，铁芯是一种标准几何形状的磁性材料，线圈是一种在铁芯上面缠绕数圈的导电材料，也称为励磁线圈。如果流过线圈的电流为零，那么在铁芯内部就不会产生磁场或磁力线。如果线圈中有电流，就会产生磁力线，将这些磁力线的路径看作是一个磁路。下文会简要讨论在磁路中使用的术语。

11.2.1　磁场和磁通

电荷移动产生磁场，磁场存在于永磁体和载流导体周围，如图 11.1 所示。在永磁体中，旋转的电子产生外磁场，如果将载流导体缠绕形成多匝线圈，那么磁场会比单一导体的磁场要强。把线圈缠绕在一块铁芯上，电磁体的磁场会增强。在很多实际应用中，通过电磁体可以使磁场的强弱有所变化。磁场是变压器、发电机和发动机运行的基础。

可以把磁场想象成力线，称为磁通，也就是磁路的"流"。磁通是用来衡量通过某一表面

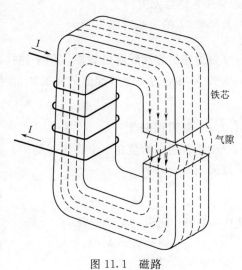

图 11.1　磁路

铁芯

气隙

（例如导电线圈）的磁场数量。磁通的单位是韦伯（缩写为 Wb），数学符号为 Φ。

11.2.2　磁动势

磁动势（MMF）是指磁路中电流产生磁通的能力。磁动势类似于电路中的电动势。磁动势的大小与电流和电流流过的线圈的匝数成正比。

磁动势的表达式为式（11.1）。

$$F = NI \tag{11.1}$$

式中　N——是匝数；

　　I——线圈电流，A。

11.2.3　磁通密度、磁场强度和磁链

磁通密度定义为流过横断面时，在单位面积上均匀分布的磁通量。磁通密度记作 B，表达式为式（11.2）。

$$B = \frac{\Phi}{A} \tag{11.2}$$

式中　B——磁通密度，Wb/m^2，又称为特斯拉（T）；

　　Φ——磁通，Wb；

　　A——横截面积，m^2。

磁场强度可以定义为促使磁通线流动的力，记作 H，单位为奥斯特。H 表示沿着磁路形成的磁场强度梯度，大致相当于电路回路的电压降。磁场强度以每米安培—匝数计算，即式（11.3）。

$$H = \frac{4\pi NI}{l} \tag{11.3}$$

式中　N——绕组的匝数；

　　I——通过线路的瞬时电流；

　　l——铁芯的平均磁长。

磁场强度和绕组电流和线圈匝数成正比，与磁通流过的磁长大小成反比。这也说明 H 与铁芯材料无关。

B 和 H 的关系可以表示为

$$B = \mu H \tag{11.4}$$

磁通穿过缠满线圈的表面，用于连接线圈，对一个线圈导体来说，通过线圈的磁通就是匝数 N 和通过一匝线圈时的磁通 Φ 相乘的结果，称为线圈的磁链，记作 λ。

$$磁链　(\lambda) = \Phi N \tag{11.5}$$

11.2.4　磁阻和磁导

磁阻是用来衡量在一个特定磁路中，磁动势产生磁通的难易程度。磁阻类似于电阻，可以表示为

$$R = \frac{F}{\Phi} \tag{11.6}$$

式中　R——磁阻，$A \cdot t/Wb$；

　　F——磁动势，$A \cdot t$；

　　Φ——磁通，Wb。

具有磁性的材料在磁路中使用时，磁阻相对较低。换言之，相比于穿过空气或者其他磁性材料（例如铜、玻璃或塑料）的磁路，如果磁路中有这些被看作是有磁性的材料，只需较小电流的小线圈就可以提供一定的磁通。

磁导是磁阻的倒数，用于衡量在磁路中给定磁动势下磁通的大小。所以，磁导可以表示为式（11.7）。

$$P = \frac{1}{R} \tag{11.7}$$

式中　P——磁导；

　　　R——磁阻。

磁导的单位是 Wb/(A·t)。由式（11.6）和式（11.7）可得式（11.8）和式（11.9）。

$$P = \frac{1}{R} = \frac{1}{F/\Phi} \tag{11.8}$$

$$P = \frac{\Phi}{F} \tag{11.9}$$

磁导类似于电导。磁导随着磁阻的减少而增加，用简单的方式表达了在一特定磁路中，特定磁动势下产生的磁通。所以，在磁路中，如果磁力线的路径大多是穿过铁芯，那么磁路的磁阻相对比较高，要高于那些穿过空气、塑料或其他无磁材料的磁阻。

线圈内部的空间或者材料称为磁芯。只绕过一个无磁材料的细空心管的线圈称为空气磁芯，如图 11.2 所示。空气磁芯会产生少量磁通。采用磁性材料制作磁芯产生更多磁通。

对任何一种特定磁性材料而言，其形状、磁阻维度和磁导大小都是表示该磁路磁性能的重要特征。这些特性与磁路的磁阻性和磁导性相关。

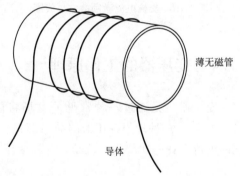

薄无磁管

导体

图 11.2　典型的空气磁芯线圈

11.3　交流磁动势励磁的磁芯等效磁路

电流通过一条电线时，电线周围就会产生磁场。如果电线缠绕在一根长棒上，那么产生的磁场就会大大增强。磁路[2]就是磁通绕着线圈运动的路径。磁通的大小取决于线圈中的电流 I 和匝数 N。产生磁通的力 NI 就是磁动势。在空心线圈中，磁通密度 B 和磁场强度 H 呈线性关系（$B = \mu H$）。如果用交流电源给线圈励磁，如图 11.3 所示，B 和 H 的关系呈现如图 11.4 中所展示的特点。B 和 H 的线性关系体现空心线圈的主要优点。两者呈线性关系，所以 B 随着 H 的增加而增加，在线圈中或非常大的磁场中，强大的电流可以产生磁通。显然，这样做有一个实际上的限制，即依赖于导体中允许通过的最大电流以及由此产生的电流增量。为了改善如图 11.4 所示的空气线圈，可以把线圈缠在一个磁芯上。除了较高的磁导率，空气线圈缠绕的磁芯还有以下优点：磁路长度界定清楚；磁通紧紧围绕磁芯，不靠近绕组。在磁芯达到饱和状态前，磁芯材料中可以产生多少磁通是一个限制条件，且线圈会缩回到空气磁芯中，如图 11.4 所示。在变压器的设计中常利用磁通密度的原理。

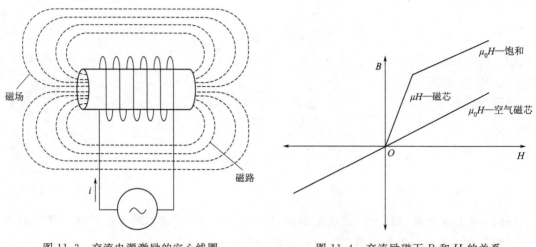

图 11.3　交流电源激励的空心线圈　　　　　图 11.4　交流励磁下 B 和 H 的关系

11.4　变压器的工作原理

变压器[3]是通过一种常见的磁场将能量从一个电路转移到另一个电路的设备。图 11.5 所示为一种理想变压器的简易形式。给一次绕组施加交流电压时，随时间变化而变化的电流会在一次绕组中流动，并在变压器铁芯中产生交流磁通。由于磁耦合作用，这个

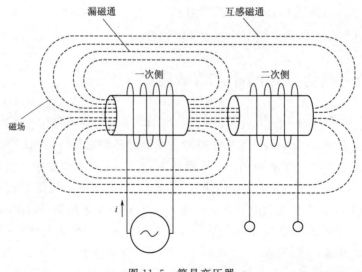

图 11.5　简易变压器

磁通会与二次绕组交链，并且在二次绕组中产生电压（法拉第定律）。根据一次绕组和二次绕组的匝数比，二次电压的均方根值会大于或小于一次电压。

这种变压器有两个空心绕组，它们共用一个磁通。磁通从一次绕组的末端朝各个方向分散。磁通不会集中或局限于某一处。一次绕组和电源相连，并且有产生磁场的电流流过。二次绕组是开放的回路。据推测，两个绕组的磁通线不完全重合。两者的差异表现在漏磁通，即没有同时连接两个绕组的那一部分磁通。

11.4.1　空心变压器

一些用于低功率应用的小型变压器，在两个绕组之间以空气分割。这样的变压器效率低，因为由一次绕组产生，并且与二次绕组交链的磁通占比很低。二次绕组中产生的电压可由式（11.10）算出。

$$E = N\,\frac{\mathrm{d}\Phi}{\mathrm{d}t} \tag{11.10}$$

式中　N——绕组的匝数；

$\dfrac{\mathrm{d}\Phi}{\mathrm{d}t}$——连接绕组的磁通时间变化率；

Φ——线形磁通。

如果绕组电压为 E，连接绕组的磁通为 Φ，电源的瞬时电压为式（11.10）。

$$e = \sqrt{2}\,E\cos\omega t = N\,\frac{\mathrm{d}\Phi}{\mathrm{d}t} \tag{11.11}$$

$$\Phi = \frac{\sqrt{2}\,E}{2\pi f N} \tag{11.12}$$

与二次绕组交链的磁通量只占一次绕组产生磁通量的一小部分，所以二次绕组感应的电压也很小。可以通过增加匝数来加大电压输出，但是这种做法成本较高。此外就需要增加由一次绕组产生并与二次绕组交链的磁通量。

11.4.2　铁芯或钢芯变压器

铁和钢传送磁通的能力优于空气。这种传送磁通的能力用磁导率表征。空气磁导率为1.0，相比之下，现代电工钢的磁导率约为1500。也就是说钢芯传送磁通的能力是空气的1500倍，钢芯的磁通方程式为式（11.13）。

$$\Phi = \frac{\mu_0 \mu_{\mathrm{r}} N A I}{d} \tag{11.13}$$

式中　μ_{r}——钢的相对磁导率，约为1500。

与空气相比，钢的磁导率很高，因此可以看作磁通全部在钢中流动，钢芯所有部分的磁通大小都相等。钢芯的磁通可以表示为式（11.14）。

$$\Phi = \frac{0.225E}{fN} \tag{11.14}$$

式中　E——施加的交流电压；

f——频率，Hz；

N——绕组的匝数。

为了分析一台理想的变压器，作出以下假设：

（1）绕组的磁阻性可以忽略。

（2）通过绕组的缠绕，所有的磁通都连接在一起，没有漏磁通。

（3）钢芯的磁阻可以忽略。

理想变压器的正弦电压方程式如下。

正弦电压 v_p 给匝数为 N_p 的一次绕组供电

$$v_p = V_{pm} \cos(\omega t) \tag{11.15}$$

根据法拉第定律，绕过一次绕组终端的电压可以写成式（11.16）。

$$v_p = N_p \frac{\mathrm{d}\Phi}{\mathrm{d}t} \tag{11.16}$$

所以

$$v_p = V_{pm} \cos(\omega t) = N_p \frac{\mathrm{d}\Phi}{\mathrm{d}t} \tag{11.17}$$

通过重组和整合，共用磁通的方程式可以写成式（11.18）。

$$\Phi = \frac{V_{pm}}{N_p \omega} \sin(\omega t) \tag{11.18}$$

共有磁通同时穿过两个绕组。

11.5 电压、电流和阻抗的转换

11.5.1 电压关系

共同磁通穿过变压器铁芯，与二次绕组交链，根据法拉第定律，在二次绕组周围产生电压。一次电压和二次电压的关系可以表示为式（11.19）。

$$v_p = N_p \frac{\mathrm{d}\varphi}{\mathrm{d}t}, v_p = N_s \frac{\mathrm{d}\varphi}{\mathrm{d}t} \tag{11.19}$$

根据楞次定律确定电压极性。从前面的关系可以得出式（11.20）。

$$\frac{v_p}{v_s} = \frac{N_p}{N_s} = k \quad （变压器变比） \tag{11.20}$$

匝数比或者变压器的变压系数决定了电压变化的总量。如果 $k=1$，变压器为隔离变压器；如果 $k>1$，此变压器为升压变压器；如果 $k<1$，此变压器为降压变压器。

11.5.2 电流关系

如果负载连接二次侧，当电路完整时，电流会通过二次侧。二次侧电流产生的磁动势可以写成 $N_s i_s$。输入线圈会被迫产生一个磁动势来抵抗这个磁动势，因此磁动势为 $F = N_p i_p - N_s i_s$，F 与磁通和磁阻有关。理想变压器的磁阻为零，$F = N_p i_p - N_s i_s = 0$。

所以

$$\frac{i_s}{i_p} = \frac{N_p}{N_s} = k \quad （变压器变比） \tag{11.21}$$

11.5.3 理想变压器的功率

二次绕组传递给负载的功率为 $p_s = v_s i_s$，利用一次绕组电压和电流的关系，可以推出二次绕组的功率为式（11.22）。

$$(1/k)v_p \times k i_p = v_p i_p \tag{11.22}$$

所以，一次绕组和二次绕组之间的功率是相等的。

11.5.4 理想变压器的磁阻

假设负载阻抗 Z_L 连接在二次绕组上，二次回路的阻抗可由二次回路的电压和电流导出，$Z_L = V_s / I_s$。

替换 V_s 和 I_s，有式（11.23）。

$$Z_L = \frac{(N_s/N_p)V_p}{(N_p/N_s)I_p} = \left(\frac{N_s}{N_p}\right)^2 \frac{V_p}{I_p} = k^2 Z_L \tag{11.23}$$

11.6 非理想变压器与其等效电路

实际的变压器与理想的变压器不同，主要表现在以下方面：

（1）一次绕组和二次绕组都存在铜耗。

（2）并不是一次绕组产生的磁通会全部与二次绕组交链，反之亦然。因为产生了漏磁通。

（3）磁芯需要一定量的磁动势来实现磁化。

（4）在变压器磁芯中，磁滞损耗和涡流损耗都会导致功率损耗。

可以进一步改善理想变压器的等效电路，包括以下方面：

（1）电阻 R_p 和 R_s 可加在一次侧和二次侧两端，表示实际的绕组电阻。

（2）在一次绕组回路和二次绕组回路分别加入两个电感 L_p 和 L_s，可以模拟漏磁通的作用。

（3）增加磁化电感 L_m，可以模拟非零磁阻值。相应的铁芯阻抗为 $X_m (=2\pi f L_m)$。

（4）为了说明引起磁芯中铁损的是磁滞作用和涡流作用，应该在变压器等效电路中增加一个电阻 R_c。

图 11.6 所示为双绕组变压器示意图。匝数为 N_p 的一次绕组位于铁芯环路的一侧，匝数为 N_s 的一个二次绕组在另一侧。两个绕组都按照相同的方向缠绕，分别从 H_1 和 X_1 开始。如果从 H_2 到 H_1 施加交流电压 V_p，就会有交流磁通 φ_m 在闭合的磁芯环路中流过。二次电压 $V_s = V_p N_s / N_p$ 是在二次绕组中产生的，从 X_2 到 X_1 都有二次电压 V_s，与 V_p 十分相近。X_1 到 X_2 之间没有连接负载，I_p 只包含一小部分电流，称为磁化电流。如果有负载，电流 I_s 从终端 X_1 流出，除了磁

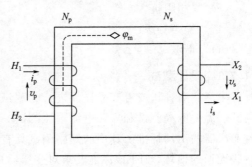

图 11.6 双绕组变压器示意图

化电流之外，还会产生电流 $I_p = I_s N_s / N_p$ 流入 H_1 中。电流 $I_p N_p$ 产生的磁通与电流 $I_s N_s$ 产生的磁通相抵消，所以在变压器正常运行期间只有在磁芯随时存在磁通量。

图 11.7 所示为变压器完整的等效电路。理想变压器用于呈现电流比和电压比。表示励磁阻抗的并联电阻和电感置于理想变压器的一次侧。两个绕组的电阻和电感分别置于 H_1 和 X_1 两个支路中。

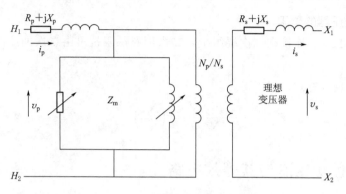

图 11.7　变压器完整的等效电路

11.7　变压器的测试

变压器经过测试后（IS：2026 第一部分：1977），消费者才能进行购买。测试分为型号测试、常规测试和特殊测试。这些测试一般测量以下项目：

（1）绕组的电阻。

（2）电压比。

（3）电压相量关系。

（4）短路阻抗。

（5）负载损耗。

（6）绝缘电阻。

（7）介质试验。

（8）温度升高。

（9）零序阻抗。

（10）噪声等级。

（11）谐波。

11.7.1　设计测试

生产商对样机或者产品样品进行的测试称为"设计测试[4]"。这些测试包括声音等级测试、温度升高测试和短路电流耐压测试。设计测试的目的是确立设计极限，用于计算每台变压器的出厂标准。其中的短路测试具有破坏性，即使成功通过测试，也会给样品带来一些无形的损坏。IEEE 标准要求对变压器进行 6 次测试，其中 4 次在对称故障电流中进行，另外 2 次在不对称故障电流中进行。对称试验时，其中：1 次的持续时间应该较长，根据较低额定阻抗值，最多持续 2s；剩下的 5 次试验持续时间为 0.25s。750kVA 的输电变压器的长时间持续测试应该超过 1s。如果变压器内部或外部都没有损坏（以目测结果决定）以及阻抗只是最低限度的变化，就算通过了短路测试。参加测试的变压器还必须通过生产介电强度测试，并且在励磁电流中的变化不超过 25%。

11.7.2 产品测试

每生产一台变压器都要经过产品测试。测试是为了核实产品标示牌的信息是否正确，对产品的变化、极性或相位移、铁损耗、负载损耗和阻抗进行测试。由行业标准制定的介质测试，是为了证明变压器有能力承受在使用中不常见但可能发生的电击穿。产品介质测试一般包括施加电压测试、感生电压测试和冲击试验。

11.7.2.1 施加电压测试

标准要求对每一段完整的绕组施加正常线电压的两倍电压，时间为 1min。特别是在另一个相线路出现接地故障，且瞬间电压提高两倍时，这样做能够检查单相线路承受过电压的能力。

11.7.2.2 感生电压测试

除了施加电压测试，现在又增加了一项感生电压测试。高频（通常为 400Hz）电压增加到绕组额定电压的两倍。使每个绕组同时产生更高的电压，但不会使变压器铁芯饱和。如果一侧绕组永久接地，无法进行施加电压测试。在这种情况下，许多 IEEE 产品标准规定一次感生测试电压应增加到 1000V，相当于外加绕组额定电压的 3.46 倍。

11.7.2.3 冲击试验

输电线路的常规分布是根据雷击或者开关瞬态引起的电压涌浪布置的。一个峰值为 $1.2 \times 50 \mu s$ 的标准脉冲波，等同于初始系统（60~150kV）的基础冲击绝缘水平，冲击试验用于证明每一台变压器都能在工作中经受住这样的电压涌浪。

11.7.3 性能测试

为了确定损耗，计算不同负载的效率和电压调整率，要进行开路测试、短路测试和负载测试。

11.7.3.1 开路测试

为了完成开路测试，变压器的低压（LV）端施加额定频率的额定电压，且高压（HV）端处于开放状态，如图 11.8 所示。电压表、电流表和功率表的读数分别记作 V_0，I_0 和 W_0。在这个测试中，磁芯产生额定磁通，产生的电流是空载电流，空载电流相当

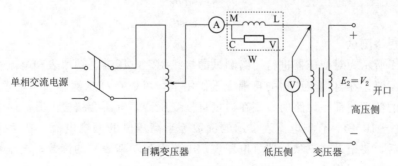

图 11.8 开路测试的电路示意图

小，相当于额定电流的 $2\% \sim 5\%$。所以，应该选择低功率的安倍表和瓦特计功率表。严格来说，功率表会记录铁芯损耗和低压绕组铜损耗。但是，由于铁芯中的磁通是额定的，所以与铁芯损耗相比，绕组铜损耗会比较小。实际上，这种近似值在变压器的近似等效电路中是固定的，称为一次侧，在这种情况下就是低压侧。图 11.9 和图 11.10 所示为空载情况下，近似等效电路和相应的相量图。

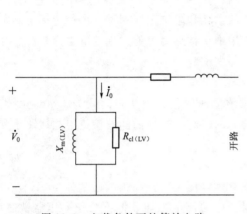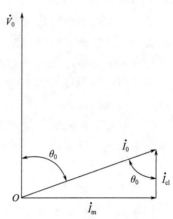

图 11.9　空载条件下的等效电路　　　　图 11.10　空载条件的相量图

一次绕组的电阻为 R_0。所以，空载情况下的一次绕组铜损耗为 $I_0^2 R_0$。

因此，变压器的铁损耗为式（11.24）。

$$W - I_0^2 R_0 \tag{11.24}$$

空载变压器的功率因数为

$$\cos\theta_0 = 电阻/阻抗 = R_0 I_0 / V_1$$

式中　V_1——功率表读数电压计显示的电源电压。

功率因数还可以表示为式（11.25）。

$$\cos\theta_0 = \frac{功率表读数}{电压表读数 \times 电流表读数} = \frac{W}{V_1 I_0} \tag{11.25}$$

根据功率因数 $\cos\theta_0$ 的值，空载电流 I_0 的磁化分量 I_μ 和无功分量 I_w 可以表示为式（11.26）和式（11.27）。

$$I_\mu = I_0 \sin\theta_0 \tag{11.26}$$

$$I_w = I_0 \cos\theta_0 \tag{11.27}$$

11.7.3.2　短路测试

图 11.11 所示为对变压器进行短路测试的接线图。电压表、功率表和电流表都连接在变压器的高压侧。在自耦变压器的自耦变压作用下，可以在高压侧施加额定频率的电压。通常变压器的低压侧都是短路的。现在通过自耦变压器，电压会缓慢上升（通常是正常一次电压的 $5\% \sim 10\%$），直到电流表显示的读数等于高压侧的额定电流。在达到高压侧的额定电流之后，要记录这三项仪器（电压表、电流表和功率表）的读数。电流表的读数显示满载电流的初始等值 I_L。

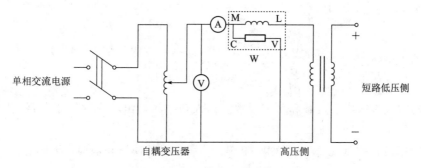

图 11.11 短路测试的接线图

由于需要应对的总绕组阻抗外加电压（仅为额定值的百分之几）很小，铁芯产生的交互磁通仅为正常值的百分之几（因为磁通与电压成正比）。所以铁芯损耗非常小。功率表的读数 W 等于整个变压器一次绕组和二次绕组的所有满载铜损耗。如果 V_{sc} 表示短路变压器中额定负载电流所需的电压，那么等效阻抗为式（11.28）。

$$Z_{01}（或者\ Z_{02}）=V_{sc}/I_1 \tag{11.28}$$

$$W=I_1^2 R_{01} \tag{11.29}$$

变压器的电阻为式（11.30）。

$$R_{01}=W/I_1^2=R_1+R_2/k^2 \tag{11.30}$$

漏电抗为式（11.31）。

$$X_{01}（或者\ X_{02}）=X_1+X_2/k^2=\sqrt{Z_{01}^2-R_{01}^2} \tag{11.31}$$

通过获取的 Z_{01}（或者 Z_{02}）可以算出变压器的总一级（或二级）电压降，从而算出变压器的电压调整率。

11.7.3.3 负载测试

为了计算变压器的总损耗，需要对变压器进行负载测试。负载测试主要测试变压器的额定负载和温升，还可以算出变压器的效率和可调率。一次侧施加额定电压，额定电流从二次侧流出。负载启动后连续观察稳态温度的升高。变压器内部采用不同的绝缘和冷却方法，所以同一台变压器可以有不同等级的负载。

变压器在某一特定负载和功率因数下的商用效率被定义为输出功率与输入功率之比。所以，效率为

$$\eta=\frac{输出功率}{输入功率}=\frac{输出功率}{输出功率+损耗}=\frac{输出功率}{输出功率+（铁损+铜损）}$$

$$=\frac{输入功率-损耗}{输入功率}=1-\frac{损耗}{输入功率}$$

$$一次侧输入功率=V_1 I_1 \cos\theta_0 \tag{11.32}$$

$$一次侧铜损耗=I_1^2 R_1 \tag{11.33}$$

$$铁损耗=（磁滞损耗+涡流损耗）=W_h+W_e=W_i \tag{11.34}$$

所以有式（11.35）。

$$\eta=\frac{V_1 I_1 \cos\theta_0-I_1^2 R_1-W_i}{V_1 I_1 \cos\theta_0}=1-\frac{I_1^2 R_1-W_i}{V_1 \cos\theta_0}-\frac{W_i}{V_1 I_1 \cos\theta_0} \tag{11.35}$$

区别于 I_1，即式（11.36）。

$$\frac{\mathrm{d}\eta}{\mathrm{d}I_1}=0=\frac{R_1}{V_1\cos\theta_0}+\frac{W_i}{V_1I_1^2\cos\theta_0} \tag{11.36}$$

为了获得 η 的最大值，则 $\dfrac{\mathrm{d}\eta}{\mathrm{d}I_1}=0$ 或者铜损耗＝铁损耗。

变压器的效率取决于负载和功率因数。输入功率和输出功率取决于负载的功率因数，所以通常只规定变压器的 kVA 额定值。

对于效率最高的负载，分别设 W_i 和 W_c 为满负载的铁损和铜损，因此有式（11.37）。

$$W_c\propto(\text{满载 kVA})^2 \tag{11.37}$$

x 表示负载，如果在效率达到最大值时，则有式（11.38）。

$$W_i\propto x^2W_c \tag{11.38}$$

因此有式（11.39）。

$$\frac{W_c}{W_i}=\frac{(\text{满负载 kVA})^2}{x^2} \tag{11.39}$$

因此效率 x 达到最大值的负载为式（11.40）。

$$x=(\text{满负载 kVA})\left(\frac{\text{铁损 }W_i}{\text{满负载铜损 }W_c}\right)^{1/2} \tag{11.40}$$

11.7.3.3.1 全日效率

变压器一天 24 小时进行电能输送。二次侧 24 小时加载负荷，产生铁损。但是只有在负载达到最大值的情况下，铜损才有意义。变压器的性能由变压器运行效率决定，也称为全日效率，全日效率是以 24 小时的负载周期为基础的。

$$\text{全日效率 }\eta_{\text{全日}}=\frac{\text{输出能量}}{\text{输入能量}} \tag{11.41}$$

11.7.3.3.2 管理

当变压器加载电流时，二次侧电压会随负载的变化而变化，一次电压电源保持不变。二次电压从空载变为满载，用空载电压的百分比表示，称为变压器的电压调整率：

$$\%\text{调整率}=\frac{\text{空载二次电压}-\text{满载二次电压}}{\text{空载二次电压}}\times100 \tag{11.42}$$

11.8 变压器的极性

单相变压器电压间的相位关系称为极性。变压器的极性可以为正或者为负。这些术语描述的是剩余终端跨接在一起时附近终端上的电压。虽然极性的专业定义包括一次套管和二次套管的相对位置，但是根据标准，一次套管的位置总是相同的。所以，面对另一台变压器的二次套管时，X_1 套管位于 X_3 套管的右侧，在降压变压器中，X_1 套管位于左处最远端。把变压器的定义复杂化，一台根据 IEEE 标准中类型 2 安装的单相带底座变压器，在低压斜坡模式中的右手边最低处安装了 X_2 中心抽头套管。变压器的极性和变压器绕组的内部结构没有关系，只与和套管连接的线路有关。只有在变压器并列或者堆积起来时，变压器极性的重要性才凸显出来。图 11.12 所示为单相变压器的极性。

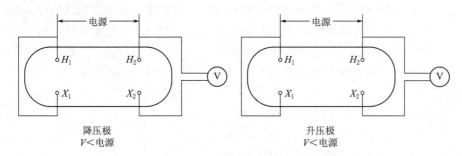

图 11.12　单相变压器的极性

11.9　并联变压器

为了给超过现有变压器额定值的负载供电，可以将两台或者多台变压器与现有变压器进行并联。也可以用一台容量更大的变压器替换现有的变压器，但是并联安装另外一台变压器更加经济可行。并联变压器（额定值相等）的备用设备成本低于一台单独的大型变压器的成本。此外，并联变压器的可靠性使其备受青睐。通过并联变压器，一台故障变压器至少可以供给一半负载。在并联变压器中，变压器的一次绕组与电源母线连接，二次绕组与负载母线连接。变压器想要并联运行成功，需要满足如下条件：

（1）变压器的线电压变比（每个接线处）必须相等。并联变压器的电压变比稍有差异，在二次绕组中就会产生不等电动势，环形电流会在二次绕组形成的空载环流中流动，这种电流会高于正常的空载电流。漏阻抗很低，所以电流会很高。对二次绕组进行供电时，这种环形电流会在两个变压器上产生不同的负载，所以可能无法在两台并联的变压器中实现满载（其中一台变压器可能会超负荷）。

（2）变压器的单位漏阻抗应该相等，且等效漏磁阻和等效电阻的比值应该相同。如果所有变压器的额定值相等，则每台变压器的单位漏阻抗应该相等，这样才能保证变压器的负载相等。如果变压器的额定值不相等，那么根据变压器的额定值所得出的单位漏阻抗应该是相等的，这样通过变压器的电流才能与变压器的额定值成正比。换言之，如果额定值不相等，那么变压器的阻抗（欧姆）数值就会与变压器的额定值成反比，这样才能保证通过变压器的电流符合变压器的额定值。电抗值和单位阻抗的电阻值比率差异，会导致通过两台并联变压器的电流相位角不同；一台变压器的功率因数会比较高，另一台的功率因数则比较低，甚至低于合并的输出值。所以并联变压器的实际功率并不是按比例分配的。

（3）变压器的极性应该相同，应按照变压器的极性对变压器进行正确连接。如果变压器按照正确的极性连接，二次绕组所产生的电动势是并联的，这两个电动势会同时作用于二次电回，造成短路。

上述提到的三个条件都适用于单相和三相变压器。除了这三项条件外，三相变压器的并联运行还需要其他两个必要条件。

（4）变压器的相序应该相同。在三相变压器并联运行时，两个变压器的线电压相序必须一致。如果相序出现不一致，每个周期中的两相都会短路。

（5）在二次线电压之间，变压器的相对相位移应该为零。变压器的绕组可以有多种连接方式，这样就会产生不同的二次电压和相位移。所有的变压器连接都可以划分成不同的相量组。每个相量组的标记法包括一个大写字母，表示高压连接，一个小写字母表示低压连接，用时钟数字表示的相对于高压绕组（12点）的低压绕组相位移。所有的三相连接可以分为四组：

1）第1组：零相位移（Yy0，Dd0，Dz0）。

2）第2组：180°相位移（Yy6，Dd6，Dz6）。

3）第3组：−30°相位移（Yd1，Dy1，Yz1）。

4）第4组：+30°相位移（Yd11，Dy11，Yz11）。

前面提到的标记，字母 y（或者 Y），d（或者 D）和 z 分别表示星形连接、三角形连接和曲折连接。为了使二次侧线电压的相对相位移为零，可以对同一组变压器进行并联。例如，采用 Yd1 和 Dy1 连接方式的变压器可以并联。第1组和第2组变压器可以和同一组内的变压器并联。但是，第3组和第4组的变压器需要通过颠倒其中一台变压器的相序才能并联。例如，一台采用 Yd11 连接方式（第4组）的变压器，通过颠倒 Dy1 连接的变压器一次终端和二次终端的相序，可以和一台采用 Dy1 连接方式（第3组）的变压器并联。

11.10 三相变压器的连接

变压器应用范围广泛，从低功率应用一直延伸到高功率应用，例如从消费类电子产品到配电系统。在高功率应用中，通常使用三相变压器。三相变压器的构造为带有若干变压器的独立元件，也就是三台独立的单相变压器按照规定的方式连接。单相变压器只有两个绕组，即一次绕组和二次绕组；但三相变压器有三个一次绕组和三个二次绕组。这些绕组按照不同的方法连接，取得不同的电压等级，见表 11.1。

表 11.1　　　　　　　　　　　　多种三相变压器的连接方法

序号	一次构造	二次构造	符号表示	一次或二次	
				线电压	线电流
1	三角形（网状）	三角形（网状）	△—△	$V_1 = nV_1$	$I_1 = \dfrac{I_1}{n}$
2	三角形（网状）	星形（三角形）	△—Y	$V_1 = \sqrt{3}\,nV_1$	$I_1 = \dfrac{I_1}{\sqrt{3}\,n}$
3	星形（三角形）	三角形（网状）	Y—△	$V_1 = \dfrac{nV_1}{\sqrt{3}}$	$I_1 = \sqrt{3}\,\dfrac{I_1}{n}$
4	星形（三角形）	星形（三角形）	Y—Y	$V_1 = nV_1$	$I_1 = \dfrac{I_1}{n}$
5	互联星形	三角形（网状）	⅄—△		
6	互联星形	星形（三角形）	⅄—Y		

（1）三角形—三角形连接方式的一个好处，就是如果一台变压器无法工作或者从线路中撤出，那么剩下的两台变压器可以以开放的△或者 Y 形连接方式运行。这样，变压器组仍然能够按照正确的相位关系传输三相电流和电压。但是，变压器组的运行功率会降低为初始值的 57.7%。

（2）在星形—星形连接中，只有 57.7% 的线电压可以应用到每段绕组上，而全线电流会流过每一段绕组。星形—星形连接方法很少使用。

（3）三角形—星形连接方法可用来提高电压，因为变压比增加 3 倍，所以电压也会增加。

11.11　特殊的变压器连接

空心变压器是一种特殊的变压器，用于射频电路。顾名思义，这种变压器的绕组是以空心管的形式缠绕在一种无磁材料上。尽管耦合（互感）的程度较低，铁磁芯（涡流损耗、磁滞损耗饱和等）会完全失去磁性。在高频应用中，铁损会带来更多问题。空心变压器的一个典型例子就是特斯拉线圈，这是一种共振、高频、逐步增压的变压器，用于产生极高电压。

斯科特变压器是一种电路装置，用于将三相电源（$3-\varphi$，120°相位转动）转换成两相电源（$2-\varphi$，90°相位转动），反之亦然。斯科特变压器将平衡负载均匀地分布在电源的不同相位上。

11.12　三相变压器的并联运行

理想变压器并联运行需要满足两个条件：①在开放电路中没有环形电流；②变压器之间的负载分配与变压器的视在功率额定值成正比。为满足以上要求，两个或多个三相变压器如果要正常并联运行，需要具备以下条件：

（1）相同的转换空载率。

（2）相同的阻抗百分比。

（3）相同的电阻与电抗比。

（4）相同的极性。

（5）相同的相位旋转角度。

（6）相同的内在一次侧和二次侧相位角位移。

上述条件是所有三相变压器特有的，无论是双绕组变压器还是三绕组变压器。然而三绕组需要满足以下额外的条件，才能适用于并联运行：在相应的绕组之间有相同的功率比。

表 11.2 可以并联运行的变压器组合方式。

表 11. 2　　　　　　　　　　　　　　　　　三相变压器的并联运行

| 序号 | 并联运行变压器的相量组 | | 非并联运行变压器的相量组 | |
	变压器 1	变压器 2	变压器 1	变压器 2
1	△—△	△—△ 或 Y—y	△—△	△—y
2	Y—y	Y—y 或 △—△	△—y	△—△
3	△—Y	△—y 或 Y—Y	Y—△	Y—y
4	Y—△	Y—△ 或 △—y	Y—y	Y—△

利用同步示波器或者同步继电器可以检测变压器的同步性。变压器并联运行的优点如下：

（1）电力系统的效率达到最大。

（2）电力系统的实用性达到最大。

（3）电力系统的可靠性达到最大。

但是在三相变压器并联运行期间，短路电流的幅值、环形电流的风险、母线的额定值以及变压器阻抗的降低都使保护机制时变得复杂。

11. 13　自耦变压器

在自耦变压器中，一次绕组和二次绕组是以电力或者磁力的方式连接。对于相同容量，自耦变压器绕组减少，更加经济，但缺点就是一次绕组和二次绕组之间没有绝缘。绕组可以设计有多个分接头，从而在二次侧得到不同电压等级。图 11.13 所示为一次侧和二次侧绕组的匝数（分别是 N_p 和 N_s），以及一次侧和二次侧的电流和电压。

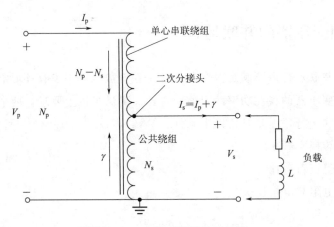

图 11.13　自耦变压器的绕组图

11. 14　三绕组变压器

在某类高额定值变压器中，除了一次绕组和二次绕组外，还配置额外的绕组，这种变压器称为三绕组变压器。三绕组的好处是可以满足下列一项或多项需求：

（1）减少了由三相负载不平衡引起的一次侧失衡。

（2）重新分配了故障电流。

（3）除了主要的二次负载外，有时还需要提供不同电压等级的辅助负载。这一辅助二次负载可以从三绕组变压器的第三绕组中获取。

（4）第三绕组是以三角形的形式在三绕组变压器中连接，这有助于限制故障电流，防止出现短路现象。

（5）一个星形—星形连接变压器包括三个单独的元件或者一个五柱式铁芯元件，这种变压器可以为线路和中性点之间不平衡的负载电流提供高阻抗。

11. 15　仪表变压器

仪表变压器是用来变换电流（二次侧通常为 1A 或 5A）和电压（二次侧通常为 120V）大小的。同时，仪表变压器也用来作为隔离变压器。仪表变压器包括电流变压器、感应式电压变压器、电容式电压变压器、组合式电流/电压变压器以及供电站电压变压器，都是用来将强电流、高电压转换成弱电流和低电压输出，并且按照已知的、精确的比例用于具体应用。

测量用变压器在相同铁芯上分布两个独立的绕组。其中一个绕组由在钢芯上少量重线线圈构成，这个绕组是二次绕组。另外一个绕组由相对数量较多的细线线圈组成，缠绕在二次侧的上方，这一绕组是一次绕组。

电流变压器的构成方式多种多样。其中一种与电压变压器的构成方式相似，在铁芯上有两个独立绕组。不同之处在于一次绕组是由一些粗线缠绕形成的，可以传输满载电流，但是二次绕组是由一些细线构成，根据设计，只能传输 5～20A 的电流。称为缠绕型，因为一次线圈是缠绕的。另外一种常见的类型是"窗户型""通透型"或者环形线圈电流变压器，这种电流变压器的铁芯有一个开放的通道，这样传输一次负载电流的导体就可以从中间通过。这个一次导体组成了电流变压器的一次绕组（每通过一次"窗口"就代表绕线一圈），而且一次导体的横截面一定要足够大，才能传输负载的最大电流。

仪表变压器的运行方式与电源变压器不同。其二次绕组带有少量的阻抗，称为负荷，所以仪表变压器可以在短路的条件下运行。这种负荷（用欧姆表示）也可以定义为二次电压与二次电流之比，穿过仪表变压器的二次侧，有助于计算仪表变压器的负载。

仪表变压器的主要应用如下：

（1）电气设施、独立供电厂商或者工业用户的收费计量。

（2）开关设备的继电保护，用于检测系统的电流和电压等级。

（3）为独立供电设施所使用的高频、宽电流调节范围。

（4）变电站内部厂用电需求或者偏远地区的电力需求。

11. 16　变压器的 3 次谐波

除了正弦曲线供电中运行的变压器外，当变压器的大小和额定值不断增加时，谐波特性就显得十分重要。现在，人们设计的变压器都是在接近饱和的状态下运行，从而减少铁芯的重量和成本。鉴于这种特性和磁滞现象，变压器铁芯相当于一种非线性元件，并且会产生谐波电流。如果变压器的一次侧有正弦电压，磁通会随着时间的正弦函数变化而变化，但是磁滞回路中带有明显的 3 次谐波，所以空载电流波会被扰乱。图 11.14 所示为达到磁通密度最大值的磁滞回路，以及对磁化电流的形状获取和描绘方法。在图 11.14 中，通过横穿磁滞回路，安培匝数需要建立的每一个瞬时磁通密度波形都可以读取和描绘出来。

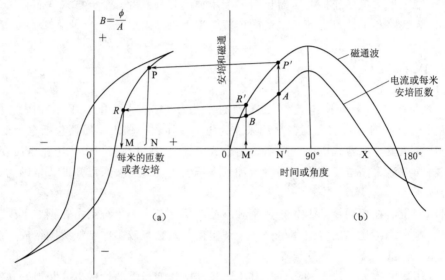

图 11.14 （a）磁滞回路和 （b）磁化电路

简而言之，将图 11.14 （a）中的不同横坐标画成纵坐标，目的是画出图 11.14 （b）中的电流波形。一直要这样做，直到获取足够数量的点。使用一个合适的常数可以把BAX 波形从安培匝数每米转换成安培数。这一波形代表空载电流的磁化分量和磁滞分量，与磁通波形同时达到最大值，但不会同时达到零值。正弦磁通密度代表正弦电压，但是磁化电流急速上升，快速饱和，所以图会变形。利用傅里叶系数可以分析磁化电流。通过傅里叶分析可以得出谐波成分。磁化电流的谐波频谱显示了高比例的 3 次谐波。这些谐波电流会在铁芯中产生谐波磁场，并在绕组中产生谐波电压。少量的谐波磁场就可以产生很高的谐波电压。例如，10% 幅值的 3 次谐波磁通可以产生 30% 幅值的 3 次谐波电压。更高级别的谐波会产生更加显著的效果。可以将空载电流看作是由两个正弦分量（损耗分量和磁化分量）以及带有明显的 3 次谐波的非正弦分量构成。正弦波形和非正弦波形共同形成一个失真波形。

如果将单相变压器连接在一起，组成以星形连接的三相变压器组，基波电压会在每个独立的变压器中感生含有 3 次谐波的电压。所有这些变压器的 3 次谐波都处于时间相位，在一次侧中性点和线路之间的每段电压都包含一个基波分量和一个 3 次谐波分量，所以每台变压器的二次电压都包含基波分量和 3 次谐波分量。

谐波电流的影响如下：

（1）额外的铜损。

（2）增加铁损。

（3）增强中性电流，导致中性导体过热。

（4）通过通讯网络增加电磁干扰。

另外，变压器的谐波电压会引起：①绝缘体电解质压力增强；②绕组电抗和馈电线电容之间共振。

11.17　微电网中的变压器

随着科技的进步，电力变压器、自耦变压器和仪表变压器的设计、材料和性能都得到了提高。在可再生能源集成微电网中，交流供电和直流供电都可以实现，所以固态变压器和智能变压器都得到了发展和市场化，以迎合微电网和智能电网的发展。

11.17.1　固态变压器

1. 当主要考虑电能质量时，传统变压器的优点和缺点

（1）优点：①比较经济实惠；②高度可靠；③十分高效。

（2）缺点：①对谐波十分敏感；②负荷过低时会出现电压降；③对于系统中断和负荷超载没有保护措施；④矿物油的环境污染问题；⑤直流失调负载不平衡条件下性能欠佳；⑥功率因数无法提高。

2. 根据固态变压器的具体应用，每台变压器的拓扑设计

（1）直流—直流降压变换器：①不使用任何隔离变压器就可以直接转换电压等级；②在"关闭"状态下，开关一定要关闭所有的一次电压；在"开通"状态下，开关一定要传导所有的二次电流；③难以控制串联连接的设备；④缺少磁性隔离；⑤无法校正负载功率因数。

（2）不带有直流环节的固态变压器：①变压器的重量和大小降低；②提供绝缘；③无法提高功率因数。

（3）带有直流环节的固态变压器：①高频变压器尺寸变小；②可以提高功率因数；③可以应用多层次转换器拓扑达到高压水平（例如 11kV、22kV）；④成本高、效率低；⑤是三级拓扑，目前比较流行。

3. 在微电网中广泛应用的固态变压器在电能质量方面的优点和缺点

（1）优点：①很好地利用分散的可再生能源以及分散的能量存储设备；②控制功率因数；③固态变压器可控，所以可以在线路出现故障时可以迅速隔离；④利用固态变压器组可以控制直流和交流负载；⑤提高电能质量；⑥直流和交流服务选项；⑦系统监测和高级输电一体化；⑧减少重量和大小；⑨排除有害液体电解质。

（2）缺点：①多个电能转换阶段会降低整体效率；②需要直流连线式电容器；③由于存储设备的原因，变压器的使用寿命会变短。

11.17.2　智能变压器

智能变压器是一种用于整合输电网络、太阳能/风能可再生能源存储和电动汽车的智能设备。智能变压器的组成元件包括能量转换系统和嵌入式静止同步补偿器。可以通过互联网或者无线通信系统，对智能变压器进行全面控制。智能变压器利用基于交流/直流整流器、直流/直流转换器、高压和高频变压器、直流/交流换流器以及这些设备的开关控制电路的高压半导体开关。智能变压器是智能电网发展过程中的重要组成部分。

11.18　总结

本章主要详细讨论了磁路的基本原理，电力变压器的基本概念、类型和测试方法。对等效电路效率的发展以及变压器的调节算法进行了详细阐述。

参考文献

[1]　Johnson JR. Electric circuits – Part – I direct current. San Francisco，CA：Rinehart Press；1970.

[2]　Puchstein AF，Lloyd TC，Conrad AG. Alternating current machines. Mumbai，India：Asia Publishing House；1950.

[3]　Richardson DV. Rotating electric machinery and transformer technology. Richmond，VA：Reston Publishing Company，Inc；1982.

[4]　Deshpande MV. Design and testing of electrical machines. New Delhi，India：Prentice Hall of India；2010.

12　可再生能源发电机及控制

Sreenivas S. Murthy

Department of Electrical Engineering, Indian Institute of Technology, Delhi;
CPRI, Bengaluru, India

12.1　引言

可再生能源发电需要运用合适的能量转换装置，才能将符合质量要求的电能输送到用户负载。风能、生物质能和水能使用原动机带动发电机转子转动，进而产生电能，向不同类型的负载供电。相比之下，太阳能转换设备是使用光伏电池板，不需要原动机转动就可以直接实现能量转换，产生直流电。但是如果用太阳热能产生蒸汽，那么也可以通过汽轮机旋转发电。风能是驱动风力机，再经由（或不通过）变速齿轮箱来驱动发电机。生物质能一种方式可以产生气体燃料为发电机的发动机提供动力；另一种方式是使用生物热能产生蒸汽驱动与发电机耦合的汽轮机。水力发电使用水轮机或者将水泵作为涡轮，带动发电机旋转。不同的可再生能源使用的典型机械原动机如下：

（1）石油、天然气发电机：生物质能。

（2）汽轮机：生物能、太阳热能、地热能。

（3）风力机：风能。

（4）水轮机：水能。

（5）用作涡轮的水泵：水能。

这些原动机无论是固定转速还是变速，都需要合适的能量转换装置来发电。一般而言，大多数负载用电过程中需要的是固定电压和频率的交流电（AC）。不管是离网还是并网供电，均需要按照所要求的电压和频率，以单相或三相从发电机输出。因此需要为原动机定制合适的发电机来生产符合上述要求的电能。

这种发电机在工程实践中有多种类型。然而只有很少一部分适用于可再生能源系统，本章将予以说明。它们属于机电能量转换这一类别，即将原动机的机械能转化为电能。这些发电机通过嵌入在铁芯中的载流导体产生的电磁场来影响能量转换。直流发电机和交流发电机都会产生相应的电流。然而，只有交流发电机可用于可再生能源发电来适应特定的负载和电网。此外，如果有必要，可以通过电力电子变换器或整流器更简捷地获得直流电。因此，这里只讨论适用于可再生能源的交流发电机，它们以固定或可变的转速运行。交流发电机主要有两类：在固定转速和频率下运行的同步交流发电机；在近似固定或可变转速下运行的异步发电机。大型传统热电厂、大型水力发电厂、核电厂和燃气发电厂，装机容量在数兆瓦的并网供电企业，大多是在固定电网频率下使用定速同步交流发电机。可再生能源也是这样，同步交流发电机可应用于风能、水能、生物质能、太阳热能和地热能的发电。然而，无论是并网还是离网独立系统，异步发电机在可再生能源领域的应用都更为广阔，在风能、水能和生物质能方面的应用尤为典型。

12.2 电机的一般特征

前文提到的适用于可再生能源的发电机都属于电机类，电机都有一定的共同特征和表象。它们都是旋转机电类能量转换装置，可将能量形式从电能转换成机械能，反之亦然。旋转电机在几瓦到几百兆瓦不等的功率等级下运行。

（1）"电动"和"发电"功能。通常所有的电动旋转机器不是作为电动机就是发电机来运行。在电动机中，电能是输入能量，机械能是输出能量；发电机中输入和输出的能量则相反。电能和机械能的流向在电动机和发电机之间是相反的，但损耗的方向是一致的。

（2）供给系统和负载。每一个电机都连接一个供给系统和负载，能量从供给系统流向负载。在电动机中，供给是电能，负载是机械能；发电机中与之相反。应用不同，供给和负载的类型也随之不同。在可再生能源系统中，机械能供给的类型是由资源和输出机械能的原动机决定的。负载具有电性质，既可以给独立的负载馈电，也可以并网。

（3）导体和芯。所有电机都包含铜制或铝制的载流导体和产生磁通量的铁磁制芯。

（4）电磁场。在所有机器设备中，载流导体或永磁体产生的磁通线会穿过铁芯和空芯，并代表电磁场能和磁场能。

（5）静电场。所有电机中都存在一个以电通量为代表的小型静电场，电荷代表电场能。

（6）损耗、发热、噪声和振动。所有电机中都存在电量、机械能和磁场的损耗。损耗导致发热，发热则需要使用特殊的降温方式以保持温度可控。所有电机中都存在因机械能和电磁力导致的噪声和振动，也需要采取特别手段将其控制在一定范围内。

12.3 基本构造

图12.1所示为一台柱状结构电机的基本构造。图中定子是固定部件，转子是旋转部件。气隙是定子和转子表面之间的狭窄空间，以确保转子会相对于定子旋转。一般而言，转子位于定子内部，由气隙将它们隔开；在特殊情况下转子可能是外部零件。支架是电机的外缸，电机位于其内部。任何一个电机都由大量的铜和铁组成，分别构成电路和磁路。铁芯是由铁磁性材料制成的具有高磁导率的部分，以最小的磁阻承载磁通。绕组是运载电流的执行部件。一般定子和转子都有铁芯，绕组适当地嵌入其中形成电磁结构。转子安装在由平滑旋转轴承支撑的机械轴上，支架和轴是分别支撑定子和转子的机械部件。电机绕组是提供或获得电能的电气端口，轴是提供或获得机械能的电气端口。绕组位于固定在支架上的端子盒内以便获得电能，轴通过适当的机械转动系统（例如直接耦合、皮带和齿轮）接收外部原动机带来的机械能。绕组就是一组适当的线圈结构，放置于定子和转子铁芯内形成的凹槽中。这些绕组内的电流可以是直流，也可以是交流。机器按照不同偶数的

磁极进行缠绕。将定子绕组连接到外部电路上是比较容易的，但是要缠绕到旋转的转子上就不那么容易了，这就需要采用一种称为"滑环和电刷布置"的特殊方法，后文会对这个方法进行解释。

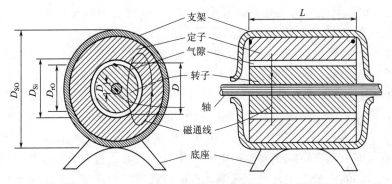

图 12.1　电机的基本构造

滑环是一些固定在轴上的圆形黄铜或铜环，且滑环绝缘于轴。每个滑环都与转子绕组的一个终端进行电连接，这样通过将固定电刷放在旋转的滑环上，电流就可以导入或导出。由于这种直接接触，转子绕组上的电压和电流的性质与连接到外部电路的电刷上的电压和电流相同。图 12.2 所示为一种滑环和电刷结构，其中转子绕组的 a、b 端子电连接到滑环 S_1 和 S_2，与一对形成外部端子的固定电刷接触。旋转的绕组端子 a、b 连接到固定端子 X、Y 上，这样外部电路的电流就与绕组内的相同了。

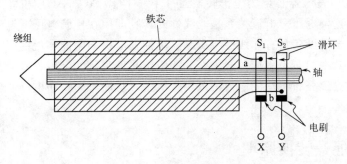

图 12.2　滑环和电刷结构

不同类型的电机具有不同类型的定子和转子、绕组结构以及绕组励磁性质。

12.4　电源和负载的类型

任何可再生能源系统都不可避免地会连接到电源上。这些电源大多数都是带有固定频率的交流电源，与太阳能相关的可能是直流电源。交流电源有两种类型，分别是单相和三相。单相电源的电压是固定的，比较常见的是 230V，50Hz 和 120V，60Hz，且会随着正弦时间交替而发生变化。三相电源在电力系统应用普遍。它表示三个相等峰值的交流电压（相电压）相差 120°相位角。这些相电压以星形或三角形结构连接，且前者带有一个中性点。两条线路之间存在线电压，而且每相还存在相电压。星形结构内线电压是相电压的 $\sqrt{3}$ 倍，但是三角形结构内与相电压相等。在用户端，415V，50Hz 和 230/460V，60Hz 是比较常见的三相供给系统。输电和配电阶段会采用更高的三相电压（11kV，33kV，220kV 等）。随着太阳能光伏发电的应用增加，直流电网的重要性不断上升；在配置专门的负载连接设备的情况下，380V 直流总线是比较合适的。

与电源类似，负载也有单相、三相和直流负载三种。在广义上，它们又被归类为线性、非线性和动态负载。在三相系统中，相电流不相等时会导致三相负载不平衡。在线性（静）负载中，电压—电流之间的关系是线性的，例如照明和加热。此处电压和电流的波形是相同的，因此，静态负载通常可以由一个固定阻抗来表示，这个阻抗一般是阻性或感性的（很少有容性的）。依据这种阻抗，电压和电流波形之间的相位角从 0° 到 90° 之间变化，即滞后或超前。动态负载是典型的电动机负载，它可能包含单相或三相的电动机，通过在电动机上施加固定或变化的转矩来驱动机械负载。因此，发电机的有效负载可能随时间变化，形成动态或随时间变化的阻抗。机械负载可以是风扇、鼓风机、压缩机、水泵、破碎机、冲击载荷、搅拌机、食品加工机、钻孔机、榨汁机、机器人、伺服驱动器、输送机、起吊机和起重机等。在这里，负载中的电流在本质上是动态的，主要随着由电动机驱动的相连负载变化而变化。驱动电动机受启动、停止、速度和转矩的控制。动态负载会在发电机上形成异常负荷，要求不同的电流 I_L、有功功率 P 和无功功率 Q。通常，一台发电机无法启动一台与其具有相同额定功率的电动机，电动机的额定功率必须要更低一些（通常是 1/3）。非线性负载会从发电机中导入非正弦电流；比较典型的例子是计算机、整流器、电力电子转换器（AC-DC，AC-AC）和可变频驱动器。在非线性负载中，这种电压—电流关系是非线性的，且即使在正弦电压下电流波形也是畸形的。连接负载的电子设备具有非线性特质。这里的发电机必定能够提供谐波电流，但这会带来损失，降低效率。在不平衡负载中，三相阻抗是不相等的，因为每个相所连接负载是不相等的，进而导致分布不均的电流汇入中性线中，从而产生负序电流，也引起转子电流出现损失和波动。

12.5 基本能量转换原理

能量转换装置把可再生能源驱动的原动机产生的机械能转化为电能，然后为并网系统内的某个电网馈电，或为离网系统中的独立负载供电。在稳态条件下，原动机通过轴将转矩传输到发电机上并维持适当的转速。按照牛顿力学定律，存在一个机械平衡，机械平衡内包含一个力矩平衡，其中输入力矩与内部形成的发电机力矩、惯性力矩和摩擦力矩相反。根据法拉第定律，发电机的电能会以一定的电压形式向电网或负载供电。还存在一种电平衡，内部产生的电压会受到电网或负载电压的排斥，且依据传统的电路定律，如基尔霍夫电压/电流定律和欧姆定律，这个电压在经过电阻和电抗时会下降。因此，能量转换的基本因素就是电磁相互作用现象所产生的发电电压和力矩，后面对此会进行解释。

当定子和转子绕组被激励时，它们的表面会被磁化产生一定的磁势，称为磁动势（MMF），导致气隙之间出现磁电势差，使气隙内出现径向磁通，它可以在定子和转子铁芯中闭合。由于铁芯的高渗透性和高渗透性，电压降非常小。气隙磁通同时连接定子和转子绕组。根据法拉第定律，由于给定磁链的时间变化率为 $N(\mathrm{d}\varPhi/\mathrm{d}t)$，其中 N 是匝数，$\varPhi$ 是绕组中随时间变化的磁通，所以每个绕组上都会产生电压。因此，机器必须具备一定匝数 N 来产生 $\varPhi$。在某些电机中，定子或转子负责绕制线圈，而其他部分负责产生 $\varPhi$，如永磁铁或带有直流励磁线圈的电磁铁。为简化起见，绕制线圈的部分称为电枢，而产生磁通 $\varPhi$ 的部分称为磁场。依据法拉第定律，在所有电机中，只要线圈中存在一定变化率的磁链，那么不同的线圈内都会产生电压。电枢经常用来指一组处理电机电力的一组线圈，电流会流经这组线圈并产生感应电压或外施电压。

产生作用于转子的力矩可以依据物理定律从不同的角度进行说明。依据比尔定律的定义，在磁通密度为 B 的磁场内，载流导体所受的力可以定义力矩。更通用的方式是从场能量推导。磁场的存在导致在电机内存在电场能量密度（½BH）。由于铁芯内的 H 是可忽略的，所以大部分能量存在于气隙内。依据虚功原理，假设是线性的，给定 $T=\delta W_{\mathrm{fld}}/\delta\theta$，那么力矩是磁场能量 W_{fld} 的空间导数，θ 为空间角度。例如，如果电机带有一个电感为 L 的单线圈，电流为 i，那么能量就是½Li^2，力矩为 $T=(1/2i^2)(\delta L/\delta\theta)$。

如前所述，可再生能源主要使用两种类型的交流发电机，即同步发电机和异步发电机。下面会研究这些发电机的基本工作原理和相关的能量转换原理。

12.6 同步发电机

同步发电机的定子通常是带有三相对称绕组的电枢，相位差为 120°，且转子建立磁场。发电机可以从几千瓦到数百兆瓦。但千瓦范围内的低功率同步发电机将定子作为磁场，将转子作为三相绕组电枢，电能经由滑环获得。还有一些特殊结构的低功率（千瓦范围内）单相发电机。

定子铁芯通常由硅钢（铁磁的）圆形叠片制成，内侧部分被切割成槽状和齿状。按照设计，三相分布绕组被对称地装在槽内。图 12.3 所示为一台三相同步发电机的原理图，a、b、c 表示定子（电枢）绕组，f 表示安装在轴上的铁芯内的转子（场）绕组。

转子有凸极转子和圆柱形转子两种类型。在带有突起极的凸极转子中，励磁绕组放置在极上。在这种配置下，可以安装大量的极。然而，气隙非常不均匀，在极轴处达到最低，沿着极间轴线又达到最高。在圆柱形转子内，励磁绕组分布在槽内，使得气隙能够变得均匀（忽略开槽）。这种转子可以配置少数极，通常为 2 极或 4 极。转子表面存在不均匀开槽，因为只有在极间空间内才会开槽，以容纳带有单相电流

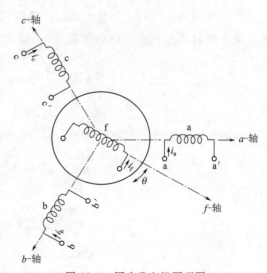

图 12.3 同步发电机原理图

的绕组导体。在两种类型的转子中，励磁绕组都是经由一对交流电滑环被激励的。也有无刷励磁器，通过交流电励磁器来转换输入端的交流电压，然后经由固定在转子上的旋转二极管来供应直流电。

同步发电机也称为交流发电机。转子以固定转速旋转，使定子上的三相电枢绕组产生电压。由于定子绕组切割交变磁通，所以产生交变电压。因为三相绕组相隔120°进行空间位移，因此产生的相电压也相隔120°，从而产生电源常用的三相电压。或者，将三相平衡电流导入定子绕组内，且转子被直流电激励，在磁化转子与定子绕组产生的磁场"追逐"的过程中实现电动机驱动。

同步电机的主要应用就是发电（即，交流发电机），世界上大多数电力都是经由水力、蒸汽或气体涡轮机驱动同步发电机来实现的。然而，在恒速驱动中，以及在电力系统中作为功率因数调节装置时，同步发电机的应用受限。

在可再生能源领域，如风能、生物能、小水电和地热能等，同步发电机的应用比较广泛，不仅可以并网发电，还可以离网运行。

12.6.1 同步电机中电压的产生

如图12.3所示，分别用 aa′、bb′和 cc′来表示三相平衡定子绕组 a、b、c 的磁轴。转动的励磁绕组用 f 表示（安装在凸极转子或圆柱形转子内），在任何时刻，它的轴都超前 a 轴 θ 角度。由于转子按照恒定转速 ω rad/s 旋转，所以可以写成式（12.1）。

$$\theta = \omega t \tag{12.1}$$

假定在 $t=0$ 时，f 轴对准 a 轴（在 $t=0$ 时，f 轴任意一点 δ 有 $\theta = \omega t + \delta$）。

当励磁绕组被直流电源激励时，气隙内分布的磁通密度为 B。简单起见，假设空间内 B 是正弦变化的，使得

$$B = B_{\max} \cos \alpha \tag{12.2}$$

式中　$B_{\max}$——沿 f 轴的最大磁通密度；

α——沿着气隙距离 f 轴的角度。

当 f 轴对准相应的定子绕组轴时，场内产生的最大磁通与定子绕组 a、b 和 c 产生联系。最大磁通 $\Phi_{\max}$ 就是总的磁通量/极，即式（12.3）。

$$\Phi_{\max} = \int_{-\pi/2}^{\pi/2} B_{\max}(D/2)L\cos\alpha \, d\alpha \tag{12.3}$$

或　　　　　　　$\Phi_{\max} = B_{\max}DL$

将磁极面积乘以平均磁通密度 B_{av}，可以直接得到式（12.3）。B 的正弦空间分布为

$$B_{av} = \frac{2}{\pi} B_{\max}$$

极区为

$$A_p = \frac{\pi DL}{2} \quad \text{对于 2 极电机}$$

$$A_p = \frac{\pi DL}{P} \quad \text{对于 P 极电机}$$

因此，磁通量/极为

$$\Phi_{\max} = B_{av} A_p = B_{\max} DL$$

P 极电机磁通量/极为式（12.4）。

$$\Phi_{\max} = \frac{2 B_{\max} DL}{P} \tag{12.4}$$

磁场旋转时，每个定子绕组内的磁通量会随着时间变化。转子转一圈，磁链就经过一个周期。B 为正弦分布，交链磁通也是正弦变化的，并在 $\lambda_{\max}$ 与 $-\lambda_{\max}$ 之间变化，即式（12.5）。

$$\lambda_{\max} = N_{se} \Phi_{\max} \tag{12.5}$$

式中 N_{se}——线圈的串联匝数。

绕组磁链 λ_a 为

$$\lambda_a(\theta) = \lambda_{\max} \cos\theta$$

由于 θ 随时间变化，所以磁链的时间函数为式（12.6）。

$$\lambda_a(t) = \lambda_{\max} \cos\omega t \tag{12.6}$$

按照法拉第定律，绕组内的感生电压 e_a 为 $d\lambda_a(t)/dt$，即式（12.7）。

$$e_a = \omega\lambda_{\max} \sin\omega t \tag{12.7}$$

因此可以得到定子绕组中的感生交流电压，其最大值为

$$E_{\max} = \omega\lambda_{\max} = \omega N_{se} \Phi_{\max}$$

感生电压 E 的均方根值为

$$E = \frac{\omega N_{se} \Phi_{\max}}{\sqrt{2}}$$

式中 ω——感生电压的频率，rad/s。

将 $\omega = 2\pi f$ 代入后得式（12.8）。

$$E = 4.44 f N_{se} \Phi_{\max} \tag{12.8}$$

对于 4 极结构，修改每个 B、λ_a 和 e_a 的波形，每次转子转动两个周期。必须区别对待机械角 θ_m、电角度 θ_e 以及相应的速度 ω_m 和 ω_e，它们之间的关系式为式（12.9）。

$$\theta_m = [2/P]\theta_e \ \text{或} \ \omega_m = [2/P]\omega_e \tag{12.9}$$

频率 f 与对应的电转速 ω（rad/s），和对应的机械转速 $P/2\omega_m$ 的关系为式（12.10）。

$$f = \frac{\omega}{2\pi} = \frac{P\omega_m}{4P\pi} \tag{12.10}$$

如果 N_s 为单位为 rad/s 的转速 $[\omega_m = (2\pi N_s/60)]$，那么可以得到式（12.11）。

$$f = \frac{N_s P}{120}$$

$$\tag{12.11}$$

或

$$N_s = \frac{120 f}{P}$$

这是一个重要的关系式，它决定了在所需频率 f 上产生电压的电机速度。因为电机的 P 是给定的，所以指定发电机频率 f 只有一个速度 N_s。这个速度称为电机的同步速度，且同步电机必须按照这个速度运行。

按照类似的道理，可以写出 b 相和 c 相绕组的磁链和产生的电压，要注意到这些都是

相同的绕组，只是电角度相差 $120°$。因此有式（12.12）。

$$\lambda_{b} = \lambda_{max}\cos\left(\omega t - \frac{2\pi}{3}\right) \tag{12.12a}$$

$$\lambda_{c} = \lambda_{max}\cos\left(\omega t + \frac{2\pi}{3}\right) \tag{12.12b}$$

$$e_{b} = -\omega\lambda_{max}\sin\left(\omega t - \frac{2\pi}{3}\right) = -\sqrt{2}E\sin\left(\omega t - \frac{2\pi}{3}\right) \tag{12.12c}$$

$$e_{b} = -\omega\lambda_{max}\sin\left(\omega t + \frac{2\pi}{3}\right) = -\sqrt{2}E\sin\left(\omega t + \frac{2\pi}{3}\right) \tag{12.12d}$$

请注意，a 相、b 相和 c 相的感生电压有效值是相等的，如式（12.8）所示，只是它们的瞬时值会变化，且电压 e_a、e_b 和 e_c 会形成一个平衡三相电压组，时间相位按照 a、b、c 的次序位移 $120°$ 电角度。

12.6.2 等效电路

为了分析同步发电机的性能并了解相关特征，根据涉及的物理现象建立适当的模型非常有用。在正常操作条件下，同步发电机会向外部网络输出三相电流。

在这个条件下，可以确定以下的同步气隙磁场：

（1）三相平衡绕组带有三相平衡电流并以 ω（rad/s）的速度旋转，产生峰值为 F_s 的定子磁动势波。其中 ω 是绕组电流的弧频率；F_s 产生磁通密度峰值 B_s。

（2）直流励磁绕组电流产生峰值为 F_r 的转子磁动势波相对于转子是固定的。转子以 ω 的转速转动，转子磁场也以与定子磁场相同的转速转动，两者之间的相位角为 δ_{sr}。

（3）峰值为 F_{sr} 的合电动势波是前两个磁场的合量，它也是以 ω 的速度旋转。

F_s、F_r 和 F_{sr} 分别产生磁通量密度峰值 B_s、B_r 和 B_{sr}。假设均匀气隙长度为 g，B 和 F 之间的关系可以表示为式（12.13）。

$$B = \mu_o F/g \tag{12.13}$$

在任一给定的时刻，假设所有磁场在空间内都是正弦分布的，且它们之间的相位角峰值均如前所述。那么这三个磁场在空间内会达到相量上的平衡，其中一个是另外两个的合量。用 δ_s、δ_r 分别表示 $\dot{F}_s$ 和 $\dot{F}_r$ 相对于 $\dot{F}_{sr}$ 的相位位置。气隙内的三个同步旋转相移场（$\dot{F}_s$、$\dot{F}_r$ 和 $\dot{F}_{sr}$）会在每个相位内产生三种电压（$\dot{V}_s$、$\dot{E}_f$ 和 $\dot{V}_{ta}$），这些电压会根据各自场的空间位置移相。

在每个相位上，这三种电压均会处于平衡状态——电压的相量和为零，因此可以通过每个相位的等效电路来表示，如图 12.4 所示，即

$$\dot{V}_s + \dot{E}_f + \dot{V}_{ta} = 0$$

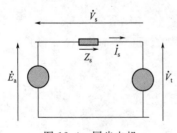

图 12.4 同步电机的等效电路

$\dot{V}_s$ 是 F_s 产生的各相电压，与每相的电流 $\dot{I}_s$ 成正比。因此，每相的 rms 电压 $\dot{V}_s$ 与电流 $\dot{I}_s$ 成正比。如果 a 相具有峰值，那么 B_s 的峰值与它的轴是一致的，所以峰值通量与该相位相关；由此感生的电压和电压超前磁通量 $90°$。因此

可以写成

$$\dot{V}_s = jX_{as}\dot{I}_s$$

式中　X_{as}——同步电抗，与定子电流的气隙磁通有关。

在图 12.4 的等效电路中，$\dot{V}_s$ 被 jX_{as} 代替，且流过电流 $\dot{I}_s$。为了解释漏磁通和绕组电阻，将漏抗 X_{ls} 和电阻 R_s 添加至电抗 X_{as} 中，以形成复合同步阻抗 $Z_s = R_s + jX_s$，表征定子电流和负载产生的电压。我们注意到，可以利用每相的等效电路来对同步电机进行有效建模（稳态条件下），其中电压源 $\dot{E}_f\ (=\dot{E}_s)$ 串联了一个阻抗，用 Z_s 表示，它等于 $R_s + jX_s$，称为同步阻抗。这里 $\dot{E}_f$ 是由励磁绕组电流产生的（经常称为开路电压或空载电压），$\dot{V}_s$ 为同步阻抗（正比于负荷）两端的电压降，$\dot{V}_t$ 为外部网络的发电机端电压。

12.6.3　性能方程和相量图

从图 12.4 可以写出电压和电流的相量方程。用适当的相量图可以将时间和空间相量相互关联。绕组位置、气隙磁动势和磁通密度等可以用空间相量表示，因为它们的位移是发生在空间内的。实际上，以同步转速旋转的空间位移气隙磁动势产生了绕组上固定频率的时间位移磁链和电压。发电模式下的方程为式（12.14）。

$$\dot{E}_f = \dot{V}_t + \dot{I}_s(R_s + jX_s) \tag{12.14}$$

以端点电压 $\dot{V}_t$ 作为参考电压，利用式（12.14）可以画出任意相量位置 Q 上给定电流 $\dot{I}_s$ 的相量图，如图 12.5 所示。依据该相量图，可以确认发电机的输出功率 P 为式（12.15）。

$$P = 3V_t I_s \cos\theta \tag{12.15}$$

其中，电压和电流为有效值。忽略电阻的另一种表达式为式（12.16）。

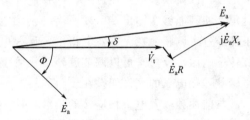

图 12.5　同步发电机的相量图

$$P = 3\frac{V_t E_f \sin\delta}{X_s} \tag{12.16}$$

12.6.4　不同模式下的同步发电机运行

12.6.4.1　独立或离网模式

许多离网独立发电装置在使用各类能源为大量的离网本地负载供电。在用柴油电机驱动的独立发电装置中，最常见的类型是柴油发电机组（DG）。商业和工业设施将它们作为电网发生故障时的备用机组。它们也用于紧急服务，如医院。对于偏远地区、岛屿社区或国防机构，它们则成为了主要的电力来源。近年来，这种柴油发电机组大量用于电信塔供电，以服务于移动电话网络。除了化石燃料，如柴油、汽油、煤油和天然气，越来越多的可再生能源，如生物质能和小水电能源系统也用于离网发电。典型的原动机包括柴油、汽油、煤油和生物燃料驱动的发电机或蒸汽或水力驱动的涡轮机。原动机的特点将会对系统性能产生影响。典型应用包括家用、商用、工业和服务部门使用的照明、取暖和电机负载。废热发电是另一种使用工业副产品（如蒸汽或其他燃料）的应用；例如，在制糖厂中，蔗渣是一种可以用来产生热或电的有用副产品。大多数发电机是旋转磁场型（高达几兆瓦）的，有些小规模装置也有旋转电枢型的。这些装置大量使用带有旋转二极管的无刷励磁。

如图 12.6 所示为一台独立发电装置原理图。它用矿物燃料、生物燃料或小水电等能

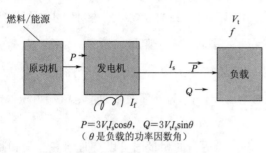

$$P=3V_tI_s\cos\theta, \quad Q=3V_tI_s\sin\theta$$
（θ 是负载的功率因数角）

图 12.6 独立发电装置原理图

源驱动原动机（发动机或涡轮机）旋转，原动机再使同步发电机按照所需的（固定）同步转速运转，进而产生所需的频率。励磁电流 I_f 激励励磁绕组后，电压 V_t 施加在负载上并产生负载电流 I_s。由于通常情况下发电电压等于负载的需求量，因此发电机一般靠近负载，很少需要长距离传输线或需安装变压器。发电机给负载提供的电能质量必须稳定，即无谐波的电压和固定的频率。虽然原动机必须确保频率固定，但是励磁电流则可以根据端电压进行调整。所有这些装置都配备了自动电压调节器（AVR），在负载出现变化时调整 I_f，即用电力电子整流器提供所需的直流电流 I_f。一般来说，端电压是被感应的并与参考电压来比较，以便误差信号经过适当的控制处理后，能够调整电子控制整流器中晶闸管上的发射角，使其能够在输出端引发所需的励磁电流，并把误差信号清零。因此，所有负载端电压都经过了调整。在无刷发电机上，误差电压调节励磁机定子绕组上的直流电流，从而调节转子电压，反过来可以调节旋转二极管整流器的直流输出电流，将误差电压降至 0。按照标准，端电压的允许偏差在 ±5% 以内。

与前述独立发电机相连接的负载可能是静态的、动态的、非线性的、不平衡的。

独立的同步发电机会被要求提供固定的或可变的电流，甚至是非正弦电流。必须对总系统进行正确建模，以评估性能并达到设计合理的目的。简单起见，可以将发电机有效负载模式化为同时需要有功和无功功率的阻抗，即 P 和 Q，如图 12.6 所示。P 由原动机提供而 Q 由发电机励磁系统提供。通常，这些在负载动态变化会随时间变化。

12.6.4.2　并网模式

并网同步发电机（GCSGs）一般规模较大（可达几百兆瓦），它们为大型电力（实用）电网供电，并经由国家或区域电网为家用、商用、工业和农业等终端负载供电。它们是由水力、蒸汽、气体或风力涡轮机驱动的，相应的能量来源包括水能、核燃料、化石燃料（煤、天然气、石油）以及风能。在各种可再生能源中，风能、生物质能、地热能和太阳热能，采用了由合适的原动机驱动的并网式同步发电机——涡轮机或发动机。

如图 12.7 所示为一个典型并网同步发电机装置原理图。能量源（化石或核燃料，

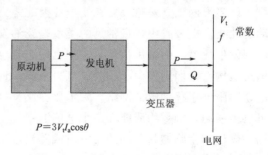

$$P=3V_tI_a\cos\theta$$

图 12.7　并网同步发电机装置原理图

186

水能或风能）被送到原动机（蒸汽/水力/风力/燃气涡轮或发动机），以同步转速来运行发电机（基于磁极和频率）。所有并网发电机都采用旋转磁场型；低速水轮发电机会使用巨大的凸极，而高速热能发电机会采用2极或4极的圆柱形转子。励磁系统引导转子上的励磁电流 I_f 产生电压（由电网决定）。发电机变压器通常作为发电机和电网之间的接口，将电压提高为电网电压。

并网发电机按照电网设定的恒定电压和频率运行，通常将这样的系统看作连接至无限大容量母线的机器。发电机将有功和无功功率 P 和 Q 馈送给电网。P 由原动机输入的功率决定，而 Q 由励磁系统决定。公共电网可能会连接许多发电机和负载，这就形成了多机电力系统。由不同发电机供给电网的 P 和 Q 可能会有不同。P 和 Q 的总量会与负载 P 和 Q 的总需求量达到平衡。

12.6.5 载荷时的性能特征

同步发电机载荷时的性能取决于独立模式还是并网模式。发电机带负载时，它的电气和机械反应与空载状态下是不同的，从而出现了许多特性。

12.6.5.1 负载特性

通常将负载特性定义为终端电压随着负载电流的变化。这种变化依赖于机器阻抗和负载功率因数。可以利用之前所阐述的等效电路和相量图来确定负载特性。图 12.6 是一个忽略电枢电阻的简易等效电路图，基于下式，可以得到滞后、同步和超前负载功率因数的对应相量图，如图 12.8 所示。

$$\dot{E}_f = \dot{V}_t + jX_s\dot{I}_s \tag{12.17a}$$

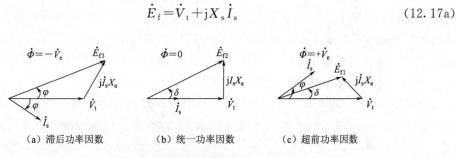

（a）滞后功率因数　　　　（b）统一功率因数　　　　（c）超前功率因数

图 12.8　不同功率因数的相量图

对于相同的终端电压 V_t 和负载电流 I_s 而言，内部发电电压（空载）E_f 在滞后功率因数处（E_{f3}）达到了最大，而在统一载荷时（E_{f2}）和超前功率因数时（E_{f1}）所有下降。基于这些相量图，可以推导出负载的典型特性，如图 12.9 所示。在图 12.9（a）中，通过调整不同功率因数时的 I_f，可以使负载电压 V_t 在各种功率因数下保持额定负载电流、额定电压不变。

因此，滞后功率因数的空载电压 E_F 较高，超前功率因数的空载电压 E_F 比较低，而统一功率因数时的空载电压 E_F 在中值。在图 12.9（b）中，如果所有功率因数下的 I_f 都保持恒定，空载电压也相同，而滞后功率因数的负载电压 V_{t3} 相对于统一功率因数的电压 V_{t2} 或超前功率因数电压 V_{t1} 均低。由于滞后负载电流的消磁影响，在滞后功率因数时，负载特性呈现斜率增加的趋势。另外，超前（电容式）负载电流具有磁化作用，

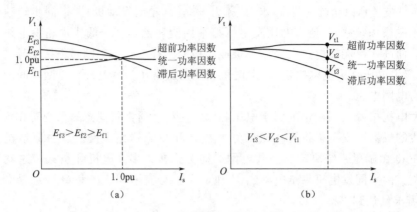

图 12.9 （a）3 种功率因数情况下额定电流下的额定电压；
（b）3 种功率因数情况下的恒定励磁电流

使负载电压甚至可能超过空载电压。

12.6.5.2 励磁特性

调节励磁电流，保证在给定负载功率因数的情况下所有负载均能保持相同的端电压，将励磁电流的变化称为励磁特性，也称为复激曲线。这些曲线可以由相量图和之前所述的电压公式推导得出，如图 12.10 所示。

在任何负载电流中，I_f 几乎都会随着 E_f 变化。在滞后功率因数中，I_f 比较高；在统一和超前功率因数中，I_f 比较低。空载下，所有功率因数下的 I_f 都是相等的。这些曲线体现了励磁电流在负载下必须采取的变化方式，以保持端电压不变，这就是 AVR（自动电压调整）需要实现的任务。I_f 增加，就会引起滞后负载所需的无功功率增加。

12.6.5.3 并网发电机的性能特性

终端电压 V_t 和频率恒定，由电网确定。图 12.11 所示为并网发电机的简化等效电路图，满足式（12.17），常数为 V_t。这里的 X_s 包括连接电机和电网的线路电抗。

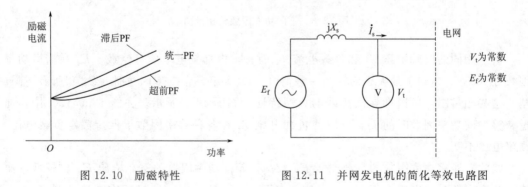

图 12.10 励磁特性   图 12.11 并网发电机的简化等效电路图

通常情况下存在两个控制端口，一个为轴供给动力，另一个向励磁绕组供给电流。发电机特性与这两个定量的变化有关。

（1）在恒定励磁电流下输入功率的变化。这里 V_t、E_f、I_f 以及频率是恒定的，只有

穿过轴的输入功率 P 会随着原动机变化，从而使输入电网的电流 I_s 也随之变化。这种变化会随输入到涡轮机或发动机的驱动能源不同而不同，如油（发动机）、气体（燃气轮机）、蒸汽（蒸汽涡轮机）、水（水轮机）或风（风力机）。在忽略所有损耗的情形下，图 12.12（a）所示为输入不同功率的相量图，其中 $\dot{V}_t$ 保持不变。由于 $\dot{E}_f$ 是一个不变量，$\dot{E}_f$ 前端轨迹是一个弧形（圆的一部分），圆心在 O 处。从式（12.16）可以看出，P 与 $\sin\delta$ 是成比例的，因为所有其他数量都是恒定的，且 $P-\delta$ 曲线是一个正弦曲线，如图 12.12（b）所示，随着 δ 的变化，在一个从 $0°\sim90°$ 的稳定区域内变化。在零功率处 $\dot{V}_t$ 和 $\dot{E}_{f0}$ 处于相位（$\delta=0$），且 $\dot{I}_{s0}$ 滞后电压 $90°$，这就是功率因数为零的情况。随着功率增大至 P_1，产生 $\dot{I}_{s1}$（滞后），$\dot{E}_f$ 相位移动至 $\dot{E}_{f1}$（B），其功率角为 δ_1。P 进一步提高，从 B 移动到 C，在功率因数为零以及功率角为 δ_2 处产生了 $\dot{I}_{s2}$。$\dot{E}_f$ 在 D 处得到最大功率 $P_{\max}$，并当 $\delta=90°$ 时产生电流 $\dot{I}_{s3}$（超前）。

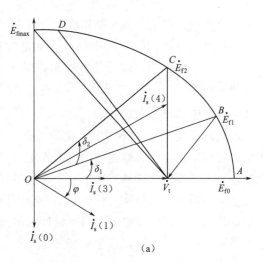

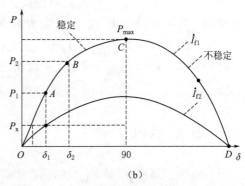

图 12.12 （a）在输入不同功率时的相量图；
（b）同步发电机的功率角特性

（2）输入功率恒定下励磁电流的变化。通过扩展前面的论述，可以绘出不同励磁电流相量图。由于功率是恒定的，所以依据式（12.16），所有励磁电流的 $E_f\sin\delta$ 都是恒定的。因此，$\dot{E}_f$ 的尖端轨迹将是一条水平线。此外，$I_s\cos\Phi$ 是恒定的，且 $\dot{I}_s$ 尖端会在一条垂直线上移动。可以看到，励磁电流的增加会导致同等功率下滞后电流进一步增加，同时为电网提供更多的滞后无功功率。另外，励磁电流的减少会导致同一功率下产生更多的超前电流，且能够为电网提供更多的无功功率，因为馈送给电网的电流会变得更加超前。如图 12.13 所示，可以绘制出带有励磁电流的电枢电流的变化。如前所述，$\dot{I}_f$ 比较低时，$\dot{I}_s$ 超前，如果 $\dot{I}_f$ 提高，那么它就会变得滞后。

对于某个励磁电流来说，在统一功率因数上 I_s 幅值最小，随后，电流会随着滞后功率因数而上升，如同相位角会随着 I_f 上升一样。因此，通过控制励磁电流，可以控制输送给电网的无功功率。如果电网提供更多滞后

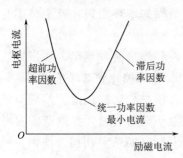

图 12.13 在恒定功率下电枢（负载）
电流随励磁电流的变化图

功率因数负载，那么就必须要提高 I_f。

依据之前论述，P 和 Q 都可以按照要求来控制，进而改变在向电网馈电时某一点处电流的大小和相位角。因为这些控制都是自动的，必须确保综合机制（仪表、硬件和软件）部署到位。

12.6.6 永磁同步发电机

永磁同步发电机（PMSGs）比较适合可再生能源，因为其在风能并网供电系统广泛使用，且直接耦合了无变速箱的风力发电机。它们一般在低转速下产生较低频率，通过直流转化为电网频率，再利用功率电子转换器与电网连接。此处的定子或电枢类似于常规同步发电机。但是，场结构（转子）是完全不同的，其永磁体大多采用高能量密度的稀土材料制成并被固定到铁磁芯上。根据设计的不同，可以分为嵌入式和地面安装式磁铁。与绕组磁场同步发电机不同，这里的场磁通量无法改变。发电电压或空载电压 E_f 保持恒定，使 Q 的调整变得困难。工作温度和负载会影响磁铁性能，并可能会导致消磁。永磁同步发电机需要遵循设计而建。但是，它的无刷结构是一个优点。有时它们是"由内而外"建造的（主要用于风电系统），将转子（永久磁场）作为外侧部件，将多相定子作为内侧部件。分析和建模可以遵循与同步发电机相同的操作，但是涉及磁路计算时，经常需要用有限元法。

12.7 感应电机

同步电机和感应电机的主要区别在于转子结构，因为定子都是将三相绕组放置在铁芯叠片构成的凹槽内。然而同步电机的电流通过滑环流入励磁（转子）绕组，感应电机的转子电流是被定子磁动势激励出来的。转子通常会短路，除非在双馈电机中。当平衡三相电压施加到定子绕组上时，气隙内产生一个旋转磁场。当转子相对于由定子励磁产生的气隙磁场静止时，除了某一个速度之外，均会感生转子电流。显然，在这个速度下，转子既不会感生电流，也不会感生电压。这个转速称为同步转速，因此感应电机不会在这个转速上运行。

转子有鼠笼型转子和滑环或绕线转子两种类型。图 12.14 所示为一个典型的鼠笼型转子。铁芯是由硅钢片按照合适的形状堆叠而成，并安装固定在轴上。铜条或铝条被放置在槽内，这些金属棒被两端的端环短路，整个绕组称为鼠笼型绕组。

鼠笼型转子有压铸和焊接两种类型。在压铸转子中（用于低功率电机），金属棒和端环是将液体铝浇注进放有铁芯的配套模具中铸造而成。然后对该转子进行加工，以获得平滑的表面并提供所需尺寸的气隙。在焊接转子中，将铜条手动插入槽内，然后将两边都焊接到由铜或铜合金制成的端环上。由于不存在滑动部件和电刷，所以鼠笼型转子坚固而

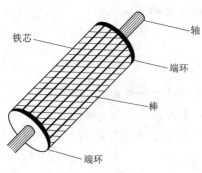

图 12.14　鼠笼型转子

铁芯　轴　端环　棒　端环

紧凑，且无须维护。由于产量大，并且便于制造，鼠笼型异步电动机在相同动力的机器中是最廉价的。鼠笼型转子有效地形成了一个多相短路绕组。

这类转子在达成预期效果方面的一个缺点是缺少可控性。另外，滑环或绕线转子具有三相对称分布绕组，并通过滑环带到了外部电路上，这个情况之前已经有过阐述。转子是外部短路的。通过转子控制发动机是可行的，即通过在滑环端子上连接合适的电力控制装置。绕组内部一般采取星形或三角形连接，只有 3 个或 4 个端子被引出，也就需要相同数量的滑环。

通过理解变压器的原理，可以理解感应电动机（IM）的基本工作原理。转子处于静止状态，将电压施加到定子上，那么通过变压器的作用，在短路转子中感生线频率电流。通过外加定子电流和感生转子电流之间的相互作用，转子轴上会产生一个扭矩，这可以看作是对气隙磁场和储存能量结果的反应。因此，电机就会加速。由于转子相对速度改变了，其频率与电流幅值也出现变化，不同转速下产生不同的扭矩。这个过程持续，直到发电机加速到该转速，即产生的电磁转矩等于所连接负载的转矩。如前所述，当转子电流为零时，会出现同步转速，从而导致转矩趋向于零。如果负载转矩是零，那么电机可以在这个转速上运行。由于内在摩擦因素，即使没有连接外部转矩，也会存在一些相对的扭矩。因为零负载转矩是不可行的，所以发动机永远不可能以均衡的同步转速来运行，因此，感应发电机也称为异步发电机。

异步发电机也可以按照高于同步转速的速度来驱动转子，发电运行，此时感应电流相对于电压而言方向是相反的，进而驱动发电机。在小水电、生物质发电和风电转换系统中，这种发电机得到了越来越多的应用。由于无刷转子比较坚固耐用，因此在无人值守的偏远地区，它们具备一些交流发电机所不具备的操作优点。

12.7.1　建模与分析

如图 12.15 所示通过等效电路对感应电机进行了建模，包括电阻、电抗以及滑差（即同步转速和实际转速之差，并作为同步转速的一部分存在）。

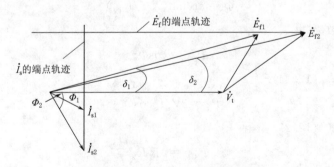

图 12.15　不同励磁电流的相量图

模型参数如下：R_s＝定子电阻/相位；x_{ls}＝定子漏抗/相位；x_m＝磁化电抗；R_c＝铁芯损耗电阻；R_r＝转子电阻/相位（参见定子）；x_{lr}＝转子漏抗/相位（参见定子）；s＝滑程标幺值；v＝速度标幺值；$S＝1-v$。

这里电压和电流分别为：V_s＝电源定子电压/相位；I_s＝定子电流/相位；E_s 或 V_g＝

感生定子电压或气隙电压；I_o＝空载电流；I_m＝励磁电流；I_c＝铁芯损耗电流；I_r＝转子电流/相位（参见定子）。

等效电路可以简化如下：

阻抗为式（12.17b）。

定子阻抗 $\qquad\qquad Z_s=R_s+jX_{ls}$

转子阻抗 $\qquad\qquad Z_r=R_r/s+jX_{lr}$ $\qquad\qquad$ (12.17b)

励磁阻抗 $\qquad\qquad Z_m=jX_mR_c/(R_c+jX_m)$

从端子来看每相等效阻抗为式（12.18）。

$$Z_{eq}=Z_s+Z_mZ_r/(Z_m+Z_r) \qquad\qquad (12.18)$$

每相的定子电流为式（12.19）。

$$I_s=V_s/Z_{eq} \qquad\qquad (12.19)$$

从之前的等效电路来看，通过减去定子阻抗降，可以得到气隙电压为式（12.20）。

$$V_g=E_s=V_s-I_sZ_s \qquad\qquad (12.20)$$

分流励磁支路电流为式（12.21）。

$$I_o=V_g/Z_m$$
$$I_m=V_g/x_m \qquad\qquad (12.21)$$
$$I_c=V_g/R_c$$

转子电流为式（12.22）。

$$I_r=V_g/Z_r=I_s-I_o \qquad\qquad (12.22)$$

性能公式推导如下：

Z_{eq} 的阻抗角 $\varPhi_s$ 为式（12.23）。

$$\varPhi_s=\arctan(X_{eq}/R_{eq}) \qquad\qquad (12.23)$$

输入功率因数为

$$PF_s=\cos\varPhi_s$$

输入功率为式（12.24）。

$$P_{in}=3V_sI_s\cos\varPhi_s \qquad\qquad (12.24)$$

定子铜耗为式（12.25）。

$$P_{Cus}=3I_s^2R_s \qquad\qquad (12.25)$$

由于磁通量随着时间变化，铁芯上出现的损耗，即铁芯损耗为式（12.26）。

$$P_c=3V_g^2/R_c \qquad\qquad (12.26)$$

在电动模式下，从定子经过气隙转移到转子上的功率称为气隙功率，为式（12.27）。

$$P_g=P_{in}-P_{Cus}-P_c \qquad\qquad (12.27)$$

从等效电路中可以推断出该功率为式（12.28）。

$$P_g = 3I_r^2 R_r / s \tag{12.28}$$

现在该转子铜耗可以写为式（12.29）。

$$P_{\mathrm{Cur}} = 3I_r^2 R_r = sP_g \tag{12.29}$$

现在可用于对外工作的发出功率为式（12.30）。

$$P_d = P_s - P_{\mathrm{Cur}} = (1-s)P_g = (1-s)3(I_r^2 R_r / s) \tag{12.30}$$

由于机械损失，该功率不会全部成为输出功率，这种损失通常被称为摩擦和风阻（FW）的损失，因此输出功率为式（12.31）。

$$P_{\mathrm{out}} = P_d - FW \tag{12.31}$$

发生转矩为

$$T = (发出功率) / (速度)$$

其中速度是 $(1-s)\omega_s$；ω_s 是单位为 rad/s 的机械同步转速。因此有式（12.32）。

$$T = [(1-s)3(I_r^2 R_r / s)] / [(1-s)\omega_s] = 3/\omega_s (I_r^2 R_r / s) \tag{12.32}$$

效率的表达式可以写成式（12.33）。

$$\eta_e = (发出功率) / 电源输入 = P_d / P_{\mathrm{in}} \tag{12.33}$$

总效率为

$$\eta = 输出功率 / 输入功率 = P_{\mathrm{out}} / P_{\mathrm{in}}$$

主要用来磁化电机的输入无功功率为式（12.34）。

$$Q_{\mathrm{in}} = 3V_s / I_s \sin\Phi_s \tag{12.34}$$

输入视在功率为式（12.35）。

$$S = 3V_s I_s \tag{12.35}$$

所以有

$$P_{\mathrm{in}} = S\cos\Phi_s$$

$$Q_{\mathrm{in}} = S\sin\Phi_s$$

12.7.2 不同模式下的速度特征

使用之前的性能公式，通过计算在不同转速下的性能能够获得其相关特性。适当的速度范围为 $-1 \sim +2\mathrm{pu}$；同步转速为 $1.0\mathrm{pu}$。之前提及的转矩随转速度的变化范围，为电机在不同转速区域内如何运转方面，提供了很有趣的信息。图 12.16 所示为在超过上述转速范围时转矩/转速的典型特性，分别用 A、B、C、D、E 来表示。

在 $0 \sim 1\mathrm{pu}$ 的转速范围内，该特性用 BCD 表示。如果转矩和转速都是正值，那么说明是电动模式，因为电机通过轴输出了正向转矩。机械功率输出是转矩和转速的产物，因为是电动模式，所以以是正值。B 是转速为零时的转矩，或者启动转矩。C 是在滑程为 $s_{\mathrm{maxT}}(\mathrm{m})$ 时的最大转矩 $T_{\max}$。D 是同步转速下的转矩，也就是零。可以证明 BC 为不稳定区，CD 是稳定区，其中电机以 $0 \sim T_{\max}$ 范围之内的转矩运行，且滑程为 $0 \sim s_{\mathrm{maxT}}(\mathrm{m})$。

在此模式下，因为电压、电流和功率因数都是正的，依据式（12.24），输入电功率为

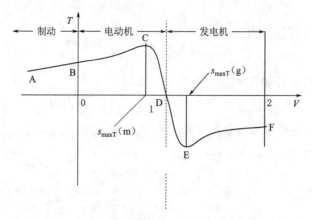

图 12.16　IM 典型的转矩—转速特性曲线

正。一般来说，电流滞后电压 Φ_s（小于 90°）时，$\cos\Phi_s$ 永远为正。

在 1～2pu 的转速范围内，该特性用 DEF 表示。这里速度为正而转矩为负，表示发电模式，此时机器通过轴输出负转矩或通过轴获取正转矩。机械功率输出是转矩产物，发电状态下，转速为负。D 是同步转速下的转矩，也就是零。E 是滑程为 $s_{maxT}(g)$ 下的最大转矩 $T_{max}(g)$，它是负的，此时电机在以超同步转速运行。F 表示当 $s = -1$ 时的转矩。可以证明 EF 为不稳定区，DE 是稳定区，其中发电机以 $0 \sim T_{max}(g)$ 范围之内的转矩运行，且滑程为 $0 \sim s_{maxT}(g)$。在此模式下，依据式（12.24），输入电功率为负，因为电压和电流为正，但功率因数为负。一般来说，电流滞后电压 Φ_s（少于 90°），那么 $\cos\Phi_s$ 永远为负。因此，电功率从终端馈送到电网，发电由此开始。

在 AB 表示的负转速范围内，转速为负而转矩为正。转矩有效地降低了转速，这就是制动的效果，即制动模式。

前面的讨论总结如下：

电动：$0 < v < 1$，$0 < s < 1$

发电：$1 < v < 2$，$-1 < s < 0$

制动：$-1 < v < 0$，$1 < s < 2$

电动：

- 稳定：$0 < s < s_{max}$
- 不稳定：$s_{maxT} < s < 1$

发电：

- 稳定：$-s_{maxT}(g) < s < 0$
- 不稳定：$-1 < s < -s_{maxT}(g)$

制动：

- 稳定：否
- 不稳定：$1 < s < 2$

12.7.3　异步发电机

最近出现两个因素，使得异步发电机再次成为焦点。一是需要有合适的能源转换器来满足可再生能源的应用需求，例如风能、水能和生物质能。二是电力电子技术的进步，现在能够根据需要来促进电能的控制和调节。不同于化石或核燃料等传统能源，可再生能源往往是零星的、局部的、随时间变化的、随机的，或季节性的，需要实施适当的控制。开发的系统必须简单易用，甚至在偏远的地方也能使用。相比同步发电机，带有鼠笼型转子的异步发电机更简单，坚固耐用且经济实惠。对于变速原动机，它们也是比较有吸引力的。

异步发电机大致可分为并网和离网系统。依据所用的转子类型，并网异步发电机（GFIGs）可以分为两种类型：鼠笼型异步发电机（SCIGs）和绕线转子异步发电机（WRIGs），或双馈感应发电机（DFIGs）。鼠笼型异步发电机仅控制定子，而双馈感应发电机可以同时控制转子和定子，这使得它们能通过转差功率的变化，更加适合变速原动机。鼠笼型异步发电机定子可以带有单个绕组，也可以带有双绕组，这样就可以处理不同的功率水平，特别是风能。鼠笼型异步发电机还可以具有两组不同极的定子绕组，实现灵活地附加控制，因此它可以实现双馈。异步发电机的主要需求就是在没有磁通来源时，需要无功功率 Q 来磁化电机。在并网异步发电机中，无功功率是从电网获得供应的。在离网或独立系统中，无功功率由额外的终端电容器提供，这样它们可以像自激异步发电机（SEIGs）那样工作。以下各节介绍了异步发电机类型的基本运行原理并对其进行分析。

12.7.3.1　并网鼠笼型异步发电机

原动机驱动已经并网的异步发电机。一般来说，它们作为电动机启动，然后原动机转速会超过同步转速，并依据输入功率在适当的负滑程下运行。可以使用发动机等效电路（图 12.15）以及 7.1 节有关电动原则的公式，将滑程设置为负，并采用电脑程序来对电机展开分析。

图 12.16 显示了电动、发电和制动区域中转矩与转速的特性。现在来看一个小负滑程所在的稳定发电区域。图 12.17 仅显示了 A 点和 B 点稳定区域的特性，也就是滑程 s_1（正）和 s_2（负）的电动和发电区域。

为了对发电机性能有本质上的认识，可以忽略铁芯损耗电流 I_c 和转子

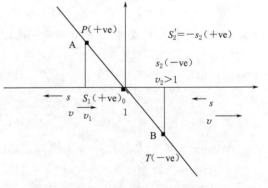

图 12.17　T—N 稳定部分特性：A—电动，B—发电

漏抗 $x_{1r\cdot}$，从而简化等效电路。如果仔细研究电动和发电模式下稳定区域内 T—N 的特性，那么关注点主要在电动机的稳定点 A 和发电机的稳定点 B 下列滑程和 pu 速度时（图 12.17）。

电动（A）：$s=s_1$（正），$v=v_1<1$

发电（B）：$s=s_2$（负），$v=v_2>1$

图 12.18 描绘了从 $\dot{V}_g$ 和 $\dot{I}_r$ 开始，在滑程 s_1（A）内的电动机相量图（忽略铁芯损

耗）。通过将漏阻抗压降加至 V_g，得到了定子电压 $\dot{V}_s$，从而产生输入功率因数角 Φ_s。

12. 7. 3. 1. 1 利用电动常理来理解异步发电机

为了在（B）中以负滑程 s_2 将操作推进到发电模式，可以利用电动机电流原理来绘制发电机等效电路（忽略 x_{lr} 和 I_c）。这里 $V_s = V_g + I_s (R_s + jx_{ls})$。

利用带有负滑程的相关公式，可以得出图 12.19 所示的相量图。

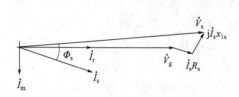 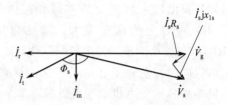

图 12.18　s_1 时的电动机相量图　　　图 12.19　依据电动机原理绘制 s_2 时的发电机相量图

功率因数角 Φ_s 为

$$90° < \Phi_s < 180°$$

且 I_s 滞后 V_s 超过 90°。

因此 GCIG 端点的输入有功功率为

$$P_{in} = P_{elec} = 3V_s I_s \cos\Phi_s$$

此为负值（因为 Φ_s 超过 90°）。因此，P_{in} 相对于电动机的功率是相反的，而功率将会从电机传输至电网。

因此 GCIG 端点的输入无功功率为

$$Q_{in} = 3V_s I_s \sin\Phi_s$$

此结果为正值，且 Q 必须和电动机一样，从电网馈送至电机。

功率流的顺序如下

输出功率　　　　　　　　　　$P_{elec} = 3V_s I_s \cos\Phi_s$

定子铜耗　　　　　　　　　　$P_{Cus} = 3I_s^2 R_s$

铁芯损耗　　　　　　　　　　$P_c = 3V_g^2 / R_c$

气隙功率　　$P_g = P_{elec} + P_{Cus} + P_c = P_{mech} - FW - P_{cur} = 3(I_r^2 R_r / s)$

转子铜耗　　　　　　　　　　$P_{Cur} = 3I_r^2 R_r = sP_g$

对电机内的发出功率进行定义，$P_d = P_g - P_{cur} = (1 - s_2)P_g = (1 - s_2)3(I_r 2R_r / s_2)$。因为滑程为负，所以 P_d 为正且大于 P_g。P_g 为负，P_{cur} 为正，且与发动机相比，轴功率为负。通过轴进行输送的功率等于 P_d。机械损耗＝风阻摩擦＝FW，在发动机内，输出功率为

$$P_{out} = P_d - FW$$

因为 P_d 为负，输出功率为负，即来自原动机的输入功率 P_{in}。

异步发电机的转矩 T＝发出功率/速度

$$速度 = (1 - s)\omega_s$$

$$T = (1-s_2)3(I_r^2 R_r/s_2)/[(1-s_2)\omega_s]$$
$$= 3/\omega_s(I_r^2 R_r/s_2)$$

此值是负的，因为滑程为负。此处 ω_s 为机械同步转速，单位为 rad/s。

异步发电机的效率为

电效率 $\qquad\qquad \eta_e =$ 发出功率/功率输入 $= P_d/P_{in}$

总效率 $\qquad\qquad \eta =$ 功率输出/功率输入 $= P_{out}/P_{in}$

输入无功功率 $\qquad\qquad Q_{in} = 3V_s I_s \sin\Phi_s$

输入视在功率 $\qquad\qquad S = 3V_s I_s$

$P_{elec} = S\cos\Phi_s$，为负；$Q_{in} = S\sin\Phi_s$，为正。

12.7.3.2 双馈感应发电机

与鼠笼型异步发电机不同，双馈感应发电机（双馈）带有绕线转子和滑环，提供了更大的灵活性和变速运转，其得益于一个附加转子端口，既可以汲取能量，也可以输出能量。通过调节穿过转子的功率流方向，无论是在次同步还时超同步转速上，电机可以同时在电动和发电模式下运行。

双馈感应电机（DFIM）原理图如图 12.20 所示。此处定子以标称电压和额定频率 f 直接并网，从电网上获得功率 P_e。自转子滑环处提取功率 P_r，此时转子频率 f_r 等于 sf，这里的 s 为滑程。双向电力电子变流器通过一个直流电联络线将以转子频率提取的功率 P_r，转换为频率 f 的功率，随后通过变压器将其馈送至电网。通常，使用三绕组变压器时，两个一次绕组分别连接到定子和转子上（通过变流器），二次绕组与电网连接。这有利于实现适当的电压转换，从而将电机和电网连接起来。P_g 是从定子转移到转子的气隙

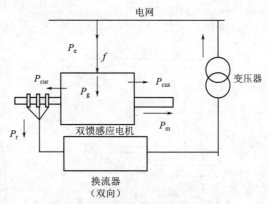

图 12.20　双馈感应电机原理图

功率，它等于 P_e 减去定子铜耗 P_{cus} 和铁芯损耗。P_m 是机械功率，通过轴转移至外部机械端口——负载或原动机去汲取或提供功率——等于 P_g 减去转子铜耗 P_{cur}。

利用图 12.21 所示的等效电路，可以对上述双馈感应电机进行稳态分析。

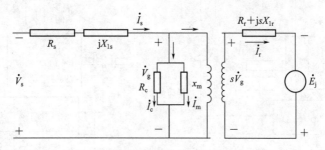

图 12.21　双馈感应电机的等效电路

197

通过在转子电路内添加转差频率电压源 E_j，扩展了鼠笼型感应电机的等效电路。这里，定子回路带有市电频率 f 而转子回路带有转差频率 s_f，同时受转子阻抗影响。定子上的气隙电压 V_g 按照相同的匝数变成了转子中的 sV_g。

依据之前的等效电路可知，功率关系为

$$sP_g = P_r + P_{cur}$$

$$P_g = P_r + (1-s)P_g + P_{cur}$$

在鼠笼型电机中，$P_r = 0$，而气隙功率仅用来应对转子铜耗以及传送至轴的机械功率。这里，P_r 可以归因于输入电压 E_j。从等效电路来看，转子等式为

$$s\dot{V}_g - \dot{I}_r(R_r - jsx_{lr}) - \dot{E}_j = 0$$

或

$$s\dot{V}_g - \dot{E}_j = \dot{I}_r(R_r + jsx_{lr})$$

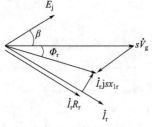

图 12.22　带有 $\dot{E}_j$ 的双馈
感应电机转子相量图

据此可以画出对应转差频率的输入电压 $\dot{E}_j$（称为定子匝数）相量图，如图 12.22 所示。这里 β 和 Φ_r 是 $\dot{E}_j$ 和 $\dot{I}_r$ 相对 $s\dot{V}_g$ 的相位，如图 12.22 所示。图 12.23～图 12.26 所示为处于次同步和超同步电动和发电模式下双馈感应电机的功率分布。

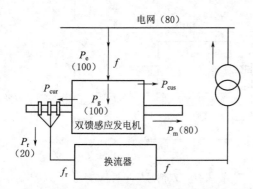

图 12.23　次同步电动模式下的功率分布

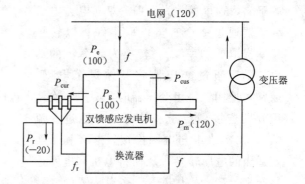

图 12.24　超同步电动模式下的功率分布

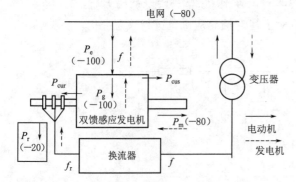

图 12.25　次同步发电模式下的功率分布

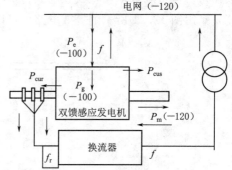

图 12.26　超同步发电模式下的功率分布

通过求解沿着 I_r 轴的电压和电压降，可以写出

$$sV_g\cos\varPhi_r = I_r R_r + E_j\cos(\varPhi_r+\beta)$$

用 I_r 乘以等式两边，得

$$sV_g I_r\cos\varPhi_r = I_r^2 R_r + I_r E_j\cos(\varPhi_r+\beta)$$

或

$$V_g I_r\cos\varPhi_r = (1-s)V_g I_r\cos\varPhi_r + I_r^2 R_r + I_r E_j\cos(\varPhi_r+\beta)$$

三相基础等式为

$$P_g = 3V_g I_r\cos\varPhi_r$$

$$P_{cur} = 3I_r^2 R_r$$

通过转子滑环将功率传送给换流器

$$P_r = 3I_r E_j\cos(\varPhi_r+\beta)$$

按照之前的方程，得到功率平衡关系式为

气隙功率＝机械功率＋转子铜耗＋传输给变流器的功率

需要注意的是，机械功率是气隙功率 P_g 的（$1-s$）倍。

现在，思考以下四个例子，忽略所有 P_{cus} 和 P_{cur}。

1. 模式 I：次同步电动模式

这里：$0<s<1$，s 为正；P_g、P_m、P_e、P_r 为正；$P_m=(1-s)P_g$ 为正。

例如，考虑 $s=0.2$。对于 100 单位的气隙功率，功率分布为：$P_g=+100$，$P_m=+80$，$P_r=+20$，$P_e=+100$，来自电网的功率 $P_{grid}=80$。这里的转差功率 P_r 取自转子，且经由换流器馈送给电网。图 12.27 所示为此分布图。

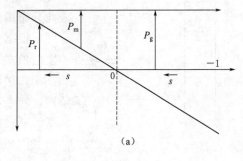

（a）

2. 模式 II：超同步电动模式

这里：$-1<s<0$，s 为负；P_g、P_m、P_e 为正；$P_m=(1-s)P_g$ 为正且大于 P_g。

例如，考虑 $s=-0.2$。对于 100 单位的气隙功率，功率分布为 $P_g=+100$，$P_m=120$，$P_r=-20$，$P_e=+100$，且取自电网的功率 $P_{grid}=120$。这里的转差功率 P_r 取自电网，且经由换流器馈送给转子。图 12.28 所示为此分布图。

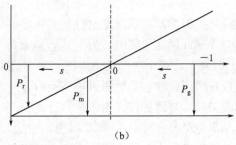

（b）

图 12.27　带有滑程的 P_g、P_m 和 P_r 在（a）电动模式和（b）发电模式下的变化

3. 模式 III：次同步发电模式

这里：$0<s<1$，s 为正；P_g、P_m、P_e、P_r 为负；$P_m=(1-s)P_g$ 为负且小于 P_g。

例如，假设 $s=+0.2$。对于 100 单位的气隙功率，功率分布为 $P_g=-100$，$P_m=-80$，$P_r=-20$，$P_e=-100$，且馈送至电网的功率 $P_{grid}=80$。这里的转差功率 P_r 取自

电网，且经由变流器馈送给转子。图 12.29 所示为此分布图。

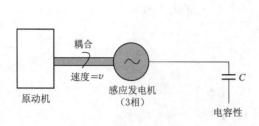

图 12.28　自励异步发电机基本方案

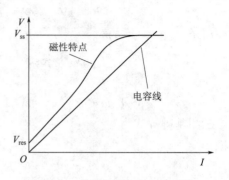

图 12.29　自励异步发电机建压

4. 模式Ⅳ：超同步发电

这里：$-1 < s < 0$，s 为负；P_g、P_m、P_e 为负；$P_m = (1-s)P_g$ 为负且大于 P_g。

例如，假设 $s = -0.2$。对于 100 单位的气隙功率，功率分布为 $P_g = -100$，$P_m = -120$，$P_r = +20$，$P_e = -100$，且馈送至电网的功率 $P_{grid} = 120$。这里转差功率 P_r 汲取自转子且通过双向变流器馈送给电网。图 12.30 所示为此分布图。

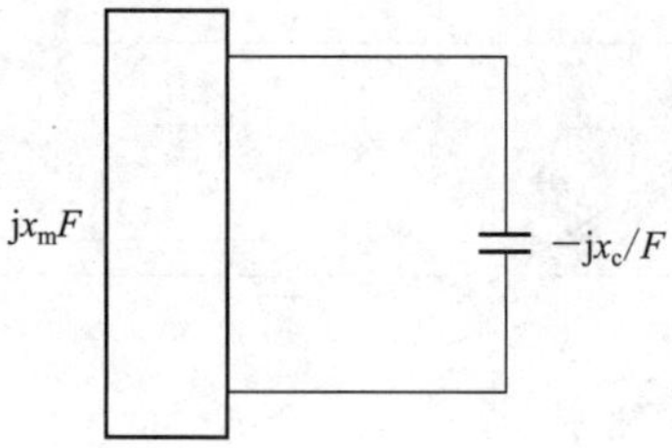

根据先前的逻辑，如图 12.27 所示，在电动模式和发电模式下，转差功率各有不同。

在次同步电动模式下，功率汲取自转子并馈送至电网，转差功率就恢复了。在超同步电动模式下，电动功率汲取自电网并馈送至转子，转差功率增大了传送至轴的气隙功率。

图 12.30　自激异步发电机
的简化模型（等效电路）

在次同步发电模式下，功率汲取自电网并馈送至转子滑环。因为双馈感应发电机主要用于并网式变速风力发电机，当 P_m 较低时，由于其运行会受到低风速的影响，为了达到所需的 P_g 便通过转差功率 P_r 来取得提升。另外，当 P_m 较高，且剩余功率经由滑环（将 P_g 维持在所需值上）被转送至电网时，双馈感应发电机在超同步转速和更高风速下运行。

12.7.3.3　自励感应发电机

鼠笼型异步发电机和双馈感应发电机需要电网来运行，因此它们不适用于离网运行。无功功率必须由电网来提供，以磁化电机，而端点电容器常被用于降低无功功率的消耗。作为必然的结果，如果所需无功功率都由电容器来提供，那么电网就无需提供任何无功功率而且异步发电机能在离网自励模式下运行。换句话说，如果能够按照电机所需的转速连接足够多的端点电容器，那么感应电机就能作为自励感应发电机（SEIG）。自励现象是指在电机之间产生的电压是由电容器和速度决定的。图 12.28 所示为一个自励异步发电机的基本方案。原动机按照 pu 速度 v 驱动三相感应电机，且电容器 C 的每一相都连接到它的接线端子上。

在定子中产生的电压和电流来自于自励以及在电磁设备和静电电容器之间的能量交换

200

（类似共鸣）。机器的磁性饱和能够阻止电压和电流的上升。对于电压感应，需要一个磁通源以及它的时间变化特性。未励磁的异步电机不能产生电压。引起自励的一个重要条件是电机内剩余磁通量或电容器发生变化。转子内的剩余磁通量在三相定子绕组内感生了一个小的平衡电压；与所有交流发电机一样，连接的电容器产生了一个磁化效应。随着磁通量上升，电压上升，这会引起雪崩效应，而永久性增长则被饱和状态所抑制。可以从图 12.29 中观察到建压的过程，本图描绘了电机以及横跨电容器电压/电流变化（电容器线）的磁化特性。一开始，剩余磁通产生了取决于速度的残余电压（VRES），这反过来又导致电容器内产生了电流。这个电流导致出现了由磁化特性决定的电压。该电压增加导致电容器电流增加，且该电流是由电容曲线决定的。该过程会持续，直到电容曲线与磁化曲线相交，此时电压不可能进一步上升，会达到稳态电压 V_{ss}。

因此，在速度不变时，电容器开关过程中的电压会逐渐从低值上升到稳态值，通过记录电压波形可以很容易观察到这个现象。在稳态条件下，磁路得到饱和。磁化电抗 X_m 就是空载磁化特性方面电压和电流之间的比率，从不饱和到饱和的过程中，随着电压的上升，它的数值会呈现不同，逐渐下降。

可以通过简单近似分析来理解速度和电容对电压的影响，并简单了解在所给定电机的任一速度下自励所需要的最小电容量。忽略所有的电阻和电抗渗漏，这样空载电机仅用 x_m 来表示，电机会与电容器 C 并联，且电抗 x_c 会处于基波频率，如图 12.30 所示。如果自励诱导的 pu 频率为 F（以 IM 额定频率作为基准频率，且相应的同步转速为基本转速），那么有效的电抗将是 jFx_m 和 $-x_c/F$，如图 12.30 所示。

12.7.3.3.1 恒速电容器的影响—— 自励的最低电容量

在恒定速度下，稳态电压是磁化曲线和电容曲线之间的交叉点。如果电容曲增加，那么电容曲线将向右移动，然后会出现新的相交点，稳压上升而磁化曲线不变。图 12.31 所示为一组贯穿磁化曲线并产生不同的电压（电容高，电压就高）的不同电容曲线（C_1、C_2、C_3 和 C_4）。在 C_4 处，电容曲线与磁化曲线相切，在曲线之下因为没有交集，所以不可能有自励。因此，在此速度下，C_4 为自励的最小电容量（C_{min}），此时，对应气隙线的磁化电抗为不饱和状态。因为是一个近似值，可以假定 F 等于 pu 速度，依据等效电路，在最低电容条件下，将基本频率下的同步速度作为 1.0pu，则

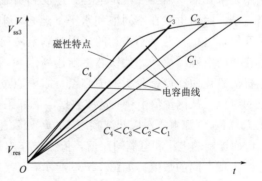

图 12.31　不同电容量与磁化曲线相交时的电容曲线组图

$$vx_m = x_c/v = 1/(\omega C_{min})v$$
$$C_{min} = 1/(\omega x_m v^2) = 1/Kv^2$$

这里 $K = \omega x_m$ 不变，因为基本弧度频率 ω 和不饱和磁化电抗 x_m 都不变。因此，我们注意到，C_{min} 与图 12.32 中速度的平方成反比。速度增加就需要更低的最小电容量来自励，反之亦然。图 12.33 所示为在恒定速度下，稳态电压随着电容器的变化而变化，表明电压的增加与电容有关。

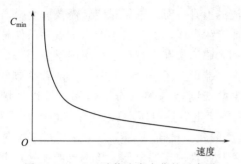

图 12.32　C_{min} 随着速度变化的示意图

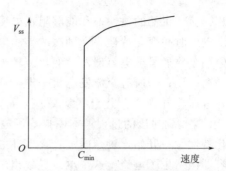

图 12.33　恒定速度下稳态电压随着电容器的变化

12.7.3.3.2　速度效应

当自励异步发电机的速度变化，感生 pu 频率 F 几乎会成比例变化，因为负转差率 $F-v$ 很小，如果忽略这一点，则 $F=v$。如果速度增加且频率也随之增加，那么磁化曲线转移至左侧（对于与 Fx_m 成比例的相同的电流，电压增加）且电容器线会移动至右侧（因为相同电容下，电压与 F 成反比例）。因此，该交点将处于更高的电压水平。在速度提高的情况下，最小电容曲线相切于磁化曲线，会增加坡度，且 C_{min} 会变得更低。每个速度都有一个 C_{min}，低于该水平自励就会停止。因此，在电容恒定不变时，电压会随速度增加。只有高于（包括）最低速度，才会发生自励，如图 12.34 所示。

12.7.3.3.3　自励感应发电机

要对这种发电机进行分析，需要了解机器设备的参数，以便在给定的电容、速度和负载下，对其性能进行判定。如果自励异步发电机作为一个独立电源，那么两个端子电压和频率是未知的，需要在给定电容、速度和负载下进行测算。自励异步发电机的稳态分析相当复杂，因为电机在不同饱和水平下运行，取决于电容和速度，而这又改变了 x_m 和 F。一开始，电机铁芯是不饱和的，因为剩余磁通比较低，随着电压渐渐达到稳态数值，通过所连接的电容器驱动，使铁芯逐渐达到饱和，最后按照磁化曲线来确定饱和程度。因此，电机的磁化曲线就是分析的中心点，需要通过设计或测试获得一致、准确的数据。对于给定的电机，从测量值中获取这些数据，最好采用同步速度。这里的磁化曲线就是励磁电流在 I_m 时，气隙电压对应基波频率 V_g/F 处发生的变化，如图 12.35 所示。磁化电抗 x_m 就是前面提到的电压和电流的比值，依据操作电压（V_g/F）或磁通量所决定的饱和度水平，它会出现不同的数值。如图 12.35 所示，V_g/F 随着 x_m 变化而变化。

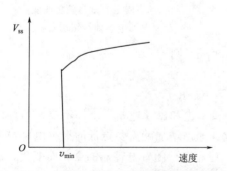

图 12.34　电容恒定为 C 时速度对电压的影响

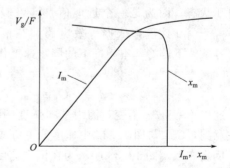

图 12.35　用于自励异步发电机分析的磁化曲线

依据等效电路（图 12.30），可以写出环路方程为

$$|jx_mF - jx_c/F|I = 0$$

因为 $I \neq 0$，所以处于自励状态，则

$$jx_mF - jx_c/F = 0$$

或

$$x_m = x_c/F^2$$

随着电容量超过 C_{min}，当自励发生时，在给定速度 F 下，依据 x_c，x_m 假定是一个合适的饱和值。对应于 x_m，可以从图 12.35 中得到相应的电压 V_g，它也是图 12.29 所示的交点。因此，对于给定的电容器且假定速度等于 F，可以得到空载时感应稳态自励电压的一个近似值。

在分析负载发电机时，可以从自励异步发电机的等效电路入手，包括所连接的负载 R_L（每相）和转子电路，如图 12.36 所示。这里，所有电抗基于基波频率 f，此时 F 为 pu 生成频率，v 是 pu 速度。$\dot{I}_s$、$\dot{I}_r$ 和 $\dot{I}_L$ 分别是每相的定子电流、转子电流和负载电流；$\dot{V}_t$ 和 $\dot{V}_g$ 是端子电压和气隙电压。

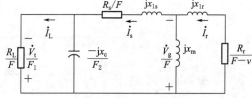

图 12.36　负载自励异步发电机的等效电路图

自励会导致主磁通量的饱和。因为 x_m 值反映了主磁通的大小，所以必须考虑 x_m 值随着饱和度水平不同而变化。

电流 $\dot{I}_s$ 环路方程可以写为

$$Z_s\dot{I}_s = 0$$

在自励下，因为电流 $I_s \neq 0$，所以环路阻抗 $Z_s = 0$，这意味着 Z_s 的实部和虚部分别为零。依据等效电路可以得到 Z_s 的表达式。通过分离先前方程的实部和虚部，可以得到未知数 x_m 和 F 的两个非线性实部方程。通过写入计算机代码，假设有效的初始条件，可以求解这些方程。下一步就是利用 x_m 与 V_g/F 之间的变化信息，计算气隙电压 V_g 和端子电压 V_t（图 12.35）。依据 V_g/F 对 x_m 的曲线，可以得到对应 x_m 的 V_g/F。已知 V_g、x_m、F、x_c、v 和 R_L，以及机器参数，利用等效电路，可以直接计算端点电压 V_t 和负载电流。

以上述分析程序为基础，可以开发一个通用计算机程序，在给定 v、C 和 R_L 后，能够计算出装置的稳态性能。该程序可以用来确定发电机的下列稳态操作特性：

（1）负载特性。自励异步发电机的负载特性是，在恒定的电容和速度下，终端电压随负载或输出功率而变化。这可以通过改变负载电阻 R_L 来实验性获取，得到从空载到满载的变化。同样，通过在计算机程序迭代 R_L 也能获得负载特性。图 12.37 所示为 1.0pu 速度上不同电容器的典型特性。这里 g_c 是 pu 电纳值，等于 $1/x_c$ 或 ωC，并且与电容量成比例。在任一固定电容下，电压随着负载或功率输出而下降，直至达到最大功率点，超过该点后曲线弯曲变形。这是因为随着负载的连续退磁，降低了电容的无功功率。任何负载，电容的减少都会导致电压的降低。由于滑程的提高，频率会随着负载略微降低。如果

希望在所有负载下保持恒定的电压，那么电容需要随着负荷增加，这一点从这一系列特性中能明显得到。

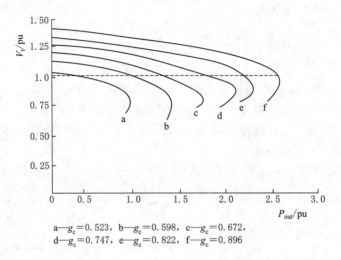

a—g_c=0.523, b—g_c=0.598, c—g_c=0.672,
d—g_c=0.747, e—g_c=0.822, f—g_c=0.896

图 12.37 不同电容量的典型负载特性

图 12.38 所示为不同转速下的负载特性。对于恒定电压，电容增加必须要以低速进行。输出频率与速度成正比。从这组曲线的平行特点可以看出，在所有速度范围内，电压和频率的调节几乎是一致的。

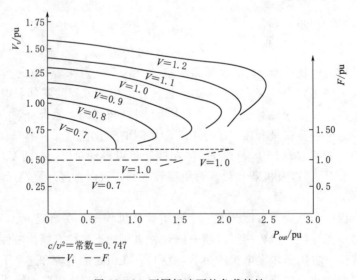

c/v^2=常数=0.747
——V_t — —F

图 12.38 不同轻速下的负载特性

（2）励磁特性。电容随着输出功率不断变化，从而实现电压调节或在各种负载条件下维持恒定的电压。图 12.39 所示为为维持负载电压的稳定，在不同速度下的励磁特性。这里给出了自励异步发电机在实际中获得的结果，其中每单位电容量可以表示为 kvar 或 g_c（$=\omega C$）。

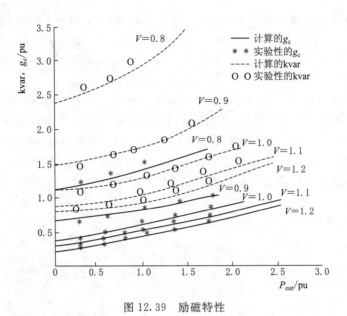

图 12.39 励磁特性

为了所需的恒定电压，在各种速度条件下，电容必须要随着负荷增加。在速度较低时，需要增加电容量。任何自动电压调节（AVR）系统都必须根据这些曲线调整电容值。随着电力电子技术的进步，按照前面提到的励磁特性，可以利用不同类型的静态电容无功控制器来影响自励异步发电机之间电容的变化。通常情况下，需要将电容从空载下的低值 C_{min} 增加到满载下的高值 C_{max}。

12.7.3.4 单相励磁异步发电机

前述章节研究了三相自励异步发电机为三相独立负载提供电源的情况。对于这样的离网应用，单相负载往往用于住宅、商业和小型工业/农业领域。自励异步发电机给单相负载供电有两种可能的模式：①三相自励异步发电机用合适的电容拓扑结构来为单相负载供电；②专门设计的单相自励异步发电机。

12.7.3.4.1 三相自励异步发电机为单相负载供电

正常的三相自励异步发电机具有平衡的三相端子电容器和负载。但单相负载会导致电压和电流出现不平衡，可能需要调整电容器拓扑结构。在文献中也提到了这样的拓扑。三相系统在 $\sqrt{3}$ 倍单相电压的线电压下运行。因此，单相负载不能跨越三个相线进行直接连接。由于计划采用一个标准的三相异步发动机作为自励异步发电机来运行，一个可行的方法是，为了单相操作，可以将星形连接的电动机作为自励异步发电机，并采取三角形连接的方式，从而获得额定单相电压。

图 12.40 所示为一种常用的连接方式，

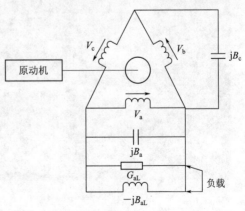

图 12.40 为单相负载供电的三相自励异步发电机

205

其中 abc 为三角形连接的三相电压。电容器 C_c 和 C_a 横跨 c 相和 a 相与相应的电纳 B_c 和 B_a 连接。通常一个电容器的容量是另一个的两倍，从而将绕组电压和电流之间的不平衡降到最低。单相（感应）负载横跨 a 相连接。分析这种系统需要使用对称分量法。

12.7.3.4.2 为单相负载供电专门设计的两相自励异步发电机

一般的单相异步电机不能作为单相自励异步发电机，为单相负载有效供电，就像三相异步电机那样。据文献报道，有一种新型的两相异步电机可以作为自励异步发电机为单相负载供电，如图 12.41 所示。与两相电机类似，它具有两相不对称绕组 M（主）和 A（辅助），这两个绕组正交于定子，并带有一个鼠笼型转子。C_{ex} 是横跨辅助绕组的外部电容器，当原动机以设定的速度驱动转子时，会引起绕组的自励，并导致在空载条件下主绕组间产生一个电压。C_{se} 是绕组上与负载串联的主电容器。当自励异步发电机负载时，电压会下降，但 C_{se} 提供了一个补偿电压，用来改善电压。

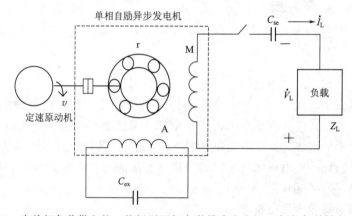

图 12.41　为单相负载供电的一种新型两相自激异步发电机，印度专利制度－179778

图 12.42 所示为测试设置、测量波形和性能。可以观察到正弦发电电压和近似常量的

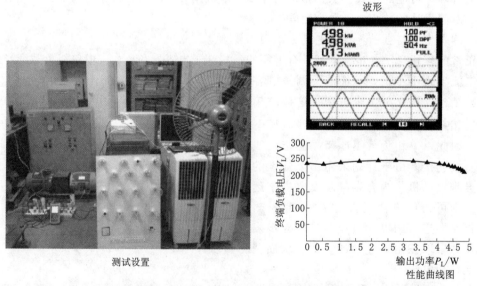

图 12.42　为单相负载供电的两相自励异步发电机的测试设置、测量波形和性能

负载电压以及负载。

12.8 以实用可再生能源为基础的发电方案

针对并网和离网应用，上述部分详细介绍了不同类型的发电机。本节将考察如何将这种发电机投入使用，并在可再生能源（RE）的应用中生产电力。

12.8.1 并网系统
12.8.1.1 风电系统
12.8.1.1.1 鼠笼型异步发电机

相比传统的交流发电机，鼠笼型异步发电机更加适合以可再生能源为基础的中型发电规模（常规范围为 $100\sim1000\mathrm{kW}$），能以风、水轮机，或生物燃料来驱动，同时鼠笼型异步发电机还具有一定优点，如单位成本低、维护成本低、坚固耐用、无刷转子，以及异步运行。但是每种能源的系统设计也是不同的。在发电模式中，它们在 T—N 曲线部分中稳定运行，同时运行的负滑程是由来自原动机的功率输入所决定的，而这反过来又取决于能源的能含量。因此，它们就必须在一个高于同步转速的很小速度范围内运行，或者是以高于同步转速的一个近似恒速度运行。

在风电系统中，功率随着风速的三次方（w）以及叶片横掠面直径的平方（D）而变化，公式为

$$P = \rho C_\mathrm{p} D^2 w^3$$

ρ 是空气密度，C_p 是一个常数。每一个风力发电机都有一个切入风速，一般为 $4\sim 5\mathrm{m/s}$，低于这个风速功率太低，就不能运行了。图 12.43 所示为功率随风速变化的典型变化。如果高于一定风速（约 $12\mathrm{m/s}$），那么功率可能会超出额定值，因此为了调节功率达到近似恒定的状态，就要调节叶片桨距。切出速度通常约为 $25\mathrm{m/s}$，超出这个范围，由于机械方面的考虑，会断开设备连接。因此，由于风速随机变化，在运行期间，风能也会出现许多变化。依据风况，平均功率是峰值装机容量的 20% 左右，这会影响异步发电机的性能。通常额定异步发电机线电压（通常为 $230\mathrm{V}$ 或 $415\mathrm{V}$）低于电网电压（通常是 $11\mathrm{kV}$ 或 $33\mathrm{kV}$），所以在异步发电机和电网之间必须安装升

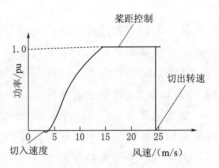

图 12.43 功率随风速变化的典型变化

压变压器。异步发电机将有功功率 P 馈送至电网，并从电网汲取无功功率 Q，这对低电压分布传输系统产生了不利的影响。因此，公用电网要求在并网点具有良好的功率因数（如 0.9），这就需要风电开发人员通过安装终端电容器来补偿电网无功功率的消耗。如图 12.44 所示为典型的风电系统原理图。近几十年来在一些风况较好的国家大量安装了这种以恒定风速运行的异步发电机，典型峰值容量约为 1MW。

该方案的优点为：①制造成本低；②坚固耐用，维护成本低。

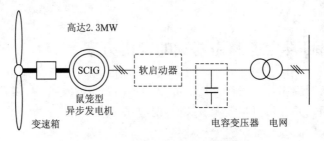

图 12.44　典型的风电系统原理图

缺点为：①低转换效率；②输出功率大幅波动。

但是，通过在异步发电机和电网之间引入一对（AC-DC-AC）电力电子换流器，以及直流电总线和接口电容器（图 12.45），系统的效率可以更高，也有利于实现具有以下特点的变速操作。

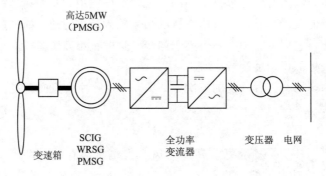

图 12.45　采用全功率变流器的风电系统

优点为：①发电机与电网完全分开；②转速范围宽；③流畅的电网连接；④无功功率补偿；⑤能够满足严格的电网规范。

缺点为：系统成本高，降低了系统效率。

12.8.1.1.2　双馈感应发电机

变速风电系统（WES）广泛利用双馈感应发电机来调节转速，以适应风速，进而通过基于涡轮特性的最大功率点跟踪来获得最大功率；它是一组钟形曲线，表示在每种风速下，涡轮机产生最大功率时的一个特定转速（r/min）。优化运行必须保证特定风速下的转速，双馈感应发电机有助于实现这一点。图 12.46 所示为带有双馈感应发电机的典型风电系统。在较低的风速下，由于功耗较低，双馈感应发电机在次同步发电机模式下运行，且转子功率为负（取自电网）。在较高的风速下，由于功耗较高，双馈感应发电机在超同步发电机模式下运行，且转子功率为正（馈送至电网）。现在，输入功率通过双馈感应发电机的定子和转子，经过双向转换器，与电网取得联系。

该方案的优点为：①转速范围较宽；②系统效率高，成本低；③有功功率和无功功率的控制解耦；④动态性能增强。

缺点为电网故障运行能力有限，由于机械磨损，滑环和电刷需要定期保养。

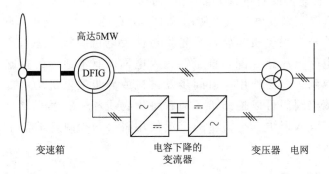

图 12.46 带有双馈感应发电机的典型风电系统

12.8.1.1.3 同步交流发电机

电磁式同步发电机和永磁式同步发电机广泛应用于风电系统。目前的发展趋势是大功率直驱式低速永磁同步发电机。电力电子换流用于实现发电机到电网的频率调节，但是这会使得该方案复杂而不可靠。与异步发电机不同，同步发电机并网并不合适。电磁式同步发电机有需要定期维护的滑环和电刷，而永磁同步发电机具有无刷的优点，但是它的机械结构比较复杂。

12.8.1.2 小（或微型）水电系统

第 5 章已经对此进行了详细讨论，因此这里不再赘述。

12.8.1.3 生物能系统

生物能源有多种形式，它们都需要适当的过程才能将能量转化为电能，一般通过热转换方式，有气路径和蒸汽路径两种模式。在第一种模式下，生物源被转换为气体并传输至燃烧发动机或气体涡轮机，气体使发电机旋转。这里通过按照需求在 $0\sim1\mathrm{pu}$ 之间调整燃料输入，从而实现功率变化。类似于并网水电系统，同步发电机和异步发电机都可以使用。调速控制的发动机可以保持速度恒定，从而获得所需的电网频率。图 12.47 所示为生物质驱动型发动机的典型方案。生物质被输送到气化炉，气化炉输出气体供给到发动机，发动机再驱动异步发电机或同步发电机，通过变压器将功率馈送至电网。

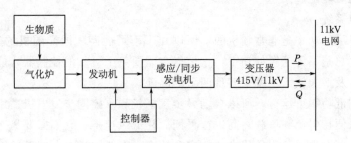

图 12.47 生物质驱动型发动机的典型方案

控制器包括发动机调速控制以及发电机的自动电压调节或者发电机的电容无功控制。为了保持良好的电能质量，电网中的 P 和 Q 控制都是至关重要的。燃料输入控制 P 和自动电压调节，无功控制器控制同步发电机和异步发电机内的 Q 值。

为了利用蒸汽路径来发电，可以使用图 12.48 中的方案。这里生物质被直接送入锅炉生产蒸汽以便使蒸汽涡轮机运转，涡轮机再使发电机旋转，进而产生电力，接着经由升压变压器与电网电压相匹配，直至馈送入电网。有了适当的控制，尽管同步发电机因为易于控制得到了广泛使用，但同步发电机或异步发电机均可以用于发电机。通过调整涡轮机的蒸汽阀门可以控制 P。通常将生物质和化石燃料混合使用，按照一定比例将生物质和煤放入锅炉。生物质的广泛使用将会减少对煤的需求，有助于生物质的利用。

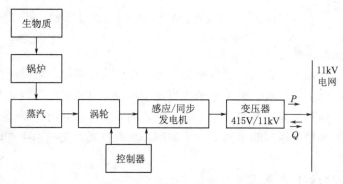

图 12.48　通过蒸汽路径的发电方案

12.8.1.4　太阳能光热和地热能

采用上述章节的方案，可以利用太阳热或地热来产生蒸汽，然后实现基于蒸汽的电网馈电。发电和电网连接的过程与前面所述相同。近来出现了一些创新性处理，如在太阳能加热中有选择地使用某些材料来有效地产生蒸汽，或在太阳热使用过程中提高燃煤锅炉入口水的温度。

12.8.2　离网系统

在偏远和农村地区，并网供电是不合算的、不可行的，或者根本无法接入电网，因此可再生能源是离网系统的首选。但难点在于电源和负载的功率都变化无常，因此需要一个鲁棒控制器将两者匹配起来。

12.8.2.1　风电系统

如前所述，风的功率是非常随机的，所以几乎不可能匹配同样随机的用户负载功率。因此，负载功率总是不等于风的功率，这使得它需要一个可靠的控制器，能够通过负荷调节、转储负荷以及增大输入功率来实现两者的匹配。

由于它们在低功率下运行，所以自励异步发电机和永磁同步发电机适用，并具有相应的控制环节，以便在电源和负载之间进行平衡。在低风速下，它们需要另一种能源来增大功率；在高风速下，需要备用负载来消耗多余功率。对离网风电系统至关重要的是，需要利用其他能源，如电池、柴油/生物或太阳能，采取混合模式运行。如图 12.49 所示为向可变负载馈电的风-电池混合方案。在低风速和高负载下，电池会增加所需的负载；而在高风速和低负荷下，电池会进行充电。每一瞬间的功率平衡方程为

$$P_w \pm P_b = P_L$$

式中 P_w、P_b、P_L——风、电池和负载的功率。

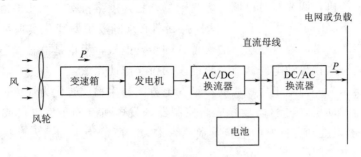

图 12.49 风-电池混合方案

需要一个复杂的控制装置对电池进行充电和放电。选择电池时要避免污染，这一点至关重要。

图 12.50 所示为向可变负载馈电的风-柴油混合方案。柴油发电机（DG）作为剩余功率的来源，而转储负荷（DL）作为剩余功率的接收点。在低风速和高负载下，柴油发电机提供剩余功率，且转储负荷处于非活跃状态；在高风速和低负载下，柴油发电机处于非活动状态而转储负荷吸收剩余功率。每一瞬间的功率平衡方程为

$$P_w + P_{DG} = P_d + P_L$$

式中 P_w、P_{DG}、P_d、P_L——风、柴油发电机、转储负荷和总负荷的功率。

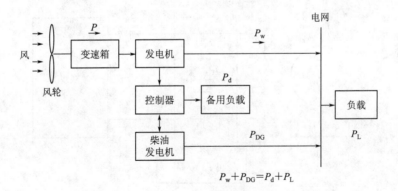

图 12.50 风-柴油混合方案

这也需要一个复杂的控制器来调节柴油发电机和转储负荷的功率。自励异步发电机或永磁同步发电机可以作为风力发电机，而同步发电机（有或无电刷）可以作为柴油发电机。

12.8.2.2 小水电能源

小水电能源已在第 5 章介绍过。

12.8.2.3 生物能

自励异步发电机，无论是三相还是单相，都适用于离网发电中以生物能运行的发动机。在家用、商用、临时安置、国防和旅游领域中，它们还可以用来作为备用电源。由于

所连接负载的性质不同，因此这些装置必须配备一个可靠的控制器，该控制器能确保依照电压、频率和波形方面要求，为各个负载提供优质的电力。对于石油类或生物质发动机驱动的自励异步发电机，调节器可以调节燃料数量，将速度维持在一个几乎恒定的值，从空载到满载的速度下降限定在大约 5%，这样控制器必须随着负载变化实现可变的电容，从而保持电压恒定。这是一种可变功率的设置。同步发电机，无论是电磁式还是无刷式，也都可以与这种具有内在自动电压调节系统的发动机一起使用。

图 12.51 所示为一种基于生物质的典型发电方案。生物质转化为气化炉内的气体，并作为燃料传输给发动机，再驱动带有适当控制器的发电机（同步发电机或自励异步发电机），确保独立电阻上具有良好的电能质量。图 12.52 所示为生物质发动机驱动的单相自励异步发电机的电路图。

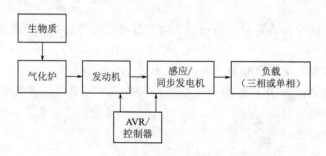

图 12.51　基于生物质的典型发电方案

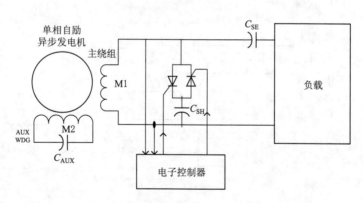

图 12.52　生物质发动机驱动的单相自励异步发电机的电路图

12.8.2.4　带有微电网的混合动力系统

由于可再生能源会随机变化，因此可以搭配当地的能源，通过微电网以混合方式为用户端负载供电。

图 12.53 所示为普通分散式混合微电网供电系统，其中包括生物质能、水能、风能、太阳能等。将所有能源都转换为电能并输入微电网，然后所有用户端负载都按照如图方式与微电网连接。微电网必须在适合负载的恒定电压和频率下运行。为了前文所述目标，就需要一个既复杂又"智能"综合能源控制器。

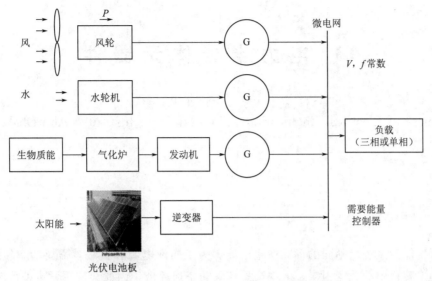

光伏电池板

图 12.53　普通分散式混合微电网供电系统

12.9　总结

本章论述了用于可再生能源发电中的各类电能转换系统。通过适当的原动机，如发动机和涡轮机，可以将生物质能、水能和风能转化为机械能，然后再将机械能转换成电能，馈送给并网系统内的电网以及离网系统内的独立负载。发电机是这个转换过程的核心。不同类型的同步发电机和异步发电机都属于这个类型。本章详细描述了它们的基本结构、原理、控制和应用。为了确保电网和负载上的电能质量，基于可再生能源的并网系统和离网系统会有不同的要求，这又会影响发电机的控制和运行。居于能源系统中心的发电机必须坚固和可靠。相比有刷发电机，无刷发电机更受欢迎。工程的核心挑战在于，不管能源和负载的性质和类型会如何变化，都要确保与所需电能质量有关的电压、频率和波形质量。每种能源（生物能、水能和风能）的能源转换系统，必须要依照并网和离网情况来量身定制，正如本章所讲述的那样。未来的智能小型和微型电网必将把电网、能源、负载，以及能量存储装置有机结合在一起。

13　电力半导体元器件

Abdul R. Beig

Department of Electrical Engineering，The Petroleum Institute，Abu Dhabi，UAE

13.1　引言

　　可再生能源系统以不同的形式产生电能。为了匹配电源和负载，需要功率转换电路。效率是功率转换中的关键因素。效率高意味着功率损耗低，因此会使用紧凑型系统。在现代功率转换电路中，半导体设备常被用作开关。电力二极管、双极型晶体管（BJTs）、金属氧化物半导体场效应晶体管（MOSFETs）、绝缘栅双极型晶体管（IGBTs）、硅控整流器（SCRs）、栅极可关断晶闸管（GTOs）和集成门极换流晶闸管（IGCTs）是行业内最常用的功率元器件。这些元器件广泛应用于各个级别的功率与频率[1]。在如高压直流电（HVDC）、电气火车、中压驱动器、风电场和大型太阳能电站这些大功率和中压系统（>2.2kV）中，功率范围从几兆瓦到几百兆瓦，而且开关频率从 50Hz 到 1kHz 不等。SCRs、GTOs 和 IGCTs 就用于这一功率等级[2]。IGBTs 最常用于高性能驱动器、电动汽车和独立的可再生能源系统，这些系统的开关频率在几千赫到 500kHz 之间，功率等级从 10kW 到 10MW 不等。MOSFETs 则常用于低电压系统[2,3]。在通信系统中，视听设备、生物医疗仪器、计算机等功率等级为几千瓦到几兆瓦不等，开关频率从几百千赫到兆赫。这些用途中的运行电压较低，因此 MOSFETs 最为适用[3]。所有功率等级和频率范围都需要使用二极管。在低电压、高开关频率电路中更倾向于使用肖特基二极管和最新的硅基肖特基二极管[4]。

　　在低功率等级下，要求高开关频率和低开关损耗。而高功率等级下，强调低开关频率和低传导损耗。由于硅基元器件带有较高的导通状态电阻，使其达到了电压闭锁能力的限值[4]。碳化硅（SiC）和氮化镓（GaN）等宽带隙半导体材料确保了传导损耗低，耐高压能力强，耐热性高。如今，低电压额定值（<1700V）的碳化硅基和氮化镓基元器件正用于低电压设备中[5]。高昂的制造成本限制了带隙宽基材料类高压元器件的生产，但目前制造过程的进展可以确保这些元器件在不久的将来具有可用性[4-8]。

　　功率元器件领域的研究重点是使设备的特性尽可能接近理想的开关。一个理想的开关应不受任何承载电流的限制，能够在两个方向上都承受无限的电压，它应该完全可控，且控制电路不需要任何功率，接通该元器件，不应该有电压降，即没有传导损耗；当该元器件关闭，不应该出现电流泄漏，即没有断态损耗；它应该可以即刻打开或关闭，没有开关损耗[2]。二极管是一种不可控元器件，BJTs、SCRs、GTOs 和 IGCT 元器件是控制电流的，其余的元器件是控制电压的。

本章探讨了所有电力元器件的基本结构、工作原理、电压—电流（v—i）特性，开启和关闭。研究兴趣和受宽带隙材基元器件的影响，13.6 节着重探讨了这些新兴设备。

13.2　电力二极管

电力半导体二极管是一个双端 P-N 结元器件，用于承载更强的电流并承受高电压。P-N 结由工业硅掩蔽扩散而成[1-3]。掩蔽扩散的大小、扩散长度和扩散温度直接影响元器件的特性。电力二极管有非常高的击穿电压。这种高击穿电压是通过控制耗尽层边界，即依靠浮板或保护环的方式来实现的。通常硅基 P 型半导体（阳极）与硅基 N 型半导体（阴极）一起扩散。接触端子是铝制的。电力二极管的电路符号和 v—i 特性如图 13.1 所示。

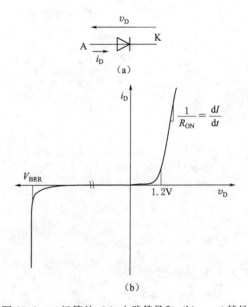

图 13.1　二极管的（a）电路符号和（b）v—i 特性

13.2.1　正向偏置

v_D 为二极管两端的电压降，$v_D = v_{AK}$。当 $v_D \geqslant 0$，二极管正向偏置。只要 $v_D < v_{TD}$（v_{TD} 在 $0.7 \sim 1.5V$ 范围内），二极管的电流 i_D 就很小。如果 $v_D > v_{TD}$，二极管导通。二极管电流为式（13.1）。

$$I_D = I_S (e^{v_D/\eta V_T} - 1) \tag{13.1}$$

式中　V_D——阳极和阴极之间的电压降，V；

　　　I_S——泄漏电流，通常在 $10^{-6} \sim 10^{-9}A$ 范围内；

　　　η——在 $1.8 \sim 2$ 之间的经验常数。

临阈电压 $V_T \approx 25.7mV$，电力二极管的 $I_D \approx I_S e^{v_D/\eta V_T}$。电力二极管中的大电流会产生电阻电压降，$v$-$i$ 特性也趋于线性。在强电流情况下，二极管的通态电阻 $R_{ON} = \Delta V_D / \Delta I_D$。

13.2.2　反向偏置

当 $V_{BRR} < v_D < 0$ 时，二极管反向偏置，只有很弱的泄漏电流通过二极管。当 v_D 达到反向偏压击穿电压 V_{BRR}，i_D 由于电子雪崩而迅速增加并受外部电路限制。故障时产生的大功率会损坏元器件，因此必须避免在故障中操作电力二极管。

电力二极管需要在有限的时间内从反向偏置状态转变为正向偏置状态。这段时间称为接通时间（t_{on}）。dv/dt（二极管两端电压的下降速度）是由二极管决定的。接通时二极管的电流上升速度（di/dt）由外部电路决定。电力二极管在达到通态电压前会出现电压上升，如图 13.2（a）所示。电压升高幅度取决于连接导线的杂散电感和阳极电流的上升速度。在断开状态下，半导体二极管决定电流的下降速度（di/dt），外部电路元器件决定电压的上升速度（dv/dt）。如图 13.2（b）所示，t_{rr} 是反向恢复时间，t_d 是延迟时间。二极管是一个双极性元器件，少数载流子需要一些时间才能变成中性，这段时间就是 t_{rr}。

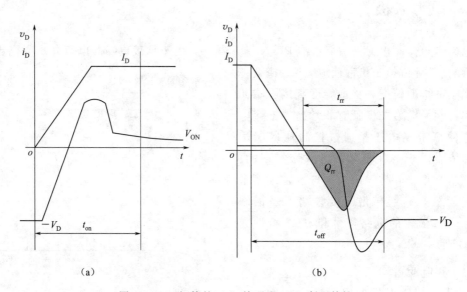

图 13.2　二极管的（a）接通和（b）断开特性

13.2.3　二极管的类型

1. 功率整流二极管

功率整流二极管用在交流变直流的电力整流电路中。用于低频电路的操作，传导损耗较低，但只可以承受适度的动态应力。一个电力二极管的标准 $t_{on}=5\sim20\mu s$，$t_{off}=20\sim100\mu s$。额定电压从几百伏到 10kV 不等，额定电流在 1A～10kA 范围内[9,10]。

2. 快速二极管/快速恢复二极管

快速二极管通常与绝缘栅双极型晶体管等快速开关搭配使用。这些二极管进行了优化，可以承受较高的动态应力并适应开关应用。这些元器件的传导损耗较高。一般的 t_{on} 是几纳秒，t_{off} 在几十纳秒到几微秒的范围内，取决于二极管的额定值。额定电压和额定电流分别可高达 6kV 和 3kA[11,12]。

3. 快速开关二极管

快速开关二极管进行了适用于高频应用的优化，如开关式电源中的高频整流器。它们的恢复时间很短（1ns～5μs）。额定功率从几百毫瓦到几千瓦不等[13]。

4. 肖特基二极管

肖特基二极管的通态压降很低，开关动作非常快。通态压降可以低至 $0.1\sim0.7$V。连接低电压电源的高频整流器等均需要通态压降低的快速二极管。肖特基二极管是通过一个N 型半导体（阴极）和一个金属（阳极）之间的非线性接触形成了一个肖特基势垒。电流由多数载流子产生，使少数不重要的载流子存储在漂移区。这显著地降低了元器件的关断时间。硅基肖特基二极管的反向偏置电压阻断能力非常低（＜100V）[13]。碳化硅（SiC）基肖特基二极管有更高的电压拦截能力，高达3kV[13]。肖特基二极管通态电阻低，通态压降低，开关时间短，因此可用于高频谐振变换器、低压电源等。

5. 稳压二极管

稳压二极管是特殊用途的二极管，它们可以允许电流向某一个方向或相反方向流动。在反向方向上，它们可用于击穿区域。稳压二极管的击穿电压较低，通常为几伏到最高1kV。正向电流在几微安到200A的范围内[13]。

6. 发光二极管

发光二极管（LED）启动即可发光。这类二极管主要用作指示灯和显示类元器件。最近，它们已被用于照明[2,3]。

电力二极管必须防止高 di/dt 和 dv/dt。缓冲电路就是用于这一目的。快速熔断器是在电流过强或短路时保护电力二极管的；但熔断器的 I^2t 额定值必须远高于二极管的 I^2t 额定值[2,3]。

13.3　双极型晶体管（BJT）

功率晶体管是一个有发射极、集电极和基极的三终端元器件，有NPN型和PNP型两种结构。双极型晶体管（BJT）的电路符号如图13.3（a）所示。

NPN型功率晶体管的基本结构如图13.3（b）所示。轻掺杂 N−漂移区是用来实现高阻断电压的。当集电极（C）正向偏置，集电极-基极结（J_1）反向偏置，没有电流。当基极-发射极结（J_2）正向偏置，电子从基极区扫过 J_1 空乏区并产生集电极电流 I_C。关闭元器件，J_2 应反向偏置。双极型晶体管的集电极到发射极的截面积很大，因为通态电阻要保持在较低水平以减少传导损耗。集电极漂移区的宽度决定了击穿电压。功率晶体管的基极厚度很重要，它会导致较低的电流增益，$\beta = I_C/I_B$。为了使 β 达到较

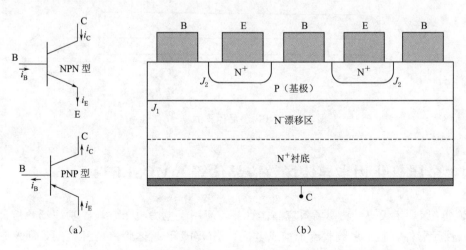

图13.3　双极型晶体管的（a）电路符号和（b）基本结构

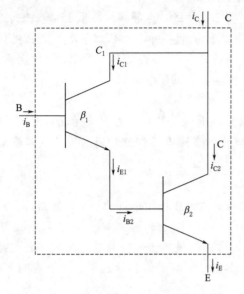

图 13.4 达林顿双极型晶体管电路示意图

高的值，用串联双极型晶体管设计出了整体式达林顿双极型晶体管，如图 13.4 所示，$\beta=\beta_1\beta_2+\beta_1+\beta_2$。

图 13.5 所示为 NPN 型晶体管的 v—i 特性。达林顿对也有相似的特点，但其电流增益更高。双极型晶体管有即饱和区、活跃区、截止区三个操作区。在电力电子电路中，功率晶体管运行在截止（关断）或饱和（接通）区域。功率晶体管在饱和区深处运行，称为硬饱和。硬饱和会减少通态功率损耗，但断开时间会增加。在正常的发射极-基极结击穿中，发生一次初级击穿，就会导致强电流。二次击穿是由于热逸散，并与大功率耗散有关。两个正向击穿电压分别为 V_{CEO} 和 V_{CBO}，其中 $V_{CBO}<V_{CEO}$。

功率双极型晶体管是电流控制元器件。出于高功率的要求，与电压控制的元器件如 IGBT 和 MOSFET 相比，其基极驱动电路的设计非常复杂。目前双极型晶体管已经淘汰了，被电压控制元器件所取代。

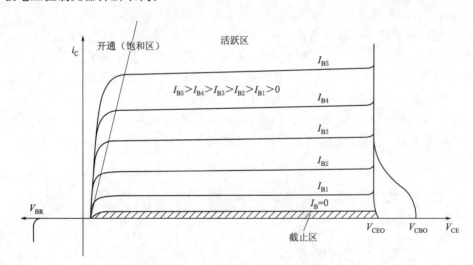

图 13.5　NPN 型晶体管的 v—i 特性

13.4　金属氧化物半导体场效应晶体管（MOSFET）

20 世纪 80 年代初，功率场效应晶体管开始应用于电力电子领域。功率场效应晶体管是单极性元器件，其中多数载流子构成电流。MOSFET 晶体管有两种类型，即增强型和空乏型。增强型 MOSFET 晶体管在电力应用中广泛使用。功率场效应晶体管为四层结构。N＋PN－N＋（P＋NP－P＋）结构形成了一个增强型 N -通道（P -通道）MOSFET 晶体管。栅极使用一个 SiO_2 层与主体绝缘，如图 13.6 所示。

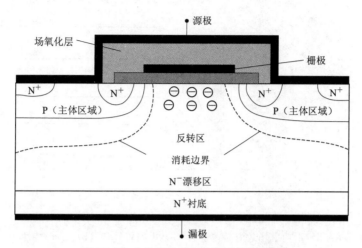

图 13.6　功率场效应晶体管的基本结构

13.4.1　正向偏置

当 $v_{DS} > 0$ 且 $v_{GS} \leqslant 0$ 时，电路中无传导电流，因此 $i_D = 0$。当 $v_{DS} > 0$ 且 $v_{GS} > 0$ 时，电子被诱导进入 SiO_2 层下面的一层，在 SiO_2 和 Si 之间形成了空乏区。v_{GS} 的进一步增加导致空乏区厚度增加，从而使漏极和源极之间的半导体层变为 N -型[1-3,14]。栅氧化层的厚度和栅极宽度决定了给定 V_{GS} 下的电流，因此，在漏极和源极之间形成了传导通道。自由电子层称为逆转层，v_{GS} 的值称为临阈电压 V_{GSTH}。当 $v_{GS} < V_{GSTH}$，该元器件仍将保留在截止区。MOSFET 晶体管的 V_{GSTH} 通常只有几伏。该元器件将阻断漏极和源极之间的电压。当 $v_{DS} > B_{VDSS}$ 时就会发生击穿。

当 v_{GS} 增大至 $v_{GS} > V_{GSTH}$ 时，反转层的传导性变强。MOSFET 晶体管处于活跃区，这里 i_D 独立于 v_{DS}，只取决于 v_{GS}，即式（13.2）。

$$i_D = K(V_{GS} - V_{GSTH})^2 \tag{13.2}$$

式中　K——常数，取决于元器件的形状。

电流是饱和的，因此这一区域称为饱和区。当 V_{GS} 进一步增加时，$V_{GS} - V_{GSTH} > V_{DS} > 0$，元器件进入欧姆区。在欧姆区边界处和饱和区内，$i_D$ 为式（13.3）。

$$i_D = K v_{DS}^2 \tag{13.3}$$

在强电流情况下，欧姆区内 i_D 与 v_{DS} 将呈线性变化关系。

13.4.2　反向偏置

当 $V_{DS} < 0$ 时，P -型和 N -型形成了一个连接的二极管。所以，MOSFET 晶体管不具备反向阻断能力。但二极管可以反向运行。功率场效应晶体管的电路符号和 v—i 特性如图 13.7 所示。在电力电子应用中，MOSFET 晶体管常用作开关。MOSFET 晶体管在截止区（开）和欧姆区（关）操作。没有存储电荷使其关断时间比双极型晶体管和绝缘栅双极型晶体管短得多。

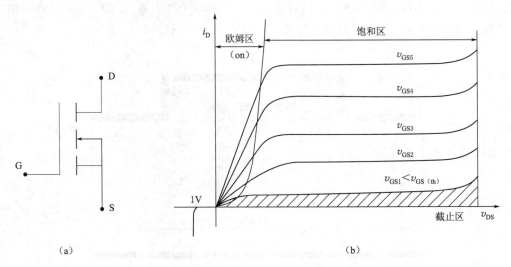

图 13.7　功率场效应晶体管的（a）电路符号和（b）v—i 特性

13.4.3　本节要点

（1）MOSFET 晶体管是一种电压控制开关。

（2）N‑型和 P‑型 MOSFET 晶体管都是单极（多数载流子）元器件，电流中没有少数载流子。因此，关断期间没有电荷存储。所以，MOSFET 晶体管是一种快速元器件，是高开关频率方面应用的首选。

（3）MOSFET 晶体管有增强型和耗尽型两种类型。功率场效应晶体管属于增强型。就增强型而言，当 $V_{GS}>0$，元器件接通，反之关断。对于耗尽型，当 $V_{GS}>V_T$，元器件接通，反之关断。这里 V_T 为临阈电压且始终为负。

（4）电力电子电路中，MOSFET 晶体管用作开关。V_{GS} 必须在数据表制定的上、下限之间。

（5）当 MOSFET 晶体管接通时，它就如同一个电阻。因此，功率损耗为 $I_D^2 R_{DS\_ON}$，其中 R_{DS_ON} 是 MOSFET 晶体管的通态电阻。

（6）R_{DS_ON} 随漏极电流 I_D 增加而增加，也会随着截面温度上升而增加。这就在传导过程中增加了功率损耗，因此限制了其在高功率电路中的使用。

（7）MOSFET 晶体管的 R_{DS_ON} 与漏极到源极的额定击穿电压值成正比。额定电压低的 MOSFET 晶体管通态电阻低，因此对于给定的电压，综合安全因素考量，最好选择额定电压尽可能低的功率场效应晶体管。

MOSFET 晶体管的保护措施和栅极电路要求与绝缘栅双极型晶体管相同，都会在13.5 节中讨论。

13.5　绝缘栅双极型晶体管（IGBTs）

IGBT 是基于金属氧化物半导体（MOS）双极集成。MOSFET 晶体管的结构用于给双极晶体管提供必要的基极驱动。N-通道不对称阻塞（也称为穿通型-PT）IGBT 的基本结构如图 13.8 所示。N⁻ 漂移区位于 P⁺ 衬底上方。首先使用高掺杂创建一个缓冲区，随后剩下的 N⁻ 漂移区逐渐掺杂，以增强电压的阻断能力。在非穿通型（NPT）或对称的绝缘栅双极型晶体管中，集电极（C）的 P⁺ 半导体从漂移区的背面扩散，N⁺ 缓冲区不存在，然后形成了深层的 P⁺ 主体区域，以消除寄生晶闸管的影响。主体区形成后，栅氧化层开始生长，N⁺ 掺杂剂扩散到主体区域，形成发射极（E）。

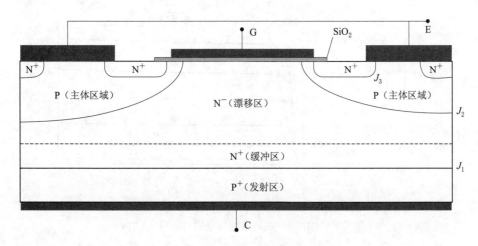

图 13.8　功率 PT - IGBT 的基本结构

13.5.1　正向偏置

当 $V_{CE} > 0$ 时，IGBT 正向偏置，由栅极到发射极的电压 V_{GE} 控制元器件运行。当 $V_{GE} = 0$ 时，IGBT 能够阻断高压。当集电极正向偏置，结 J_1 正向偏置，而结 J_2 反向偏置。当正序电压加到栅极（G）终端，即 $V_{GE} > 0$ 时，在栅极下面形成反转通道，连接 N⁺ 发射区和 N⁻ 漂移区。通过这两个区域的电流为 PNP 型晶体管形成了必要的基极电流，从而在结 J_1 形成空穴注入。注入孔形成 PNP 型晶体管的发射极电流，从而在集电极和发射极终端之间形成电流。由于 IGBT 的结构允许在漂移区的高电子注入，降低了通态电阻，因此减少了 N⁻ 漂移区的通态电压降。当 V_{GS} 高于临阈电压，该元器件称为饱和或接通状态。集电极电流上升速度可以通过控制 V_{GS} 上升速度来控制。当 $V_{GS} \leqslant 0$ 时，元器件关断。关断与去除漂移区中的存储电荷有关。因此，IGBT 的关断时间 t_{off} 大于 MOSFET 晶体管的关断时间。

13.5.2　反向偏置

当负序电压被施加到集电极，即 $V_{CE} < 0$ 时，结 J_1 反向偏置，结 J_2 正向偏置。N⁻ 漂移区的厚度和少数载流子寿命决定了击穿电压。在对称型（NPT）绝缘栅双极型晶体管中，反向阻断电压等于集电极正向偏置阻断电压。在非对称（PT）情况下，IGBT 由于 N⁺ 缓冲层的存在，反向阻断电压非常低。在逆变器的应用中，不对称的 IGBT 通常连接在集电极和发射极之间，反并联二极管，以导通反向电流。

如图 13.9 所示为 IGBT 的电路符号和 $v—i$ 特性。IGBT 不适用于活跃区操作，因为该区域的通态损耗高。在电力电子电路中，IGBT 在接通（饱和）或关闭（截止）区运行。由于该元器件是由栅极电压控制的，栅极驱动更简单且功耗低。因此，IGBT 比双极型晶体管更受青睐。在很高的电压和电流下，IGBT 的通态压降比 MOSFET 晶体管低且恒定。所以 IGBT 用于高压大电流电路。目前，市面上销售的 IGBT 额定电压高达 3.3kV，电流容量也高达 3kA[8-11]。

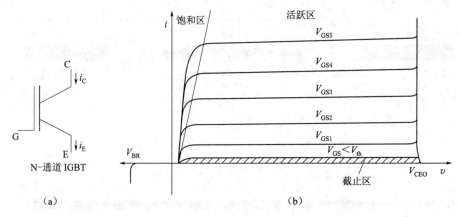

图 13.9   IGBT 的（a）电路符号和（b）$v—i$ 特性

13.5.3   本节要点

（1）IGBT 是一种压控开关。

（2）IGBT 是一种双极型元器件，因此由于存储电荷，IGBT 的关断比 MOSFET 晶体管慢，因为反向恢复时间与这些电荷有关。

（3）对 NPN 型 IGBT 而言，$V_{GE}>0$ 时元器件接通，否则关断。

（4）V_{GS} 必须在数据表指定的上、下限之间。

（5）IGBT 的通态压降比 MOSFET 晶体管低，几乎和元器件电流保持一致，因此 IGBT 是大功率应用中的首选。

13.5.4   MOSFET 和 IGBT 的栅极驱动要求

（1）需要使用绝缘方式隔离从 TTL/CMOS 逻辑电平到功率电平的栅信号。光电耦合器或脉冲变压器可用来隔离栅脉冲。

（2）在栅极和漏极之间存在电容。为了在接通过程中对这个电容充电，栅极电路中需要电流缓冲器。

（3）接通时间取决于由生产数据表规定的外部串联电阻。可以通过增加这个外部电阻来增加接通时间和/或关断时间。

（4）在关断期间，栅极电路必须提供一个让栅极到源极电容器放电的路径。

（5）栅极到源极电压不应超过额定电压。在栅极引线的寄生电感将导致栅极到源电容器的谐振，这可能会引起栅极端子的电压变得更高。因此，为了减少栅极脉冲振响的影响，栅极引线通常很短并拧成双绞信号线。背靠背连接的稳压二极管连接在栅极到源极的终端之间，以将栅极电压控制在安全值。高达 $10 \sim 100\text{k}\Omega$ 的电阻放置在栅极到源极的终端之间，以减轻导线捕获的任何杂散信号，从而避免了元器件的伪接通，也有助于减轻栅极电压振响。稳压二极管和电阻器安装在非常靠近栅极端子和漏极端子的位置。

（6）栅极信号的欠压监测用于确保栅极信号在 V_{GS} 或 V_{GE} 小于最低电压要求时中止，以保证该元器件处于欧姆区或饱和区。

13.5.5 处理 MOSFET 和 IGBT 时的预防需求

（1）这些元器件是静电敏感元器件，因此在处理这些元器件时应采取适当的预防措施。当元器件不在电路中连接时，其栅源到源极或栅极到射极端子间必须短路。

（2）当栅极接线端打开时，电源电路不能通电。

（3）由于这些都是快速元器件，它们在电流过弱、过强或短路时无法使用熔断器进行保护，过流/短路保护的首选方法是通过监测电流或 V_{CE}。

（4）电源电路布局对减少杂散电感是非常重要的。电源电路中的杂散电感将在关断时产生很高的 V_{CE}。为了限制这种电压，应使用适当的 R_{GOFF} 对关断时间进行合理调节。

13.6 氮化镓基元器件和碳化硅基元器件

氮化镓（GaN）和碳化硅（SiC）是宽带隙材料。相比硅（电场强度为 1.12eV）而言，氮化镓和碳化硅临界电场强度高（例如，碳化硅为 3.2eV，氮化镓为 3.4eV）[4,5,8]。对于特定的击穿电压要求，层的宽度会降低，从而导致尺寸更小且通态电阻降低，反过来又降低了传导损耗。碳化硅基肖特基二极管可提供高达 3kV 的电压拦截能力。其他碳化硅基功率半导体元器件，如碳化硅晶闸管、碳化硅绝缘栅双极型晶体管以及碳化硅场效应管已在试验中应用，但距离商业化还有一段距离[4,8,14]。因此，本书只简单介绍。然而，对于这些器件而言，碳化硅具有实现更高额定电压的可能性，这是硅不可能实现的。目前碳化硅绝缘栅双极型晶体管和场效应管可在电压范围为 600V/50A 和 1.7kV/50A[12,15]之间运行。与硅相比，碳化硅具有很高的热稳定性。碳化硅绝缘栅双极型晶体管在多电平变换器、驱动逆变器和并网逆变器的实验应用见参考文献 [6，7]。碳化硅不可融，但会在高温下逐渐升华，这使得它不可能形成大型的单片晶体。这需要改进升华过程，这是非常昂贵的。但在某些应用中，性能优势抵消了较高的制造成本。

图 13.10 所示为一个典型碳化硅肖特基二极管的横截面。轻掺杂 N⁻ 阻断区是在 4H - SiC 的衬底上发展的。选择此层的掺杂和厚度，目的是为了达到所需的阻断电压。阻断区上表面的肖特基结是通过在表面上植入一个边缘终止环而形成的，然后沉积肖特基金属。边缘终止环可以避

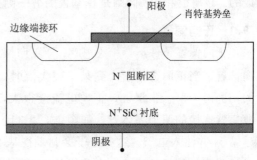

图 13.10　碳化硅肖特基二极管的基本结构

免场拥挤，从而避免了电压阻断能力的降低。基于碳化硅的肖特基二极管是单极性元器件，并具有快速的开启和关断能力。由于层厚度降低，相较于硅而言，通态压很低，因此通导损耗降低。

由于带隙宽，临界电场大，电子迁移率高，热导率好，氮化镓适用于高电压、高频和高温类应用场合。目前，基于氮化镓的半导体材料仍处于电力应用的早期阶段。大面积硅衬底上氮化镓层的制造成本仍然较高，是基于氮化镓设备技术[4,5,8]发展的主要障碍。最近制造过程的发展使得氮化镓外延层在大型硅衬底上发展，有希望降低成本。

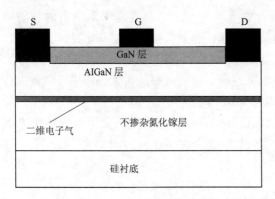

图 13.11　高电子迁移率晶体管（HEMT）的基本结构

用于微波的 600V 高电子迁移率晶体管（HEMT）已制造出来[16,17]。HEMT 元器件的基本结构如图 13.11 所示。氮化镓层在硅衬底上发展，AlGaN 层在 GaN 层上发展，以在 AlGaN/GaN 界面创建一个二维电子气（2DEG）。为了实现正常关闭 HEMT，提出以下优化措施：①槽栅结构的使用，栅极下的 AlGaN 层太薄，难以产生 2DEG；②栅极中氟基等离子体的处理；③槽栅结构与氟基表面处理相结合；④PN 结栅选择性发展；⑤基于常规 GaN HEMT 和硅 MOSFET 串联的级联开关。

EPC[16] 提供 40V/33A 到 200V/12A 的常闭 GaN HEMTs，微型氮化镓[17] 提供 600V，170mΩ 的常开 GaN HEMTs 以及一个 600V 的常闭 GaN HEMT。对于高压功率开关应用，横向 GaN MOSFETs 展现出常闭操作的优势。

13.7　可控硅整流器

可控硅整流器（SCR）、GTOs 和 IGCTs 是最受欢迎的功率半导体元器件。SCR 是最古老的半导体元器件，1957 年由通用电气发明。SCR 是一种拥有交流 P-型和 N-型半导体的四层装置，如图 13.12（a）所示。其基本结构是以轻掺杂的 N-型硅晶片构成，从而形成了漂移区并确定了晶闸管的击穿强度。阳极 P^+ 区是通过在基板的一侧扩散掺杂物质形成的。P 栅极和 N^+ 区则是在基板的另一侧扩散而成。

13.7.1　正向偏置

在正向偏置条件下，结 J_1 和结 J_3 正向偏置，结 J_2（位于 N^- 漂移区和 P^+ 交界基地）反向偏置。当正向电压增大到某一较大值时，结 J_2 断开，同时可控硅整流器导通，该装置关闭。由于 V_{BO} 非常大，正向电流会很大，通常不推荐这种打开方式。SCR 可以模拟为背靠背连接的两个晶体管，如图 13.12（b）所示。当栅极正向偏置和 i_G 流入结时，J_3 穿越结 J_3 并注入电子。这些电子会弥漫在基础层并流经结 J_2 到达 PNP 晶体管的 n_1 基础层。这将产生积极的反馈，电流将从阳极流到阴极[1-3]。

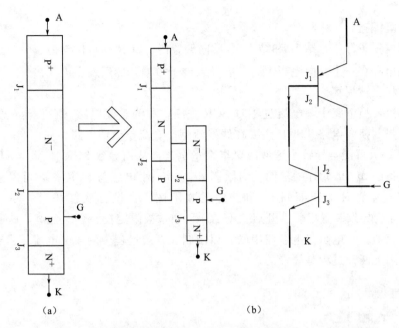

图 13.12　可控硅整流器（SCR）的（a）基本结构和（b）双管等效

　　SCR 开始导通时，随着 I_G 的增加，正向电压降压。一旦 SCR 打开，它的特性就像一个二极管。闭锁电流 I_L 是要求可控硅接通和栅极信号移除之后立即保持通态 SCR 的最小通态阳极电流 i_A。一旦该设备在 $i_A > I_L$ 状态下打开，i_G 对该设备没有影响。因此，i_G 可以被移除。在 i_G 下，SCR 不能关闭。SCR 只有在 i_A 降低到 I_H 才会关闭，这里的 I_H 是保持电流，也是需要晶闸管保持在打开状态的最小 I_A。SCR 的电路符号和 $v{-}i$ 特性如图 13.13 所示。

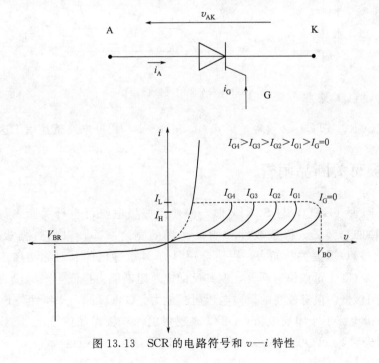

图 13.13　SCR 的电路符号和 $v{-}i$ 特性

13.7.2　反向偏置

在反向偏置条件下，结 J_1 和结 J_3 是反向偏置的，SCR 的特性类似于一个反向偏置的二极管。这里存在一个反向电压 V_{BR}，会导致电子雪崩，然后发生电子击穿。由于电流极大，该设备将会被损坏。

在交直流转换电路中，电流过零时 SCR 关断，称为整流电路。在直流电路中，关闭晶闸管需要强制换向电路。SCR 主要在线换流型交直流整流器电路中使用。

di_A/dt 偏大可能会导致小区域内聚集大量电流，从而导致 SCR 故障。所以，正确的做法是在设备的 di/dt 允许的范围之内限制 di_A/dt。小电感与 SCR 串联可以限制 di/dt。图 13.14 所示为 SCR 关断期间 i_A 和 v_{AK} 的波形图。当设备从打开到关断时，偏大的 dv_{AK}/dt 可能会导致装置虚假性开启。dv_{AK}/dt 通常被限定在一个安全值，即通过在 SCR 回路并联电容器。小电阻与电容器串联，以限制在开启过程中的放电电流。由于少数载流子的存在，因此断开过程是缓慢的。

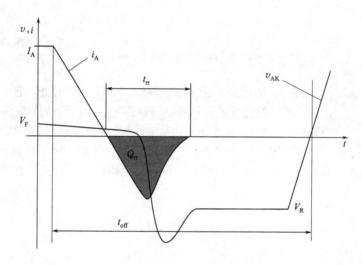

图 13.14　SCR 的关断波形图

晶闸管（SCR、GTO）必须防止高 di/dt 和 dv/dt，缓冲电路就是用于这个目的。

13.8　栅极可关断晶闸管

可关断晶闸管（GTO）与 SCR 类似，但使用栅极电流可自行关断。与 SCR 一样，GTO 也是一种四层装置。掺杂改性和阴极区域的宽度减小，以通过栅极电流实现关断[1,14]。由于 GTO 具有关断能力，更适合用具有 N 缓冲区的非对称结构。具有短路阳极结构的不对称 GTO 可以快速断开，但其反向电压阻断能力很低[1,14]。没有短路阳极结构的 GTO 关闭缓慢，但有较高的反向电压阻断能力。GTO 的 $v—i$ 特性与 SCR 类似。区别是，由于阳极电流小于闭锁电流，GTO 表现得更像双极型晶体管。对于这个工作点，当栅极电流消失时，GTO 返回到关闭位置，GTO 不在这一区域运行。

图 13.15 所示为 GTO 的电路符号和关断波形。导通过程和 GTO 的向前 v—i 特性与 SCR 相同。GTO 通过在很短时间内输入（$1/5$~$1/3$）i_A 负极栅极电流实现关断。较大的 di_G/dt 可以缩短存储时间和全时段阳极电流。n_1 层和 n_2 层中的积累电荷会减小阳极的尾电流。这种阳极尾电流会从阳极流向栅极。反向栅极电流会在阴极基极区域中移除过剩空穴。

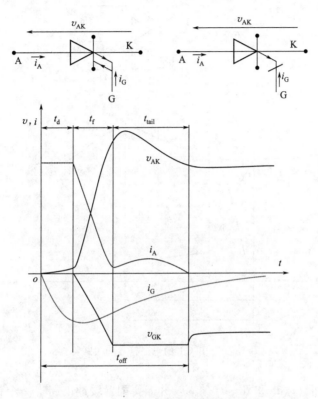

图 13.15　GTO 的电路符号和关断波形

13.9　集成门极换流晶闸管

集成门极换流晶闸管（IGCT）也是一种四层的 PNPN 装置。其在阳极引入缓冲层来减小阳极的厚度[14,18]。在关断过程中栅极电流可以有效提取电子。与 GTO 相比，上述校正效果会导致通态电压降减小。

IGCT 具有硬驱动性特征，当 $di_G/dt > 1000A/\mu s$ 时，没有缓冲器也可以运行。硬驱动确保阳极电流可以迅速转换方向[1,14]。图 13.16 所示为 IGCT 的电路符号和关断特性。为了实现关断，栅极驱动电路应该提供一个快速关断电流脉冲，使阴极侧 NPN 型晶体管结构能够在 1ms 内关闭，阳极侧 PNP 型晶体管结构基础开路，使阳极电流为零。与 GTO 相比，由于栅极脉冲非常短，IGCT 的关断能量在栅极处大大减少。IGCT 也有一个非常短的尾电流间隔，使这些设备大大快于 GTO。由于栅极电路的高脉冲电流要求，

IGCT 的开启/关断栅极驱动设备由厂家作为设备的整体元器件提供[9,10]。IGCT 用于高压大功率应用场合,其开关频率很低,因此降低了传导损耗。目前具有 10kV 正向阻断能力和额定电流为 6kA 的 IGCT 已经在制造[10]。

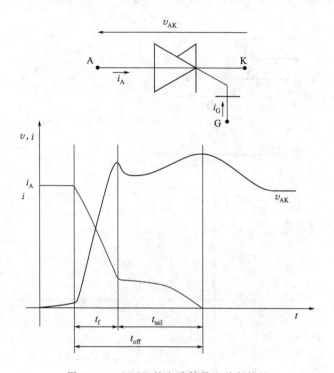

图 13.16 IGCT 的电路符号和关断特性

IGCT 必须防止 di/dt 和 dv/dt 偏高,并需要配置缓冲电路。一个精心设计的栅极电路与现代 IGCT 结合使用可以实现无缓冲电路运行。

13.10 设备选取准则

功率半导体装置的功率范围非常广,从毫瓦到几百兆瓦不等。开关频率的要求范围从高功率水平的 50Hz 到低功率水平的几千兆赫。效率和可靠性是功率变换器的关键因素,因此正确选择设备非常重要。

(1)开关频率。开关损耗会随着开关频率增加而增加。因此,选择一个具有适当开关频率的设备是很重要的。生产数据表将指明设备的最大工作开关频率。关断时间和导通时间决定最大开关频率。慢速设备如整流二极管、可控硅、GTO,反向恢复时间 t_{rr} 决定最大开关频率,t_{rr} 将由数据表给出。由于开关损耗,在高功率水平下,如从 500kW 到几十兆瓦,开关频率限制在 3kHz 到 50/60Hz 的电力频率。现代 IGCT 能够在最大 3000Hz 时切换兆瓦级电力,SCR 和 GTO 可以在 50~1000Hz 的范围内切换。功率小于 500kW,电压范围从 500V 到 6600V 时可以使用绝缘栅双极型晶体管,它拥有高达 3 万 Hz 的 600V

设备，高达 2 万 Hz 的 1200V 设备，和高达 3000Hz 的 3300V 设备。MOSFET 晶体管是低电压（小于 100V）和低功耗（小于 2000W）应用场合的首选，因为它们有 1MHz 的最大交换容量，在更高的电压（小于 1000V）下，MOSFET 晶体管的开关频率限制为 10 万 Hz[10]。SiC MOSFET 的额定电压为 1200V，电流为 50A，可以在最大 50 万 Hz 时转换[11]。带有 600V 额定电压和 30A 电流的基于氮化镓的 FET/IGBT 可以在最大 50 万 Hz 时转换[16,17]。低电压肖特基整流二极管的开关频率从 1kHz 到 1MHz[13]。快速二极管和超快恢复二极管可以在高功率水平下转换（分别高达 3300V 和 4500A），在 100～500kHz 频率范围)[11,12]。无线电频率和微波级的基于氮化镓基础的设备可以在千兆赫、极低功率水平转换[10]。

（2）额定电压。设备必须设定最大阻断电压。交流应用设备如整流二极管有反向重复峰值电压（V_{RRM})[9-12]。控制电源设备有断态重复峰值电压（V_{DRM}）。可控硅具有 12000V 和 6000A 的阻断电压能力，市场上可以买到[10]。阻断电压为 6000V 和 6000A 的绝缘栅双极型晶体管[11,12]可在市场上买到。对功率场效应晶体管，电压限制在 500～1000V[13]。

（3）额定电流。生产数据表将给出 RMS 和二极管、SCR、GTO 和 IGCT 的平均额定电流的最大值。开关二极管、IGBT、IGCT 和 MOSFET 将给出直流电流和峰值电流限值。

（4）I^2T 的额定值。二极管、SCR、IGCT 和 GTO 的生产数据表会给出 I^2T 的额定值。这些设备的 I^2T 额定值必须高于保护熔丝的 I^2T 额定值[14]。

（5）传导损耗。对设备的通态损耗进行评估是非常重要的。生产数据表中给出的正向通态压降和/或通态电阻将决定传导损耗。必须用适当的冷却方法来散热和控制温度。

（6）结温。需要适当的冷却方法将设备的结温限制在生产数据表的指定范围内。

（7）dv/dt。设备的 dv/dt 必须在 dv/dt 额定值的最大允许范围内。

（8）di/dt。在二极管、可控硅和 GTO 中，di/dt 应限制在安全值以下。

（9）栅极驱动电压和栅极电阻。用于 MOSFET 和 IGBT，栅源极或发射极电压和外部串联电阻必须在生产数据表指定的范围内。

13.11　总结

（1）二极管是不受控制的双极型元器件，可用于不同的电压和电流水平。整流二极管进行了优化，以减少传导损耗的低频操作。快速二极管和快速开关二极管为开关电路的应用进行了优化。肖特基二极管具有正向电压降，可在低电压电路中使用。

（2）IGBT 和 MOSFET 是电压控制设备。MOSFET 晶体管在高开关频率的低压电路中使用。IGBT 在具有高达 6.6kV 高压的中等功率范围中使用。

（3）可控硅整流器是可控整流器的唯一选择。

（4）GTO 和 IGCT 用于高电压（>1kV）和大功率（>1MW）的应用。

（5）宽带隙材料（SiC 和 GaN）为基础的设备是前景广阔的设备并在不断改进。它的开关频率能力较高，传导损耗和开关损耗较低，温度稳定性较高。目前，在市场上可以买到额定电压高达 1.7kV 以碳化硅和氮化镓为基础的设备。

问题

1. 列出你学到的所有电力半导体元器件，并将它们做如下归类：

a. 电压控制和电流控制元器件。

b. 不可控、半控和可控元器件。

c. 单极型和双极型元器件。

2. 解释电力二极管中的反向恢复现象。反向恢复时间在电路设计中是如何发挥其重要性的？

3. 比较肖特基二极管和电力二极管。

4. 在功率转换电路中，元器件用作开关，不在有源区中运行。说明原因。

5. 达林顿 BJTs 用以实现高电流增益。请解释其原理。

6. 比较 BJT 和 MOSFET 晶体管。

7. 比较 MOSFET 晶体管和 IGBT。

8. 首选额定电压低的 MOSFET 晶体管，说明原因。

9. 功率场效应晶体管不具备反向电压拦截能力，说明原因。

10. 解释晶闸管中加入缓冲电路的必要性。

11. 比较 SCR、IGCT 和 GTO。

12. 解释 MOSFET 晶体管和 IGBT 的过流保护。

13. 解释 SCR 和 GTO 中 I^2T 额定值的重要性。

14. 晶闸管中 dv/dt 保护有什么必要性？

15. 解释晶闸管中最常用的 dv/dt 保护方法。

16. 解释应用于 IGBT 和 MOSFET 晶体管栅极电路的欠压保护。

17. 解释 IGBT 和 MOSFET 晶体管栅极电路中栅极电阻外部开闭状态的意义。

18. IGBT 比 MOSFET 动作慢，说明原因。

19. 与功率 MOSFET 相比，电压拦截能力强的 IGBT 更可行，说明原因。

20. 在强电流应用中，IGBT 的热传导损耗比 MOSFET 低，加以证明。

21. 列举宽带隙元器件的例子。

22. 对比宽带隙基元器件和硅基元器件。

23. 在额定电压值相同的情况下，宽带隙基元器件的通态电阻更低，加以证明。

参考文献

［1］ Baliga BJ. Fundamentals of power semiconductor devices. New York：Springer；2008.

［2］ Rashid MH. Power electronics：circuits, devices and applications. 4th ed Englewood Cliffs, NJ：Prentice - Hall；2013.

［3］ Mohan N, Undeland TM, Robbins WP. Power electronics：converters, applications and design. 3rd ed New York：John Wiley and Sons；2008.

［4］ Millán J, Godignon P, Perpina X, Perez - Tomas A, Rebollo J. A survey of wide bandgap power semiconductor devices. IEEE Trans Power Electron 2014；29（5）：2155 - 63.

[5]   Cooper JA, Agarwal A. SiC power - switching devices - the second electronics revolution? Proc IEEE 2002; 90 (6): 956 - 68.

[6]   Zheyu Z, Wang F, Tolbert LM, Blalock BJ, Costinett DJ. Evaluation of switching performance of SiC devices in PWM inverter - fed induction motor drives. IEEE Trans Power Electron 2015; 30: 5701 - 11.

[7]   Madhusoodhanan S, Tripathi A, Patel D, Mainali K, Kadavelugu A, Hazra S, et al. Solid state transformer and MV grid tie applications enabled by 15kV SiC IGBTs and 10kV SiC MOSFETs based multilevel converters. IEEE Trans Ind Appl 2015; 1: 1626 - 33.

[8]   Baliga BJ. Gallium semiconductor nitride devices for power electronic applications. Semicond Sci Technol 2013; 28 (7): 411 - 25.

[9]   Available from: http: //new. abb. com/semiconductors/.

[10]   Available from: http: //www. mitsubishielectric. com/semiconductors/.

[11]   Available from: http: //www. pwrx. com/Home. aspx.

[12]   Available from: http: //www. semikron. com/.

[13]   Available from: http: //www. irf. com.

[14]   Baliga BJ. Advanced high voltage power device concepts. New York: Springer; 2011.

[15]   Available from: http: //www. cree. com/.

[16]   Available from: http: //epc - co. com.

[17]   Available from: http: //www. microgan. com.

[18]   Steimer PK, Gruning HE, Werninger J, Carroll E, Klaka S, Linder S. IGCT - a new emerging technology for high power, low cost inverters. IEEE Industry Applications Society Annual Meeting. New Orleans; 1997. p. 1592 - 1599.

14   交流—直流换流器（整流器）

Ahteshamul Haque
Department of Electrical Engineering, Faculty of Engineering & Technology,
Jamia Millia Islamia University, New Delhi, India

14.1   引言

可再生能源需要电力电子换流器来调节所产生的功率，并将其转换成所需的形式和质量。交流—直流（AC‒DC）换流器是一种功率处理装置，主要用作整流器，并广泛应用于可再生能源系统（RES），如用于与电网连接的直流微电网[1]。除了可再生能源系统，交流—直流换流器还可用于驱动电路、电能质量控制电路等。本章的主要目的是介绍各种类型的 AC‒DC 换流器的工作原理。AC‒DC 换流器大致可被分为可控和不可控两类。进一步又可分为单相和三相[2]。不可控全桥整流器使用二极管作为开关设备，不需要控制功率流，如用于定速的直流驱动器中。在可控整流器中，晶闸管、IGBT 和 MOSFET等开关可以控制功率流[3,4]。本章对这两类换流器连接电阻负载和有感负荷的运作方式，以及它们的原理图、波形图和数学表达式都进行了讨论。此外，为了评估 AC‒DC 换流器的有效性，对各种性能参数也进行了讨论。

上述整流器的缺点是功率因数低和交流侧的谐波渗透[5]。为了克服这种负面影响，引入了调谐脉冲宽度（PWM）整流器[6]。本章介绍了 PWM 整流器的工作原理。对在AC‒DC 整流器中使用的过滤器及其详细信息也有所描述。最后给出了一些已解决的案例和实际问题。

14.2   性能参数

理想情况下，直流电信号的幅值是常数，并在时域内连续。整流器是一种功率处理电路，将交流信号转换成直流信号，并应满足相应的要求，这是理想的或接近理想的状况。同时，整流器应该保持输入的交流信号即电流尽可能为正弦以保持较高的功率因数。下文对各类整流器电路进行了讨论。评估一个整流电路的性能是否接近其理想性能是非常重要的。

下面对评估整流电路的性能参数进行讨论[2]。

14.2.1   输出端性能参数

$$输出（负载）电压平均值 = V_{DC} \tag{14.1}$$

$$输出电流平均值 = I_{DC} \tag{14.2}$$

$$输出功率平均值（直流） = V_{DC} I_{DC} \tag{14.3}$$

$$输出电压的均方根（RMS）值 = V_{RMS} \tag{14.4}$$

$$输出电流的均方根（RMS）值 = I_{RMS} \tag{14.5}$$

$$输出交流功率\ P_{AC} = V_{RMS} I_{RMS} \tag{14.6}$$

整流器整流效率，表明整流过程中的效率，即式（14.7）。

$$\eta = P_{AC} / P_{AC} \tag{14.7}$$

整流器输出的直流电压由两部分组成：①直流分量；②交流分量，即纹波。

输出电压交流分量的均方根值为式（14.8）。

$$V_{AC} = \frac{1}{2}(V_{RMS}^2 - V_{DC}^2) \tag{14.8}$$

形状因数 FF 给出了输出电压的形状信息，即式（14.9）。

$$FF = V_{RMS} / V_{DC} \tag{14.9}$$

输出电压中的纹波含量由纹波因数 RF 来测量。为式（14.10）。

$$RF = V_{AC} / V_{DC} \tag{14.10}$$

或 $$RF = [(V_{RMS}/V_{DC})^2 - 1]^{1/2} = (FF^2 - 1)^{1/2}$$

如果变压器在交流电源与整流电路之间的输入端连接，则变压器利用因数为式（14.11）。

$$TUF = P_{DC} / V_S I_S \tag{14.11}$$

式中 V_S——变压器（二次侧）的电压有效值；

I_S——变压器（二次侧）的电流有效值。

14.2.2 输入端性能参数

设 I_S 为输入电流有效值；I_{S1} 为 I_S 的基波分量。

φ 是电流与电压基波分量之间的夹角，称为位移角。位移因数定义为式（14.12）。

$$DF = \cos\varphi \tag{14.12}$$

输入电流的谐波因数 HF 或总谐波失真率 THD 为式（14.13）。

$$HF = [(I_S^2 - I_{S1}^2)/I_{S1}^2]^{1/2} = [(I_S/I_{S1})^2 - 1]^{1/2} \tag{14.13}$$

输入功率因数 PF 为式（14.14）。

$$PF = (V_S I_{S1}/V_S I_S)\cos\varphi = I_{S1}/I_S \cos\varphi \tag{14.14}$$

波峰因数 CF 为式（14.15）。

$$CF = I_{S(peak)} / I_{S(RMS)} \tag{14.15}$$

注意：

（1）如果输入电流 I_S 是纯正弦波，则 $I_{S1} = I_S$，那么功率因数等于位移因数。

（2）对于理想整流器，$\eta = 100\%$，$V_{AC} = 0$，$RF = 0$，$TUF = 1$，$HF = THD = 0$，$PF = DF = 1$。

14.3 单相全桥整流电路

单相全桥整流电路电路图如图 14.1 所示。4 个二极管 VD_1、VD_2、VD_3、VD_4，连

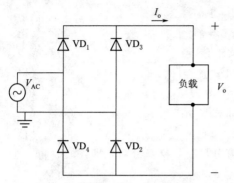

接在交流电压源 V_{AC} 上。二极管 VD_1 和 VD_2 通过负载在交流电源电压的正半周期导通。二极管 VD_3 和 VD_4 在交流电源电压的负半周期导通。交流输入电压 V_{AC} 可以直接供压或通过一个独立变压器供压。如图 14.1 所示的电路图常用于实际应用中。

图 14.1　单相全桥整流电路电路图

14.3.1　连接电阻性负载

连接电阻性负载的单相全桥整流电路波形如图 14.2 所示。

平均输出电压 V_o 为式（14.16）。

$$V_o = \frac{2}{T} \int_0^{T/2} V_m \sin(\omega t)\, dt = \frac{2V_m}{\pi} = 0.6366 V_m \tag{14.16}$$

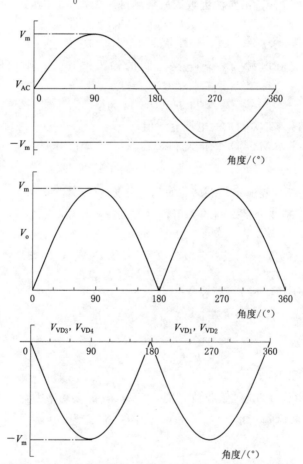

图 14.2　连接电阻性负载的单相全桥整流电路波形图

由于输出电压不是纯直流，它在正半周期中有交流分量，因此要根据均方根值计算交流分量。

输出电压的均方根值为式 (14.17)。

$$V_{\text{RMS}} = \left\{ \frac{2}{T} \int_0^{T/2} [V_{\text{m}} \sin(\omega t)]^2 \, dt \right\}^{1/2} = \frac{V_{\text{m}}}{\sqrt{2}} = 0.707 V_{\text{m}} \qquad (14.17)$$

【例 14.1】

在图 14.1 所示整流电路中，负载为 $R = 100\Omega$ 的纯电阻。交流输入电源电压 $V_{\text{A}} = 325\sin(2\pi 60t)$。计算：（1）整流效率；（2）纹波因数；（3）形状因数；（4）二极管 D_1 的峰值反向电压（PIV）；（5）输入电流的波峰因数。

解：

平均输出电压为

$$V_{\text{DC}} = \frac{2V_{\text{m}}}{\pi} = \frac{2 \times 325}{3.14} = 207\text{V}$$

平均负载电流为

$$I_{\text{DC}} = \frac{V_{\text{DC}}}{R} = \frac{207}{100} = 2.07\text{A}$$

输出电压的均方根值为

$$V_{\text{RMS}} = \left\{ \frac{2}{T} \int_0^{T/2} [V_{\text{m}} \sin(\omega t)]^2 \, dt \right\}^{1/2} = \frac{V_{\text{m}}}{\sqrt{2}} = \frac{325}{\sqrt{2}} = 229.8\text{V}$$

负载电流的均方根值为

$$I_{\text{RMS}} = \frac{V_{\text{RMS}}}{R} = \frac{229.8}{100}\text{V} = 2.298\text{V}$$

$$P_{\text{DC}} = V_{\text{DC}} I_{\text{DC}} = 207 \times 2.07 = 428.49\text{W}$$

$$P_{\text{DC}} = V_{\text{RMS}} I_{\text{RMS}} = 528.08\text{W}$$

（1）整流效率为

$$\eta = \frac{P_{\text{DC}}}{P_{\text{AC}}} = \frac{428.49}{528.08} \approx 81\%$$

（2）纹波因数为

$$= \sqrt{\left(\frac{V_{\text{RMS}}}{V_{\text{DC}}}\right)^2 - 1} = \sqrt{\left(\frac{229.8}{207}\right)^2 - 1} = 0.482 = 48.2\%$$

（3）形状因数为

$$\frac{V_{\text{RMS}}}{V_{\text{DC}}} = \frac{229.8}{207} = 1.11$$

（4）二极管 D_1 的峰值反向电压（PIV）为

$$V_{\text{m}} = 325\text{V}$$

（5）输入电流波峰因数为

$$CF = \frac{I_{\text{s(peak)}}}{I_{\text{s(RMS)}}} = \sqrt{2} = 1.414$$

14.3.2 连接电池性负载

电池用于可再生能源系统（RES），可以提高其可靠性。在一个并网系统中，电池可

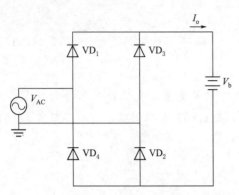

图 14.3　连接电池性负载的单相全桥电路图

能通过一个整流器从一个交流电网充电。本节讨论了连接电池性负载的单相全桥换流器的运行原理。

如图 14.3 所示，输出端连接了一个电池。如果只有 $V_{AC} > V_b$，那么电流会通过整流电路从 AC 端流向负载。

$$V_{AC} = V_m \sin(\omega t)$$

电流开始流动的角度为式（14.18）。

$$V_m \sin\alpha = V_b$$

$$\alpha = \arcsin \frac{V_m}{V_b} \qquad (14.18)$$

当 $V_{AC} < V_b$ 时，电流将停止流动。

$$\gamma = \pi - \alpha$$

充电电流 I_o 为式（14.19）。

$$I_o = \frac{V_{AC} - V_b}{R} = \frac{V_m \sin(\omega t) - V_b}{R}, \quad \alpha < \omega t < \beta \qquad (14.19)$$

R 是串联电池的内部电阻，波形如图 14.4 所示。

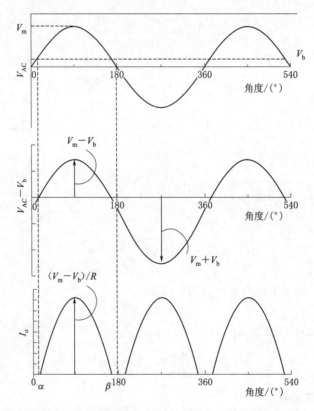

图 14.4　连接电池性负载的单相整流电路波形图

14.3.3 连接高电感性（RL）负载

在实践中，大多数负载都是感性的。负载电流的性质取决于负载 R 和 L 的值。高电感负载的一个例子是直流电动机的电枢。一个连接 RL 负载的全桥整流电路如图 14.5 所示。

如果输入电压 $V_{AC} = V_m \sin\omega t$，将基尔霍夫定律应用于图 14.5 所示电路，有式（14.20）。

$$L \frac{\mathrm{d}I_o}{\mathrm{d}t} + RI_o = V_m \sin(\omega t) \qquad (14.20)$$

连接 RL 负载的单相整流器波形如图 14.6 所示。

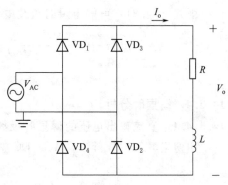

图 14.5 连接 RL 负载的全桥整流电路原理图

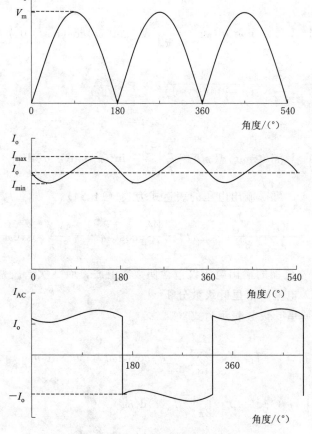

图 14.6 连接 RL 负载的单相整流器波形图

由式（14.20）可得式（14.21）。

$$I_o = \frac{V_m}{Z} \sin(\omega t - \theta) + A_1 e^{-(R/L)t} \qquad (14.21)$$

其中 $Z = [R^2 + (\omega L)^2]^{1/2}$，$\theta = \arctan(\omega L / R)$。

237

由式 (14.21) 可解得瞬时负载电流为式 (14.22)。

$$I_o = \frac{V_m}{Z}\left[\sin(\omega t - \theta) + \frac{2}{1 - e^{-(R/L)(\Pi/\omega)}}\sin\theta \, e^{-(R/L)t}\right], \quad 0 \leqslant (\omega t - \theta) \leqslant \Pi \quad I_o \geqslant 0$$

(14.22)

14.3.4 傅里叶分析

14.3.4.1 直流输出电压的傅里叶级数分析

用傅里叶级数分析法，AC-DC 整流器输出电压可表示为式 (14.23)。

$$V_o(t) = V_{DC} + \sum_{n=2,4,6}^{\infty}[a_n\cos(n\omega t) + b_n\sin(n\omega t)]$$ (14.23)

$$V_{DC} = \frac{1}{2\pi}\int_0^{2\pi}V_o(t)\mathrm{d}(\omega t) = \frac{2}{2\pi}\int_0^{\pi}V_m\sin(\omega t)\mathrm{d}(\omega t) = \frac{2V_m}{\pi}$$

$$a_n = \frac{1}{\pi}\int_0^{2\pi}V_o\cos(n\omega t)\mathrm{d}(\omega t) = \frac{2}{\pi}\int_0^{\pi}V_m\sin(\omega t)\cos(n\omega t)\mathrm{d}(\omega t)$$

$$= \frac{4V_m}{\pi}\sum_{n=2,4,\cdots}^{\infty}\frac{-1}{(n-1)(n+1)}, \quad n = 2, 4, \cdots$$

$$= 0 \qquad\qquad\qquad\quad, \quad n = 1, 3, 5, \cdots$$

$$b_n = \frac{1}{\pi}\int_0^{2\pi}V_o\sin(n\omega t)\mathrm{d}(\omega t) = \frac{2}{\pi}\int_0^{\pi}V_m\sin(\omega t)\sin(n\omega t)\mathrm{d}(\omega t) = 0$$

将 a_n 和 b_n 的值代入，可得输出电压的表达式为式 (14.24)。

$$V_o(t) = \frac{2V_m}{\pi} - \frac{4V_m}{3\pi}\cos(2\omega t) - \frac{4V_m}{15\pi}\cos(4\omega t) - \frac{4V_m}{35\pi}\cos(6\omega t) - \cdots$$ (14.24)

单相 AC-DC 整流器的输出电压仅包含偶数次谐波，而 2 次谐波是最主要的一种。

14.3.4.2 交流输入电流的傅里叶级数分析

输入电流可用傅里叶级数表示为式 (14.25)。

$$I_s(t) = I_{DC} + \sum_{n=1,3,5,\cdots}^{\infty}[a_n\cos(n\omega t) + b_n\sin(n\omega t)]$$ (14.25)

其中 $$I_{DC} = \frac{1}{2\pi}\int_0^{2\pi}i_s(t)\mathrm{d}(\omega t) = \frac{1}{2\pi}\int_0^{2\pi}I_a(t)\mathrm{d}(\omega t) = 0$$

$$a_n = \frac{1}{\pi}\int_0^{2\pi}i_s(t)\cos(n\omega t)\mathrm{d}(\omega t) = \frac{2}{\pi}\int_0^{\pi}I_a\cos(n\omega t)\mathrm{d}(\omega t) = 0$$

$$b_n = \frac{1}{\pi}\int_0^{2\pi}i_s(t)\sin(n\omega t)\mathrm{d}(\omega t) = \frac{2}{\pi}\int_0^{\pi}I_a\sin(n\omega t)\mathrm{d}(\omega t) = \frac{4I_a}{n\pi}$$

将 a_n 和 b_n 的值代入，可得输入电流的表达式为式 (14.26)。

$$I_{\mathrm{s}} = \frac{4I_{\mathrm{a}}}{n\pi}\left[\frac{\sin(\omega t)}{1} + \frac{\sin(3\omega t)}{3} + \frac{\sin(5\omega t)}{5} + \cdots\right] \tag{14.26}$$

14.4 三相全桥整流器

三相全桥整流器用于高功率场合。该整流器可以连接或不连接交流电源端的变压器进行工作。在一个完整的周期中，该整流器输出电压为六脉波。二极管按照导通顺序编号。一个二极管每周期导通120°，两个二极管每周期导通60°。当交流电源的瞬时电压值较高时，两个成对二极管就会导通。连接在输出端的负载可能有电阻性负载和电感性负载两种类型。本节对其运行原理进行进一步分析。

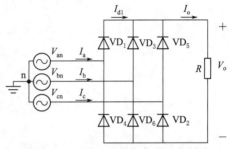

图14.7　连接电阻性负载的三相桥式整流器电路原理图

14.4.1　连接电阻性负载

三相二极管整流器与电阻性负载 R 连接的电路原理图如图14.7所示。6个二极管 $VD_1 \sim VD_6$ 如图所示连接。交流电源端的瞬时相电压为式（14.27）～式（14.29）。

$$V_{\mathrm{an}} = V_{\mathrm{m}}\sin(\omega t) \tag{14.27}$$
$$V_{\mathrm{bn}} = V_{\mathrm{m}}\sin(\omega t - 120°) \tag{14.28}$$
$$V_{\mathrm{cn}} = V_{\mathrm{m}}\sin(\omega t - 240°) \tag{14.29}$$

线间电压为式（14.30）～式（14.32）。

$$V_{\mathrm{ab}} = \sqrt{3}V_{\mathrm{m}}\sin(\omega t + 30°) \tag{14.30}$$
$$V_{\mathrm{bc}} = \sqrt{3}V_{\mathrm{m}}\sin(\omega t - 90°) \tag{14.31}$$
$$V_{\mathrm{ca}} = \sqrt{3}V_{\mathrm{m}}\sin(\omega t - 210°) \tag{14.32}$$

平均输出电压为式（14.33）。

$$V_{\mathrm{DC}} = \frac{3}{\pi}\int_0^{\pi/6}\sqrt{3}V_{\mathrm{m}}\sin(\omega t - 90°)\mathrm{d}(\omega t) = \frac{3\sqrt{3}V_{\mathrm{m}}}{\pi} \tag{14.33}$$

输出电压的均方根值为式（14.34）。

$$V_{\mathrm{RMS}} = \left[\frac{6}{\pi}\int 3V_{\mathrm{m}}^2\cos^2(\omega t)\mathrm{d}(\omega t)\right]^{1/2} = 1.6554V_{\mathrm{m}} \tag{14.34}$$

如果该负载是纯电阻，通过二极管的峰值电流为式（14.35）。

$$I_{\mathrm{m}} = \left[\frac{4}{2\pi}\int I_{\mathrm{m}}^2\cos^2(\omega t)\mathrm{d}(\omega t)\right]^{1/2} = 0.5518I_{\mathrm{m}} \tag{14.35}$$

表14.1给出了线电压二极管的导通表，其波形如图14.8所示。

表14.1　　　　　　　　　　　　二　极　管　导　通　表

导通的二极管	$VD_5 - VD_6$	$VD_1 - VD_6$	$VD_1 - VD_2$	$VD_3 - VD_2$	$VD_3 - VD_4$	$VD_5 - VD_4$	$VD_5 - VD_6$
线电压	V_{cb}	V_{ab}	V_{ac}	V_{bc}	V_{ba}	V_{ca}	V_{cb}
导通角度/(°)	0～30	30～90	90～150	150～210	210～270	270～330	330～360

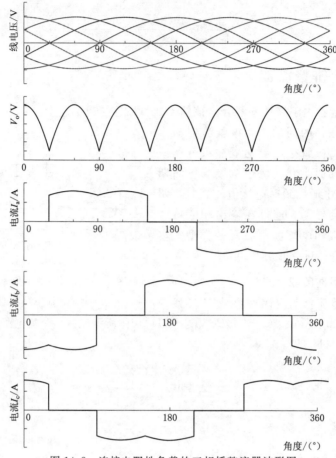

图 14.8 连接电阻性负载的三相桥整流器波形图

14.4.2 连接电感性负载

连接 RL 负载的三相二极管桥式整流器输出电压和电流的波形如图 14.9 所示。因其高电感性的性质，输出电流可忽略不计。

输出电压的方程与连接电阻负载为 R 时的方程相同。负载电流为式（14.36）。

$$i_o = \frac{\sqrt{2}V_{ab}}{Z}\left[\sin(\omega t - \theta) + \frac{\sin(2\pi/3-\theta)-\sin(\pi/3-\theta)}{1-e^{-(R/L)(\pi/3\omega-t)}}e^{(R/L)(\pi/3\omega-t)}\right], \quad (14.36)$$

$$\frac{\pi}{3} \leqslant \omega t \leqslant \frac{2\pi}{3}, \quad i > 0$$

其中

$$Z = \sqrt{R^2 + \omega L^2}$$

$$\theta = \arctan\frac{\omega L}{R}$$

二极管电流均方根值为式（14.37）。

$$I_{RMS} = (I_r^2 + I_r^2 + I_r^2)^{1/2} = \sqrt{3}I_r \quad (14.37)$$

瞬时输出电压的傅里叶级数为式（14.38）。

$$V_o(t) = 0.9549V_m\left[1 + \frac{2}{35}\cos(6\omega t) - \frac{2}{143}\cos(12\omega t) + \cdots\right] \quad (14.38)$$

240

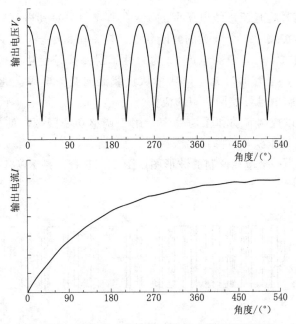

图 14.9　连接 *RL* 负载的三相桥式整流器波形图

输入电流的傅里叶级数为式（14.39）。

$$I_s = \sum_{n=1}^{\infty} \frac{4\sqrt{3}\,I_a}{2\pi} \left[\frac{\sin(\omega t)}{1} - \frac{\sin(5\omega t)}{5} - \frac{\sin(7\omega t)}{7} + \frac{\sin(11\omega t)}{11} + \cdots \right] \qquad (14.39)$$

14.5　调谐脉冲宽度（PWM）整流器

二极管和晶闸管控制的整流电路广泛应用于各个行业。这些整流电路在交流电源端会对电能质量造成负面影响，使交流端的功率因数变低，交流端电流的谐波含量增加。调谐脉冲宽度（PWM）整流器可以克服这些缺点。该整流器旨在进行开关操作时，使功率因数统一或接近统一[5,6]。

本节讨论了三相 PWM 整流器。三相电压源型整流器（VSR）电路及其控制框图如图 14.10 所示。

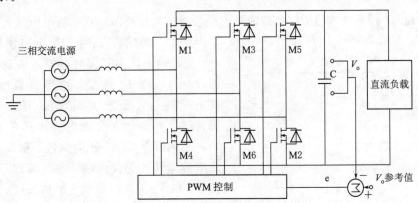

图 14.10　三相电压源型整流器（VSR）电路及控制框图

通过反馈控制信号将直流母线电压 V_o 固定在所需值。对其进行测量，并与参考信号进行比较。误差信号控制了 6 个开关的开断状态。功率可根据要求流入或流出电源。

运行在整流器模式下时，负载电流 I_o 为阳性。误差信号使功率从交流电源向负载流动。在逆变器模式下，电容器过充电，功率从负载流向交流电源。通过产生一个适当的 PWM 栅极信号，控制信号可控制功率的流向。

PWM 整流器可以控制有功和无功功率，用于调整功率因数，使其统一或接近统一。交流电源端电流也接近正弦，以降低谐波污染。

如图 14.11 所示为一个单相调制的波形图。图 14.11（a）是 PWM 信号，图 14.11（b）是调制信号。

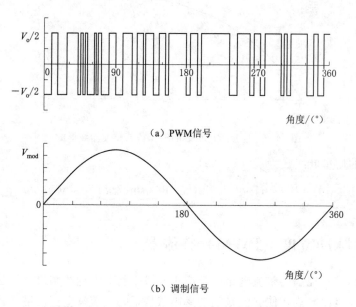

图 14.11　三相桥式电压源型 PWM 整流器波形图

14.6　单相全桥可控整流器

如图 14.12 所示为连接 RL 负载的单相全桥整流器电路图。在交流电源输入电压的正半周期内，晶闸管 T_1 和 T_2 正向偏置，当 $\omega t = \alpha$ 时，两个晶闸管同时触发，负载与输入电源通过 T_1 和 T_2 连接。由于负载电感较大，甚至当输入电压变为负值时，开关 T_1 和 T_2 仍将继续导通。在交流电源电压的负半周期中，晶闸管 T_3、T_4 正向偏置，触发 T_3 和 T_4 使电源电压作为反向阻断电压穿过 T_1 和 T_2，使 T_1 和 T_2 关断。负载电流从 T_1、T_2 转移到 T_3 和 T_4。该整流器的波形如图 14.13 所示。

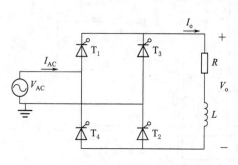

图 14.12　单相全桥整流器电路图

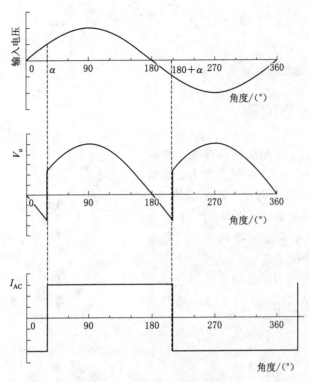

图 14.13　单相全桥整流器波形图

表 14.2 给出了晶闸管的导通表。

表 14.2 晶 闸 管 导 通 表

导通的晶闸管	$T_1 - T_2$	$T_3 - T_4$
交流电压	正-负	负-正
导通角度/(°)	$\alpha \sim (180+\alpha)$	$(180+\alpha) \sim (360+\alpha)$

平均输出电压为式（14.40）。

$$V_{DC} = \frac{2}{2\pi} \int_{\alpha}^{\pi+\alpha} V_m \sin(\omega t) \mathrm{d}(\omega t) = \frac{2V_m}{\pi} \cos\alpha \tag{14.40}$$

输出电压均方根值为式（14.41）。

$$V_{RMS} = \left\{ \frac{2}{2\pi} \int [V_m \sin(\omega t)]^2 \mathrm{d}(\omega t) \right\}^{1/2} = \frac{V_m}{\sqrt{2}} = V_s \tag{14.41}$$

输出电流为式（14.42）。

$$i_o = \frac{\sqrt{2}V_s}{Z} \sin(\omega t - \theta) + \left[I_o - \frac{\sqrt{2}V_s}{Z} \sin(\alpha - \theta) \right] \mathrm{e}^{(R/L)(\alpha/\omega - t)}, I_o > 0 \tag{14.42}$$

其中　　　　　　　$Z = [R^2 + (\omega L)^2]^{1/2}$，$\theta = \arctan(\omega L/R)$

输入电流的傅里叶级数为式（14.43）。

$$I_{AC}(t) = \sum_{n=1,3,5,\cdots}^{\infty} \sqrt{2}\, I_n \sin(n\omega t + \phi_n) \qquad (14.43)$$

其中
$$\phi_n = \arctan(a_n / b_n)$$

且 ϕ_n 为第 n 次谐波电流的位移角。

14.7　三相可控整流器

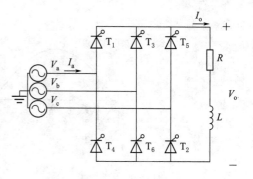

图 14.14　与 RL 负载连接的
可控三相整流器电路图

三相整流器相比于单相整流器提供了更高的平均输出电压。图 14.14 所示为与 RL 负载连接的可控三相整流器电路图。晶闸管在 $60°$ 间隔触发。输出电压波形的频率为 $6f$（f 为交流电源的频率）。与单相整流器相比，三相整流器对滤波的要求降低了。

图 14.15 所示连接 RL 负载的三相全桥可控整流器波形图。表 14.3 给出了晶闸管开关导通表。

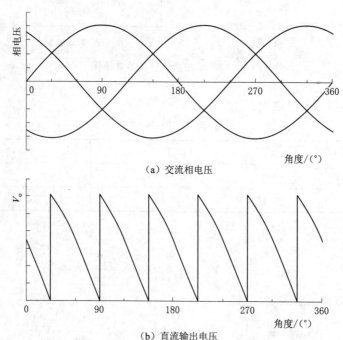

（a）交流相电压

（b）直流输出电压

图 14.15　连接 RL 负载的三相全桥可控整流器波形图

表 14.3　　　　　　　　　　　　晶 闸 管 开 关 导 通 表

导通的晶闸管	$T_5 - T_6$	$T_6 - T_1$	$T_1 - T_2$	$T_2 - T_3$	$T_3 - T_4$	$T_4 - T_5$	$T_5 - T_6$
相电压	a,c,b	a,b,c	b,a,c	b,c,a	c,b,a	c,a,b	a,c,b
导通角度/(°)	$(0-30)+\alpha$	$(30+\alpha)\sim$ $(90+\alpha)$	$(90+\alpha)\sim$ $(150+\alpha)$	$(150+\alpha)\sim$ $(210+\alpha)$	$(210+\alpha)\sim$ $(270+\alpha)$	$(270+\alpha)\sim$ $(330+\alpha)$	$(330+\alpha)\sim$ 360

瞬时相电压与线电压的表达式为式（14.44）。

$$V_{an} = V_m \sin(\omega t)$$

$$V_{bn} = V_m \sin\left(\omega t - \frac{2\pi}{3}\right)$$

$$V_{cn} = V_m \sin\left(\omega t + \frac{2\pi}{3}\right)$$

$$V_{ab} = V_{an} - V_{bn} = \sqrt{3}\,V_m \sin\left(\omega t + \frac{\pi}{6}\right) \tag{14.44}$$

$$V_{bc} = V_{bn} - V_{cn} = \sqrt{3}\,V_m \sin\left(\omega t - \frac{\pi}{2}\right)$$

$$V_{ca} = V_{cn} - V_{an} = \sqrt{3}\,V_m \sin\left(\omega t + \frac{\pi}{2}\right)$$

平均输出电压为式（14.45）。

$$V_{DC} = \frac{3}{\pi} \int_{\pi/6+\alpha}^{\pi/2+\alpha} V_{ab}\, d(\omega t) = \frac{3\sqrt{3}\,V_m}{\pi} \cos\alpha \tag{14.45}$$

输出电压均方根值为式（14.46）。

$$V_{RMS} = \left[\frac{3}{\pi} \int 3V_m^2 \sin^2\left(\omega t + \frac{\pi}{6}\right) d(\omega t)\right]^{1/2} = \sqrt{3}\,V_m \left[\frac{1}{2} + \frac{3\sqrt{3}}{4\pi} \cos(2\alpha)\right]^{1/2} \tag{14.46}$$

通过三相全桥可控整流器，与高电感负载相连的交流电源端电流的傅里叶级数为式（14.47）。

$$i_{AC}(t) = \sum_{n=1,3,5,\cdots}^{\infty} \sqrt{2}\,I_n \sin(n\omega t + \Phi_n) \tag{14.47}$$

其中

$$\Phi_n = \arctan(a_n/b_n)$$

14.8 AC‑DC 换流器的滤波器

整流电路中所用的滤波器有两种，一种是直流滤波器，连接在输出端以消除直流电压的纹波；另一种是交流滤波器，与交流输入端连接，以消除交流电流的谐波含量。电路图如图 14.16 所示。

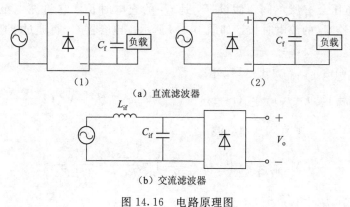

（a）直流滤波器

（b）交流滤波器

图 14.16 电路原理图

在大多数应用中，直流滤波器［图 14.16（a）］中会使用电容器，以优化性能。图 14.17 和图 14.18 是整流输出电压的波形图（有或无直流电容滤波器）。

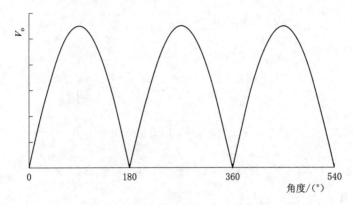

图 14.17　无直流滤波器的整流电压

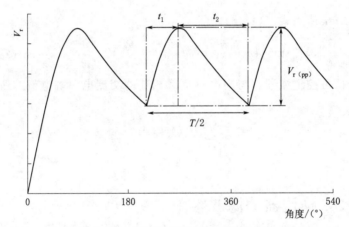

图 14.18　连接直流滤波器的整流电压

当通过直流滤波器中电容器两端的电压 C_f 低于瞬时输入交流电压时，C_f 将通过整流电路充电。当通过电容器 C_f 两端的电压高于瞬时输入交流电压时，C_f 将通过电阻负载放电。C_f 两端的电压会有所不同。假设 T_1 是 C_f 的充电时长，它将充电至电源电压峰值 V_m，T_2 是电容器 C_f 的放电时长，如图 14.18 所示。电容器 C_f 将通过电阻性负载呈指数放电。

纹波电压全幅值 $V_{r(pp)}$ 为式（14.48）。

$$V_{r(pp)} = V_o(t=t_1) - V_o(t=t_2) = V_m - V_m e^{-t_2/RC_f} = V_m(1 - e^{-t_2/RC_f}) \quad (14.48)$$

由于 $e^{-x} \approx 1-x$，则有式（14.49）。

$$V_{r(pp)} = V_m\left(1 - 1 + \frac{t_2}{RC_f}\right) = \frac{V_m t_2}{RC_f} = \frac{V_m}{2fRC_f} \quad (14.49)$$

平均输出电压为式（14.50）。

$$V_{DC} = V_m - \frac{V_{r(pp)}}{2} = V_m - \frac{V_m}{4fRC_f} \tag{14.50}$$

纹波电压均方根输出值 V_{oc} 为式 (14.51)。

$$V_{oc} = \frac{V_{r(pp)}}{2\sqrt{2}} = \frac{V_m}{4\sqrt{2}\,fRC_f} \tag{14.51}$$

纹波因数为式 (14.52)。

$$RF = \frac{V_{oc}}{V_{DC}} = \frac{1}{\sqrt{2}\,(4fRC_f - 1)} \tag{14.52}$$

解出该式可得滤波电容器 C_f 的值。

14.9 总结

依据二极管连接方式的不同，不同类型的整流器应用于不同的用途。本章定义了整流器的性能参数，并对整流器的性能进行了评估。通过电路图、波形图和数学表达式讨论了一些主要类型整流器的工作原理。谐波渗透是整流电路的负面影响。为了克服这一负面影响，PWM 整流器投入使用。另外一个解决办法是使用滤波电路。

问题

理论问题

1. 可控整流器与不可控整流器的区别是什么？
2. 什么是整流效率？与整流器效率有什么区别？
3. 谐波因子的意义是什么？
4. 功率系数和位移系数的区别是什么？
5. 整流器交流滤波器和直流滤波器有什么区别？
6. 解释使用整流电路给蓄电池充电的工作原理。

计算题

1. 一个单相全桥整流器连接了一个 $R = 50\Omega$ 的纯电阻负载，交流电源电压峰值 $V_m = 200\mathrm{V}$，电源频率 $f = 60\mathrm{Hz}$。求该整流器的平均输出电压。

2. 一个三相全桥整流器连接了一个 $R = 100\Omega$ 的纯电阻负载，电源电压峰值 $V_m = 200\mathrm{V}$，电源频率 $f = 60\mathrm{Hz}$。求该整流器的平均输出电压。

3. 一个三相全桥整流器需要向一个 $R = 50\Omega$ 的电阻性负载提供平均值为 $400\mathrm{V}$ 的输出电压。求二极管的额定电压和额定电流。

4. 使用一个单相全桥可控整流器为一个内电阻为 2Ω 的 $96\mathrm{V}$ 电池充电。交流电源电压的均方根值为 $230\mathrm{V}$，频率为 $60\mathrm{Hz}$。可控硅整流器由恒定直流信号触发（图 14.12）。如果 T_4 为开放回路，求电池的平均充电电流。

参考文献

[1] Farhadi M, Mohammad A, Mohammad O. Connectivity and bidirectional energy transfer in DC microgrid featuring different voltage characteristics. IEEE Conf Green Technol 2013; 244 – 249, vol. 1.

[2] Rashid MH. Power electronics: circuits, devices and application. India: Pearson Education Inc; 2011.

[3] Schaefer J. Rectifier circuits – theory and design. New York: John Wiley & Sons; 1975.

[4] Dixon J. Three phase controlled rectifiers. In: Rashid MH, editor. Power electronics handbook. San Diego, CA: Academic Press; 2001.

[5] Gao Y, Li J, Liang H. The simulation of three phase voltage source PWM rectifier. IEEE Conf Power Energy (APPEEC) 2012. p. 1 – 4, vol. 1.

[6] Rodriguez JR, Dixon JW, Espinoza JR. PWM regenerative rectifiers: state of the art. IEEE Trans Ind Electron 2005; 52 (1): 5 – 22.

15 直流—直流换流器

Akram Ahamd Abu-aisheh，*Majd Ghazi Batarseh*
Department of Electrical and Computer Engineering，University of Hartford，
West Hartford，CT，USA and
Department of Electrical Engineering，Princess Sumaya
University for Technology，Amman，Jordan

15.1 引言

在过去十年中，对清洁和可持续能源的需求迅速增长，太阳能是目前最有价值、最丰富、最可持续的能源来源，也是首选低维护清洁能源。光伏系统需要使用直流—直流（DC-DC）换流器来调节和控制太阳能电池板的输出。光伏系统中使用了三种基本的 DC-DC 换流器拓扑结构，即降压、升压和升降压换流器拓扑结构。这三种基本的非孤立开关型 DC-DC 换流器，在许多工业应用中也用来规范和控制电压幅值。

单端初级电感转换器（SEPIC）拓扑是一种没有电压极性反转的升压或降压拓扑结构。SEPIC 类转换器的独立拓扑结构在光伏系统中应用较为广泛。一个 SEPIC 使用两个电感器和两个电容器，因此它不是一种基础 DC-DC 换流器拓扑，因为基本拓扑结构只使用一个电感器、一个二极管、一个开关以及一个电容器。SEPIC 拓扑的两个电感值相同，并将其绕在一个铁芯上，从而形成一个覆盖面较小的低成本 1：1 变压器。这使得 SEPIC 在 DC-DC 换流器中成为一种更可行的选择。

本章重点介绍了三种基本非孤立开关型 DC-DC 换流器和 SEPIC。15.1 节介绍了非孤立开关型 DC-DC 换流器；15.2 节阐述三种基本非孤立开关型 DC-DC 换流器的结构；15.3 节介绍了两种实用问题导向的学习（PBL）项目，从而激发读者学习 DC-DC 换流器的兴趣；15.4 节、15.5 节和 15.6 节分别讲述了三种基本非孤立开关型的 DC-DC 换流器拓扑结构；15.7 节阐述了 SEPIC 的拓扑结构。

15.2 基本非孤立开关型 DC-DC 换流器

非孤立开关型 DC-DC 换流器共有降压、升压和升降压三种基本类型。基本换流器包括一个 MOSFET、一个二极管、一个电容器，以及连接输入电压和负载的一个电感器，以不同的立体基阵（拓扑）来实现对输入电压的降压、升压以及升降压。每一种基本非孤立开关型的 DC-DC 换流器的拓扑结构都包含一个开关网络，而这个开关网络又包含一

个晶体管—二极管组合以及一个 L – C 滤波器组（后者仅包含一个电感器和一个电容器）；因此，这是基本拓扑结构。基本拓扑仅采用一个晶闸管（典型的就是 MOSFET 晶闸管，并将其作为主开关）和一个二极管。另外，同步拓扑使用两个开关，这里的第二开关用来替换二极管。MOSFET 晶闸管为开通状态的时间与一个开关周期之间的比就是占空比。采用脉宽调制来控制占空比，从而控制换流器的输出电压。

在应用 DC – DC 换流器时，如果需要实现降压，那么应该尽量先选择降压换流器。如果需要实现升压，那么应当首选升压换流器。如果需要同一换流器同时实现升压和降压，那么第一选择应该是升降压换流器。如果使用所有基本非孤立开关型换流器都不能满足设计要求，那么应该考虑 SEPIC 拓扑。如果需要达到更高的效率，应当考虑同步转换器，即用第二开关取代二极管以降低换流器损耗。对隔离设计有更高要求的系统，应当考虑孤立开关型 DC – DC 换流器。首选的孤立开关型 DC – DC 换流器拓扑结构是反激式拓扑结构，其是一种升压或降压拓扑结构的变压器。

15.3 DC – DC 换流器的应用

本节提出了两种 PBL DC – DC 换流器应用项目。第一个是离网光伏系统供电的 LED 路灯项目，第二个是并网供电的 LED 路灯项目。除了本章，高级电力电子教科书[1-4]可以帮助读者对这里介绍的两个 PBL 项目所需的 DC – DC 换流器进行全面了解，而参考文献 [5-8] 对这两个 PBL 应用项目进行了深入分析。

15.3.1 离网光伏系统供电的 LED 路灯

在第一个 PBL 应用项目中，光伏电池板被用来为离网的 LED 路灯供电，因此有必要开发一种开关型 DC – DC 换流器系统，通过光伏电池板来为 LED 路灯供电。降压、升降压或 SEPIC 拓扑结构都可以用来降低、调节光伏电池板的输出电压（调节范围为 22～26V 至 12V 电池电压），而升压、升降压或 SEPIC 拓扑结构则可以将 12V 的电池输出电压调节至一组串联高亮度 LED 负载所需的 18V 电压。白天，光伏电池板把太阳能传输至充电模式的电池内；夜间，升压换流器将电能传递至 LED 路灯。图 15.1 所示为该 PBL 项目的方框图。

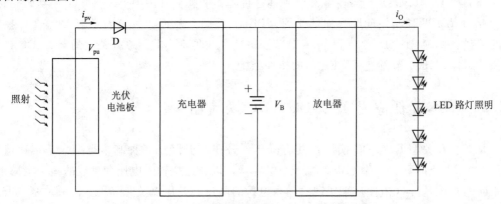

图 15.1　DC – DC 换流器应用：光伏作为电源的路灯

15.3.2　并网式混合 LED 路灯

在这个 BPL 项目中，光伏电池板用来为并网的 LED 路灯供电，同时，当太阳光照不足，超出了电池作为备份电源的能力时，可以将电网作为该系统的替代能源。嵌入变换器的高亮度 LED 可以直接与交流线路连接，这一设计需要使用孤立型 DC-DC 换流器，这样反激拓扑或孤立型 SEPIC 拓扑都可以在这里使用。现有的 LED 灯利用了高亮度 LED 灯的高效率，而非太阳能的优势。这里介绍的混合型高亮度 LED 路灯的设计项目结合了自动转换开关，如图 15.2 所示。通过使用这种开关，混合系统使用太阳能作为主要能源，且仅当主要能源不能为照明系统提供所需电力时，它才会切换到交流线路。如图 15.2 所示，白天，LED 的主要通电来源是光伏电池板，电池处于充电模式；晚上，它们的主要电源是电池。如果电池完全没电了，交流线路将作为备用电源来保证 LED 系统运行。

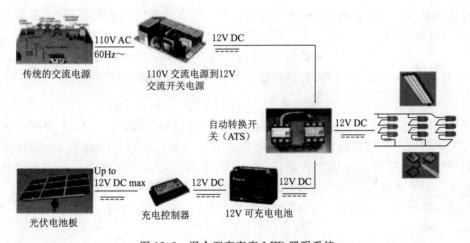

图 15.2　混合型高亮度 LED 照明系统

15.4　降压换流器

降压换流器属于非孤立开关型降压型 DC-DC 换流器；通过使用按照固定频率操作的电子开关，可以将电源处的直流输入电压周期性地切断，从而将得到的脉动信号滤出，负载就能以小于输入电压的平均电压值来运行。负载上的输出电压电平是这样控制的，即，通过改变（调制）控制电子开关的开关斩波输入脉冲的宽度，也就是在一个运行周期内 MOSFET 晶闸管为开通或关断的持续时间，这称为脉冲宽度调制。

降压换流器采用了晶体管—二极管开关网络；该结构用晶闸管 S_w 作为主开关，将二极管 D_d 作为电感器电流的续流路径。晶闸管为导通（脉冲宽度）的时间和一个周期之间的比率就是占空比 D。对于降压换流器，占空比或增益小于 1，使得输出电压低于输入电平。图 15.3 所示为传统降压换流器，其中包括直流输入电压、晶闸管—二极管交换网络、一个 $L-C$ 滤波器组以及电压信号从输入侧到达负载的变化过程。

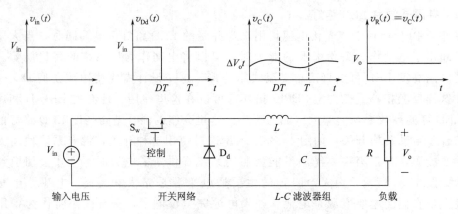

图 15.3　传统的降压变换器和相应的电压信号

　　将晶闸管—二极管交换网络中的二极管更换为第二晶闸管,能够提高降压换流器的效率;这个结构将晶闸管 S_{w1} 作为主开关,将第二晶闸管 S_{w2} 作为电感电流的续流路径。所得的拓扑结构称为同步降压换流器拓扑结构。同步降压换流器拓扑结构比标准降压换流器拓扑结构具有更高的效率,因为将晶闸管代替二极管,从而减少传导损耗。

15.4.1　稳态分析

　　降压换流器通过开关控制在双回路模式之间交替转换。假设一个在 T 秒时间段内的理想开关操作:当控制器将晶闸管 S_w 切换为导通(短路)时,二极管 D_d 在反向偏置(关断)状态,且不导通电流(开路),如图 15.4(a)所示。这是降压换流器的充电模式,其中,电感电流从最初的最小值,即稳定状态下的 I_{Lmin} 线性增加到最大值 I_{Lmax},且恒定电感电压 $V_L = V_{in} - V_{out}$。该模式的持续时间是 DT_{sec},其中 D 为占空比。

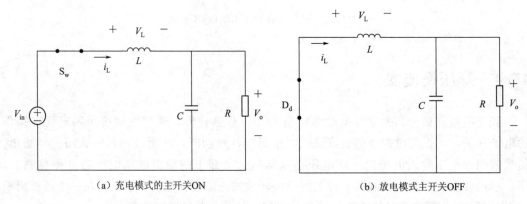

（a）充电模式的主开关ON　　　　　　　（b）放电模式主开关OFF

图 15.4　降压换流器充电模式的主开关 ON 以及放电模式主开关 OFF

　　该晶闸管断开之后(开路),电感器的内置电流需要放电,迫使二极管导通(短路)。换流器从图 15.4(a)的充电模式转变为图 15.4(b)所示的放电模式,其中电感电流从充电模式结束时的峰值,线性下降到原来的初始值,在此期间,电感上的电压 $V_L = -V_o$。放电模式的持续时间是该周期的剩余部分,也就是 $(1-D)T_{sec}$。该周期不断重复,同时通过将晶闸管切换为 ON，令换流器再次进入充电模式。过电感两端的电压和电流波形如图 15.5 所示。

在电感上利用伏秒平衡法则，可以很容易地得出输入电压 V_{in} 以及占空比 D 的函数——输出电压 V_o，这里指明，在某个周期内电感两端的平均电压必须为零。充电时电感两端的电压（$V_L = V_{in} - V_o$）与充电间隔持续时间（DT）的乘积，与充电时电感两端的电压（$V_L = -V_o$）和放电间隔持续时间的乘积之和为零，就可以得到该方程。对降压换流器的电感运用伏秒平衡法则可得

$$(V_{in} - V_o)DT + (-V_o)(1-D)T = 0$$

将其简化为式（15.1）。

$$V_o = DV_{in} \tag{15.1}$$

输入电流以及电感、电容电流如图 15.5 所示。输入电流从充电阶段的 DT 秒内的 $i_{in} = i_L$ 变化为放电阶段整个剩余时间 $(1-D)T$ 秒内的 $i_{in} = 0$，且平均值小于电感平均电流 $I_L = I_o = V_o/R$。电感电流波从 i_{Lmax} 变为 i_{Lmin}，即推导出最大和最小电感电流为式（15.2）和式（15.3）。

$$I_{Lmin} = DV_{in}\left[\frac{1}{R} - \frac{(1-D)T}{2L}\right] \tag{15.2}$$

$$I_{Lmax} = DV_{in}\left[\frac{1}{R} + \frac{(1-D)T}{2L}\right] \tag{15.3}$$

图 15.5 所示为降压换流器的连续导通模式（CCM）操作，其中，电感电流持续存在并循环充放电。在把主电源转回至 ON 之前，如果将存储在电感中的电能完全放电，那么电感电流的最小值将为零，而且换流器会在非连续导通模式（DCM）下运行。

连续导通模式和非连续导通模式操作之间的边界由一个特定的电感值来界定，称为临界电感 $C_{critical}$，其中最小电感电流在再充电之前会降为零，从式（15.4）中可以简单求解将最小电感电流强制变为零的电感值。

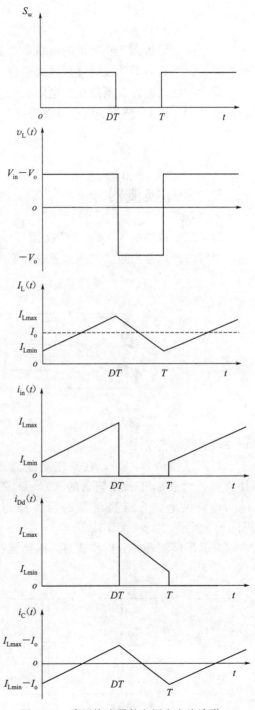

图 15.5　降压换流器的电压和电流波形

$$I_{\mathrm{Lmin}} I_{L=L\mathrm{critical}} = 0$$

$$I_{\mathrm{Lmin}} I_{L=L\mathrm{critical}} = DV_{\mathrm{in}} \left[\frac{1}{R} - \frac{(1-D)T}{2L} \right] \tag{15.4}$$

$$I_{\mathrm{critical}} = \frac{1-D}{2} TR$$

要选择电感值大于临界值的电感，才能将换流器转入连续导通模式运行，电感值小于临界值的电感将转为非连续导通模式运行。

偏大的输出电容会消除输出电压上的变化 ΔV_o，且 V_o 在上保持不变。恒定输出电压的比值（$\Delta V_o / V_o$）产生的电流纹波决定了所需要的电容滤波值，即式（15.4）。

$$C = \frac{1-D}{8L(\Delta V_o / V_o)f^2} \tag{15.5}$$

15.5 升压换流器

为输出负载供电的 DC-DC 换流器，若其电压大于输入电源，则称为升压换流器。输出电压的升压是通过将电感放置在交换网络之前实现的，如图 15.6 所示。

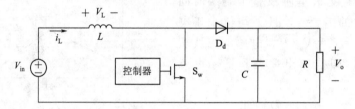

图 15.6 传统的升压换流器拓扑结构

15.5.1 稳态分析

与降压换流器不同，在升压换流器充电期间，在 DT 秒内输入恒定电压，电感线性充电，负载断开。在剩余的 $(1-D)T$ 秒时间内，电感通过负载放电，同时输入电源为电路供电。升压换流器的两种操作模式如图 15.7 所示，电压和电流波形图如图 15.8 所示。

对升压换流器的分析步骤与降压换流器相同，稍后讨论其结果。

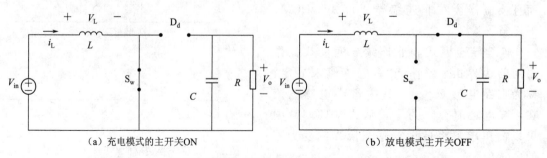

（a）充电模式的主开关ON　　　　　　　　（b）放电模式主开关OFF

图 15.7 升压换流器充电模式的主开关 ON 以及放电模式主开关 OFF

通过将伏秒平衡法则运用于电感器可以得到式（15.6）。

$$V_o = \frac{V_{in}}{1-D} \qquad (15.6)$$

输入电流、电感电流、电容器电流均如图 15.8 所示。在这种情况下，平均输入电流，即电感平均电流为式（15.7）。

$$I_L = I_{in} = \frac{V_o I_o}{V_{in}} = \frac{I_o}{1-D}$$

$$= \frac{V_{in}}{(1-D)^2 R} = \frac{V_o^2}{V_{in} R} \quad (15.7)$$

且通过输入和输出功率相等可以推导出平均输入电流。

在电感电流上的电流纹波从 I_{Lmax} 变为 I_{Lmin}，即式（15.8）和式（15.9）。

$$I_{Lmin} = V_{in} \left[\frac{1}{R(1-D)^2} - \frac{DT}{2L} \right]$$

$$\qquad (15.8)$$

$$I_{Lmax} = V_{in} \left[\frac{1}{R(1-D)^2} + \frac{DT}{2L} \right]$$

$$\qquad (15.9)$$

连续导通模式和非连续导通模式之间的边界是由式（15.10）所示电感临界值来设定的。大于 $L_{critical}$ 的电感值，可以在连续导通模式中设置升压操作。

$$L_{critical} = \frac{D(1-D)^2 R}{2f} \qquad (15.10)$$

以所需恒定输出电压的比值（$\Delta V_o / V_o$）而设定的电流纹波，决定了所需要的电容滤波值，即式（15.11）。

$$L_{critical} = \frac{D(1-D)^2 R}{2f} \qquad (15.11)$$

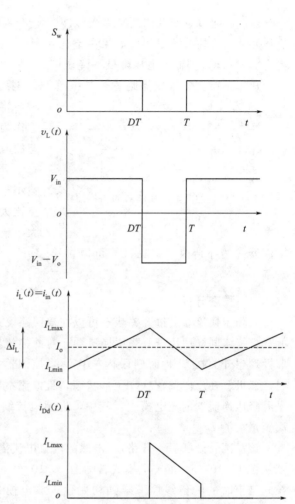

图 15.8　升压换流器的电压和电流波形

15.6　升降压换流器

升降压换流器属于非孤立开关型降压或升压 DC - DC 换流器；通过使用电子开关，可以将电源处的交流输入电压升高或降低，负载就可以在小于或大于输入电压的平均电压值下运行。通过改变（调制）输入脉冲的宽度，可以控制负载上的输出电压，从而控制电子开关为 ON 的持续时间。如果占空比大于 0.5，则输入电压升高（升压模式）；如果占空比小于 0.5，则输入电压降低（降压模式）。

升降压换流器采用晶闸管—二极管开关网络，其配置为，在 MOSFET 晶闸管关断

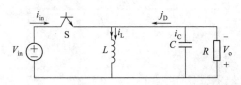

图 15.9　传统的升降压换流器的拓扑结构[3]

时，将 MOSFET 晶闸管作为开关，并将二极管作为电感电流的续流路径。晶闸管为 ON 状态的时间和一个周期之间的比率就是占空比。对于升降压换流器，当占空比小于 0.5 时，增益小于 1，使得输出电压小于输入电压；当占空比大于 0.5 时，增益大于 1，使得输出电压大于输入电压。图 15.9 所示为传统的升降压换流器的拓扑结构[3]。二极管可以被第二开关代替，从而提高同步升降压拓扑结构的效率。

15.6.1　稳态分析

升降压换流器通过开关状态可以在双回路模式之间交替转换。降压和升压换流器遵循的分析策略同样适用于升降压换流器，对此换流器的详细分析见参考文献 [1-3] 所示。假设理想开关在 T 秒时间段内操作，当控制器将 MOSFET 晶闸管切换为 ON（短路）时，二极管在反向偏置（OFF）状态，且电流不导通（开路），如图 15.10（a）所示。这是升降压换流器的充电模式，其中，电感电流线性增加，即从稳态下的最小值 I_{Lmin}，提高至最大值 I_{Lmax}。

该晶闸管开断后（开路），电感的内置电流需要放电，迫使二极管导通（短路）。换流器从图 15.10（a）的充电模式转为图 15.10（b）所示的放电模式，其中电感电流从充电模式结束时的峰值线性下降到初始值。放电模式的持续时间是该周期的剩余部分，即 $(1-D)T_{sec}$。在分析中，电感电流从未达到零，所以它停留在连续导通模式。

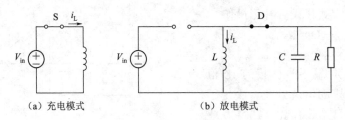

（a）充电模式　　　　　　　（b）放电模式

图 15.10　升降压换流器电路图

通过在电感中运用伏秒平衡法则，可以很容易地得出输入电压 V_{in} 和占空比 D 的输出电压函数 V_o。充电时电感两端的电压与充电间隔持续时间（DT）的乘积，与充电时电感两端的电压（$V_L=-V_o$）与放电间隔持续时间的乘积之和为零。在升降压换流器的电感中运用伏秒平衡法则可以得到式(15.12)。

$$\frac{V_o}{V_{in}}=\frac{D}{1-D} \tag{15.12}$$

对于升降压换流器，在输入和输出电压之间存在一个极性反转。

升降压换流器的最大和最小电感电流为式（15.13）和式（15.14）。

$$I_{\text{Lmax}} = V_{\text{in}} \left[\frac{D}{R(1-D)^2} + \frac{DT}{2L} \right] \tag{15.13}$$

$$I_{\text{Lmin}} = V_{\text{in}} \left[\frac{D}{R(1-D)^2} - \frac{DT}{2L} \right] \tag{15.14}$$

升降压换流器的连续导通模式可以很容易实现。在连续导通模式操作中，电感电流持续存在。

恒定输出电压的比值（$\Delta V_{\text{o}}/V_{\text{o}}$）所设定的纹波决定了升降压换流器所需要的电容滤波值，即式（15.15）。

$$C = \frac{D}{R(\Delta V_{\text{o}}/V_{\text{o}})f} \tag{15.15}$$

15.7　单端初级电感转换器（SEPIC）

基本的开关式 DC-DC 换流器会受到高电流纹波的影响，从而产生谐波。在许多应用中，这些谐波必须要使用 LC 滤波器。另外，它会使升降压换流器拓扑结构复杂化，即使电压反转。uk 换流器通过一个额外的电容器和电感器解决了谐波问题。然而，uk 换流器和升降压换流器都会反转输入电压的极性，导致在元器组件上产生大量电应力，导致元器件故障或过热。SEPIC 解决了这两个问题。

SEPIC 是一种升压或降压换流器。如图 15.11 所示，SEPIC 的拓扑结构是一种 DC-DC 换流器拓扑结构，它谐波含量较低，并可根据输入电压正向调节输出电压。标准的 SEPIC 拓扑结构采用两个电感器和两个电容器，因此不能将它看成是一种基本的 DC-DC 换流器拓扑结构。如图 15.12 所示，将两个等值的电感器用作 1:1 的变压器。耦合电感器只能采用单一封装，其成本稍微高于同类的单电感器。该耦合电感器不仅空间占比更小，而且，为了获得相同的电感纹波电流，只需要带有两个独立电感的 SEPIC 中一半的电感即可。

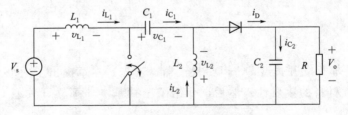

图 15.11　标准非孤立型 SEPIC 拓扑结构[4]

15.7.1　连续导通模式下 SEPIC 稳态分析

如图 15.11 所示，当开关打开时，围绕路径 V_{s}、L_1、C_1 和 L_2 运用基尔霍夫电压定律，有 $-V_{\text{s}} + V_{L_1} + V_{C_1} - V_{L_2} = 0$。使用这些电压平均值，电容 C_1 两端电压为 $V_{C_1} = V_{\text{s}}$。

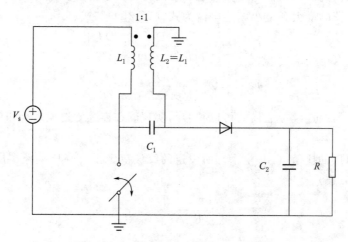

图 15.12　隔离式 SEPIC 拓扑结构[4]

当开关关闭时，在 DT 期间通过 L_1 两端电压 $V_{L_1}=V_s$。当开关打开时，围绕外层路径应用基尔霍夫电压定律，$-V_s+V_{L_1}+V_{C_1}+V_o=0$。假设 C_1 两端电压保持不变，那么 $(1-D)T$ 时间段内有 $V_{L_1}=-V_o$。在一段周期操作内使电感两端的电压为零，那么 $V_sDT-V_o(1-D)T=0$，其中 D 是开关的占空比。然后有 $V_o=V_s(D/1-D)$，也可以表示为 $D=V_o/(V_o+V_s)$。这类似于升降压和 Cuk 换流器方程，但没有反向极性。

开关闭合时 i_{L1} 的变化为 $V_{L1}=V_s=L_1(\Delta i_{L1}/DT)$。为了求解 Δi_{L1}，得到 $\Delta i_{L1}=V_sDT/L_1=V_sD/L_1f$。对于 L_2，通过基尔霍夫电流定律，可以确定节点处的平均电流，该节点连接 L_1、C_2 和二极管，也就是 $i_{L_2}=i_D-i_{C_1}$，同时二极管电流为 $i_D=i_{C_2}+I_o$。

二极管、C_2 和电阻的输出级与升压换流器相同，所以输出电压纹波为 $\Delta V_o=V_{C_2}=(V_oD)/(RC_2f)$。$C_1$ 处电压的变化是由开关闭合电路来决定的。电容器 C_1 的电流平均值为 I_o，其中 $\Delta V_{C_1}=(\Delta Q_{C_1}/C)=(I_oDT/C)$。用 V_o/R 替换 I_0，结果为 $\Delta V_{C_1}=V_oD/RC_1f$。

15.8　总结

本章讲述了非孤立开关型 DC - DC 换流器。首先，本章提出了两个 PBL 应用项目，以体现理解本章材料的重要性。然后，介绍了三种基本非孤立开关型 DC - DC 换流器拓扑。

在选用 DC - DC 换流器时，应首先考虑基本 DC - DC 换流器拓扑结构，因为它们更为简洁，尺寸更小，成本更低。如果需要降压，那么设计者应尽量先选择降压换流器，如果需要升压，那么选择升压换流器。如果需要同一换流器实现升压和降压，那么第一选择应该是升降压换流器。如果使用三种基本非孤立开关型换流器都不能满足设计要求，那么应该考虑 SEPIC 拓扑结构。如果需要达到更高的效率，那么在设计安装时，应当考虑采用以第二开关取代二极管的同步换流器。

如果需要实现更高的隔离水准，就需要考虑孤立开关型 DC-DC 换流器。在这种情况下，反激换流器是一个很好的选择。反激换流器是一种带有电感分离的升降压换流器，它组成了一个变压器，以在输入电压和输出电压之间提供更高水平的电隔离。升降压拓扑结构从输入端到输出端的电压增益比，乘以变压器匝数比，能获得孤立开关型 DC-DC 反激换流器的增益，且这也是把输入到输出进行隔离后的一个额外优点。反激换流器拓扑结构的分析类似于升降压换流器拓扑结构，参考文献 [1-4] 提供了对孤立开关型 DC-DC 换流器的完整分析。

问题

1. 一个降压换流器具有以下参数：$V_i = 15V$，$V_o = -9V$，$L = 10\mu F$，$C = 50\mu F$，$C = 5\Omega$，开关频率是 150kHz。计算占空比、最大电感电流和输出电压纹波。

2. 一个降压换流器，输入电压为 6V，输出电压为 1.5V。负载电阻为 3Ω，开关频率为 400kHz，$L = 5\mu H$，$C = 10\mu F$。计算峰值电感电流以及二极管峰值和平均电流值。

3. 一个升压换流器，输入电压为 12V，输出电压为 24V，开关频率为 100kHz，负载电阻的输出功率为 125W。为了将输出电压波纹限制到 0.5%，计算占空比和电容值。

4. 一个升降压换流器具有以下参数：$V_i = 24V$，输出电压为 -15.6V，$L = 25\mu H$，$C = 15\mu F$，$R = 10\Omega$，开关频率是 1MHz。计算最大电感电流和输出电压纹波。

5. 设计一个升降压换流器，使通过一个 10Ω 的负载电阻时，能产生 -15V 的输出电压。运行频率为 0.5MHz，且输出电压纹波不得超过 0.5%。直流电源为 45V，要设计一个连续的电感电流，请计算该电容值，以及 MOSFET 晶闸管的峰值电压额定值。

6. 设计一个 SEPIC，在一个 18V 的输入电压下，令其产生一个 12V 的输出电压。输出功率为 10W 且运行频率为 1MHz。输出电压的纹波不得超过 $100mV_{pp}$。如果换流器设计时用了两个 50mH 的电感，那么请计算电容值，以及 MOSFET 晶闸管和二极管的额定值。

参考文献

[1] MohanN, Undeland TM, Robbins WP. Power electronics converters applications and design. John Wiley and Sons, Inc. USA, 2003.

[2] Rashid MH. Power electronics: circuits, devices and applications. Pearson Education, Inc. USA, 2004.

[3] Batarseh I. Power electronic circuits. John Wiley and Sons, Inc. USA, 2004.

[4] Hart DW. Power electronics. McGraw Hill Higher Education, USA, 2010.

[5] Abu-aisheh A. Designing sustainable hybrid high brightness LED illumination systems. Int J Mod Eng 2012; 12 (2): 35-40.

[6] Abu-aisheh A, Khader S. Hybrid MPPT-controlled LED illumination systems. ICGSTACSE J 2012; 12 (2).

[7] Abu – aisheh A，Khader S，Hasan O，Hadad A. Improving the reliability of solar – powered LED illumina-
    tion systems. ICGST International Conference on Recent Advances in Energy Systems. Alexandria，Egypt；
    April，2012.

[8] Abu – aisheh A，Khader S，Harb A，Saleem A. Sustainable FPGA controlled hybrid LED illumina-
    tion system design. The Third International Conference on Energy and Environmental Protection in
    Sustainable Development （ ICEEP Ⅲ ） . Palestine Polytechnic University （ PPU ）， Hebron
    （Alkhaleel），West Bank；June，2014.

16　直流—交流逆变器

David（Zhiwei）Gao, *Kai Sun*

Department of Physics and Electrical Engineering，Faculty of Engineering
and Environment，University of Northumbria，Newcastle upon Tyne，UK

16.1　引言

　　功率换流器是一种用于能量转换的电子电路，它能将所供应的电能转换为适合负载的能源（例如，具备合适的频率和/或振幅的电压或电流）。作为一种功率换流器，直流—交流（DC-AC）逆变器是将直流电源转变为交流电源。就电源类型而言，逆变器可以分为电压源型逆变器和电流源型逆变器。顾名思义，电压源型逆变器将直流电压作为电源，而电压源戴维南等效电阻的理想值为零。电流源型逆变器将直流电压作为电源，而电流源戴维南等效电阻的理想值为无穷大。

　　电压源型逆变器是第一种最常见的电源转换器，其直流输入电压可以来自整流器、电池或光伏阵列。经过直流到交流逆变后的交流输出可以是单相或多相的。实际应用中，单相和三相的DC-AC变换器是最常见的。然而，最近为了推动电机在某些关键应用场景下稳定性的提高，通过三相以上交流电机的建设，已经激发了三相以上DC-AC逆变器的发展。逆变器输出最常见的波形为方波、正弦波或改良正弦波。PWM逆变器技术得到了普遍运用，它能以合适的振幅和频率来调节输出交流电压，并通过在具有恒定直流输入电压的逆变器内实施多次开关来减少谐波。电压源型逆变器的实际应用范围很广，如交流电动机、交流不间断电源（UPS）、有源电力滤波器、AC电池、感应加热和高压直流输电等。

　　电流源型逆变器通常由可控整流器供电。为了获得理想电流源，通常会将一个大的电感连接到逆变器的DC侧，以平滑电流信号。电流源型逆变器的应用包括大功率交流电机变频调速、UPS系统以及超导储能等。

　　大量文献论述了电力电子换流器的基础（例如，参考文献［1-9］）以及它们的应用（例如，参考文献［10，11］）。本章对DC-AC逆变器重新回顾探讨，具体而言，详细描述了电压源型逆变器的操作原则，包括单相、三相、多阶以及PWM逆变器。此外，还描述了电流源型逆变器。

16.2　单相电压源型逆变器

16.2.1　逆变器的基本运行机制

　　通过如图16.1所示的单相逆变电路阐述了逆变器的运行机制。在图16.1中，

V_d 为直流电源电压，$S_1 \sim S_4$ 为理想开关（S_1 和 S_3 为顶部开关，S_2 和 S_4 为底部开关）。

当 S_1 和 S_4 打开，但 S_2 和 S_3 关闭时，负载电压 V_o 为正。当 S_2 和 S_3 打开，但 S_1 和 S_4 关闭时，负载电压 V_o 为负。

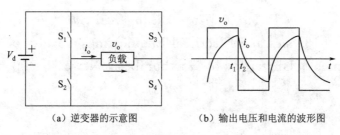

（a）逆变器的示意图　　　　（b）输出电压和电流的波形图

图 16.1　逆变器的运行机制

图 16.1（b）所示为负载电压的波形，从中可以看出，通过使用逆变电路可以获得交流电源。此外，当改变（S_1，S_4）和（S_2，S_3）这一对开关频率时，交流电源的频率也可以很容易改变。

输出电流 i_o 的波形取决于负载。当负载为一个纯电阻负载时，电流波形和相位是一致的。然而，当负载为 RL 负载时，与电压 v_o 相比，电流 i_o 的基波分量会有相位延迟。在图 16.1 中，S_1 和 S_4 在时间到达 t_1 之前为打开状态，输出电压 v_o、电流 i_o 均为正。在到达时间 t_1 时，S_1 和 S_4 关闭，但是 S_2 和 S_3 打开，且输出电压 v_o 变为负。但由于负载中存在电感器，电流 i_o 的方向不能立即改变。电流 i_o 流出 V_d 的负极端子，并通过开关 S_2、负载和 S_3，流入 V_d 的正极端子。存储在电感中的能量逐渐降低，负载电流 i_o 逐渐减小。在到达时间 t_2 时，负载电流降为零。从时间 t_2 之后，负载电流 i_o 开始变为负值，并且其振幅增加。此刻，电流 i_o 流出电压源 V_d 的正极端子，并通过 S_3、负载和 S_2 流回到负极端子，负载中的电感开始存储能量。

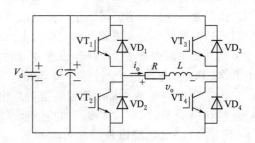

图 16.2　典型 DC-AC 逆变器

图 16.2 所示为一个使用功率半导体开关的典型电压源逆变电路。过去可控硅整流器用作高功率和中功率逆变器的开关时，需要变换电路来关闭可控硅整流器。目前，全控电源开关，例如 IGBT（中功率逆变器）、GTOs 和 IGCTs（用于高功率逆变器）大都可用作电源开关。本章假定电压源型逆变器采用了全控功率半导体开关。

如果电压源达不到理想化，即电压源的戴维南电阻不为零，那么可以将一个大功率电容器并联到电压源。当电源电压为恒定时，交流输出电压的波形不受负载影响；然而，交流输出电流的波形和相位都取决于负载阻抗。如果负载为 RL 负载，那么在某些时间段，交流负载的电压和电流可能具有相反的流动方向。每个开关都并联一个二极管，为无功功率从负载到直流电源提供了通道。

16.2.2　单相半桥逆变器

单相半桥逆变器是最简单的逆变器之一，如图 16.3 所示，它是由一个直流电源、两个电容器、两个开关、两个二极管和负载构成的。一个开关周期表示为 T，开关 VT_1 和 VT_2 轮流接通，分别通电 180°。当 VT_1 打开，而 VT_2 关闭时，负载电压 v_o（或 v_{AO}）$= 0.5V_d$。但当 VT_1 断开，但 VT_2 打开时，负载电压 v_o（或 v_{AO}）$= -0.5V_d$。对于纯电阻负载，输出电流 i_o 具有与输出电压 v_o 相同的波形和相位。

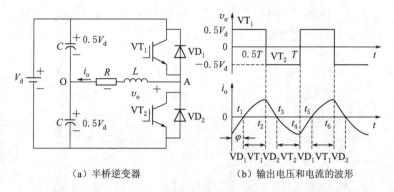

（a）半桥逆变器　　　　　　　（b）输出电压和电流的波形

图 16.3　单相半桥逆变器和输出波形

下面来看看上述电路如何为 RL 负载工作。在第一个半周期中，VT_1 打开，VT_2 关闭，输出电压为 $0.5V_d$，且负载电流 i_o 逐渐增大。在 t_2 时刻，触发信号被分别传送至 VT_1 和 VT_2，关闭 VT_1，打开 VT_2。此时，VT_1 被关闭，但不能立即打开 VT_2，因为存储在负载电感中的能量迫使二极管 VD_2 导通，以便负载电流 i_o 能保持相同的方向。在 t_3 时刻，存储在负载电感中的能量被用尽，电流 i_o 变为零。在这一时刻，二极管 VD_2 断开，因此通过触发打开 VT_2。从 t_3 时刻以后，电流 i_o 改变方向，并随着时间振幅增加。在 t_4 时刻，触发信号被分别传送至 VT_1 和 VT_2，从而打开 VT_1 并关闭 VT_2。其结果是，VT_2 关闭，但不能立即打开 VT_1，因为二极管 VD_1 被存储在电感中的能量强制接通。因此，电流 i_o 流经 VD_1，并返回到电源电压的正极端子。直到 t_5 时刻，电流 i_o 又变为零，因此可以通过触发打开 VT_1，并很容易地改变电流 i_o 的方向。

当 VT_1 或 VT_2 打开时，负载电压 v_o 和负载电流 i_o 具有相同的极性，同时，要求逆变器在主动模式下进行操作。在主动模式下，电源为负载提供功率。当 VD_1 或 VD_2 其中任意一个接通时，负载电压 v_o 和负载电流 i_o 具有相反的极性，其中，调用逆变器在回馈模式工作。在这种模式下，存储在负载电感的功率被发送回 DC 侧。再次馈送的无功功率被存储在 DC 侧的电容内。为了吸收无功功率，并将电压恒定保持在图 16.3 所示的"O点"，电容器 C 要足够大。此外，从图 16.3（b）可以看出，负载电流 i_o 的基波分量延迟负载电压 v_0 的基波分量 θ 角度。实际上，θ 为负载的阻抗角。

输出电压 v_o 在半桥逆变后的傅里叶级指数可以表示为式（16.1）。

$$v_o = \frac{2V_d}{\pi}\left[\sin(\omega t) + \frac{1}{3}\sin(3\omega t) + \frac{1}{5}\sin(5\omega t) + \cdots\right] \tag{16.1}$$

从式（16.1）中得出输出电压 v_o 基波分量的峰值和有效值分别为 $V_{o1m} = (2V_d/\pi) \approx$

$0.64V_d$ 和 $V_{o1} = (V_{o1m}/\sqrt{2}) = (\sqrt{2}/\pi) \approx 0.45V_d$。

单相半桥逆变器具有简单的电路结构，这有助于读者理解逆变器的运行机制，进而理解更复杂的逆变器，如单相全桥逆变器和三相逆变器。

16.2.3　单相全桥逆变器

单相全桥逆变器如图 16.4 所示，其中有 4 个功率开关 $VT_1 \sim VT_4$。依次接通开关对（VT_1，VT_4）和（VT_2，VT_3）。分别将负载的两个端子连接到电桥电路的左臂中间点和右臂中间点。负载为 RL 负载，其阻抗角为 φ。此外，有 4 个二极管 $VD_1 \sim VD_4$，用于为负载电流提供通道，该负载电流是由负载电感中存储的能量来驱动的。用 T 表示一个循环周期。

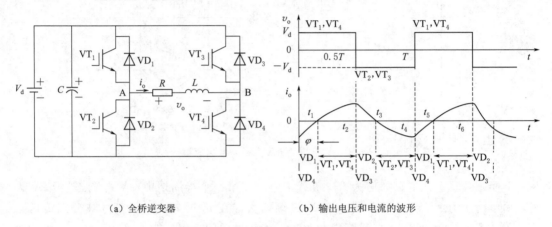

（a）全桥逆变器　　　　　　　　　（b）输出电压和电流的波形

图 16.4　单相全桥逆变器和输出波形

单相全桥逆变器的工作原理如图 16.4 所示。在间隔 $0 \leqslant t < t_1$ 中，开关对（VT_1，VT_4）和（VT_2，VT_3）都为关闭，但是二极管对（VD_1，VD_4）却被存储在负载电感中的能量强制打开。

因此这时输出电压 v_o 就是 V_d，而电感电流 i_o 的振幅会逐渐减小。在 t_1 时刻，负载电流 i_o 变为零，这样二极管 VD_1 和 VD_4 都关闭，但是，VT_1 和 VT_4 被触发接通。因此在 $t_1 \leqslant t < t_2$ 时间段内，负载电压仍然是 $v_o = V_d$，但电流 i_o 的方向变为正。在 t_2 时刻，为了关闭开关 VT_1 和 VT_4 发出了触发信号，但打开 VT_2 和 VT_3。VT_1 和 VT_4 因此被立即关闭，但 VT_2 和 VT_3 不能立即打开，因为存储在负载电感中的能量迫使二极管 VD_2 和 VD_3 保持打开。在这一刻，负载电压 v_o 变为 $-V_d$，但负载电流 i_o 保持方向不变，但随着时间推移其量级逐步降低。当到达 t_3 时刻时，负载电流变为零，这样二极管 VD_2 和 VD_3 都关闭，但是，VT_2 和 VT_3 被触发接通。因此，在 $t_3 \leqslant t < t_4$ 时间段内，负载两端的输出电压仍然为 $-V_d$，但负载电流改变了方向并且随着时间的推移振幅逐渐增加。在 t_4 时刻，触发信号关闭 VT_2 和 VT_3，但不能立即打开 VT_1 和 VT_4，因为存储在负载电感的能量迫使二极管 VD_1 和 VD_4 导通。因此，在 $t_4 \leqslant t < t_5$ 时间段内，输出电压 v_o 变为 V_d，但负载电流保持先前的方向，随着时间的推移其振幅逐渐降低。其实，在 $t_4 \leqslant t < t_5$ 期间，逆变器重复了 $0 \leqslant t < t_1$ 时间段内逆变器的工作过程。

当开关对（VT_1，VT_4）或（VT_2，VT_3）被接通时，负载电压 v_o 和负载电流 i_o 具

有相同的极性，这意味着 DC 电源向负载供电。另外，当二极管对（VD$_1$，VD$_4$）或（VD$_2$，VD$_3$）中的任意一对接通时，负载电压 v_o 和负载电流 i_o 具有相反的极性，这意味着负载给 DC 侧回馈了电流。

输出电压信号 v_o 的傅里叶级数为式（16.2）。

$$v_o = \frac{4V_d}{\pi}\left[\sin(\omega t) + \frac{1}{3}\sin(3\omega t) + \frac{1}{5}\sin(5\omega t) + \cdots\right] \tag{16.2}$$

从式（16.2）可以得到输出电压基波分量的峰值和有效值为 $V_{o1m} = (4V_d/\pi) \approx 1.27V_d$，$V_{o1} = (V_{o1m}/\sqrt{2}) = (2\sqrt{2}V_d/\pi) \approx 0.9V_d$。

16.2.4 相移电压控制

从图 16.1 和图 16.2 可以看出，输出的交流电压有效值取决于直流输入电压。换言之，只能通过调整直流端输入电压来调节交流输出电压，对输出调节而言这种非常不方便。一种解决方案是，通过修改开关的触发方式来调整交流输出电压。这种技术称为相移电压控制。这里继续讨论如图 16.4 所示的单相全桥逆变器，但是带有相移电压控制。开关 VT$_1$～VT$_4$ 的触发信号用 V_{G1}～V_{G4} 来表示，如图 16.5 所示。VT$_1$ 和 VT$_2$ 的触发信号（或 VT$_3$ 和 VT$_4$）具有 180° 的相位差，同时 VT$_3$（或 VT$_4$）的触发信号延迟了 VT$_1$（或

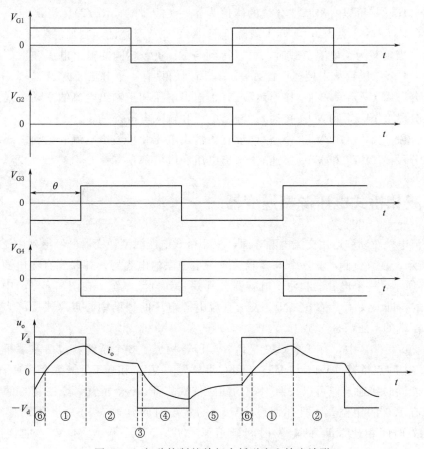

图 16.5 相移控制的单相全桥逆变和输出波形

VT$_2$）的触发信号 θ 角度，称为位移角。

从图 16.5 可以看出一个时间段有 6 个部分。这些分段的操作机制如下：

（1）分段 1（VT$_1$ 和 VT$_4$ 接通）：带有正输出电压和正输出电流的主动模式。从直流侧出来的能量被传送到负载。

（2）分段 2（VT$_1$ 和 VT$_3$ 接通）：具有零输出电压和正输出电流的续流模式。

（3）分段 3（VT$_2$ 和 VT$_3$ 接通）：具有负输出电压和正输出电流的回馈模式。来自负载的能量被传送回 DC 侧。

（4）分段 4（VT$_2$ 和 VT$_3$ 接通）：具有负输出电压和负输出电流的主动模式。从直流侧出来的能量被传送到负载。

（5）分段 5（VT$_2$ 和 VT$_4$ 接通）：具有零输出电压和负输出电流的续流模式。

（6）分段 6（VT$_1$ 和 VT$_4$ 接通）：具有正输出电压和负输出电流的回馈模式。来自负载的能量被传送回 DC 侧。

从图 16.5 所示的波形来看，输出电压依赖于位移角 θ。通过调节控制 θ，可以调节输出电压。输出电压的傅里叶级数为式（16.3）。

$$v_o = \sum_{n=1,3,5,\cdots} \frac{4V_d}{n\pi} \sin\frac{n\theta}{2} \cos(n\omega t) \tag{16.3}$$

从式（16.3）可以看出基波分量的峰值为 $a_1 = (4V_d/\pi)\sin(\theta/2)$。当 $\theta = \pi$，基波分量的峰值为 $(4V_d/\pi) \approx 1.27V_d$，实际上就降低至 16.2.3 节所述的逆变器触发方式。

另外，当负载为纯电阻负载时，可以得到与 RL 负载相同的输出电压波形。但是对于电阻负载，4 个二极管从未接通。此外，一个周期内只有 4 个分段。

（1）分段 1（VT$_1$ 和 VT$_4$ 接通）：带有正输出电压和正输出电流的主动模式。

（2）分段 2（VT$_1$ 和 VT$_3$ 接通）：输出电压和输入电流都是零。

（3）分段 3（VT$_2$ 和 VT$_3$ 接通）：带有负输出电压和负输出电流的主动模式。

（4）分段 4（VT$_2$ 和 VT$_4$ 接通）：输出电压和电流都是零。

16.3　三相桥式电压源型逆变器

在交流电气驱动和通用交流电源方面，三相桥式电压源型逆变器已经得到广泛应用，如图 16.6 所示。在直流侧，有一个电容器（或一组串联的电容器）并联到直流电源。特别是如图 16.6 所示，一个电容器和两个电容器分别并联到直流电源。在图 16.6（b）中，两个电容是相等的，即 $C_1 = C_2 = 0.5C. N'$，表示直流电源电压的辅助中心点（或中间点）；因此，C_1 和 C_2 两端的电压都是 $0.5V_d$。

在图 16.6（b）中，有 6 个开关 VT$_1$～VT$_6$，构成了 3 个桥臂，包括左手桥臂（VT$_1$ 和 VT$_4$）、中间点桥臂（VT$_3$ 和 VT$_6$）和右手桥臂（VT$_5$ 和 VT$_2$）。每个桥臂（或每相）的开关不能同时接通，但可以按照 180° 的间隔依次打开。3 个桥臂（或三相）的开关在导通时间内有 120° 的相位差。具体而言，VT$_3$ 的状态时间延迟 VT$_1$ 的状态时间 120°，而 VT$_5$ 的触发时间相比 VT$_3$ 的触发时间延迟了 120°。VT$_4$、VT$_6$ 和 VT$_2$ 的情况都与此类似。

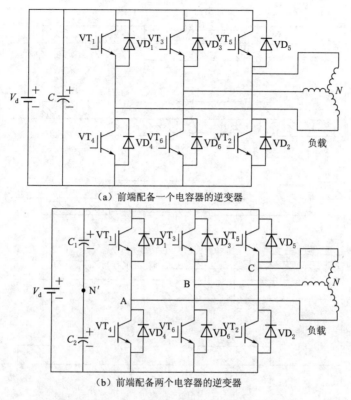

（a）前端配备一个电容器的逆变器

（b）前端配备两个电容器的逆变器

图 16.6　三相电压源型逆变器

当 VT_1 和 VT_4 依次接通，A 相电压用 $v_{AN'}$ 表示，分别为 $0.5V_d$ 和 $-0.5V_d$，从而形成了周期为 $360°$ 的方波。当 VT_3 和 VT_6 依次导通，B 相电压用 $v_{BN'}$ 表示，它的波形和 $v_{AN'}$ 相同，但是存在 $120°$ 的相位差。同样，当 VT_5 和 VT_2 依次导通，C 相电压波形用 $v_{CN'}$ 表示，相比 $v_{BN'}$ 波形延迟了 $120°$。如图 16.7（a），（b）所示。显然，$v_{AB} = v_{AN'} - v_{BN'}$，$v_{BC} = v_{BN'} - v_{CN'}$，$v_{CA} = v_{CN'} - v_{AN'}$。因此，经由 $v_{AN'}$、$v_{BN'}$ 的波形，可以轻松获得线电压 v_{AB}，v_{BC} 和 v_{CA} 的波形如图 16.7（d）～（f）所示。

如果负载的中性点 N 连接到直流电源的中性点 N'，那么三相负载电压分别为 $v_{AN'}$，$v_{BN'}$ 和 $v_{CN'}$。但是，如果中性点 N 和 N' 是分离的（例如，它们被电机负载分开），该等效电路如图 16.8 所示。3 次谐波，也就是电源的零序分量，出现在点 N 和 N' 上。因此，得到式（16.4）～式（16.6）。

$$v_{AN'} = v_{BN} + v_{NN'} \tag{16.4}$$

$$v_{BN'} = v_{BN} + v_{NN'} \tag{16.5}$$

$$v_{CN'} = v_{CN} + v_{NN'} \tag{16.6}$$

值得注意的是，对于三相平衡负载来说，$v_{AN} + v_{BN} + v_{CN} = 0$，将式（16.4）～式（16.6）相加，可以得到式（16.7）。

$$v_{NN'} = \frac{1}{3}(v_{AN'} + v_{BN'} + v_{CN'}) \tag{16.7}$$

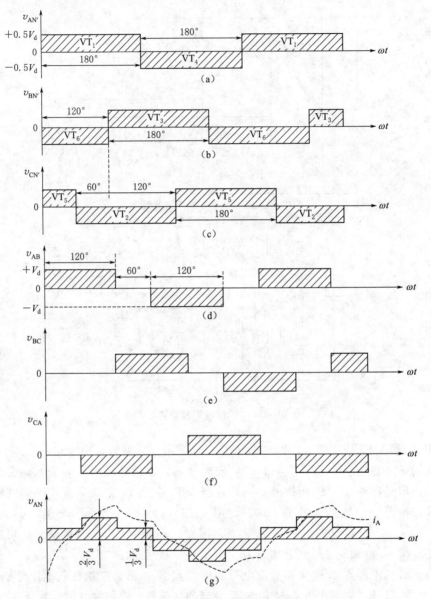

图 16.7　方波模式的输出电压波形

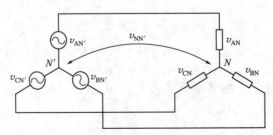

图 16.8　显示中性点间电压 $v_{NN'}$ 的等效电路

将式（16.7）代入式（16.4）～式（16.6），得到式（16.8）～式（16.10）。

$$v_{AN} = \frac{2}{3}v_{AN'} - \frac{1}{3}v_{BN'} - \frac{1}{3}v_{CN'} \tag{16.8}$$

$$v_{BN} = \frac{2}{3}v_{BN'} - \frac{1}{3}v_{AN'} - \frac{1}{3}v_{CN'} \tag{16.9}$$

$$v_{CN} = \frac{2}{3}v_{CN'} - \frac{1}{3}v_{AN'} - \frac{1}{3}v_{BN'} \tag{16.10}$$

根据式（16.8）、式（16.9）和式（16.10），可以画出 v_{AN}，v_{BN} 和 v_{CN} 的波形。v_{AN} 的波形如图 16.7（g）所示，它是一个 6 阶波。图 16.7(g) 所示为一个典型带电感负载的电流波。

下面对三相桥式逆变器的输出电压进行定量分析。与辅助中性点 N′有关的输出相电压的傅里叶级数可以表示为式（16.11）～式（16.13）。

$$v_{AN'} = \frac{2V_d}{\pi}\left[\cos(\omega t) - \frac{1}{3}\cos(3\omega t) + \frac{1}{5}\cos(5\omega t)\right] - \cdots \tag{16.11}$$

$$v_{BN'} = \frac{2V_d}{\pi}\left[\cos\left(\omega t - \frac{2\pi}{3}\right) - \frac{1}{3}\cos3\left(\omega t - \frac{2\pi}{3}\right) + \frac{1}{5}\cos5\left(\omega t - \frac{2\pi}{3}\right) - \cdots\right] \tag{16.12}$$

$$v_{CN'} = \frac{2V_d}{\pi}\left[\cos\left(\omega t + \frac{2\pi}{3}\right) - \frac{1}{3}\cos3\left(\omega t + \frac{2\pi}{3}\right) + \frac{1}{5}\cos5\left(\omega t + \frac{2\pi}{3}\right) - \cdots\right] \tag{16.13}$$

线电压的傅里叶级数可以表示为式（16.14）～式（16.16）。

$$v_{AB} = v_{AN'} - v_{BN'}$$
$$= \frac{2\sqrt{3}V_d}{\pi}\left[\cos\left(\omega t + \frac{\pi}{6}\right) + 0 - \frac{1}{5}\cos5\left(\omega t + \frac{\pi}{6}\right) - \frac{1}{7}\cos7\left(\omega t + \frac{\pi}{6}\right) + \cdots\right] \tag{16.14}$$

$$v_{BC} = v_{BN'} - v_{CN'}$$
$$= \frac{2\sqrt{3}V_d}{\pi}\left[\cos\left(\omega t - \frac{\pi}{2}\right) + 0 - \frac{1}{5}\cos5\left(\omega t - \frac{\pi}{2}\right) - \frac{1}{7}\cos7\left(\omega t - \frac{\pi}{2}\right) + \cdots\right] \tag{16.15}$$

$$v_{CA} = v_{CN'} - v_{AN'}$$
$$= \frac{2\sqrt{3}V_d}{\pi}\left[\cos\left(\omega t + \frac{5\pi}{6}\right) + 0 - \frac{1}{5}\cos5\left(\omega t + \frac{5\pi}{6}\right) - \frac{1}{7}\cos7\left(\omega t + \frac{5\pi}{6}\right) + \cdots\right] \tag{16.16}$$

由式（16.14）～式（16.16）可得，输出线电压基波分量的峰值和有效值分别为 $V_{AB1m} = (2\sqrt{3}V_d)/\pi = 1.1V_d$ 和 $V_{AB1} = (\sqrt{6}V_d/\pi) = 0.78V_d$。由式（16.11）～式（16.13）可得，输出相电压基波分量的峰值和有效值分别为 $V_{AN'1m} = 2V_d/\pi = 0.637V_d$ 和 $V_{AN'1} = \sqrt{2}V_d/\pi = 0.45V_d$。此外，输出线电压和输出相电压的有效值分别为 $V_{AB} = V_{BC} = V_{CA} = 0.816V_d$，$V_{AN'} = V_{BN'} = V_{CN'} = 0.471V_d$。输出线电压为输出相电压的 $\sqrt{3}$ 倍。此外，线电压的基波分量领先相电压基波分量 30°。由式（16.14）～式（16.16）可以得出，波形的特征谐波为 $6n \pm 1$，其中 n 为非零整数。三相基波分量和谐波分量之间相差 120°以保持平衡。

如果同一桥臂的开关（例如 VT_1 和 VT_4）同时接通，就会发生 DC 电源侧短路。为了避免这种意外情况，触发控制系统应确保在打开一个开关之前，另一个开关是关闭的。因此，触发关闭一个开关之后，触发另一个开关之前，应该设置死区时间。死区时间的持续时长取决于开关速度。开关速度越快，死区时间的持续时间越短。对于图 16.6 内的 A 相桥臂（或左手侧桥臂），考虑死区时间的 VT_1 和 VT_4 触发信号分别由 V_{G1} 和 V_{G4} 表示，如图 16.9 所示。根据图 16.9，VT_1 被触发关闭后，经过一个预置死区时间后，VT_4 触发打开。以此类推，VT_4 被触发关闭后，在等待死区时间结束后，VT_1 触发打开。显然，其他两个桥臂也可以采用相似的触发方式。

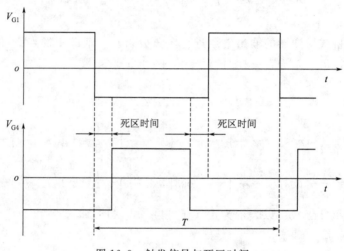

图 16.9　触发信号与死区时间

16.4　多阶逆变器

多阶逆变器是带有多个 6 阶的逆变器，例如 12、18、24 等，输出的波形接近正弦波，比较适合大功率应用。因为逆变器的输出接近正弦波，所以在 DC 和 AC 侧都可以减少滤波器的大小。值得注意的是，在多阶波形中出现的显著谐波为 $kn \pm 1$ 次谐波，其中 k 为阶数，n 为整数。例如，6 阶逆变器的输出波形包括 5 次、7 次、11 次、13 次、17 次、19 次、23 次、25 次、29 次、31 次、35 次、37 次，…谐波，而一个 12 阶逆变器包括 11 次、13 次、23 次、25 次、35 次、37 次，…谐波。一些出现在 6 阶逆变器中的谐波（例如，5 次、7 次、17 次、19 次、29 次、31 次谐波）消失于 12 阶逆变器中。综上所述，通过使用多阶逆变器，可以大大减少总谐波失真度。

本节对如图 16.10 所示的 12 阶逆变器进行了讨论。在图 16.10 中，有两个并联在直流电源的三相逆变器。第二个（或较低的）逆变器相比第一个（或较高的）的触发延迟角度为 30°，这样较低逆变器的波形会有 30° 的相移。两个逆变器的交流输出端连接到其各自变压器的一次绕组上，其中，匝比如图 16.10 所示。变压器一次侧基波电压相量图如图 16.11（a）所示，从中可以看出，通过下层变压器的电压（例如 $v_{d'e'}$）滞后于通过上层变压器电压（例如 $v_{a'b'}$）近 $30°$。3 个二次绕组电压互连得到的输出相电压如图 16.11（b）所示。因此，A 相电压可以通过 $v_{AN}=v_{ab}+v_{de}-v_{ef}$ 得到，其中 $v_{de}=(v_{ab}/\sqrt{3})\angle-30°$，$v_{ef}=v_{de}\angle-30°=(v_{ab}/\sqrt{3})\angle-150°$。最终可以得到式（16.17）。

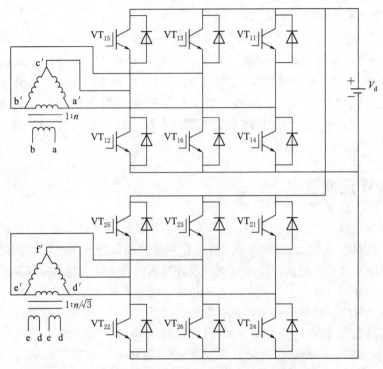

图 16.10　显示 v_{AN} 电压合成的 12 阶逆变器

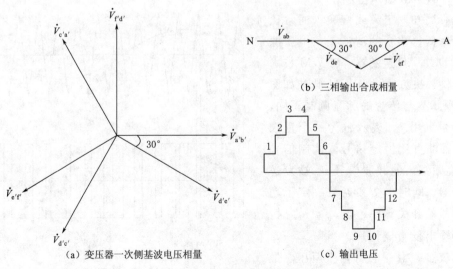

（a）变压器一次侧基波电压相量　　（b）三相输出合成相量　　（c）输出电压

图 16.11　相量和输出波形

$$v_{AN} = \frac{4n\sqrt{3}\,V_d}{\pi}\left[\cos(\omega t) + \frac{1}{11}\cos 11(\omega t) + \cos 13(\omega t) + \cdots\right]$$

$$= \frac{4n\sqrt{3}\,V_d}{\pi}\left[\cos(\omega t) + \sum_{k=1}\frac{1}{k}(-1)^{12k\pm 1}\right] \qquad (16.17)$$

式中 n——变压器的相位匝数比。

如图 16.11（c）所示为最终输出电压的波形图，这是一个 12 阶方波。输出电压基波分量的有效值 $V_{AN1} = 2n\sqrt{6}\,V_d/\pi$。通过调整直流供电电压 V_d 可以调节输出电压。

同样，对于一个 18 阶逆变器而言，它是由三组三相逆变器组成，它们以并联方式与直流电压源连接。相对于第一逆变器，第二和第三逆变器的相移角分别为 20° 和 40°。18 阶逆变器的本质，甚至 24 阶或 48 阶逆变器的本质，都类似于 12 阶逆变器。6 阶的倍数越高，总谐波失真度就越低。

16.5　PWM 逆变器

三相 6 阶逆变器的控制比较简单，并且开关损耗也低，因为在一个基波频率周期内只需要 6 次开关过程。但是，必须指出的是，6 阶电压波的低阶、高阶谐波会制造很大的电流波形失真，除非通过低通滤波器来滤波，或者是利用两个以上的 6 阶逆变器来组合为多逆变器。但是额外的过滤器和逆变器不可避免地会增加额外的经济成本。此外，通过线路侧整流器的调整来实现电压的调节，也有常规的缺点。PWM 逆变器技术可以控制输出交流电压，并通过在逆变器内（具有恒定的直流输入电压）实施多次开关来降低谐波。PWM 技术多种多样，如正弦脉宽调制（SPWM）、滞环电流控制 PWM、随机脉宽调制、空间矢量脉宽调制等。本节将重点放在 SPWM 技术上，因为 SPWM 在工业逆变器领域应用更加广泛。

16.5.1　SPWM 技术基础

众所周知，定频或变频（通常比开关频率低得多）的清洁正弦电压源要使用 DC - AC 逆变器。SPWM 技术可以提供解决方案。SPWM 脉冲如图 16.12 所示。与传统的脉宽调制不同，调制信号（用 $v_{m'}$ 表示）为一个正弦信号，而非直流恒定信号。调制信号 v_m 和高频锯齿波载波信号 v_{cr} 被发送至比较器，同时，交叉点数决定了功率换流器的开关频率。当 $v_m < v_{cr'}$ 时，比较器输出低直流恒压；当 $v_m > v_{cr'}$ 时，比较器产生一个高直流恒压。最终，产生了一个方波脉冲信号。产生

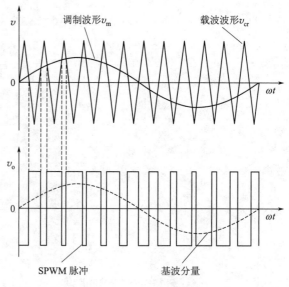

图 16.12　SPWM 脉冲

272

方波的陷口和脉冲宽度以正弦方式变化，产生的脉冲信号基波分量的频率与调制波形的频率相同。因此，可以通过改变调制波形来调节输出振幅和输出频率。

调制指数定义为式（16.18）。

$$M = \frac{V_{\mathrm{m}}}{V_{\mathrm{cr}}} \tag{16.18}$$

式中 V_{m}、V_{cr}——调制波形和载波波形的峰值电压。

理想状态下，调制指数 M 在 0 和 1 之间变化。当 $0<M<1$，就得到线性关系 $V_{\mathrm{m1}} = MV_{\mathrm{DIN}}$，其中，$V_{\mathrm{m1}}$ 是输出电压的基波分量，V_{DIN} 是直流电源电压。因此，当 M 较高时，基本输出电压（正弦波）也较高。调制率定义为式（16.19）。

$$p = \frac{f_{\mathrm{cr}}}{f_{\mathrm{m}}} \tag{16.19}$$

式中 f_{cr}、f_{m}——载波波形和调制波形的频率。

正弦脉宽调制输出谐波约为载波频率的倍数，即式（16.20）。

$$f = kf_{\mathrm{cr}} = kpf_{\mathrm{m}} \tag{16.20}$$

式中 k——一个非零整数。

图 16.13 所示为 SPWM 的谐波幅值，这是 PWM 光谱图的重绘[7]。随着调制指数 M（或调制的深度）减小，基波输出振幅也减少，这符合公式 $V_{\mathrm{m1}} = MV_{\mathrm{DIN}}$。也应当注意到，谐波以团簇形式出现，同时主要分量的频率为 kpf_{m}，$k=1$，2，3，…。谐波振幅随着调制指数 M 的变化而变化。

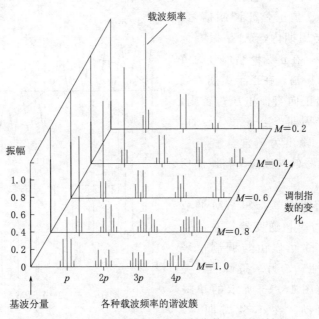

图 16.13　SPWM 谐波振幅、调制指数 M 和调制比 p

16.5.2　单相 SPWM 逆变器

SPWM 技术可以分为双极 SPWM 和单极 SPWM。

16.5.2.1 双极 SPWM 逆变器

如图 16.14 所示，是要研究带 RL 负载的单相逆变器，它是由双极 SPWM 信号触发的。当 $v_m > v_{cr'}$ 时，产生并发出正脉冲信号，触发 VT_1 和 VT_2 打开，触发 VT_3 和 VT_4 关闭。此时，如果负载电流 i_o 处于正方向，那么 VT_1 和 VT_2 将导通；否则，二极管 VD_1 和 VD_2 将打开。在这两种情况下，输出电压 $v_o = V_d$。当 $v_{cr} > v_{m'}$ 时，发送负脉冲信号，触发 VT_3 和 VT_4 打开，触发 VT_1 和 VT_2 关闭。此时，如果负载电流处于反方向，那么 VT_3 和 VT_4 将导通；否则，二极管 VD_3 和 VD_4 打开，负载电压 $v_o = -V_d$。电压的输出波形如图 16.15 所示。

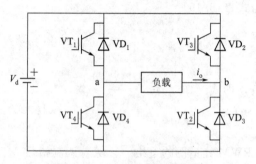

图 16.14 SPMW 单相逆变器

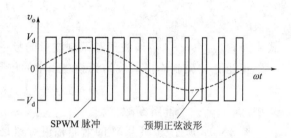

图 16.15 SPWM 单相逆变器的输出电压

16.5.2.2 单极 SPWM 逆变器

与双极 SPWM 不同，单极 SPWM 产生脉冲信号时，正负半周期的极性是不同的，如图 16.16 所示。v_m 是正弦波调制信号，在调制信号的正半周期内，v_{cr} 是振幅为正的锯齿载波信号，在正弦调制信号的负半周期内，它是负振幅。在正半周期，当 $v_m > V_{cr'}$ 时，输出正向直流电压；否则，为零输出。在负半周期，当 $v_m > V_{cr'}$ 时，为零输出，否则，输出为负常数直流电压。已生成脉冲信号的基波频率与调制信号的频率相同。

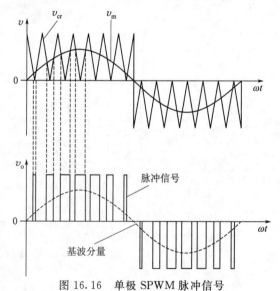

图 16.16 单极 SPWM 脉冲信号

下面介绍如何使用单极 SPWM 调节如图 16.14 所示的单相逆变器。左侧臂的开关 VT_1 和 VT_4 可以由与调制信号 v_m 同步的方波来驱动，另一条臂的开关 VT_2 和 VT_3 则由图 16.16 所示的单极 SPWM 信号来驱动。在正半周期内，VT_1 保持接通，VT_4 关闭，VT_3 和 VT_2 被 SPWM 脉冲交替触发开、关。具体而言，当 $v_m > v_{cr'}$，VT_2 触发打开，VT_3 触发关闭，负载电压 $v_o = V_d$。当 $v_m < v_{cr'}$，VT_2 触发关闭，VT_3 触发打开，$v_0 = 0$。在负半周期内，VT_4 保持导通，VT_1 关断，同时，

开关 VT_2 和 VT_3 依次被开、关。当 $v_m < v_{cr'}$，VT_3 触发打开，VT_2 触发关闭，使负载电压 $v_o = -V_d$。当 $v_m > v_{cr'}$，VT_3 触发关闭，VT_2 被打开，所以 $v_0 = 0$。就此可以得到如图 16.17 所示的输出电压波形。

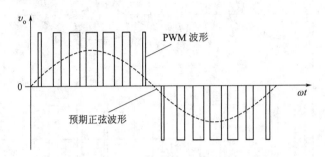

图 16.17　单极 SPWM 单相逆变器的输出电压

16.5.3　三相 SPWM 逆变器

三相 SPWM 逆变器通常采用双极 SPWM 控制方式，如图 16.18 所示。3 个正弦调制波形 v_{mA}、v_{mB} 和 v_{mC}，它们之间每隔 120°相互替代。公共载波波形是一种锯齿波信号，用 v_{cr} 表示。每条臂的触发方式相同。用 A 相来说明工作原理。当 $u_{mA} > v_{cr'}$，VT_4 触发关闭，向 VT_1 发送触发打开信号。如果负载电流为负，VD_1 打开；否则，VT_1 接通。在这两种情况下，都有 $v_{AN'} = V_d/2$。同样，当 $u_{mA} < v_{cr'}$，VT_1 触发关闭，VT_4（或 VD_4）打开，使 $v_{AN'} = -(V_d/2)$。从而可以得到波形 $v_{AN'}$、$v_{BN'}$ 和 $v_{CN'}$，如图 16.19 所示。又有 $v_{AB} = v_{AN'} - v_{BN'}$，$v_{AN} = v_{AN'} - (v_{AN'} + v_{BN'} + v_{CN'})/3$，可以分别绘制线电压和相电压的波形。同时，可以看到相电压 v_{AN} 有 5 个电压等级，包括 0、$\pm V_d/3$ 以及 $\pm 2V_d/3$；同时，线电压 v_{AB} 有三个电压等级，包括 0 和 $\pm V_d$。

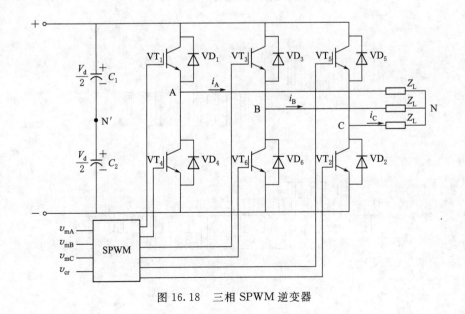

图 16.18　三相 SPWM 逆变器

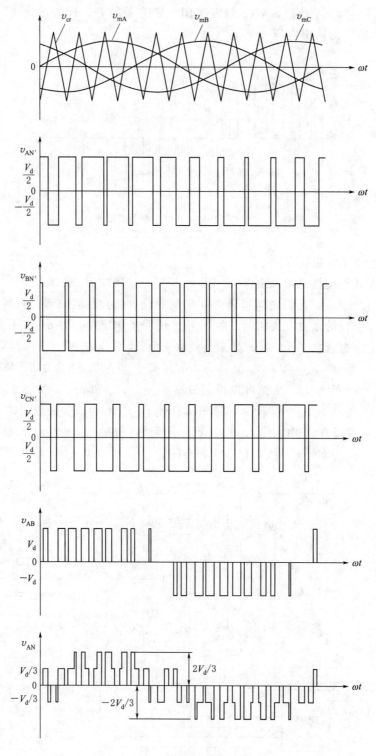

图 16.19 SPWM 三相逆变器波形

16.6 电流源型逆变器

理想情况下，电流源型逆变器的直流电源是具有无限戴维南阻抗的恒流源。然而，实际操作中不大会出现理想的电流源。一般来说，会利用带有回馈环路的可控整流器与具有足够大电感的直流线路来产生一个接近理想化的直流电流源。在恒定电流源下，交流输出电流的波形不受负载条件的影响。如图 16.20 所示是一个典型电流源型逆变器，其中直流电压可视为在经过 DC - AC 逆变器整流后的输出电压。直流侧的大电感 L_d 用来平滑电流纹波。续流二极管对于电流源型逆变器来说变得多余，因此，进入逆变器臂的所有电流不能改变其极性。因为电流源型逆变器的功率半导体元器件必须能够承受反向电压，所以不能使用标准的非对称电压闭锁装置，例如功率 BJT、功率 MOSFET、IGBT、MCT、IGCT 和 GTO 等。因此，在电流源型逆变器中，应该使用对称电压阻断功率半导体元器件，如 GTO 和可控硅整流器（也称为晶闸管）。电流源型逆变器的特性如下：

（1）为平滑电流纹波将一个大电感串联到直流侧。直流侧的电流几乎是恒定的，且阻抗很大。

（2）交流输出电流的波形为方形，并且独立于阻抗角。但交流输出电压和相位的波形受阻抗角的影响。

（3）对于在交流侧的 RL 负载，直流电源向负载提供无功功率。当无功功率回馈到电源时，直流侧的电流不会改变流动方向。因此，在电流源型逆变器中，续流二极管变得有点多余，那么可以在尺寸和重量方面进行缩减，并提高其可靠性。

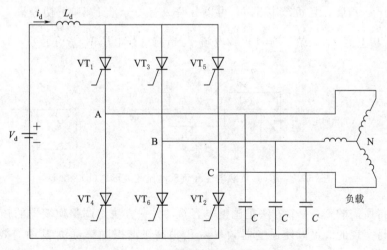

图 16.20 典型的电流源型逆变器

16.6.1 单相电流源型逆变器

单相电流源型逆变器如图 16.21 所示，其中直流电源由桥式整流器提供，并且与电感器串联，同时，RL 负载与电容并联。电容的目的是令有效负载的电流超前于电压，从而实现晶闸管的负载换流。该电路通常用于高频感应加热应用中。假定与直流电源连接的电感足够大以至于能够平滑直流电流源的纹波，同时，电容能够完美过滤谐波电流。

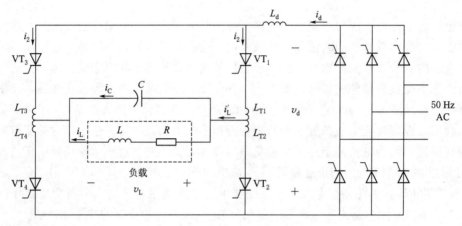

图 16.21 单相电流源型逆变器

那么负载电压和负载电流的波形如图 16.22（a）所示。开关对（VT_1，VT_4）与（VT_2，VT_3）以 180°为间隔交替开关，从而在输出端产生一个方波电流。负载电流的基波分量超前正弦波输出 β 角度。当开关对（VT_1，VT_4）接通时，（VT_2，VT_3）被施加了一个负电压，持续角度为 β，并导致负载换流。因为 $\beta = \omega t_q$，β 的最小值足够确保在时间 t_q 内晶闸管能被关闭。负载电压和电流的相量如图 16.22（b）所示。RL 负载电流 $\dot{I}_L$ 滞后负载电压 φ 角度，且负载电流 $\dot{I}_L$ 可以分解成有功分量 $\dot{I}_P$ 和无功分量 $\dot{I}_Q$。电容电流 $\dot{I}_C$ 克服了无功电流 $\dot{I}_Q$，结果有效负载电流 $\dot{I}'_L$ 超前负载电压 V_L β 角度。

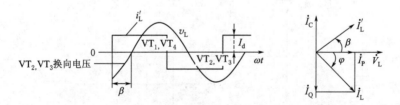

图 16.22 （a）负载电压和负载电流的波形；（b）相量

为了获得所需的 β，一个方法是调整电容 C，另一方法是调整逆变器的频率 ω。显然，后者是最容易实现的。可以使逆变器频率 ω 稍稍高于谐振频率 ω_r，其中有效载荷被认为是一个并联谐振电路，所以有效负荷的功率因数 $\cos\beta$ 为超前的。锁相环控制可以用来调节逆变器的频率。从图 16.23 可以看到，与理想的 β 相比较，图中的 β（逆变器频率的函数）形成了一个反馈回路，用 β^* 表示，这样实际的 β 就能够追踪 β^*。对于感应加热式负载，频率变化是无关紧要的。另

图 16.23 锁相环控制

外，在变频操作中，一个恒定的临界时间 t_β 是符合要求的，而不是一个恒定的临界角 β。对于常数 β 来说，当频率增加时，临界时间 t_β 也会增加。若大于实际需要的临界时间 t_β，将会导致逆变器出现不必要的无功负载。

16.6.2　三相电流源型逆变器

如图 16.24 所示为三相桥式 ASCI 逆变器。

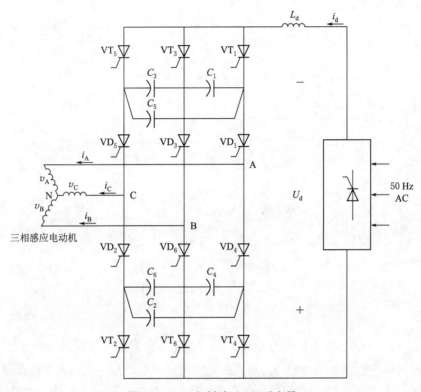

图 16.24　三相桥式 ASCI 逆变器

在图 16.24 中，负载是一个感应电动机，可以大致描述为一个单相等效电路，其中包括与有效漏电感 L 串联的正弦反电动势（CEMF）。在感应电机停转状态下，正弦反电动势变为零，这样可以理想地认为电动机是一个感性负载。晶闸管 $VT_1 \sim VT_6$ 为主开关，每个按顺序接通，相差 $120°$ 角，从而形成 6 阶电流波形。值得注意的是，每个晶闸管都串联一个二极管，同时一组等值电容以三角形式分别连接到上、下两组晶闸管。二极管和电容器组构成了强制换向组件，其中电容储存带有正确交换极性的电荷，同时串联的二极管隔离了负载和电容。在正常操作期间，上、下两组设备独立操作，同时，每个基波频率周期内都会进行 6 次换向。

从 VT_2 至 VT_4 换向期间的等效 ASCI 电路如图 16.25 所示。其他的换向电路也都类似。当 VT_4 导通时，VT_2 会受到电容器组间反向电压的影响，所以 VT_2 一经触发即被关闭。因此，直流电流 I_d 流过 VT_3 和 VD_3，电机的 b 相和 c 相，二极管 VD_2，下部电容器组以及 VT_4，并最终到达电源负极。下部电容器组会被充电。当恒定电流给电容器组充电时，负载电感两端没有电压降。充电会一直持续，直到电容器间电压与线电压 v_{ca} 相等。最终，二极管 VD_4 导通，使得电流 I_d 被完全传输到 VD_4 并终止换向过程。

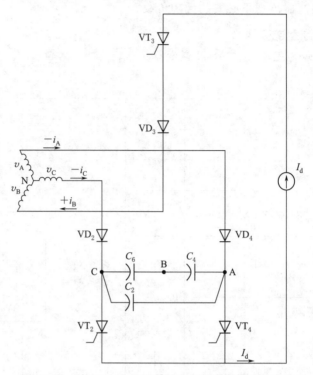

图 16.25　从 VT_2 至 VT_4 换向期间的等效 ASCI 电路

　　根据 L（di_L/dt），在电流传输期间，每个电感上会诱发一个大的尖峰电压，该尖峰电压会引起电机正弦反电动势增加。电机的尖峰电压是一个棘手的问题，可以通过在电机端子上安装一个带有齐纳二极管负载的二极管桥式电路来减弱它。此外，在设计电机时，可以选择低漏电感，从而减小尖峰电压。

　　ASCI 变频调速感应电动机的电容有中型或大型，并已被广泛应用于各种工业系统。

　　多阶的电流源型逆变器可以解决 6 阶电流源型逆变器导致的谐波发热和转矩脉动等问题。通过串联连接两个以上的 6 阶电流源型逆变器可以实现多阶电流源型逆变器，其中这些 6 阶逆变器之间存在一个预设的相位移。此外，PWM 逆变器可以提供一个强有力的替代方法来克服 6 阶电流波形的缺点，例如谐波加热、扭矩脉动和噪声。通过利用全时段谐波器组使负载电流接近正弦波，可以进一步过滤 PWM 电流波的谐波。电流源型逆变器的 PWM 技术与电压源型逆变器的 PWM 技术稍有不同。一般用于电流源型逆变器的 PWM 技术包括梯形 PWM 和选择性消谐 PWM 技术，由于篇幅有限不再赘述。通过参照参考文献［1-11］，特别是参考文献［2］，可以复习本节（电流源型逆变器）。读者还可以参考参考文献［1-11］，进一步了解有关各种电流源型逆变器及其应用技术的详细内容。

16.7 总结

依照直流电源的分类，DC–AC 逆变器可分为电压源型逆变器和电流源型逆变器。值得注意的是，当在 RL 负载间的电流和电压具有相反极性时，电压源型逆变器连续流二极管，为从负载到电源的无功功率提供通道。但在电流源型逆变器中不存在续流二极管，这减小了电源电路的尺寸和重量，并提高了逆变器的可靠性。逆变器既可以在方波模式下操作，也可以在 PWM 模式下操作。方波模式逆变器的操作简单，功耗低，但是谐波失真比较高。而通过减少谐波失真，PWM 模式下的逆变器可以产生更高质量的输出电能。通过使用滤波技术，例如主动谐波滤波器（PWM 频率足够高时的静态无功补偿器）、*LC* 滤波器、电容器组等，可以进一步提高输出质量。在 DC–AC 的直接转换或 AC–AC 的间接转换方案中，DC–AC 逆变器具有广阔的应用前景，它在当前的可再生能源转换中发挥了重要作用。

本章对电压源型逆变器的工作原理进行了详细论述，包括单相半桥逆变器、单相全桥逆变器、三相桥式逆变器、多阶逆变器和 PWM 逆变器。此外，还介绍了电流源型逆变器，包括单相逆变器和三相逆变器。

问题

1. 给定一个具备 *RL* 负载的单相半桥电压源型逆变器，绘制负载电压和电流的波形并解释该电路的工作原理。如果电源的直流电压为 100V，那么请计算输出电压基波分量的峰值和有效值。

2. 在输出波形草图的帮助下，解释具备 *RL* 负载的单相全桥电压源型逆变器的工作原理。

3. 简要解释相移电压控制的概念，以及续流二极管在单相全桥电压源型逆变器中的作用。

4. 在方波模式中的输出波形草图帮助下，解释三相全桥电压源型逆变器的工作原理。

5. 计算直流电源为 200V 的三相桥式电压源型逆变器的相位和输出线电压基波分量的有效值。计算逆变器内输出相电压的 5 次和 7 次谐波的电压有效值。

6. 如果同时接通同一个桥臂的开关会发生什么？有什么办法可以避免这种情况吗？

7. 解释为什么通过使用多阶骤反相器（例如 12 阶梯逆变器）可以显著减少输出总谐波失真。

8. 在电路、相量以及输出波形的帮助下，解释 12 阶逆变器的工作原理。

9. 解释 PWM 逆变器相比 6 阶逆变器和多阶逆变器的优点和缺点。

10. 利用图文描述 SPWM 原理。

11. 简要说明调制指数和调制比的概念，并利用 SPWM 来说明它们与谐波振幅的关系。描述如何调节 SPWM 逆变器输出电压的频率和振幅。

12. 通过使用双极 SPWM 技术，解释带有 *RL* 负载的单相全桥逆变器的工作原理。

13. 通过使用单极 SPWM 技术，解释带有 *RL* 负载的单相全桥逆变器的工作原理。

14. 在调制信号、载波信号、输出相位和线电压波形图的帮助下，说明三相 SPWM 逆变器的工作原理。

15. 解释如图 16.21 所示单相电流源型逆变器所利用的负载换流技术。

16. 解释如图 16.24 所示三相 ASCI 的工作原理。

17. 解释在三相电流源型逆变电动机系统中如何降低电机的尖峰电压。

18. 在电流源型逆变器中与开关串联连接的二极管有什么功能？

19. 比较电压源型逆变器和电流源型逆变器的特性。

参考文献

[1]　Bird B，King K，Pedder D. An introduction to power electronics. John Wiley & Sons：New York，USA；1993.

[2]　Bose BK. Modern power electronics and AC drives. Prentice Hall PTR：New Jersey，USA；2002.

[3]　Erickson R，Maksimovic D. Fundamentals of power electronics. Kluwer Academic Plenum Publisher：New York，USA；2004.

[4]　Lander C. Power electronics. McGraw – Hill Higher Education：London，UK；1994.

[5]　Mohan N，Robbins W，Undeland T. Power electronics：converters，applications and design. John Wiley & Sons：New York，USA；2003.

[6]　Rashid M. Power electronics：circuits，devices and applications. Prentice Hall：New Jersey，USA；2014.

[7]　Salam Z. Power electronics and drives. Johor Bahru：UTM；2003.

[8]　Trzynadloswski A. Introduction to modern power electronics. John Wiley & Sons：New York，USA；2010.

[9]　Wang ZA，Liu J. Power electronics technology. China Machine Press：Beijing；2009.

[10]　Zhong Q，Hornic T. Control of power inverters in renewable energy and smart grid integration. Wiley：Chichester，UK；2013.

[11]　Abu – Rub H，Malinowski M，Al – Haddad K. Power electronics for renewable energy systems，transportation and industrial applications. Wiley：Chichester，UK；2014.

17 电 力 传 输

Miszaina Osman，*Izham Zainal Abidin*，
Tuan Ab Rashid Tuan Abdullah，*Marayati Marsadek*
College of Engineering，Universiti Tenaga Nasional，
Jalan IKRAM-UNITEN，
Selangor Darul Ehsan，Malaysia

17.1 引言

电网输电系统的目的是将电能从发电输送到配电网。输电网在与邻国电网的联网中还扮演着互联互通的作用，使在正常和紧急状况下均能实现电能的经济调度。

由于交流电在导体中流动，输电线的电气性能由电阻、电感、电容和电导等表征。带电导体周围的磁场和电场产生了电感和电容，利用这两个参数可以创建输电线模型。流经绝缘体和空气中电离通道的漏电电流，则在电路中由并联电导表示。

17.2 架空输电线

输电线由导体、支撑结构和其他设备如绝缘体、间隔棒、跳线等构成。一少部分传输线的典型结构是电线杆、晶格结构和 H 型结构。导体挂在通常由钢铁、木材和钢筋混凝土制成的塔或者建筑物上。大部分输电线也装有屏蔽线和避雷设施如避雷器。传输电压等级通常高于 110kV，配电电压等级低于 33kV。高于 230kV 的电压为超高压，而高于 765kV 则为特高压。

高压输电线常用的导体材料为钢芯铝线（ACSR）、全铝导线（AAC）、全铝合金导线（AAAC）和铝合金芯铝绞线（ACAR）。由于这些导线成本低，强度重量比高，因此广泛应用于输电和配电系统。这些导线的具体特点可见制造商数据表。将导线绞合以增强其稳定性和灵活性，中心是一条钢绞线，周围包裹许多层铝链。为了散热，架空电力线路的导线是裸露的（无绝缘层）。长久以来，铝合金芯铝绞线导线广泛用于架空高压输电线，经济性和可靠性较好。典型的铝合金芯铝绞线和标准样式如图 17.1 所示。

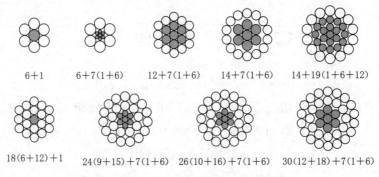

6+1　　6+7(1+6)　　12+7(1+6)　　14+7(1+6)　　14+19(1+6+12)

18(6+12)+1　24(9+15)+7(1+6)　26(10+16)+7(1+6)　30(12+18)+7(1+6)

图 17.1　典型的铝合金芯铝绞线和标准样式

17.3　输电线参数

根据电力系统分析，一根典型的传输线可由其电阻、电感或感性阻抗、电容或容性阻抗和漏泄电阻表示。

17.3.1　线路电阻

线路电阻决定线路的效率和成本。在特定温度下，一根实心圆形导线的直流电阻表示为式（17.1）。

$$R_{DC} = \frac{\rho l}{A} \Omega \qquad (17.1)$$

式中　ρ——电阻率；

　　　l——导体长度；

　　　A——导线横截面面积。

影响导体电阻的因素为频率、盘旋形式和温度。当交流电流进入导线，便会产生集肤效应。因此，电流不会在导线的横截面上均匀分布，导线表面的电流密度最大。因此，交流电阻比直流电阻稍高。盘旋的绞合导线比成品导线长，从而制造出一个更高的交流电阻。

随着温度升高，导体电阻也升高。计算式为式（17.2）。

$$R_2 = R_1 \frac{T + t_2}{T + t_1} \qquad (17.2)$$

式中　R_2、R_1——t_2 和 t_1 的导体电阻；

　　　T——恒定温度，依导体材料而定，例如，硬铜 T 为 241K，软铜 T 则为 234.5K。

17.3.2　线路电感

17.3.2.1　单相架空线

图 17.2 所示为单相架空线，由两根半径为 r，距离为 D 的实心圆形导线构成。

假设电流从导线 X 流到导线 Y。电流会使两根导线之间产生电磁场。因此，导线电

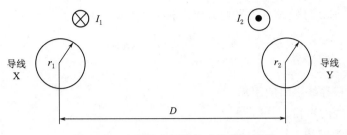

图 17.2　由两根金属线构成的单相导线

感表示为式（17.3）。

$$L=0.2\ln\frac{D}{D_s}(\text{mH/km}) \tag{17.3}$$

式中　D——两根导线间的距离；

　　　D_s——几何平均半径（GMR）。

通常制造商会提供绞合导线的平均几何半径，一根实心圆柱导线的平均几何半径为 $re^{-1/4}$ 或 $0.7788r$。

17.3.2.2　三相架空线

事实上，由于结构限制，输电线的导线之间不能保持对称间距。一根三相线路的导线对称间距如图 17.3 所示。

对于一个给定的导线布置，电感和电容的平均值可由等效等边间距来表示。几何均距（GMD）即为等效等边间距，其计算式为式（17.4）。

$$\text{GMD}=\sqrt[3]{D_{ab}D_{bc}D_{ca}} \tag{17.4}$$

在实践中，传输线的导线是可调换的。通常在交换站调换导线的位置。因此，每段导线的平均电感为式（17.5）。

$$L=0.2\ln\frac{\text{GMD}}{D_s}(\text{mH/km}) \tag{17.5}$$

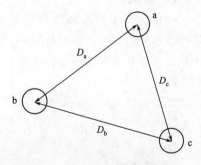

图 17.3　间距不对称的三相线路

通常，高压输电线由分裂导线构成，包括 2 根、3 根或 4 根子导线。分裂导线的子导线由间隔棒隔开。分裂导线的平均几何半径计算如下：

$$\text{GMR}_L=D_s^b=\sqrt{D_s d}（\text{二分裂导线}） \tag{17.6}$$

$$\text{GMR}_L=D_s^b\sqrt[3]{D_s d^2}（\text{三分裂导线}） \tag{17.7}$$

$$\text{GMR}_L=D_s^b=1.09\sqrt[4]{D_s d^3}（\text{四分裂导线}） \tag{17.8}$$

17.3.3　线路电容

17.3.3.1　单相架空线

在图 17.2 中，单相线路的导线半径为 r，且导线间的距离为 D。如果导线 X 和 Y 通电，第二根导线和地面会影响第一根导线的场。然而，由于半径 r 大于 D，且导线距地高度大于距离 D，那么可假设电流平均分配。相电容为式（17.9）。

$$C = \frac{0.0556}{\ln \dfrac{D}{r}}(\mu F/km)$$
(17.9)

式中　D——两根导线之间的距离；

　　　r——导线的半径。

17.3.3.2　三相架空线

类似于电感的计算，一根三相导线的电容值会将三段的几何均距纳入其中。计算式为式（17.10）。

$$C = \frac{0.0556}{\ln \dfrac{GMD}{r}}(\mu F/km)$$
(17.10)

在电容计算中，分裂效应采用等效半径 r^b。分裂导线的 r^b 计算为式（17.11）～式（17.13）。

$$r^b = \sqrt{rd}\,（二分裂导线）$$
(17.11)

$$r^b = \sqrt[3]{rd^2}\,（三分裂导线）$$
(17.12)

$$r^b = 1.09\sqrt[4]{rd^3}\,（四分裂导线）$$
(17.13)

【例 17.1】

一根 500kV 的三相传输线长为 100km，由一根 1272000cmil[❶] 钢芯铝线构成，45/7 导线每相结构扁平，间隔为 10m。导线直径为 3.4160cm，平均几何半径为 1.3560cm。请计算该结构每相电感和每相电容。

解：

从式（17.4）可知

$$GMD = \sqrt[3]{D_{12}D_{23}D_{13}} = \sqrt[3]{(10)(10)(20)} = 12.5992m$$

$$r = \frac{3.4160}{2} = 1.708cm = 0.01708m$$

由式（17.5）有

$$L = 0.2\ln\frac{GMD}{D_s}(mH/km) = 0.2\ln\frac{12.5992}{0.013560} = 1.3669mH/km$$

由式（17.10）有

$$C = \frac{0.0556}{\ln \dfrac{GMD}{r}}(\mu F/km) = \frac{0.0556}{\ln \dfrac{12.5992}{0.01708}}\mu F/km = 0.00842\mu F/km$$

【例 17.2】

［例 17.1］ 中的线路现替换为一根二分裂 1272000cmil 钢芯铝线，24/7 导线每相结构

---

❶　cmil：圆密尔，面积单位（美国），$1mm^2 = 1550cmil$。

扁平，从捆的中心开始测量距离为 10m。在一捆中各导线的间隔为 45cm，直径为 2.4816cm，平均几何半径为 1.0028cm。请计算该结构每相电感和每相电容。

解：

$$r = \frac{2.4816}{2} = 1.2408\text{cm} = 0.012408\text{m}$$

由式（17.6）有

$$\text{GMR}_\text{L} = \sqrt{D_\text{s} \times d} = \sqrt{0.010028 \times (0.45)} = 0.0672\text{m}$$

$$L = 0.2\ln\frac{\text{GMD}}{\text{GMR}_\text{L}}(\text{mH/km}) = 0.2\ln\frac{12.5992}{0.0672} = 1.0467\text{mH/km}$$

由式（17.11）有

$$\text{GMR}_\text{C} = r^\text{b} = \sqrt{rd} = \sqrt{0.012408 \times 0.45} = 0.0747\text{m}$$

$$C = \frac{0.0556}{\ln\dfrac{\text{GMD}}{\text{GMR}_\text{C}}}(\mu\text{F/km}) = \frac{0.0556}{\ln\dfrac{12.5992}{0.0747}}\mu\text{F/km} = 0.0108\mu\text{F/km}$$

17.4 输电线表示法

本节采用 π 模型表示输电线路，也可以用 T 模型表示。这两种模型基于输电线电压、电流和功率的计算公式。在一根输电线中存在电压和电流参数，一般在线路末端可得。通过这些数值可以计算位于线路另一端的其他未知参数。该模型可用于评估一个电力系统的设计和操作性能，如线路效率、损耗和线路稳态和瞬态条件下潮流的范围。此外，该模型还可用于研究总线电压和电流的线路参数影响。

出于讨论目的，认为一个电力系统包括发电机、输电线路和三相负载 Z_L，集中参数 $Z = R + \text{j}\omega L$。该系统的连接形式为 Y 形连接。发电机、输电线和负载的原理图如图 17.4 所示。线路参数由集中参数表示，忽略线路电容。

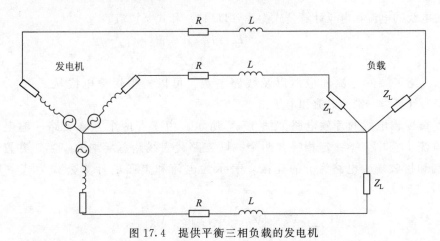

图 17.4　提供平衡三相负载的发电机

通常，输电线在一个平衡三相负载中运行。三相示意图的单相等效电路可用于本章的简化讨论和计算。单相等效电路添加中性电容如图 17.5 所示。线路的总电容 C 在输电端和接收端平分，标为 $C/2$。为区分线路总串联阻抗和单位长度串联阻抗，所采用标志如下：z 为每相单位长度串联阻抗；y 为相对中性点的单位长度并联导纳；l 为线路长度；$Z=zl$ 为每相总串联导纳；$Y=yl$ 为相对中性点总并联导纳；$\gamma=\alpha+\mathrm{j}\beta$，一个传播常数，其实数部分为衰减常数 α，每单位长度以奈培为单位测量。其正交部分为相位常数 β，每单位长度以弧度为单位测量。

Zc 为线路特性阻抗。

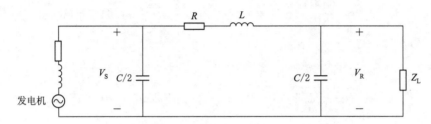

图 17.5 单相等效电路添加中性电容

一根短输电线的等效电路如图 17.6 所示，输电端和接收端电流 I_S 和 I_R 相同，因为没有并联支路。V_S 和 V_R 为输电端和接收端的相电压。线路阻抗 $Z=R+\mathrm{j}\omega L$。

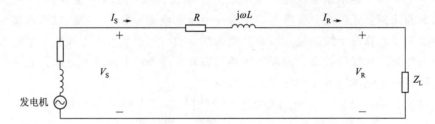

图 17.6 短输电线的等效电路

短输电线的电流和电压计算公式为式（17.14）和式（17.15）。

$$I_S=I_R \tag{17.14}$$

$$V_S=V_R+I_R Z \tag{17.15}$$

根据线路一端的电流和电压以及线路参数，可以模拟短输电线从式（17.14）和式（17.15)计算另一端的电流和电压。

中等长度输电线的等效电路如图 17.7 所示。由于有两个并联支路，输电端和接收端的电流 I_S 和 I_R 不一定相等。两个并联支路代表线路总导纳的一半，并置于线路的输电端和接收端。电路为 π 的连接，表示为电流和电压的计算公式为式（17.16）和式（17.17）。

$$V_S=\left(V_R\,\frac{Y}{2}+I_R\right)Z+V_R \tag{17.16}$$

$$V_S=\left(\frac{ZY}{2}+1\right)V_R+ZI_R \tag{17.17}$$

288

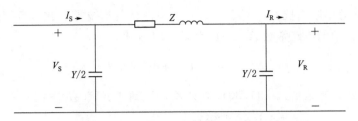

图 17.7　中等长度输电线的等效电路

注意：输电端并联电容中的电流为 $V_S(Y/2)$，加上串联支路的电流得出 I_S，因此有式（17.18）。

$$I_S = V_S \frac{Y}{2} + V_R \frac{Y}{2} + I_R \tag{17.18}$$

将式（17.17）得到的 V_S 代入式（17.18）得出式（17.19）。

$$I_S = V_R Y \left(1 + \frac{ZY}{4}\right) + \left(\frac{ZY}{2} + 1\right) I_R \tag{17.19}$$

从 T 型电路模型也可推导出相应方程。下文线路所有并联导纳集中在 T 型并联支路中，而串联阻抗则平均分配于两个串联支路中。

前两个例子中，集中参数用于表示短输电线和中等长度输电线的线路常数。然而标称 π 模型可能无法精确表示一根长输电线，因为标称模型未将长输电线的均匀分布常数纳入考虑。尽管如此，长输电线等效电路可通过修改中等长度输电线的模型来实现。

出于讨论目的，串联等效电路 π 表示为 Z'，而并联支路为 $Y'/2$，以与标称 π 模型参数区分。接下来，分别替换式（17.17）的 Z 和 $Y/2$，输电端电压为式（17.20）。

$$V_S = \left(\frac{Z'Y'}{2} + 1\right) V_R + Z' I_R \tag{17.20}$$

注意，长输电线的广义电路常数为式（17.21）～式（17.24）。

$$A = \cosh(\gamma l) \tag{17.21}$$

$$B = Z_C \sinh(\gamma l) \tag{17.22}$$

$$C = \frac{\sinh(\gamma l)}{Z_C} \tag{17.23}$$

$$D = \cosh(\gamma l) \tag{17.24}$$

线路方程为式（17.25）和式（17.26）。

$$V_S = A V_R + B I_R \tag{17.25}$$

$$I_S = C V_R + D I_R \tag{17.26}$$

检查并联立式（17.20）和式（17.25）中的系数，可推论出式（17.27）～式（17.29）。

$$Z' = Z_C \sinh(\gamma l) \tag{17.27}$$

$$Z' = \sqrt{\frac{z}{y}} \sinh(\gamma l) = zl \frac{\sinh(\gamma l)}{\sqrt{zl}\, l} \tag{17.28}$$

$$Z' = Z \frac{\sinh(\gamma l)}{\gamma l} \tag{17.29}$$

Z 等于线路总串联阻抗 zl。对于 π 型等效电路的并联支路，式（17.20）中 V_R 系数等于式（17.21）中的电路常数 A，因此有式（17.30）。

$$\frac{Z'Y'}{2}+1=\cosh(\gamma l) \tag{17.30}$$

用式（17.27）来抵消式（17.30）中的 Z'，得到式（17.31）。

$$\frac{Y'Z_C\sinh(\gamma l)}{2}+1=\cosh(\gamma l) \tag{17.31}$$

重新整理式（17.31），得到式（17.32）。

$$\frac{Y'}{2}=\frac{1}{Z_C}\frac{\cosh(\gamma l)-1}{\sinh(\gamma l)} \tag{17.32}$$

根据式（17.29）和式（17.32），可推导出长输电线的 π 型等效电路，如图 17.8 所示。

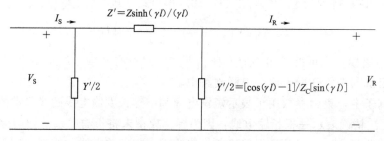

图 17.8　长输电线的 π 型等效电路

17.5　二端口网络输电线和潮流

在能量从发电端传输到负载的过程中，输电线扮演着重要的角色。从电力系统分析角度看，输电线模型对于确保更好表征输电线尤为重要。17.4 节导出了详细的线路模型。假设这是一个完美的精细模型，然而，从电路系统仿真角度看，简化模型更优。总之，根据线路距离，输电线模型可分为以下三类：①短线模型（小于 80km）；②中长线路模型（80~250km）；③长线路模型（大于 250km）。

17.5.1　二端口模型

二端口模型是一个确定不同类型输电线路使用正确模型参数的极简方法。图 17.9 所示为二端口模型。

假设输电线模型为一个黑匣子，配有输电端电流 I_S 和输入电压 V_S，以及接收端电流 I_R 和输出电压 V_R。基于图 17.9，导出方程为式（17.33）和式（17.34）。

$$V_S=AV_R+BI_R \tag{17.33}$$
$$I_S=CV_R+DI_R \tag{17.34}$$

矩阵为式（17.35）。

$$\begin{bmatrix} V_S \\ I_S \end{bmatrix}=\begin{bmatrix} A & B \\ C & D \end{bmatrix}\begin{bmatrix} V_R \\ I_R \end{bmatrix} \tag{17.35}$$

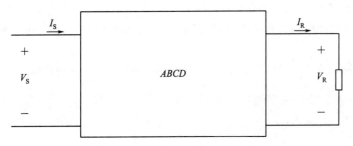

图 17.9　二端口模型

17.5.2　短线模型

短线模型指长度小于 80km 的线路。因为线路电容的影响可以忽略不计，因此短线模型为单位长度串联阻抗乘以线路总长，如式（17.36）所示。图 17.6 所示为短线模型线路图。

$$Z_{line} = (R + j\omega L) l_{line} = R + jX \tag{17.36}$$

式中　R——线路单位长度的每相电阻；

L——线路单位长度的每相电感；

l_{line}——线路总长，km。

短线二端口模型表示为式（17.37）。

$$A = 1, \ B = Z, \ C = 0, \ D = 1 \tag{17.37}$$

17.5.3　中长线路模型

当线路大于 80km、小于 250km 时，该线路为中长线路。对于这种长度的线路，并联电容会影响到线路总电容。图 17.7 为电路描述。中长线二端口 $ABCD$ 模型为式（17.38）。

$$A = 1 + \frac{ZY}{2}, \ B = Z, \ C = Y\left(1 + \frac{ZY}{4}\right), \ D = 1 + \frac{ZY}{2} \tag{17.38}$$

17.5.4　长线路模型

如果线路大于 250km，确定总体线路阻抗时则要考虑分布参数。图 17.10 为电路描述。长线两端口 $ABCD$ 模型为式（17.39）。

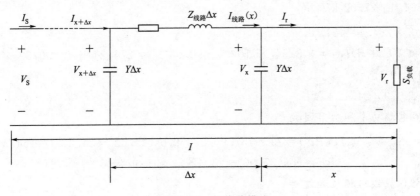

图 17.10　长线路模式

$$A = \cosh(\gamma l), \quad B = Z_c \sinh(\gamma l), \quad C = \frac{1}{Z_c}\sinh(\gamma l), \quad D = \cosh(\gamma l) \tag{17.39}$$

其中 $\gamma = \sqrt{zy}$（传播常数），$Z_c = \sqrt{\dfrac{z}{y}}$（特性阻抗），$l$ 为线路长度。

此前提到的模型可进一步通过无损模型假设进一步简化，其中二端口 $ABCD$ 模型为式（17.40）。

$$A = \cos(\beta l), \quad B = jZ_c \sin(\beta l), \quad C = j\frac{1}{Z_c}\sin(\beta l), \quad D = \cos(\beta l) \tag{17.40}$$

其中 l 为线路长度，$\beta = \omega\sqrt{LC}$（相位常量），$Z_c = \sqrt{\dfrac{z}{y}}$（特性阻抗）。

【例 17.3】

一根 500kV、60Hz 的三相线路，长 180km，以 475kV 和 0.95（超前）功率因数向接收端传输 1600MW，并达到全负载。串联阻抗 z 为 $0.0201 + j0.335\ \Omega/\varnothing/\text{km}$，并联导纳 y 为 $j4.807 \times 10^{-6}\ \text{S}/\varnothing/\text{km}$。利用 π 模型电路，确定模型的 $ABCD$ 参数、输电端电压和电流，输电端功率和功率因数，全负载线路损耗、效率和电压变动率。

解：

使用中长线路模型

$$\begin{aligned}
A = D &= 1 + \frac{YZ}{Z} = 1 + \frac{1}{2}(0.336 \times 180\angle186.6°)(4.807 \times 10^{-6}180\angle90°)\\
&= 0.9739\angle0.0912°\text{pu}
\end{aligned}$$

$$B = Z = zl = 0.336 \times 180\angle86.6° = 60.48\angle86.6°\ \Omega$$

$$C = Y\left(1 + \frac{YZ}{4}\right) = (4.307 \times 10^{-6} \times 180\angle90°)(1 + 0.0131\angle176.6°) = 8.54 \times 10^{-4}\angle90.05°\ \text{S}$$

计算输电端电压和电流为

$$V_R = \frac{475}{\sqrt{3}}\angle0° = 274.24\angle0°(\text{kV}), \quad I_s = \frac{P_R\angle\arccos(PF)}{\sqrt{3} \times V_{R\text{-LL}(PF)}} = \frac{1600\text{MVA}\angle\arccos(0.95)}{\sqrt{3} \times 475\text{kV}(0.95)}$$

$$= 2.047\angle18.19°\text{kA}$$

$$\begin{aligned}
V_S = AV_R + BI_R &= (0.9739\angle0.0912°) \times 274.24 + (60.48\angle86.6°)(2.047\angle18.19°)\\
&= 264.4\angle27.02°\text{kV}
\end{aligned}$$

$$V_S = \sqrt{3} \times 264.4 = 457.9\text{kV}$$

$$\begin{aligned}
I_S = CV_R + DI_R &= (8.54 \times 10^{-4}\angle90.05°) \times 274.24 + (0.9739\angle0.0912°)\\
(2.047\angle18.19°)&\\
&= 2.079\angle24.42°\text{kA}
\end{aligned}$$

计算输电端功率和功率因数

$$P_S = \sqrt{3} \times V_{S-3\varnothing}I_S(PF) = \sqrt{3} \times 457.9 \times 2.079\cos(27.02° - 24.42°) = 1647\text{MW}$$

$$PF = \cos(27.02° - 24.42°) = 0.999(\text{滞后})$$

计算全负载线路损耗和效率

$$\text{全负载线路损失} = P_S - P_R = 1647 - 1600 = 47\text{MW}$$

$$效率 = \frac{P_R}{P_S} \times 100\% = \frac{1600}{1647} \times 100\% = 97.1\%$$

电压变动率为

$$V_{R-NL} = \frac{V_S}{A} = \frac{457.9}{0.9739} = 470.2 \text{kV}$$

$$\%V_R = \frac{V_{R-NL} - V_{R-FL}}{V_{R-FL}} = \frac{470.2 - 475}{475} \times 100\% = -1\%$$

17.6 高压直流输电系统

随着电力电子技术的发展，输电能力有了进一步改进和完善。高压直流输电（HVDC）通过一个直流环节连接两个交流系统并使用电力电子换流器。图17.11所示为典型高压直流输电系统。高压直流输电的优点如下：

（1）线路损耗更少。

（2）使长距离传输更经济实惠。

（3）电能可以在两个异步交流系统中间传输。

（4）潮流可控。

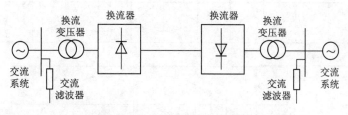

图 17.11　高压直流输电系统

17.6.1 高压直流输电换流器

换流器是高压直流输电系统的重要组成部分之一。高压直流电站使用的换流器为6脉冲或12脉冲。图17.12所示为6脉冲换流器的典型电路。6脉冲换流器中，每60°触发晶闸管。换流器的平均输出电压 V_d 可通过改变半导体晶闸管的触发延迟角 α 而改变。α 决定换流器的运行模式，表17.1对其进行了概括。图17.13所示为当 α 分别为0°、30°和120°时换流器的输出电压。其中，曲线 ab、ba、ac、ca、bc 和 cb 代表线电压。换流器的平均输出电压为式（17.41）。

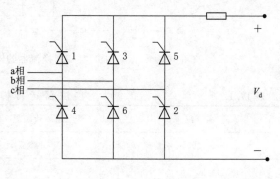

图 17.12　6脉冲换流器

$$V_d = V_{d0} \cos\alpha \qquad (17.41)$$

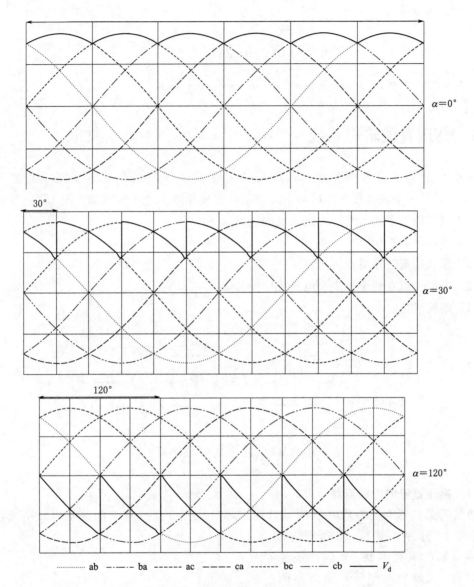

图 17.13 换流器的输出电压

表 17.1	换 流 器 运 行 模 式	
α 范 围	运 行 模 式	备 注
$0° < \alpha < 90°$	整流	$V_d > 0$
$\alpha = 90°$	—	$V_d = 0$
$90° < \alpha < 180°$	逆变	$V_d < 0$

其中
$$V_{do} = \frac{3\sqrt{3}}{\pi} V_m$$

12 脉冲换流器中，晶闸管触发角为 $30°$，由两个 6 脉冲换流器串联而成。图 17.14 为 12 脉冲换流器简图。

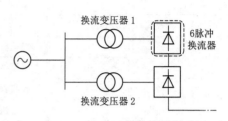

图 17.14　12 脉冲换流器简图

17.6.2　直流和交流滤波器

高压直流系统中的换流器产生了谐波，并注入交流系统和直流母线。谐波应充分过滤，否则会引起诸多问题，如功率损耗过多、过电压和机器发热。在交流系统中，换流器是电流谐波的源头；在直流母线中，换流器是电压谐波的源头。交流和直流过滤器分别装在交流系统和直流母线上，以便减少谐波渗入系统的阶数。表 17.2 总结了高压直流系统中的谐波特征和阶数。

表 17.2　　　　　　　　　　　　　　高压直流系统滤波器

滤波器类型	功　能	谐波的阶 n
交流滤波器	(1) 抑制换流器产生的谐波 (2) 为换流器提供无功功率	$n = 6k \pm 1$（6 脉冲换流器） $n = 12k \pm 1$（12 脉冲换流器） 其中 $k = 1, 2, \cdots$
直流滤波器	抑制换流器产生的谐波	$n = 6k$（6 脉冲换流器） $n = 12k$（12 脉冲换流器） 其中 $k = 1, 2, \cdots$

17.6.3　高压直流控制

高压直流系统中的潮流可从内在控制，其控制策略应满足以下条件：

(1) 最大直流电流应限定为 1.2pu。

(2) 最大直流电压应平稳保持以减少线路损耗。

(3) 换流器应使无功率损耗降到最低。

(4) 消光角应保持最小，以避免换相失败。

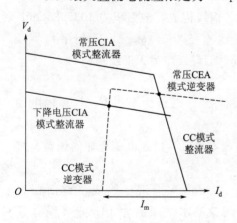

图 17.15　具备 $V_d - I_d$ 特性的换流器

表 17.3 总结了换流器的常用控制模式。电压正常时，整流过程的换流器会以 CC（恒定电流）控制模式运行，而转换过程的换流器则以 CEA（恒定消光角）控制模式运行。在干扰情况下，即当整流器侧的电压下降到最小触发延迟角时，且电压无法提升，整流过程中换流器的控制模式则从 CC 转为 CIA（恒定触发角）模式。当以较低电压运行时，直流电流会减少到电流容限 I_m 范围内的某个值，同时逆变中的换流器会以 CC 模式运行。图 17.15 所示为高压直流系统中具备 $V_d - I_d$ 特性的换流器。整流器

和逆变器控制模式的交叉处即操作点。高压直流控制模式的分析可由图 17.16 中换流器电路简图来实现。

表 17.3   **典型高压直流控制模式**

换流器运行模式	控制模式	描　　述
整流	CC	整流器通过改变 α 维持电流恒定
	CIA	整流器以最小触发延迟角度（即 $\alpha_{\min}$）运行，并且电压不会进一步增加
逆变	CEA	换流器保持恒定消光角 γ
	CC	当电压下降且有可能使电流降至零时，换流器的 CC 控制模式启动

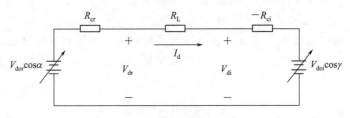

图 17.16　换流器电路简图

17.7　总结

输电线路的重要参数有电阻、电感和电容，这些参数会影响线路的电气设计和性能。线路参数沿整条线路均匀分布。这些参数和负载电流、功率因数将决定线路的电气性能。

问题

1. 某三相、500kV、50Hz 的换位线路由 4 根钢芯铝线构成（截面积为 1033525cmil，54/7Curlew 导线）构成，每相扁平间距为 14m。导线直径为 3.162cm，几何平均半径为 0.5715cm，分裂间距为 45cm，线路总长为 260km。假设线路为无损线路。

a. 根据所给参数，计算常数 A、B、C、D。

b. 若线路负载为 1500MVA，功率因数为 0.7（滞后），电压为 500kV，计算输电端的 V_S，I_S 和 S_S（三相）以及电压变动率。

c. 若线路现向一个 238Ω 纯电阻负载送电，通过比较负载，讨论电压会如何调整，接收端电流 I_R 会如何变化。

2. 某三相换位输电线，额定电压为 756kV，60Hz 由 4 根钢芯铝线（截面积为 1431000cmil，45/7 Bobolink 型导线）构成。这种配置的水平距离为 14m，导线直径为 3.625cm，几何平均半径为 1.439cm，分裂间距为 45cm，线路长度为 400km。

a. 以早前描述过的输电线导线结构为思路，计算线路电感 L 和电容 C。

b. 使用无损线路模型，计算输电线常数 A、B、C、D。

c. 若这条线以功率因数 0.8（滞后），735kV 输送 2000MVA 电能，计算输电端的电量、输电端电流 I_S、输电端线电压 $V_{S(LL)}$、输电端相电压 $S_{S(3\varnothing)}$ 和电压调整率。

3. 在计算长距离输电线路串联阻抗的过程中，与利用等效 π 模型计算长距离输电线路比较，用等效 π 模型计算中距离输电线路的误差部分是什么？

4. 画出长距离输电线路的等效 π 模型导纳的并联支路。

$$\frac{Y'}{2} = \frac{Y}{2}\frac{\tanh\dfrac{\gamma l}{2}}{\dfrac{\gamma l}{2}}$$

其中
$$\tanh\frac{\gamma l}{2} = \frac{\cosh(\gamma l) - 1}{\sinh(\gamma l)}$$

5. 为长距离输电线推导一个等效 T 模型。

注：长距离输电线的等效 T 模型有全部线路并联导纳，集中于 T 模型的并联支路中，串联阻抗在两个串联支路中平均分配。

6. 图 17.17 和图 17.18 所示为 V_d—I_d 特性和高压直流系统换流器的等效电路。整流器和逆变器最初分别以 20°触发延迟角和 15°消光角操作。点 P 为换流器在常压下的操作点。回答下列问题：

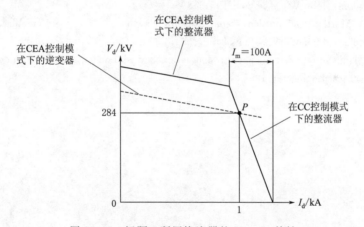

图 17.17　问题 6 所用换流器的 V_d—I_d 特性

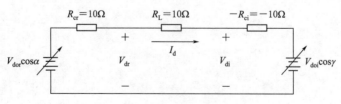

图 17.18　换流器简图

a. 若换流器常压运行，确定整流器空载电压值 V_{dor} 和在 1000A 电流下负载供电的整流器端所需的电压 V_{dr}。整流器触发角和逆变器消光角分别为 15°和 18°。

b. 如果已知最小触发延迟角为 5°，要使换流器保持当前控制模式，整流侧最大电压降（%）为多少？

c. 若因一些干扰整流侧电压进一步下降，描述每个换流器的控制模式会做何改变。

参考文献

[1] Gonen T. Modern power system analysis. 2nd ed. Boca Raton, United States of America：CRC Press；2013.

[2] Saadat H. Power system analysis. 2nd ed. International Edition. Singapore：McGraw Hill；2004.

[3] Grainger J, Stevenson W. Power system analysis. International Edition. Singapore：McGraw Hill；1994.

[4] Chapman SJ. Electric machinery and power system fundamentals. New York, United States of America：McGraw Hill；2002.

[5] Electric Power Research Institute. Transmission line reference book – 345kV and above. Palo Alto, CA：EPRI；1979.

[6] Stevenson WD Jr. Elements of power system analysis. 4th ed. New York, United States of America：McGraw – Hill；1982.

[7] Sluis LVD. Transients in power system. Chichester, United Kingdom UK：John Wiley & Sons Ltd；2001.

[8] Arrillaga J, Smith BC, Watson NR, Wood AR. Power system harmonic analysis. Chichester, United Kingdom：John Wiley & Sons Ltd；1997.

[9] Pavella M, Murthy PG. Transient stability of power systems – theory and practices. Chichester, United Kingdom：John Wiley & Sons Ltd；1994.

[10] Arillaga J. High voltage direct current transmission. 2nd ed. London, United Kingdom：The Institution of Electrical Engineers；1998.

18 电力系统

S. Vasantharathna

Department of Electrical and Electronics Engineering，Coimbatore Institute
of Technology，Coimbatore，Tamil Nadu，India

18.1 引言

电力系统的基本组成为发电机、变压器、输电线和负载。18.2 节讨论了电力系统各部分的相互联系，由单线图表示。采用这种图示方法的原因为其浅显易懂。单线图中一条线表示单相或/和全部三相平衡系统。元器件的等效电路由它们的标准符号来替代，且省略电路中性点。图 18.1 所示为典型电力系统网络单线图。

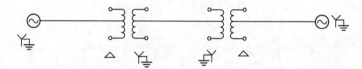

图 18.1 典型电力系统网络单线图

图 18.2[1] 所示为常用单相变压器的不同配置。单线图总是用符号来表示，如图 18.3 所示，不管是单相变压器或三相变压器。一个发电厂可能会有一个或多个发电机，在单线图中一组同步发电厂由一个圈表示。发电机、负载、输电线和断路器在单线中的表示如图 18.3 所示。图 18.4 所示为一个电力系统网络的单线图模型，可以使用模拟工具来建模（图 18.5～图 18.7）。

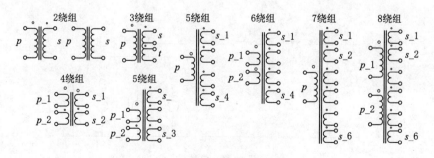

图 18.2 单相变压器绕组表示法

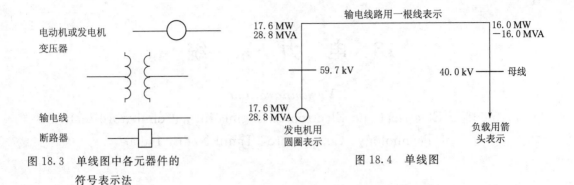

电动机或发电机
变压器
输电线
断路器

图 18.3　单线图中各元器件的符号表示法

输电线路用一根线表示
17.6 MW
28.8 MVA
16.0 MW
−16.0 MVA
59.7 kV
40.0 kV
母线
17.6 MW
28.8 MVA
发电机用圆圈表示
负载用箭头表示

图 18.4　单线图

G1
T1
T2
G2
G3
G4
A
B
Gi—发电机　Ti—变压器　A,B—负载

图 18.5　单线图

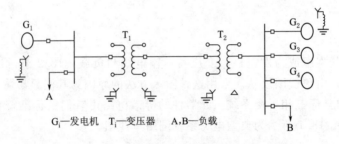

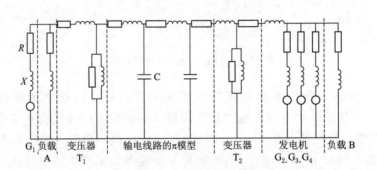

R
X
C
G1
负载 A
变压器 T1
输电线路的π模型
变压器 T2
发电机 G2, G3, G4
负载 B

图 18.6　阻抗图

XT1
XTL
XT2
XG1
XLA
XG2
XG3
XG4
XLB

图 18.7　电抗图

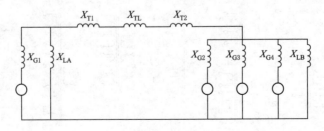

阻抗图[4]来源于单线图，代表电力系统各部分的等效电路。若忽略电阻、静负载和输电线电容，就是电抗图。阻抗图和电抗图十分有利于潮流研究、故障研究和电力系统稳定性分析。潮流研究不需要考虑断路器的位置。

绘制阻抗图和电抗图时有以下假设：

（1）发电机可用感应阻抗串联电压源来表示。与电抗相比，发电机的内电阻可以忽略不计。

（2）负载是感性的。

（3）变压器铁芯为理想状态，可用电抗表示。

（4）输电线长度为中等长度，可用 T 模型或 π 模型表示。

【例 18.1】

发电厂 1 连接负载 A，并通过输电线送电。输电线接收端连接负载 B 和其他 3 个发电厂。绘制单线图、阻抗图和电抗图。

解：

已知电力系统网络单线图，如图 18.5 所示。小方块代表断路器的位置。垂直线为母线。阻抗图如图 18.6 所示，由绘制的各个等效电路推导而来。电阻 R、感抗 X_l 和容抗 X_c 可以基于标准公式来计算。如图 18.7 所示为电抗图，通过移除电阻和容抗绘制而成，因为在技术性能分析中，这两者的影响可忽略不计。

18.1.1 标幺值

标幺值就像一个百分比，是基准值的一部分，用于降低计算复杂性。单位写为"pu"，放在数字后面。对于功率、电压、电流和阻抗，标幺值可通过分别除以那个数量的基础值或参考值而获得。

$$标幺值 = \frac{有名值}{基准值}$$

复功率、电压、电流和阻抗的标幺值为

$$S_{pu} = \frac{S}{S_{base}}, \quad V_{pu} = \frac{V}{V_{base}}, \quad I_{pu} = \frac{I}{I_{base}}, \quad Z_{pu} = \frac{Z}{Z_{base}}$$

只有两个基准值或参考值需要独立定义，因为与电压、电流、阻抗和功率相关。另两者的基准值可以推导而得。因为功率和电压通常有详细规定，因此常用于定义独立基准值。

若 VA_{base} 和 V_{base} 分别为给定的功率（复功率、有功功率或无功功率）基准值和电压基准值，那么

$$I_{base} = \frac{V_{base} I_{base}}{V_{base}} = \frac{VA_{base}}{V_{base}}$$

$$Z_{base} = Z_{base} = \frac{V_{base}}{I_{base}} = \frac{V_{base}^2}{I_{base} V_{base}} = \frac{V_{base}^2}{VA_{base}}$$

电力系统中，电压和功率单位通常为千伏（kV）和兆伏安（MVA），因此通常选用 MVA_{base} 和 kV_{base} 来表示

$$I_{base} = \frac{MVA_{base}}{kV_{base}}(kA)$$

$$Z_{base} = \frac{kV_{base}^2}{MVA_{base}}(\Omega)$$

这些表达式中，所有的量都为单相量。在三相系统中，通常使用线电压和总功率而非单相量。因此，通常用这些来表示基准值。

$VA_{3\Phi base}$ 和 V_{LLbase} 分别为三相功率基准值和线电压基准值，那么有

$$I_{base} = \frac{MVA_{3\Phi base}}{\sqrt{3}\,kV_{LLbase}}(kA)$$

$$Z_{base} = \frac{kV_{LLbase}^2}{MVA_{3\Phi base}}(\Omega)$$

【例 18.2】

已知有名值和基准值，以标幺值表示如下数量。

有名值为 20A、0.2A、50V、1000V 和 2Ω；基准值为 10A、200V 和 20Ω。

解：

$$I_{pu} = \frac{20}{10} = 2pu$$

$$I_{pu} = \frac{0.2}{10} = 0.02pu$$

$$V_{pu} = \frac{50}{200} = 0.25pu$$

$$V_{pu} = \frac{1000}{200} = 5pu$$

$$Z_{pu} = \frac{2}{20} = 0.1pu$$

【例 18.3】

在图 18.8 中，设电压基准值和阻抗基准值为 $V_b = 100V$，$Z_b = 0.01\Omega$，求 I_b、I_{pu}、V_{pu}、Z_{pu} 和 I。

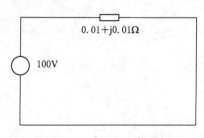

图 18.8　[例 18.3] 的例图

解：

$$Z = 0.01 + j0.01\Omega$$
$$I_b = V_b/Z_b = 100/0.01 = 10^4 A$$
$$V_{pu} = 100/100 = 1pu$$
$$Z_{pu} = 0.01 + j0.1/0.01 = 1 + j1pu$$
$$I_{pu} = 1/1 + j1 = 0.5 - 0.5pu$$

【例 18.4】

50MVA 为基准值，33kV 为基准值，求 10Ω 电阻的标幺值。

解：
$$Z_b = 332/50 = 21.78\Omega$$
$$Z_{pu} = 10/21.78 = 0.45914pu$$

【例 18.5】

某 13kV 三相输电线向 8MVA 负载输电。线路每相阻抗为 $(0.01 + j0.05)pu$。线电压降是多少？

解：

已知基准值得

$$kVA_{base} = 8000 = 1pu$$
$$kV_{base} = 13 = 1pu$$

于是其他基准量为

$$I_{base} = \frac{8000}{13\sqrt{3}} = 355.292A$$

$$Z_{base} = \frac{13000}{355.292} = 36.59\Omega$$

$$Z = 36.59(0.01 + j0.05) = 0.3659 + j1.8295\Omega$$
$$U = 355.292(0.3659 + j1.8295) = 130.001 + j650.01 = 662.88V$$

从一个基准值转化为另一个基准值：通常标幺值以自己的额定值来定义。在电力系统中，不同部分的额定值也不同，也可能与系统的额定值不同，因此把所有数值转化成一个通用基准值来进行数值计算是十分必要的。如果从电网中添加或者删除一个新的发电站，参考值也可能会改变。与在新参考值的基础上重新估算各系统的标幺值相比，人们更倾向于改变基准值。系统中从一个基准值转化为另一个基准值的公式为

$$Z_{pu} = Z_{old}\frac{MVA_{base\ new}}{MVA_{base\ old}}\frac{kV^2_{base\ old}}{kV^2_{base\ new}}$$

【例 18.6】

以其额定值作为基准值，一个 11kV，15MVA 发电机的电抗为 0.5pu。新的基准值为 110kV 和 30MVA。计算电抗新的额定值。

解：

$$Z_{pu} = 0.15 \times \frac{30}{15} \times \frac{11^2}{110^2} = 0.003pu$$

【例 18.7】

3 个发电机的额定值如下，绘出新电抗图。

$$G_1 = 100MVA, \ 33kV, \ X'' = 10\%$$
$$G_2 = 150MVA, \ 32kV, \ X'' = 8\%$$
$$G_3 = 100MVA, \ 30kV, \ X'' = 12\%$$
$$基准值 = 200MVA, \ 35kV$$

$$X_{G1pu} = 0.1 \times \frac{200}{100} \times \frac{33^2}{35^2} = 0.1773pu$$

$$X_{G2pu} = 0.08 \times \frac{200}{150} \times \frac{32^2}{35^2} = 0.0892pu$$

$$X_{G3pu} = 0.12 \times \frac{200}{110} \times \frac{30^2}{35^2} = 0.1603pu$$

电抗图如图 18.9 所示。

变压器的标幺值表示：参考图 18.10 所示的变压器等效电路。图中，Z_p 为一次侧漏电抗，Z_s 为二次侧漏电抗，变比为 $1:a$。

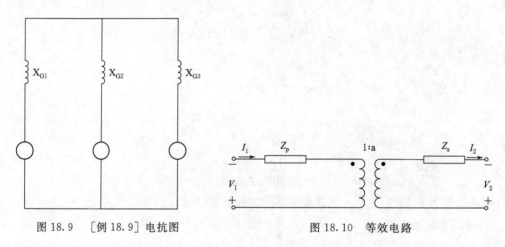

图 18.9　[例 18.9] 电抗图　　　　图 18.10　等效电路

变压器的一次、二次侧以 VA_{base} 和 V_{base} 为基准值，于是有

$$\frac{V_{1b}}{V_{2b}} = 1/a \quad \frac{I_{1b}}{I_{2b}} = a \quad Z_{1b} = \frac{V_{1b}}{I_{1b}} \quad Z_{2b} = \frac{V_{2b}}{I_{2b}}$$

由图 18.10 得

$$V_2 = (V_1 - I_1 Z_p)a - I_2 Z_s$$

用标幺值表示为

$$V_{2pu} V_{2b} = (V_{1pu} V_{1b} - I_{1pu} I_{1b} Z_{ppu} Z_{1b})a - I_{2pu} I_{2b} Z_{spu} Z_{2b}$$

利用基准值关系式，两边同时除以 V_{2b} 得

$$V_{2pu} = V_{1pu} - I_{1pu} Z_{ppu} - I_{2pu} Z_{spu}$$

利用关系式 $\dfrac{I_1}{I_2} = \dfrac{I_{1b}}{I_{2b}} = a$，$\dfrac{I_1}{I_{1b}} = \dfrac{I_2}{I_{2b}} \rightarrow I_{1pu} = I_{2pu} = I_{pu}$，可以重新得到

$$V_{2pu} = V_{1pu} - I_{pu} Z_{pu}$$

其中

$$Z_{pu} = Z_{ppu} + Z_{spu}$$

甚至一次侧或二次侧的标幺值也可计算。

一次侧为

$$Z_1 = Z_p + \frac{Z_s}{a^2}$$

$$Z_{1pu} = \frac{Z_1}{Z_{1b}} = \frac{Z_p}{Z_{1b}} + \frac{Z_s/a^2}{Z_{1b}} = \frac{Z_p}{Z_{1b}} + \frac{Z_s}{Z_{1b}a^2}$$

$$\therefore Z_{1pu} = Z_{ppu} + Z_{spu} = Z_{pu}$$

二次侧为

$$Z_2 = Z_s + a^2 Z_p$$

$$Z_{2pu} = \frac{Z_2}{Z_{2b}} = \frac{Z_s}{Z_{2b}} + a^2 \frac{Z_p}{Z_{2b}}$$

$$\therefore Z_{2pu} = Z_{spu} + Z_{ppu} = Z_{pu}$$

因此，只要两侧的电压基准值之比为变压器的变比，那么无论是从一次侧还是二次侧计算，变压器的阻抗标幺值都是相同的。

【例 18.8】

发电厂向 50km 外的村庄输电。输电线电压等级为 110kV。发电机额定容量为 400MVA，输出电压为 11kV，且次暂态电抗为 20%。负载为 11kV 电机，额定容量为 60MVA、80MVA、100MVA。电机次暂态电抗为 18%。发电厂变压器的容量额定为 300MVA，漏电抗为 10%，额定电压为 11/110kV。

村庄的变压器额定容量 250MVA，漏电抗为 12%，额定电压为 110/11kV。线路电抗为 0.1Ω/km。绘出系统电抗图。

图 18.11 是所描述的电力系统网络单线图，所选基准值为 G1：400MVA，11kV。

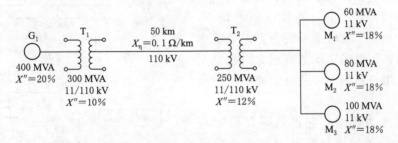

图 18.11　单线图

输电线基准电压 $= 11 \times (110/11) = 110\text{kV}$

电机基准电压 $= 110 \times (11/110) = 11\text{kV}$

$$Z_{pu} = Z_{old} \frac{MVA_{base\ new}}{MVA_{base\ old}} \frac{kV_{base\ old}^2}{kV_{base\ new}^2}$$

变压器的电抗以自身额定功率为基准值，转化成常用基准值为

$$X_{T1pu} = 0.1 \times \frac{400}{300} \times \frac{11^2}{11^2} = 0.1333\text{pu}$$

$$X_{T2pu} = 0.12 \times \frac{400}{250} \times \frac{110^2}{110^2} = 0.1920\text{pu}$$

$$X_{TLpu} = 0.1 \times 50 \times \frac{400}{110^2} = 0.1652\text{pu}$$

$$X_{\mathrm{m1pu}}=0.18\times\frac{400}{60}\times\frac{11^2}{11^2}=1.2\mathrm{pu}$$

$$X_{\mathrm{m2pu}}=0.18\times\frac{400}{80}\times\frac{11^2}{11^2}=0.9\mathrm{pu}$$

$$X_{\mathrm{m1pu}}=0.18\times\frac{400}{100}\times\frac{11^2}{11^2}=0.72\mathrm{pu}$$

电抗图如图 18.12 所示。

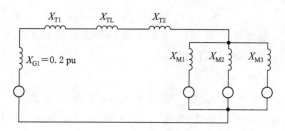

图 18.12　电抗图

18.2　电力系统的组成

电力系统包括发电、输电、配电和用户系统，如图 18.13 所示。在发电子系统中，发电厂生产电力。输电子系统负责向负载中心输送电力，配电子系统负责把电力配送至千家万户。用户系统则涉及电能的各种不同用途。

电网是电力网络，它将散落在偏远地区各个发电厂的发电机与电力用户连接起来。在高压输电线中，升压变压器用于降低传输功率损耗。变电站能在电力传输前转化成高压，传送后把电压降低到可供家电使用的范围[5]。

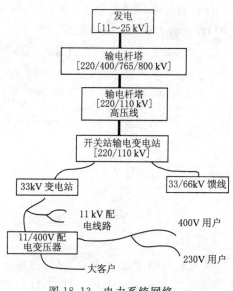

图 18.13　电力系统网络

18.3　互联系统

发电厂互联互通是为了改进供电可靠性，减少备用容量，并改进负载因数、功率因数和总效率。效率较高的发电厂作为基本负荷电厂来运行，而效率较低的发电厂则作为尖峰负荷备用电厂来运行，从而降低发电成本和每千瓦资金成本。在各国准入条件不断松绑的形势下，发电厂的互联互通有助于区域或国家间的电力交流，以及向负载中心远程输送更经济的电力。要想通过电网的互联互通网实现电力的交流，就必须确保所有发电机要同频率、同相运行。电网中如果某一部分有较大问题，而又未能及时补充更新，就可能会导致级联式的瘫痪。负载调度中心在发电厂之间负责通信交流，以维护电网的稳定。高压直流输电或变频变压器可用于连接两个不同步的交流互联互通网络，使得彼此之间即使在更广阔的区域也无须同步。然而，若电力要在极远程路线中传输，那么电网互联互通在技术和经济方面还会有些限制。

18.3.1 微电网[2]

对可持续和可靠性电能的需求，以及可再生能源的发展需求，使得微电网不断发展。不同但互补的能源发电系统组合，即以可再生或混合能源（配置了备用生物燃料/生物柴油发电机的可再生能源）为基础，统称为可再生能源混合系统。由该系统组成的电网便是微电网，其尺寸相比于主干电网小，从而可降低输电和配电方面的损耗。

典型的微电网配置如图 18.14 所示，由电气/热力负载和通过低压配电网络连接的微电源构成。在离网和光伏并网操作模式下，微电网配备了具有控制、计量和保护功能的系统。图 18.14 中，微电网由径向配电馈线构成，向电气负载和热力负载供电，也可根据优先（需连续电源）和非优先性来为负载划分等级。微电源和存储设备通过微电源控制器（MCs）连接馈线。微电网与主干中压（MV）电网通过公共耦合点（PCC）连接。依据不同的运行模式，如并网和离网，断路器将整个微电网与主干电网连接或断开。

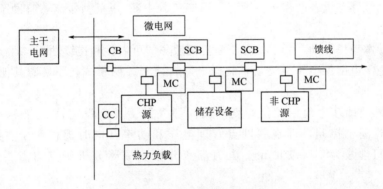

图 18.14　典型的微电网配置

并网模式中，微电网仍部分或全部连接主干电网，从主干电网输入或向主干电网输出电力。微电网在不同模式下的运营管理，是通过本地微电源控制器（MC）和中央控制器（CC）来进行控制与协调。

（1）MC 的主要功能是独立控制潮流，以及在响应各种干扰和负载变化时，微电源的负载终端的电压分布。微电源控制器也参与到经济性发电计划中负载跟踪/管理，以及通过控制存储设备实现需求侧的管理。微电源控制器的内在控制特性如下：

1）有功和无功功率控制。

2）电压控制。

3）用于快速负载追踪的储存需求。

4）通过功率—频率（$P-f$）控制分配负载。

（2）CC 主要有能源管理模块（EMM）和保护协调模块（PCM）两个功能模块，中央控制器的控制目标如下：

1）通过 $P-f$ 和电压控制，在负载端维持特定的电压和频率。

2）确保微电网能源最优化。

3）执行保护协调。

4）为所有微电源控制器提供电力调度和电压调节

EMM 为每个 MC 的有功和无功功率输出、电压和频率提供了设定值。

PC 对微电网和主干电网故障，以及一定程度上的电网异常情况做出响应，以便确保微电网的保护协调机制正确进行。它也可以适应从并网切换到离网模式期间故障电流层级的变化。

在并网模式中，CC 的功能如下：

（1）从已连接到微电网的微电源和负载中收集信息，并进行系统的监控诊断。

（2）通过使用收集到的信息，执行状态估计和安全评估、经济发电调度、微电源有功和无功功率控制和需求侧的管理功能。

（3）确保与主干电网的同步运行，保持先前的设定值进行功率交换。

在离网模式中，CC 的功能如下：

（1）对微电源的有功和无功功率进行控制，以便保持负载端电压和频率的稳定。

（2）采用带存储设备的需求侧管理，适应负载中断/甩负荷策略，有助于维护功率平衡和母线电压。

（3）启动本地黑启动，用于确保不断提高服务的可靠性和连续性。

（4）当主干电网供电恢复之后，将微电网转换到并网模式，不妨碍其他任一电网的稳定。

管理控制设计理念包括优化调度控制，即提供 P、Q 设定值，有 $5\sim10\mathrm{min}$ 标准时间常量；时间轴控制，即在并网点管理电压和功率；同时提供用于本地控制的设定值，且时间常量为 $10\sim100\mathrm{ms}$。电力潮流分析和故障分析研究均需要建立节点导纳矩阵。

18.3.2　节点导纳矩阵[5]

建立节点导纳矩阵是用于故障分析。

发电机功率 $S_{\mathrm{Gi}}=P_{\mathrm{Gi}}+\mathrm{j}Q_{\mathrm{Gi}}$，负载功率 $S_{\mathrm{Li}}=P_{\mathrm{Li}}+\mathrm{j}Q_{\mathrm{Li}}$，复功率 $S_i=S_{\mathrm{Gi}}-S_{\mathrm{Li}}=(P_{\mathrm{Gi}}-P_{\mathrm{Li}})+\mathrm{j}(Q_{\mathrm{Gi}}-Q_{\mathrm{Li}})=P_{\mathrm{Li}}+\mathrm{j}Q_{\mathrm{Li}}$

图 18.15 所示为 4 节点系统单线图和等效阻抗图。图 18.16 所示为重新绘制的在接地点处的通用参考电路图。

将基尔霍夫电流定律用于 4 节点等效电路中

$$I_1=V_1y_{10}+(V_1-V_2)y_{12}+(V_1-V_3)y_{12}+(V_1-V_4)y_{14}$$

$$I_2=V_2y_{20}+(V_2-V_1)y_{12}+(V_2-V_3)y_{23}$$

$$I_3=V_3y_{20}+(V_3-V_1)y_{13}+(V_3-V_2)y_{23}+(V_3-V_4)y_{34}$$

$$I_4=V_4y_{40}+(V_4-V_1)y_{14}+(V_4-V_3)y_{34}$$

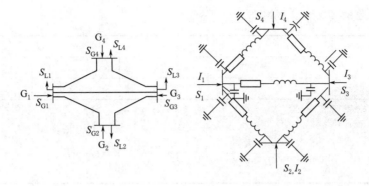

图 18.15 （a）4 节点系统单线图；（b）4 节点系统等效阻抗图

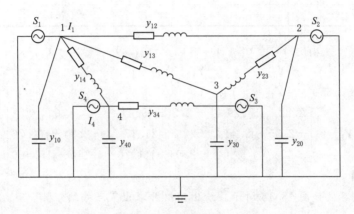

图 18.16 等效电路

矩阵形式为

$$\begin{bmatrix} I_1 \\ I_2 \\ I_3 \\ I_4 \end{bmatrix} = \begin{bmatrix} y_{10}+y_{12}+y_{13}+y_{14} & -y_{12} & -y_{13} & y_{14} \\ -y_{12} & y_{20}+y_{12}+y_{23} & -y_{23} & 0 \\ -y_{13} & -y_{23} & y_{30}+y_{13}+y_{23}+y_{34} & -y_{34} \\ -y_{14} & 0 & -y_{34} & y_{40}+y_{14}+y_{34} \end{bmatrix} \begin{bmatrix} V_1 \\ V_2 \\ V_3 \\ V_4 \end{bmatrix}$$

$$\begin{bmatrix} I_1 \\ I_2 \\ I_3 \\ I_4 \end{bmatrix} = \begin{bmatrix} y_{11} & y_{12} & y_{13} & y_{14} \\ y_{21} & y_{22} & y_{32} & y_{42} \\ y_{31} & y_{32} & y_{33} & y_{34} \\ y_{41} & y_{42} & y_{43} & y_{44} \end{bmatrix} \begin{bmatrix} V_1 \\ V_2 \\ V_3 \\ V_4 \end{bmatrix} \rightarrow \boldsymbol{I}_{\text{bus}}=\boldsymbol{Y}_{\text{bus}} \cdot \boldsymbol{V}_{\text{bus}}$$

式中　y_{ii}——自导纳或驱动点，为所有与节点相连接的导纳之和；

y_{ip}——非对角线，共同导纳或转移导纳，为已连接导纳的负数。

$$\boldsymbol{V}_{\text{bus}}=\boldsymbol{Z}_{\text{bus}}\boldsymbol{I}_{\text{bus}} \rightarrow \boldsymbol{Z}_{\text{bus}}=\boldsymbol{Y}_{\text{bus}}^{-1}$$

【例 18.9】

4 节点系统如图 18.17 所示。节点 4 作为参考节点。

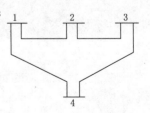

图 18.17　4 节点系统

节点并联导纳可忽略。线路阻抗如下：

节点到节点	1—2	2—3	3—4	1—4
R/pu	0.025	0.02	0.05	0.04
X/pu	0.1	0.08	0.2	0.16

解：

$$G_{bus}=\frac{R}{R^2+X^2} \quad B=\frac{-X}{R^2+X^2} \quad Y=G+jB$$

节点到节点	1—2	2—3	3—4	1—4
G/pu	2.35	2.94	1.176	1.47
B/pu	−9.41	−11.76	−4.706	−5.88

$$Y_{11}=Y_{12}+Y_{14} \quad Y_{22}=Y_{12}+Y_{23} \quad Y_{33}=Y_{23}+Y_{34}$$
$$Y_{12}=Y_{21}=-Y_{12} \quad Y_{23}=Y_{32}=-Y_{23}$$

因为无连接，有 $Y_{13}=Y_{31}=-Y_{13}=0$

$$Y_{bus}=\begin{bmatrix} 3.82-j15.29 & -2.35+j9.41 & 0 \\ -2.35+j9.41 & 5.29-j21.17 & -2.94+j11.76 \\ 0 & -2.94+j11.76 & 4.116-j16.466 \end{bmatrix}$$

【例 18.10】

4 节点系统参数如图 18.18 所示。绘出网络并求出节点导纳矩阵。

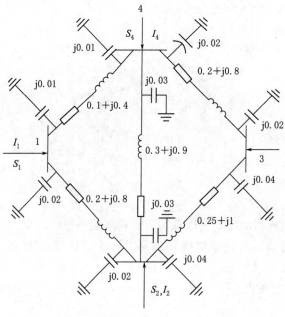

图 18.18　　［例 18.11］中定义的 4 节点系统阻抗图

节 点 代 码	线 路 阻 抗 / pu	充 电 导 纳 / pu
1—2	0.2+j0.8	j0.02
2—3	0.3+j0.9	j0.03
2—4	0.25+j1	j0.04
3—4	0.2+j0.8	j0.02
1—3	0.1+j0.4	j0.01

解：

图 18.18 所示为定义的电网。

$$Y_{12} = \frac{1}{Z_{12}} = \frac{1}{0.2+j0.8} = 0.294 - j1.176 \text{pu}$$

并联导纳为

$$y_{10} = j0.03, \quad y_{20} = j0.09, \quad y_{30} = j0.06, \quad y_{40} = j0.06$$

$$\boldsymbol{Y}_{\text{bus}} = \begin{bmatrix} 0.882-j3.498 & -0.294+j1.176 & -0.588+j2.352 & 0 \\ -0.294+j1.176 & 0.862-j3.026 & 0.333+j1 & -0.235+j0.94 \\ -0.588+j2.352 & -0.333+j1 & 1.215-j4.468 & -0.294+j1.176 \\ 0 & -0.235+j0.94 & -0.294+j1.176 & 0.529-j2.056 \end{bmatrix}$$

18.3.3 节点导纳矩阵[6]

阻抗矩阵可用来进行故障研究。孤岛效应可通过监测阻抗变化来检测。N 端口网络如图 18.19 所示。Z_{ij} 代表节点 i 和节点 j 之间的阻抗。

$$\begin{bmatrix} V_1 \\ V_2 \\ V_i \\ V_4 \end{bmatrix} = \begin{bmatrix} Z_{11} & Z_{12} & \cdots & Z_{1n} \\ Z_{21} & Z_{22} & \cdots & Z_{2n} \\ Z_{i1} & Z_{i2} & \cdots & Z_{in} \\ Z_{n1} & Z_{n2} & \cdots & Z_{nn} \end{bmatrix} \begin{bmatrix} I_1 \\ I_2 \\ I_i \end{bmatrix} \rightarrow \boldsymbol{V}_{\text{bus}} = \boldsymbol{Z}_{\text{bus}} \boldsymbol{I}_{\text{bus}}, \quad Z_{ik} = Z_k \text{对角对称}$$

即使电网中有需要额外排除的节点，建立一套 $\boldsymbol{Z}_{\text{bus}}$ 分布式计算法对于避免 $\boldsymbol{Z}_{\text{bus}}$ 的重复性计算仍然很有益。现有 $\boldsymbol{Z}_{\text{bus}}$ 包含的 4 项修改如下：

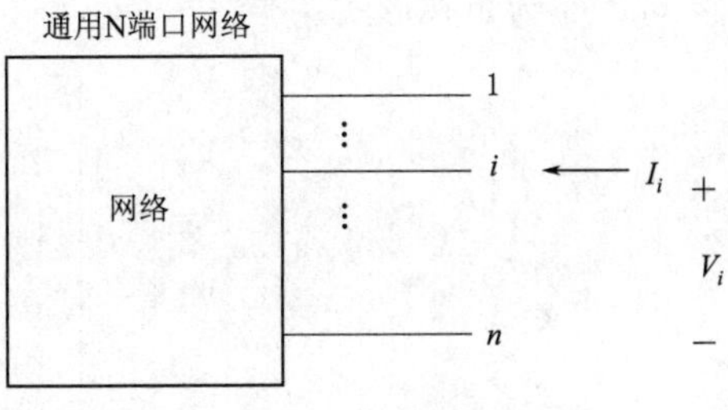

（1）在新节点和参考节点之间增加固有阻抗 Z_s。

（2）在新节点与旧节点之间增加 Z_s。

（3）在旧节点与参考节点之间增加 Z_s。

（4）在旧节点之间增加 Z_s。

修改类型 1。在新节点 q 和参考节点之间增加 Z_s，如图 18.20 所示。

图 18.19　N 端口网络

$$\begin{bmatrix} V_1 \\ V_2 \\ V_i \\ V_n \\ V_q \end{bmatrix} = \begin{bmatrix} z_{11} & z_{12} & \cdots & z_{1n} \\ z_{21} & z_{22} & \cdots & z_{2n} \\ z_{i1} & z_{i2} & \cdots & z_{in} \\ z_{n1} & z_{n2} & \cdots & z_{nn} \\ 0 & 0 & 0 & z_s \end{bmatrix} \begin{bmatrix} I_1 \\ I_2 \\ I_i \\ I_n \\ I_q \end{bmatrix}$$

$$Z_{iq} = Z_{qi} = 0, \quad Z_{qq} = Z_s$$

$$[z_{\text{bus}}]_{\text{new}} = \begin{bmatrix} [z_{\text{bus}}]_{\text{old}} & 0 \\ 0 & z_s \end{bmatrix}$$

修改类型 2。在新节点 q 和旧节点 k 之间增加 Z_s，如图 18.21 所示。

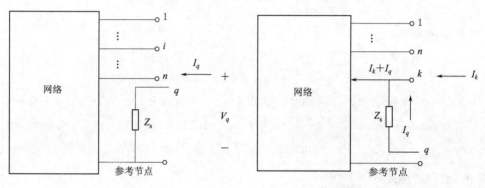

图 18.20 修改类型 1   图 18.21 修改类型 2

$$\begin{aligned} V_q &= Z_s I_q + V_k \\ &= Z_s I_q + Z_{k1} I_1 + Z_{k2} I_2 + \cdots + Z_{kk}(I_k + I_q) + \cdots + Z_{kn} I_n \\ &= Z_{k1} I_1 + Z_{k2} I_2 + \cdots + Z_{kk} I_k + \cdots + Z_{kn} I_n + (Z_{kk} + Z_s) I_q \end{aligned}$$

相似地，有

$$\begin{aligned} V_1 &= Z_{11} I_1 + Z_{12} I_2 + Z_{13} I_3 + \cdots + Z_{1k}(I_k + I_q) + \cdots + Z_{1n} I_n \\ &= Z_{11} I_1 + Z_{12} I_2 + \cdots + Z_{1k} I_k + Z_{1n} I_n + Z_{1k} I_q \end{aligned}$$

可扩充为矩阵形式

$$\begin{bmatrix} V_1 \\ V_2 \\ \vdots \\ V_k \\ \vdots \\ V_n \\ V_q \end{bmatrix} = \begin{bmatrix} z_{11} & z_{12} & \cdots & z_{1n} \\ z_{21} & z_{22} & \cdots & z_{2n} \\ \vdots & \vdots & \vdots & \vdots \\ z_{i1} & z_{i2} & \cdots & z_{in} \\ \vdots & \vdots & \vdots & \vdots \\ z_{n1} & z_{n2} & \cdots & z_{nn} \\ 0 & 0 & 0 & z_s \end{bmatrix} \begin{bmatrix} I_1 \\ I_2 \\ \vdots \\ I_k \\ \vdots \\ I_n \\ I_q \end{bmatrix}$$

$$[z_{\text{bus}}]_{\text{old}}=\left[\begin{array}{cccc|c} & & & & z_{1k} \\ & & & & z_{2k} \\ & [z_{\text{bus}}]_{\text{old}} & & & z_{kk} \\ & & & & z_{nk} \\ \hline z_{k1} & z_{k2} & z_{kk} & z_{kn} & z_{1k}+z_s \end{array}\right]$$

修改类型 3。在旧节点和参考节点之间增加 Z_s，如图 18.22 所示。这是修改类型 2 的延伸。如果去除节点 q，就得到了修改类型 3。

$$\left[\begin{array}{c} V_1 \\ V_2 \\ \vdots \\ V_n \\ \hline 0 \end{array}\right]=\left[\begin{array}{cccc|c} & & & & z_{1k} \\ & & & & z_{2k} \\ & [z_{\text{bus}}]_{\text{old}} & & & \vdots \\ & & & & z_{nk} \\ \hline z_{k1} & z_{k2} & \cdots & z_{kn} & z_{kk}+z_s \end{array}\right]\left[\begin{array}{c} I_1 \\ I_2 \\ \vdots \\ I_n \\ \hline I_q \end{array}\right]$$

如果去除 I_q，最后一行和最后一列也去除，得到

$$[z_{\text{bus}}]_{\text{new}}=[z_{\text{bus}}]_{\text{old}}-\frac{1}{z_{kk}+z_s}\left[\begin{array}{c} z_{1k} \\ z_{2k} \\ \vdots \\ z_{nk} \end{array}\right]\left[\begin{array}{cccc} z_{k1} & z_{k2} & \cdots & z_{kn} \end{array}\right]$$

修改类型 4。在两个节点 i 和 k 中增加 Z_s，如图 18.23 所示。

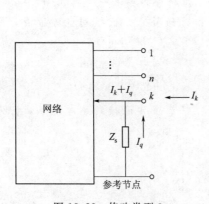

图 18.22　修改类型 3

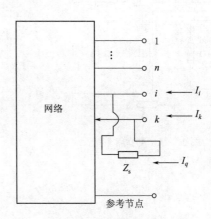

图 18.23　修改类型 4

$$V_1=Z_{11}I_1+Z_{12}I_2+Z_{1i}(I_i+I_q)+Z_{1j}I_j+Z_{1k}(I_k-I_q)+\cdots Z_{1n}I_n$$
$$V_1=Z_{11}I_1+Z_{12}I_2+\cdots+Z_{1n}I_n+I_q(Z_{1i}-Z_{1k})$$
$$V_k=Z_sI_q+V_i$$

扩充 V_k 方程

$$Z_{k1}I_1+Z_{k2}I_2+\cdots+Z_{ki}(I_i+I_q)+Z_{kj}I_j+Z_{kk}(I_k-I_q)+\cdots$$

$$=Z_s I_q + Z_{i1} I_1 + Z_{i2} I_2 + \cdots + Z_{ii}(I_i + I_q) + Z_{ij} I_j + Z_{ik}(I_k - I_q) + \cdots$$

相似地，将所有节点进行重组有

$$0 = (Z_{i1} - Z_{k1}) I_1 + \cdots + (Z_{ii} - Z_{ki}) I_i + (Z_{ij} - Z_{kj}) I_j + (Z_{ik} - Z_{kk}) I_k + \cdots$$
$$+ (Z_s + Z_{ii} - Z_{ik} - Z_{ki} + Z_{kk}) I_q$$

$$\begin{bmatrix} V_1 \\ V_2 \\ \vdots \\ V_n \\ \hline 0 \end{bmatrix} = \left[\begin{array}{c|c} [z_{\text{bus}}]_{\text{old}} & \begin{matrix} z_{1i} - z_{1k} \\ z_{2i} - z_{2k} \\ \vdots \end{matrix} \\ \hline z_{i1} - z_{k1} & z_s + z_{ii} + z_{kk} - 2z_{ik} \end{array} \right] \begin{bmatrix} I_1 \\ I_2 \\ \vdots \\ I_n \\ \hline I_q \end{bmatrix}$$

去除 I_q，有

$$[z_{\text{bus}}]_{\text{new}} = [z_{\text{bus}}]_{\text{old}} - \frac{1}{z_s + z_{ii} + z_{kk} - 2z_{ik}} \begin{bmatrix} z_{1i} - z_{1k} \\ z_{2i} - z_{2k} \\ \vdots \\ z_{ni} - z_{nk} \end{bmatrix} \left[(z_{i1} - z_{k1}) \cdots (z_{in} - z_{kn}) \right]$$

【例 18.11】

图 18.24 所示为 4 节点系统。把节点 4 作为参考节点，求 Z_{bus}。

解：

第一步：把节点 4 作为参考节点：加入新节点 1 到参考节点，即修改类型 $1[\mathbf{Z}_{\text{bus}}] = [1]$。

第二步：将新节点 2 连接到参考节点，即修改类型 1

$$\mathbf{Z}_{\text{bus}} = \begin{bmatrix} 1 & 0 \\ 0 & 1 \end{bmatrix}$$

第三步：将节点 3 连接到参考节点，即修改类型 1

$$\mathbf{Z}_{\text{bus}} = \begin{bmatrix} 1 & 0 & 0 \\ 0 & 1 & 0 \\ 0 & 0 & 1 \end{bmatrix}$$

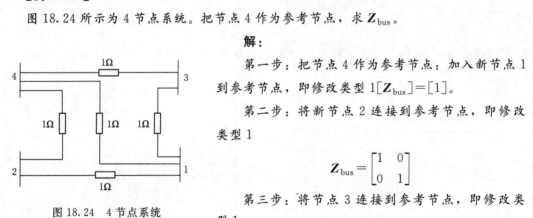

图 18.24 4 节点系统

第四步：连接节点 1 和节点 2，即修改类型 4

$$\mathbf{Z}_{\text{bus}} = \begin{bmatrix} 1 & 0 & 0 \\ 0 & 1 & 0 \\ 0 & 0 & 1 \end{bmatrix} - \frac{1}{1+1+1} \begin{bmatrix} 1 \\ -1 \\ 0 \end{bmatrix} \begin{bmatrix} 1 & -1 & 0 \end{bmatrix} \rightarrow \mathbf{Z}_{\text{bus}} = \begin{bmatrix} \dfrac{2}{3} & \dfrac{1}{3} & 0 \\ \dfrac{1}{3} & \dfrac{2}{3} & 0 \\ 0 & 0 & 1 \end{bmatrix}$$

第五步：连接节点 1 和节点 3，即修改类型 4

$$\mathbf{Z}_{\text{bus}} = \begin{bmatrix} \dfrac{2}{3} & \dfrac{1}{3} & 0 \\ \dfrac{1}{3} & \dfrac{2}{3} & 0 \\ 0 & 0 & 1 \end{bmatrix} - \dfrac{1}{1+\dfrac{2}{3}+1} \begin{bmatrix} \dfrac{2}{3} \\ \dfrac{1}{3} \\ -1 \end{bmatrix} \begin{bmatrix} \dfrac{2}{3} & \dfrac{1}{3} & -1 \end{bmatrix} = \begin{bmatrix} \dfrac{1}{2} & \dfrac{1}{4} & \dfrac{1}{4} \\ \dfrac{1}{4} & \dfrac{5}{3} & \dfrac{1}{8} \\ \dfrac{1}{4} & \dfrac{1}{8} & \dfrac{5}{8} \end{bmatrix}$$

18.4 故障分析

电力系统故障分析用于设计保护装置的额定功率，并研究系统的稳定性。故障研究需要定期进行，因为电力系统网络是动态的，不断有增加/移除的发电机、输电线路和负载。

电力系统经常出现故障，原因涉及绝缘失效、闪络、机械损坏或人为错误。这些故障本质上可能是三相对称方式或非对称方式，其中可能只涉及一相或两相。故障可能是由于接地短路或相间短路，也可能由一相或多相中的导线损坏（开路故障）而造成。有时可能同时出现多个故障，同时涉及短路和断线故障。

使用单相等效电路来分析三相平衡故障。对称分量法用于减弱在非对称三相故障研究中计算的复杂性。

18.4.1 对称分量分析

根据 Fortscue 定理，不平衡三相系统可用三相平衡分量来表示，称为对称分量，如正序（平衡，并与不平衡供电有相同的相序）、负序（平衡，并与不平衡供电具有相反的相序）和零序（平衡，但同相，因此无相序）。

相分量是对称分量的叠加，如图 18.25 所示，数学表示法如下，所以任何一个序分量均可以转换到相分量，反之亦然。

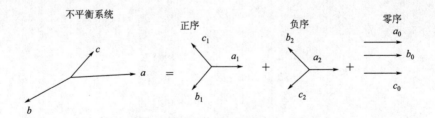

图 18.25 对称分量中的相分量

$$a = a_1 + a_2 + a_0$$
$$b = b_1 + b_2 + b_0$$
$$c = c_1 + c_2 + c_0$$

其中 a、b、c 为相分量，不平衡系统中下标 1 为正序，下标 2 为负序，下标 0 为零序。

18.4.2 算子 α 的定义

各分量夹角为 120°。复合算子 j 定义为 $\sqrt{-1}$，即单位矢量逆时针旋转 90°，也就是 $j=\sqrt{-1}=1\angle 90°$。

类似地，一个新的复合算子 α 幅值相同，当运行任一复数时，算子逆时针旋转 120°。也就是 $\alpha=1\angle 120°=-0.500+j0.866$。

α 的性能如下

$$\alpha=1\angle 120°（逆时针方向）$$
$$\alpha^2=1\angle 240°或 1\angle -120°$$
$$\alpha^3=1\angle 360°或 1$$

即
$$\alpha^3-1=(\alpha-1)(\alpha^2+\alpha+1)=0$$

因为 α 是复数，它不能等于 1，所以 $\alpha-1$ 也不能为 0，所以有
$$\alpha^2+\alpha+1=0$$

各相不平衡量的序分量用 a 相分量和算子 α 写成，如图 18.26 所示。

图 18.26　用 a 相表达的各分量

由此推断，即使在不平衡系统中，b 相和 c 相也不需要进行测量，可以参照 a 相所测量的数值来计算。

$$a=a_0+a_1+a_2$$
$$b=a_0+\alpha^2 a_1+\alpha a_2$$
$$c=a_0+\alpha a_1+\alpha^2 a_2$$

写成矩阵形式为

$$\begin{bmatrix} a \\ b \\ c \end{bmatrix}=\begin{bmatrix} 1 & 1 & 1 \\ 1 & \alpha^2 & \alpha \\ 1 & \alpha & \alpha^2 \end{bmatrix}\begin{bmatrix} a_0 \\ a_1 \\ a_2 \end{bmatrix}$$

$$V_a=a_{11}V_1+a_{12}V_2+a_{13}V_3=V_{a1}+V_{a2}+V_{a0}$$
$$V_b=a_{21}V_1+a_{22}V_2+a_{23}V_3=V_{b1}+V_{b2}+V_{b0}$$
$$V_c=a_{31}V_1+a_{32}V_2+a_{33}V_3=V_{c1}+V_{c2}+V_{c0}$$

从图 18.26，有

$$V_{b1}=\alpha^2 V_{a1}$$
$$V_{b2}=\alpha V_{a2}$$

$$V_{c1} = \alpha V_{a1}$$

$$V_{c2} = \alpha^2 V_{a2}$$

$$V_{b0} = V_{c0} = V_{a0}$$

所以不平衡系统的相分量可由对称分量表示，即

$$V_a = V_{a1} + V_{a2} + V_{a0}$$

$$V_b = \alpha^2 V_{a1} + \alpha V_{a2} + V_{a0}$$

$$V_c = \alpha V_{a1} + \alpha^2 V_{a2} + V_{a0}$$

类似地，有

$$I_a = I_{a1} + I_{a2} + I_{a0}$$

$$I_b = \alpha^2 I_{a1} + \alpha I_{a2} + I_{a0}$$

$$I_c = \alpha I_{a1} + \alpha^2 I_{a2} + I_{a0}$$

【例 18.12】

已知相电压 V_a、V_b、V_c，求对称分量 V_{a0}、V_{a1}、V_{a2}，并求对称分量的平均三相功率。

解：

$$V_a + V_b + V_c = 3V_{a0}$$

$$\therefore V_{a0} = \frac{1}{3}(V_a + V_b + V_c)$$

为得到 V_{a1}，乘 1、α 和 α^2 有

$$\alpha^2 V_c + \alpha V_b + V_a = V_{a1} + \alpha V_b + \alpha^2 V_c$$

$$= V_{a1}(1 + \alpha^3 + \alpha^3) + V_{a2}(1 + \alpha^2 + \alpha^4) + V_{a0}(1 + \alpha + \alpha^2) = 3V_{a1}$$

$$\therefore V_{a1} = \frac{1}{3}(V_a + \alpha V_b + \alpha^2 V_c)$$

相似地，为得到 V_{a2}，乘 1、α^2 和 α 有

$$\alpha V_c + \alpha^2 V_b + V_a = 3V_{a2}$$

$$\therefore V_{a2} = \frac{1}{3}(V_a + \alpha^2 V_b + \alpha V_c)$$

对称分量的平均三相功率为

$$P + jQ = V_a I_a^* + V_b I_b^* + V_c I_c^* = \begin{bmatrix} V_a & V_b & V_c \end{bmatrix} \begin{bmatrix} I_a \\ I_b \\ I_c \end{bmatrix}$$

$$\begin{bmatrix} V_a \\ V_b \\ V_c \end{bmatrix} = \begin{bmatrix} 1 & 1 & 1 \\ 1 & \alpha^2 & \alpha \\ 1 & \alpha & \alpha^2 \end{bmatrix} \begin{bmatrix} V_{a0} \\ V_{a1} \\ V_{a1} \end{bmatrix} = \boldsymbol{AV}$$

$$\begin{bmatrix} V_a \\ V_b \\ V_c \end{bmatrix}^{\mathrm{T}} = (\boldsymbol{AV})^{\mathrm{T}} = \boldsymbol{V}^{\mathrm{T}} \boldsymbol{A}^{\mathrm{T}}$$

$A^{\mathrm{T}}=A$，因为 α 和 α^2 共轭。

$$\begin{bmatrix} I_{\mathrm{a}} \\ I_{\mathrm{b}} \\ I_{\mathrm{c}} \end{bmatrix}^* = \begin{bmatrix} 1 & 1 & 1 \\ 1 & \alpha^2 & \alpha \\ 1 & \alpha & \alpha^2 \end{bmatrix} \begin{bmatrix} I_{\mathrm{a}0} \\ I_{\mathrm{a}1} \\ I_{\mathrm{a}2} \end{bmatrix}^*$$

$$P+\mathrm{j}Q = \begin{bmatrix} V_{\mathrm{a}0} & V_{\mathrm{a}1} & V_{\mathrm{a}2} \end{bmatrix} \begin{bmatrix} 1 & 1 & 1 \\ 1 & \alpha^2 & \alpha \\ 1 & \alpha & \alpha^2 \end{bmatrix} \begin{bmatrix} 1 & 1 & 1 \\ 1 & \alpha & \alpha^2 \\ 1 & \alpha^2 & \alpha \end{bmatrix} \begin{bmatrix} I_{\mathrm{a}0} \\ I_{\mathrm{a}1} \\ I_{\mathrm{a}2} \end{bmatrix}$$

$$P+\mathrm{j}Q = 3\begin{bmatrix} V_{\mathrm{a}0} I_{\mathrm{a}0}^* & V_{\mathrm{a}1} I_{\mathrm{a}1}^* & V_{\mathrm{a}2} I_{\mathrm{a}2}^* \end{bmatrix}$$

18.4.3 接地故障

三相系统存在故障阻抗 Z_{f} 和中性点阻抗 Z_{n}，如图 18.27（a）所示。

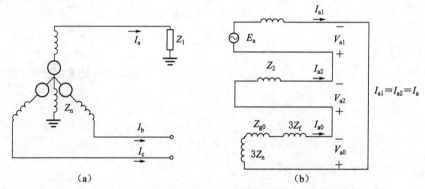

图 18.27 （a）中性点通过阻抗 Z_{n} 和故障阻抗 Z_{f} 接地的三相空载
交流发电机，接地故障；（b）接地故障序列互联网络

从图 18.27（a）可知

$$V_{\mathrm{a}}=I_{\mathrm{a}}Z_{\mathrm{f}} \quad I_{\mathrm{b}}=0 \quad I_{\mathrm{c}}=0$$

序列网络方程式为

$$V_{\mathrm{a}0}=-I_{\mathrm{a}0}Z_0 \quad V_{\mathrm{a}1}=E_{\mathrm{a}}-I_{\mathrm{a}1}Z_1 \quad V_{\mathrm{a}2}=-I_{\mathrm{a}2}Z_2$$

代入 I_{b} 和 I_{c} 数值，有

$$I_{\mathrm{a}1}=\frac{1}{3}(I_{\mathrm{a}}+\alpha I_{\mathrm{b}}+\alpha^2 I_{\mathrm{c}})=\frac{1}{3}I_{\mathrm{a}}$$

$$I_{\mathrm{a}2}=\frac{1}{3}(I_{\mathrm{a}}+\alpha^2 I_{\mathrm{b}}+\alpha I_{\mathrm{c}})=\frac{1}{3}I_{\mathrm{a}}$$

$$I_{\mathrm{a}0}=\frac{1}{3}(I_{\mathrm{a}}+I_{\mathrm{b}}+I_{\mathrm{c}})=\frac{1}{3}I_{\mathrm{a}}$$

$$I_{\mathrm{a}1}=I_{\mathrm{a}2}=I_{\mathrm{a}0}=\frac{I_{\mathrm{a}}}{3}\rightarrow I_{\mathrm{a}}=3I_{\mathrm{a}1}$$

$V_{\mathrm{a}}=I_{\mathrm{a}}Z_{\mathrm{f}}\rightarrow I_{\mathrm{a}}=V_{\mathrm{a}}/Z_{\mathrm{f}}$ 写成对称分量为

$$V_{\mathrm{a}1}+V_{\mathrm{a}2}+V_{\mathrm{a}0}=V_{\mathrm{a}}=3I_{\mathrm{a}1}Z_{\mathrm{f}}$$

$$E_{\mathrm{a}}-I_{\mathrm{a}1}Z_1-I_{\mathrm{a}2}Z_2-I_{\mathrm{a}0}Z_0=3I_{\mathrm{a}}Z_{\mathrm{f}}$$

$$E_a = I_{a1}(Z_1 + Z_2 + Z_0 + 3Z_f)$$

$$I_{a1} = \frac{E_a}{Z_1 + Z_2 + Z_0 + 3Z_f}$$

I_{a1}、I_{a2} 和 I_{a0} 是已知的，V_{a1}、V_{a2}、V_{a0} 可以由序列网络方程式计算而得，可以计算得出故障电流 I_a。如图 18.27（b）所示为序列互联网络。

18.4.4　线间故障

由图 18.28（a）可得

$$I_a = 0 \quad I_b + I_c = 0 \rightarrow I_b = -I_c \quad V_b = V_c + I_b Z_f$$

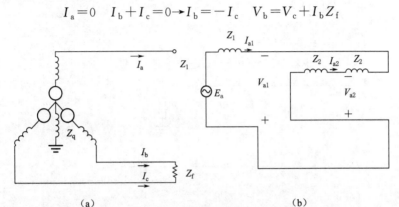

(a)　　　　　　　　　　　　　　(b)

图 18.28　（a）中性点通过阻抗 Z_n 和故障阻抗 Z_f 接地的三相空载交流发电机；（b）线间故障序列互联网络

序列网络方程式为

$$V_{a1} = E_a - I_{a1} Z_1 \quad V_{a2} = -I_{a2} Z_2 \quad V_{a0} = -I_{a0} Z_0$$

$$I_{a1} = \frac{1}{3}(I_a + \alpha I_b + \alpha^2 I_c) = I_b$$

$$I_{a2} = \frac{1}{3}(I_a + \alpha^2 I_b + \alpha I_c) = -I_b$$

$$I_{a0} = \frac{1}{3}(I_a + I_b + I_c) = 0$$

$$I_{a0} = 0, I_{a2} = -I_{a1}$$

$$V_b = V_b + I_b Z_f$$

$$V_{a0} + \alpha^2 V_{a1} + \alpha V_{a2} = V_{a0} + \alpha V_{a1} + \alpha^2 V_{a2} + (I_{a0} + \alpha^2 I_{a1} + \alpha V_{a2})Z_f$$

$$(\alpha^2 - \alpha)V_{a1} = (\alpha^2 - \alpha)V_{a2} + (\alpha^2 - \alpha)I_{a1} Z_f$$

当 $I_{a0} = 0$ 时有 $V_{a0} = 0$，$I_{a2} = -I_{a1}$

$$V_{a1} = V_{a2} + I_{a1} Z_f$$

代入 V_{a1} 和 V_{a2}，由序列网络方程式可得

$$E_a - I_{a1} Z_1 = -I_{a2} Z_2 + I_{a1} Z_f$$

$$E_a - I_{a1} Z_1 = -I_{a1}(Z_2 + Z_f)$$

$$I_{a1} = \frac{E_a}{Z_1 + (Z_2 + Z_f)}$$

如图 18.28(b) 所示为序列互联网络。

18.4.5　通过 Z_f 双线路接地故障

图 18.29 所示为通过 Z_f 的双线路接地故障。

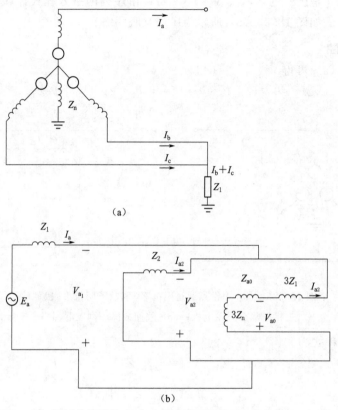

图 18.29　(a) 通过故障阻抗 Z_f 和中性点接地阻抗 Z_n 接地的 L-L-G 故障；
(b) 用于 L-L-G 故障的序列互联网络

从图 18.29 可得

$$I_a = 0 = I_{a1} + I_{a2} + I_{a0} \qquad V_b = V_c = (I_b + I_c)Z_f$$

序列网络方程式为

$$V_{a1} = E_a - I_{a1}Z_1 \qquad V_{a2} = -I_{a2}Z_2 \qquad V_{a0} = -I_{a0}Z_0$$

$$V_b = V_c \rightarrow V_{a0} + \alpha^2 V_{a1} + \alpha V_{a2} = V_{a0} + \alpha V_{a1} + \alpha^2 V_{a2} \rightarrow V_{a1} = V_{a2}$$

$$V_b = (I_b + I_c)Z_f$$

$$V_{a0} + \alpha^2 V_{a1} + \alpha V_{a2} = (I_{a0} + \alpha^2 V_{a1} + \alpha V_{a2} + I_{a0} + \alpha I_{a1} + \alpha^2 V_{a2})Z_f$$

$$V_{a0} + (\alpha^2 - \alpha)V_{a1} = 2I_{a0} + (\alpha^2 + \alpha)(I_{a1} + I_{a2})Z_f$$

$$V_{a0} - V_{a1} = [2I_{a0}(\alpha^2 + \alpha)(-I_{a0})]Z_f$$

$$V_{a0} - V_{a1} = 3I_{a0}Z_f$$

$$-I_{a0}Z_0 - E_a - I_{a1}Z_1 = I_{a0}Z_f$$

$$I_{a0} = -\frac{E_a - I_{a1}Z_f}{Z_0 + 3Z_f}$$

利用等式 $V_{a1} = V_{a2}$，用 I_{a1} 表示 I_{a2} 为

$$E_a - I_{a1} Z_1 = -I_{a2} Z_2$$

$$I_{a2} = \frac{E_a - I_{a1} Z_1}{Z_2}$$

将 I_{a1} 和 I_{a2} 的值代入到方程式中，有

$$I_a = I_{a1} + I_{a2} + I_{a0} = 0$$

$$I_{a1} = \frac{E_a - I_{a1} Z_1}{Z_2} - \frac{E_a - I_{a1} Z_1}{Z_0 + 3Z_f} = 0$$

$$I_{a1} = \frac{E_a}{Z_1 + [Z_2(Z_0 + 3Z_f)/Z_2 + Z_0 + 3Z_f]}$$

序列互联网络如图 18.29（b）所示。基于以上故障分析讨论，做出如下推测：

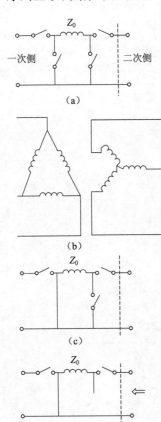

图 18.30　（a）通用开关组合；
（b）Y/△ 变压器；（c）零序网络
△/Y 变压器的开关设置；
（d）△/Y 变压器的零
序等效电路

（1）通常，若系统平衡，分析可以由任意一相来完成，该相可延伸拓展到其他相。类似地，即使系统不平衡，故障电流可以在 a 相中进行估算，也可延伸拓展到其他相。

（2）循环序列电流的存在可以用于区分故障类型。例如，已经证明正序电流不受故障类型影响。负序电流只有当故障涉及一相以上时，才会出现。只有当故障涉及接地问题时，零序电流才会出现。

18.4.6　序列网络

无论从哪方面看来，正序网络被认为与常规网络相同。将同步电机看作电源，只在故障发生之前，其幅值和相位会随着有功功率和无功功率的分配的变化而变化。故障点的正序电压会下降，大小取决于故障类型。三相故障时其为零；对于 DLG 故障、线间故障和单相接地故障，其将比所规定的值更高一些。

负序网络与正序网络相似，但因为没有负序电压，电源会缺失。

零序网络没有内部电压，电流由故障点电压产生。零序阻抗通常与正序或负序阻抗不同。变压器和发电机阻抗取决于星形或三角形接法。

因为不同组合有很多种可能性，所以需要特别关注三相变压器零序等效电路。图 18.30（a）给出了任一组合的通用电路。Z_0 为变压器绕组零序阻抗。有两个串联开关和两个并联开关。每侧有一个串联开关和一个并联开关。若为星形接地接线，一侧的串联开关关闭。若这一侧为三角形连接，并联开关关闭，否则都打开。例如，考虑 △/Y 变压器星形未接地，如图 18.30（b）所示。开关装置如图 18.30（c）所示，因为一次侧三角形连接，并联开关关闭，串联开关打开；二次侧星形接地，串联开关

打开，并联开关也打开。零序网络如图 18.30(d) 所示。

部分组合使用了如图 18.31 所示的方式来布置零序等效电路。

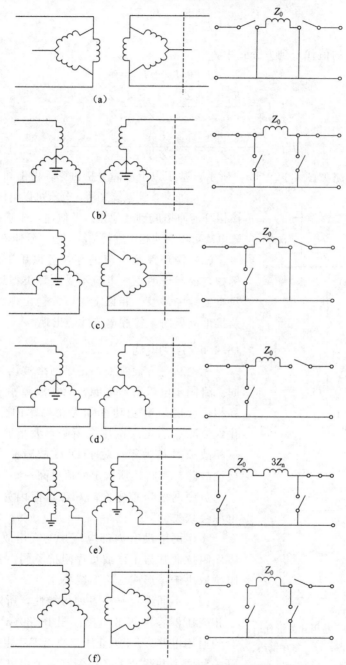

图 18.31　不同类型变压器的开关设置；

（a）三角形—三角形变压器及其开关设置；（b）星形接地—星形接地变压器及其开关设置；

（c）星形接地—三角形变压器及其开关设置；（d）星形接地—星形未接地变压器及其

开关设置；（e）通过阻抗星形接地—星形接地变压器及其开关设置；

（f）星形未接地—三角形变压器及其开关设置

18.4.7 采用 Z_{bus} 矩阵的系统故障分析

对于大型网络，这种方法也适用。以如图 18.32 所示网络为例，假设通过故障阻抗 Z_f 在节点 k 处发生三相故障。

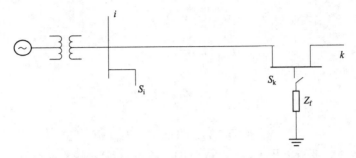

图 18.32 节点 k 处的故障

故障前节点电压可从潮流解决方案中获得，为列向量

$$\boldsymbol{V}_{bus}(0)=\begin{bmatrix} V_1(0) \\ \vdots \\ V_k(0) \\ \vdots \\ V_n(0) \end{bmatrix}$$

短路电流比稳态值大很多，因此可以忽略。用恒定阻抗来表示节点负载，在故障前节点电压估算为

$$Z_{iL}=\frac{|V_i(0)|^2}{S_L^2}$$

阻抗 Z_f 处故障引发的网络电压变化量，与所有其他短路时电源叠加的电压 $V_k(0)$ 所引发的那些电压相等。在这个电路中故障导致的节点电压变化为

$$\underline{\Delta}\boldsymbol{V}_{bus}(0)=\begin{bmatrix} \underline{\Delta}V_1(0) \\ \vdots \\ \underline{\Delta}V_k(0) \\ \vdots \\ \underline{\Delta}V_n(0) \end{bmatrix}$$

使用戴维南定理，故障期间的节点电压由故障前节点电压叠加而得，而节点电压变化为

$$\boldsymbol{V}_{bus}(F)=\boldsymbol{V}_{bus}(0)+\underline{\Delta}\boldsymbol{V}_{bus}$$

已知 $\boldsymbol{I}_{bus}=\boldsymbol{Y}_{bus}\boldsymbol{V}_{bus}$，除了故障节点，进入每一节点的电流为零。当电流离开故障节点，便认为负电流进入节点 k，即

$$\begin{bmatrix} 0 \\ \vdots \\ -I_k(F) \\ \vdots \\ 0 \end{bmatrix} = \begin{bmatrix} V_{11} & \cdots & Y_{1k} & & Y_{11} \\ \vdots & & \vdots & & \vdots \\ V_{k1} & \cdots & Y_{kk} & \cdots & Y_{kn} \\ \vdots & & \vdots & & \vdots \\ V_{n1} & \cdots & Y_{n1} & \cdots & Y_{nn} \end{bmatrix} \begin{bmatrix} \underline{\Delta V_1} \\ \vdots \\ \Delta V_k \\ \vdots \\ \Delta V_n \end{bmatrix}$$

$$\boldsymbol{I}_{\text{bus}}(F) = \boldsymbol{Y}_{\text{bus}} \Delta \boldsymbol{V}_{\text{bus}}$$

求解 $\Delta \boldsymbol{V}_{\text{bus}}$ 有

$$\Delta \boldsymbol{V}_{\text{bus}} = \boldsymbol{Z}_{\text{bus}} \boldsymbol{I}_{\text{bus}}(F)$$

因此有

$$\boldsymbol{V}_{\text{bus}}(F) = \boldsymbol{V}_{\text{bus}}(0) + \boldsymbol{Z}_{\text{bus}} \boldsymbol{I}_{\text{bus}}(F)$$

节点 k 处故障,节点电压 $V_k(F) = V_k(0) - Z_{kk} I_k(F)$,故障电流为

$$I_k(F) = \frac{V_k(0)}{Z_{kk} + Z_f}$$

18.5 潮流研究

潮流分析用于判断变电站、配电变压器、抽头转换器、无功功率控制设备等的添加或去除。依据能量守恒定律,电源提供的有功功率与系统中负载吸收的有功功率和有功损耗之和相等。无功功率必须在超前和滞后的无功功率产生环节之间达到平衡。以并联方式向负载输入的总复功率就是向每一个负载输入的复功率之总和,即

$$0 = \sum P_{\text{gen}} - \sum P_{\text{loads}} - \sum P_{\text{losses}}$$
$$0 = \sum Q_{\text{leading}} + \sum Q_{\text{caps}} - \sum Q_{\text{lagging}} - \sum Q_{\text{ind}}$$
$$0 = \sum S_{\text{gen}} - \sum S_{\text{loads}} - \sum S_{\text{losses}}$$

注入第 i 节点的复功率为 $S_i = P_i + jQ_i = V_i I_i^*$,$i = 1, 2, \cdots, n$,其中,$V_i$ 为第 i 处的电压,I_i 为注入此节点的源电流,于是有

$$S_i = P_i - jQ_i = V_i^* I_i = V_i^* \sum_{k=1}^{n} Y_{ik} V_k$$

因此有

$$P_i = \text{real}[V_i^* \sum_{k=1}^{n} Y_{ik} V_k]$$

$$Q_i = -i_{\text{m}}[V_i^* \sum_{k=1}^{n} Y_{ik} V_k]$$

极坐标形式为

$$V_i = |V_i| e^{jQi}, Y_i = |V_{ik}| e^{jq_{ik}}$$

$$P_i = |V_i| \sum_{k=1}^{n} |Y_{ik}| |V_k| \cos(\theta_{ik} - \delta_i + \delta_k)$$

$$Q_i = |V_i| \sum_{k=1}^{n} |Y_{ik}| |V_k| \sin(\theta_{ik} - \delta_i + \delta_k)$$

P 和 Q 方程称为静态潮流方程。要解这类方程，已知变量 P_i、Q_i、$|V_i|$、δ_p 时没有明确的解决方案，因为其涉及三角学且只有迭代解方法能用。

18.5.1 潮流方程和解法

潮流计算是在稳定状况下电网受到某些不同约束因素影响时，系统也在此情况下运行的解决方法。这些约束包括负荷节点电压、发电机无功功率、负载变压器挡位设定等。为解潮流方程式，节点分类见表 18.1。

表 18.1   **节 点 分 类**

节 点 类 型	规 定 数 量	将 获 得
负荷节点	P,Q	$\lvert V\rvert,\delta$
发电机节点或电压控制节点	$P,\lvert V\rvert$	Q,δ
松弛节点或基准节点	$\lvert V\rvert,\delta$	P,Q

$$0 = \sum P_{\text{gen}} - \sum P_{\text{loads}} - \sum P_{\text{losses}}$$

但损耗在潮流方程式得以解决之前仍未知。因此，一个发电机节点用于承担为传输损耗而提供的有功功率和无功功率，称为平衡节点。已知 $\boldsymbol{I}_{\text{bus}} = [\boldsymbol{Y}_{\text{bus}}]\boldsymbol{V}_{\text{bus}}$，其中 V 和 Y 由故障前节点电压矩阵和节点导纳矩阵得出。

$$I_i = Y_{i1}V_1 + Y_2V_2 + \cdots + Y_{ii}V_i + \cdots + Y_{in}V_n$$

$$= \sum_{p=1}^{n} \lvert Y_{ip}V_p\rvert$$

$$= \sum_{p=1}^{n} \lvert V_p\rVert Y_{ip}\rvert \underline{/\delta_p + \gamma_{ip}}$$

其中 $V_p = \lvert V_p\rvert \underline{/\delta_p}$ $Y_{ip} = \lvert Y_{ip}\rvert \underline{/\gamma_{ip}}$

注入节点 i 的复功率为

$$S_i = P_i + \mathrm{j}Q_i = V_i I_i^*$$

$$S_i^* = P_i - \mathrm{j}Q_i = V_i^* I_i$$

$$S_i^* = P_i - \mathrm{j}Q_i = V_i^* \sum_{p=1}^{n} Y_{ip}V_p$$

$$V_i = \lvert V_i\rvert \underline{/\delta_i}; V_i^* = \lvert V_i\rvert \underline{/\delta_i} \qquad Y_{ip} = Y_{pi} = \lvert Y_{ip}\rvert \underline{/\gamma_{ip}}$$

$$P_i - \mathrm{j}Q_i = \lvert V_i\rvert \sum_{p=1}^{n} \lvert V_p\rVert Y_{ip}\rvert \underline{/\delta_p + \gamma_{ip} - \delta_i}$$

$$= \lvert V_i\rvert \sum_{p=1}^{n} \lvert V_p\rVert Y_{ip}\rvert \underline{/-(\delta_i - \delta_p - \gamma_{ip})}$$

静态潮流方程可重写为

$$实数部分 = P_i = \lvert V_i\rvert \sum_{p=1}^{n} \lvert V_p\rVert Y_{ip}\rvert \cos(\delta_i - \gamma_{ip} - \delta_p)$$

$$虚数部分 = Q_i = \lvert V_i\rvert \sum_{p=1}^{n} \lvert V_p\rVert Y_{ip}\rvert \sin(\delta_i - \gamma_{ip} - \delta_p)$$

18.5.2 潮流方程解法

$$X_i^k = f_i(X_1^k, X_2^k, \cdots, X_{i-1}^k, X_i^{k-1}, X_{i+1}^{k-1}, \cdots, X_n^{k-1})$$

$$\Delta X_i = X_i^k - X_i^{k-1}$$

$$X_i^k = X_i^{k-1} + a\Delta X_i$$

潮流方程解法的优点为：

（1）方法简单。

（2）计算机内存需求小。

（3）每个迭代计算时间短。

潮流方程解法的缺点为：

（1）收敛速度缓慢，因此迭代次数庞大。

（2）迭代次数的增加直接导致节点数量的增加。

（3）松弛节点的选择会对收敛产生影响。

因此，高斯-赛德尔（G-S）法只用于含有少量节点的系统。

18.5.2.1 当 *PV* 节点缺失时使用高斯-赛德尔（G-S）法

n 个节点中，1 个为松弛节点，$n-1$ 个为 PQ 节点，即

$$I_i = Y_{ii}V_i \sum_{p=1}^{n} Y_{ip}V_p$$

$$I_i = \frac{1}{Y_{ii}}(I_i - \sum_{p=1}^{n} Y_{ip}V_p)$$

类似地

$$S_i^* = P_i - jQ_i = V_i^* I_i$$

$$I_i = \frac{P_i - jQ_i}{V_i^*}$$

$$V_i = \frac{1}{Y_{ii}}\left(\frac{P_i - jQ_i}{V_i^*} - \sum_{p=1}^{n} Y_{ip}V_p\right) i = 2,3,\cdots,n, 1 \text{ 为松弛节点}$$

为了解 V_1，V_2，V_3，$\cdots$，V_n，有

$$K_i = \frac{P_i - jQ_i}{Y_{ii}} \quad L_{ip} = \frac{Y_{ip}}{Y_{ii}} \quad i = 2,3,\cdots,n \quad p = 1,2,\cdots,n \quad p \neq n$$

$$V_i^{k+1} = \frac{K_i}{(V_i^k)^*} - \sum_{p=1}^{n} L_{ip}V_p^{k+1} - \sum_{p=i+1}^{n} L_{ip}V_p^k \quad i = 2,3,\cdots,n$$

【例 18.13】

以下为潮流解法的系统数据。线路导纳见下表。

节 点 代 码	导　　纳
1—2	2—j8.0
1—3	1—j4.0
2—3	0.666—j2.664
2—4	1—j4.0
3—4	2—j8.0

有功功率和无功功率一览表如下。

节 点 代 码	P	Q	V	备 注
1	—	—	1.06	松弛
2	0.5	0.2	1+j0	PQ
3	0.4	0.3	1+j0	PQ
4	0.3	0.1	1+j0	PQ

解：

用 G - S 法计算第一个迭代末端的电压。$\infty = 1.6$，有

$$Y_{\text{bus}} = \begin{bmatrix} 3-j12 & -2+j8 & -1+j4 & 0 \\ -2+j8 & 3.666-j4.664 & -0.666+j2.664 & -1+j4 \\ -1+j4 & -0.666+j2.664 & 3.666-j14.664 & -2+j8 \\ 0 & -1+j4 & -2+j8 & 3-j12 \end{bmatrix}$$

负载节点功率为负，发电机节点功率为正。

$$V_2^1 = \frac{1}{Y_{22}} \left(\frac{P_i - jQ_i}{Y_{ii}} - Y_{ii}V_1^0 - Y_{23}V_3^0 - Y_{24}V_4^0 \right)$$

$$= \frac{1}{3.666-j14.664} \left[\frac{-0.5+j0.2}{1-j0} - 1.06(-2+j8) - 1(0.666-j2.664) - 1(-1+j4) \right]$$

$$= 1.01187 - j0.02888$$

$$V_{2\text{acc}}' = (1+j0) + 1.6(1.01187 - j0.02888 - 1 - j0)$$

$$V_3' = \frac{1}{Y_{33}} \left(\frac{P_3 - jQ_3}{V_3^*} - Y_{31}V_1 - Y_{32}V_2' - Y_{34}V_4^0 \right)$$

$$= \frac{1}{3.666-j14.664} \left[\frac{-0.4+j0.3}{1-j0} - (-1+j4)1.06 \right.$$

$$\left. - (-0.666+j2.664)(1.01899 - j0.046208) - (-2+j8)(1+j0) \right]$$

$$= 0.994119 - j0.029248$$

$$V_{3\text{acc}}' = 0.99059 - j0.0467968$$

$$V_4' = \frac{1}{Y_{44}} \left(\frac{P_4 - jQ_4}{V_4^*} - Y_{41}V_1 - Y_{42}V_2' - Y_{43}V_3' \right)$$

$$= 0.9716032 - j0.064684$$

$$V_{4\text{acc}}' = 0.954565 - j0.1034944$$

18.5.2.2 当 *PV* 节点出现时对高斯-赛德尔（G - S）法进行修改

$i=1$ 为松弛节点，$i=2, 3, \cdots, m$ 为 *PV* 节点，$i=m+1, \cdots, n$ 为 *PQ* 节点。

对于 *PV* 节点有

$$|V_i| = |V_i|_{\text{specified}}, i=2,3,\cdots,m$$

$$Q_{i,\min} < Q_i < Q_{i,\max}, i=2,3,\cdots,m$$

若 $|V_i|$ specified 太高或者太低，那么便违背了第二个必要条件。所以只有通过控制

Q_i，$|V_i|$才可控制。因此，若违背了Q约束条件，要把其作为PQ节点，同时Q与其最大值或者最小值皆相等。

步骤：

（1）计算 $Q_i = |V_i| \sum\limits_{p=1}^{n} |V_p||V_{ip}| \sin(\delta_i - \gamma_{ip} - \delta_p)$

（2）每一个迭代$|V_i|$都应与$|V_i|_{\text{specified}}$相等。

（3）$Q_i^{k+1} = |V_i|_{\text{specified}} \sum\limits_{p=1}^{i=1} |V_p^{k+1}||Y_{ip}| \sin(\delta_i^k - \gamma_{ip} - \delta_p^{k+1})$

$+|V_i|_{\text{specified}} \sum\limits_{p=1}^{n} |V_p^k||Y_{ip}| \sin(\delta_i^k - \gamma_{ip} - \delta_p^k)$

（4）检查约束，若违背约束条件，视其为PQ节点。

【例 18.14】

若在［例 18.3］中，节点 2 为发电机节点，$|V_2| = 1.02$，无功功率约束为 $0.1 \leqslant Q_2 \leqslant 1.0$，计算平稳电压曲线的起点电压，假设加速因数为 1。

解：

因为节点 2 为 PV 节点，未指定 Q。因此，要得到 V_2'，必须计算 Q_2。$V_2 = 0.4$，电压相位角为 0°。

$$P_2 - jQ_2 = V_2^* \sum_{q=1}^{4} Y_{2q} V_q$$
$$= V_2^* (Y_{21}V_1 + Y_{22}V_2 + Y_{23}V_3 + Y_{24}V_4)$$
$$Q_2 = |1.04| [Y_{21}V_1 \sin(\delta_1 - \gamma_{21} - \delta_2) + Y_{22}V_2 \sin(\delta_2 - \gamma_{22} - \delta_2)$$
$$+ Y_{23}V_3 \sin(\delta_2 - \gamma_{23} - \delta_3) + Y_{24}V_4 \sin(\delta_2 - \gamma_{24} - \delta_4)]$$
$$= 0.1108$$

因为 Q_2 位于限值之内，$V_2 = V_{2\text{specified}}$，有

$$V_2 = \frac{1}{Y_{22}} \left(\frac{0.5 - j0.1108}{1.04 - j0} - Y_{22}V_1 - Y_{23}V_3 - Y_{24}V_4 \right)$$
$$V_2' = 1.0472846 + j0.0291476, \delta = 1.59°$$
$$V_2 = 1.04 \angle 1.59° = 1.0395985 + j0.02891159$$
$$V_{2\text{acc}}' = 负数$$
$$V_3' = \frac{1}{Y_{33}} \left(\frac{R_3 - jQ_3}{V_3} - Y_{31}V_1 - Y_{32}V_2' - Y_{34}V_4 \right)$$
$$= 0.9978866 - j0.015607057$$
$$V_4' = 0.998065 - j0.022336$$

【例 18.15】

同一个问题，如果发电机节点 2 的无功功率约束为 $0.2 \leqslant Q_2 \leqslant 1$，求初次迭代末端电压。

解：

$Q_2 = 0.1108$，因此违背了约束条件。所以假设 P_2 节点为 $P_2 = 0.5$，$Q_2 = Q_{2\text{min}} = 0.2$，且 $V_2 = 1 + j0$，按照通常程序，但尽管假设为 PQ 节点，$P_2 + jQ_2$ 为正。

$$V_2' = \frac{1}{Y_{22}}\left(\frac{0.5-j0.2}{1-j0} - Y_{22}V_1 - Y_{23}V_3^* - Y_{24}V_4^*\right)$$
$$= 1.098221 + j0.030105$$

类似地，计算 V_3' 和 V_4'。

18.5.2.3　牛顿-拉夫逊（N-R）法

牛顿-拉夫逊法适用于大型系统。

牛顿-拉夫逊法的优点为：

（1）提高收敛的精确性和保障力。

（2）相比 G-S 法需要 25 个左右的迭代，这个方法仅需 3 个。

（3）迭代的数量依赖于系统规格。

（4）这种方法对松弛节点选择、调节变压器等因素不敏感。

牛顿-拉夫逊法的缺点为：

（1）解法技巧难。

（2）涉及更多的计算，因此计算时长/收敛更长。

（3）内存需求很大。

这种方法可用于矩形坐标和极坐标，但与极坐标相比，矩形坐标需要更多的方程。因此，优先选极坐标方式。

N-R 法所用的矩形坐标为

$$V_p = |V_p|\underline{|\delta_p} = e_p + jQ_p$$
$$P_i = u_1(e,f), Q_i = u_2(e,f)$$

伴随松弛节点，有功功率和无功功率变化为

$$\Delta P_i = \sum_{p=2}^{n}\frac{\partial P_i}{\partial l_p}\Delta l_p + \sum_{p=2}^{n}\frac{\partial P_i}{\partial l_p}\Delta f_p$$

$$\Delta Q_i = \sum_{p=2}^{n}\frac{\partial Q_i}{\partial l_p}\Delta l_p + \sum_{p=2}^{n}\frac{\partial Q_i}{\partial f_p}\Delta f_p$$

当 PV 节点 $|V_i|^2 = e_i^2 + f_i^2$ 时，有

$$\begin{bmatrix}\Delta P \\ \Delta Q\end{bmatrix}\begin{bmatrix}j_1 & j_2 \\ j_3 & j_4\end{bmatrix}\begin{bmatrix}\Delta e \\ \Delta f\end{bmatrix}$$

$$\Delta V_i^2 = \frac{\partial |V_i|2}{\partial \rho i}\Delta\rho i + \frac{\partial |V_i|2}{\partial f i}\Delta f i, \quad PV \text{ 节点（取代 } Q_1 \text{ 和 } V_1\text{）}$$

方程总数 $=(n-1)^2$

N-R 法所用极坐标为式（18.1）和式（18.2）。

$$P_i = f_1(\delta,|V|), Q_i = f_2(\delta,|V|)$$

$$\Delta P_i = \sum_{p=2}^{n}\frac{\partial P_i}{\partial \delta_p}\Delta\delta_p + \sum_{p=2}^{n}\frac{\partial P_i}{\partial |V_p|}\Delta|V_p| \tag{18.1}$$

$$\Delta Q_i = \sum_{p=2}^{n}\frac{\partial Q_i}{\partial \delta_p}\Delta\delta_p + \sum_{p=2}^{n}\frac{\partial Q_i}{\partial |V_p|}\Delta|V_p| \tag{18.2}$$

但对于 PV 节点式（18.2）不存在。

n 节点系统有 1 个松弛节点和 g 个 PV 节点。方程总数 $=2n-2-g$，因此有

$$\frac{\partial P_i}{\partial \delta_p} - \frac{\partial Q_i}{\partial \delta_p} = \mathrm{j}(e_i - \mathrm{j}f_i)(G_{ip} + \mathrm{j}B_{ip})(e_p + \mathrm{j}f_p)$$

用 $\dfrac{\Delta |V_p|}{|V_p|}$ 替换 ΔV_p，有：

$$\Delta P_i = \sum_{p=2}^{n} \frac{\partial P_i}{\partial \delta_p} \Delta \delta_p + \sum_{p=2}^{n} \frac{\partial P_i}{\partial |V_p|} \cdot |V_p| \frac{\Delta |V_p|}{|V_p|}$$

$$\Delta Q_i = \sum_{p=2}^{n} \frac{\partial Q_i}{\partial \delta_p} \Delta \delta_p + \sum_{p=2}^{n} \frac{\partial Q_i}{\partial |V_p|} \cdot |V_p| \frac{\Delta |V_p|}{|V_p|}$$

$$\begin{bmatrix} \Delta P \\ \Delta Q \end{bmatrix} = \begin{bmatrix} H & N \\ J & L \end{bmatrix} \begin{bmatrix} \Delta \delta \\ \dfrac{\Delta |V|}{|V|} \end{bmatrix}$$

$$H_{ip} = \frac{\partial P_i}{\partial \delta_p} \quad N_{ip} = \frac{\partial P_i}{\partial |V_p|} |V_p| \quad J_{ip} = \frac{\partial Q_i}{\partial \delta_p} \quad L_{ip} = \frac{\partial Q_i}{\partial |V_p|} |V_p|$$

$$P_i - \mathrm{j}Q_i = V_i^* \sum_{p=1}^{n} Y_{ip} V_p \cdots (\text{*})$$

因此，由 $\boldsymbol{Y}_{\mathrm{bus}}$ 可得雅可比矩阵为

$$Y = G + \mathrm{J}BV_i = e_i + \mathrm{j}f_i$$

$$a_p - \mathrm{j}b_p = (G_{ip} + \mathrm{j}B_{ip})(e_p + \mathrm{j}f_p)$$

$$\frac{\partial P_i}{\partial \delta_p} = H_{ip} = a_p f_i - b_p e_i \qquad J_{ip} = -(a_p e_i + b_p f_i)$$

$$H_{ii} = -Q_i - |V_i|^2 B_{ii} \qquad J_{ii} = P_i - |V_i|^2 G_{ii}$$

$$N_{ip} = -J_{ip} \qquad L_{ip} = H_{ip}$$

$$N_{ii} = P_i + |V_i|^2 G_{ii} \qquad L_{ii} = Q_i - |V_i|^2 B_{ii}$$

$$P_i - \mathrm{j}Q_i = |V_i| \mathrm{e}^{-\mathrm{j}\delta_i} \sum_{p=1}^{n} |Y_{ip}| \mathrm{e}^{\mathrm{j}\gamma L_p} |V_p| \mathrm{e}^{\mathrm{j}\delta_p}$$

$$\frac{\partial P_i}{\partial \delta_p} - \mathrm{j} \frac{\partial Q_i}{\partial \delta_p} = \mathrm{j}(|V_i| \mathrm{e}^{-\mathrm{j}\delta_i})(|Y_{ip}| \mathrm{e}^{\mathrm{j}\gamma L_p})(|V_p| \mathrm{e}^{\mathrm{j}\delta_p})$$

$$|V_i| \mathrm{e}^{-\mathrm{j}\delta_i} = e_i - \mathrm{j}f_i \qquad |Y_{ip}| \mathrm{e}^{\mathrm{j}\gamma L_p} = G_{ip} + \mathrm{j}B_{ip} \qquad |V_p| \mathrm{e}^{\mathrm{j}\delta_p} = e_p + \mathrm{j}f_p$$

【例 18.16】

图 18.33 所示为 6 节点系统。假设节点 1 为松弛节点，用雅可比矩阵显示这个系统。

解：

用下面的约定，构成雅可比矩阵。

如果节点 i 和节点 m 同为 PQ 节点，于是得到所有雅可比部分。

如果节点 i 为 PQ 节点而节点 m 为 PV 节点，那么雅可比部分为 H_{im} 和 J_{im}。

如果节点 i 为 PV 节点而节点 m 为 PQ 节点，那么雅可比部分为 H_{im} 和 J_{im}。

如果节点 i 和节点 m 皆为 PV 节点，那么雅可比部分仅为 $H_{im}v$，因为 $\Delta |V_m| = 0$。

$$\begin{bmatrix} \Delta P_2 \\ \Delta Q_2 \\ \Delta P_3 \\ \Delta P_4 \\ \Delta Q_4 \\ \Delta P_5 \\ \Delta P_6 \\ \Delta Q_6 \end{bmatrix} \begin{bmatrix} H_{22} & N_{22} & H_{23} & H_{24} & H_{24} & & & \\ J_{22} & L_{22} & J_{23} & J_{24} & L_{24} & & & \\ H_{23} & N_{23} & H_{33} & & & H_{35} & H_{36} & N_{36} \\ H_{42} & N_{42} & & H_{44} & N_{44} & N_{45} & & \\ J_{42} & L_{42} & & J_{44} & L_{44} & J_{45} & & \\ & & H_{53} & H_{54} & N_{54} & H_{55} & H_{56} & H_{56} \\ & & H_{63} & & & H_{65} & H_{66} & N_{66} \\ & & J_{63} & & & J_{65} & J_{66} & L_{66} \end{bmatrix}$$

【例 18.17】

图 18.34 所示为 5 节点系统。假设节点 1 为松弛节点，用雅可比矩阵显示该系统。

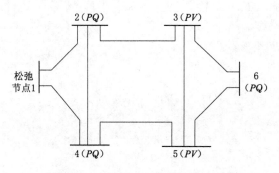

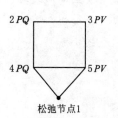

图 18.33　〔例 18.16〕的 6 节点系统　　　图 18.34　〔例 18.17〕的 5 节点系统

解：

$$\begin{bmatrix} H_{22} & N_{22} & H_{23} & H_{24} & H_{24} & 0 \\ J_{22} & L_{22} & J_{23} & J_{24} & L_{24} & 0 \\ H_{32} & N_{32} & H_{33} & 0 & 0 & H_{35} \\ H_{42} & N_{42} & 0 & H_{44} & N_{44} & N_{45} \\ J_{42} & L_{42} & 0 & J_{44} & L_{44} & J_{45} \\ 0 & 0 & H_{53} & H_{54} & N_{54} & H_{55} \end{bmatrix}$$

【例 18.18】

用 N-R 法确定在第一迭代末期时的潮流方程集。已知电力系统的潮流数据所示如下。节点 2 电压幅值为 1.04pu。在节点 2 处发电机的最大和最小无功功率限值分别为 0.35pu 和 0pu。

节点代码	假设电压	发 电		负 载	
		MW	Mvar	MW	Mvar
1	1.06+j0	0	0	0	0
2	1+ j0	0.2	0	0	0
3	1+ j0	0	0	0.6	0.25

已知导纳矩阵为

$$\mathbf{Y}_{\text{bus}} = \begin{bmatrix} 6.25-\text{j}18.75 & -1.25+\text{j}3.75 & -5+\text{j}15 \\ -1.25+\text{j}3.75 & 2.916-\text{j}8.75 & -1.666+\text{j}5 \\ -5+\text{j}15 & -1.666+\text{j}5 & 6.666-\text{j}20 \end{bmatrix}$$

解:

从导纳矩阵可得

$G_{11}=6.25$　$G_{12}=-1.25$　$G_{13}=-5$　$G_{22}=2.916$　$G_{23}=-1.666$　$G_{33}=6.666$

$B_{11}=18.75$　$B_{12}=-15$　　$B_{13}=-15$　$B_{22}=8.75$　　$B_{23}=-5$　　　$B_{33}=20$

电压幅值和节点相位角为

$$e_1=1.06 \quad e_2=1 \quad e_3=1 \qquad f_1=0 \quad f_2=0 \quad f_3=0$$

根据静态潮流方程,节点 2 的有功功率计算如下

$$P_2 = |V_2\|V_1\|V_{21}|\cos(\theta_{21}+\delta_1-\delta_2) + |V_2|^2|V_{22}|\cos\theta_{22} + |V_2\|V_3\|Y_{23}|$$
$$\cos(\theta_{23}+\delta_3-\delta_2) = -0.075$$

从以极坐标形式写入的导纳矩阵中可得到 θ 值。

有功功率和无功功率依次计算如下

$$P_i - \text{j}Q_i = (e_i+\text{j}f_i)^* \sum_{p=1}^{n}(G_{ip}-\text{j}B_{ip})(e_p+\text{j}f_p)$$

$$= (e_i-\text{j}f_i)^* \sum_{p=1}^{n}(G_{ip}-\text{j}B_{ip})(e_p+\text{j}f_p)$$

$$P_i = \sum_{p=1}^{n} e_i(e_p G_{ip}-f_p B_{ip}) + f_i(f_p G_{ip}-e_p B_{ip})$$

$$Q_i = \sum_{p=1}^{n} f_i(e_p G_{ip}+f_p B_{ip}) - e_i(f_p G_{ip}-e_p B_{ip})$$

$$P_2 = e_2(e_1 G_{21}+f_1 B_{21}) + f_2(f_1 G_{21}-e_1 B_{21}) + e_2(e_2 G_{22}+f_2 B_{22}) + f_2(f_2 G_{22}-e_2 B_{22})$$
$$+ e_2(e_3 G_{23}+f_3 B_{23}) + f_2(f_3 G_{23}-e_3 B_{23})$$

$$= -0.075$$

类似地,节点 2 和节点 3 处的有功功率和无功功率计算为

$$P_3=-0.3 \quad Q_2=-0.225 \quad Q_3=-0.9$$

Δ 值是指定值和计算值之间的差额。因此有

$$\Delta P_2=0.275 \quad \Delta P_3=-0.3 \quad \Delta Q_2=0.225 \quad \Delta Q_3=0.65$$

Q_2 违背了限值规定,因此把节点 2 看作负载节点,且 $Q_{2\text{spec}}=0$,有

$$\frac{\partial P_p}{\partial e_p} = 2e_p g_{pp} + \sum_{\substack{q=1 \\ q\neq p}}^{n}(e_p G_{pq}+f_q B_{pq})$$

$$\frac{\partial P_2}{\partial e_2} = 2e_2 G_{22} + \sum_{\substack{q=1 \\ q\neq 2}}^{3}(e_2 G_{2q}+f_q B_{2q})$$

$$\frac{\partial P_2}{\partial e_2} = 2e_2 G_{22} = e_2 G_{21} f_2 B_{21} + e_2 G_{23} + f_3 G_{23}$$

$$= 2\times1\times2.916 + 1.06(-1.25) + 0(-3.75) + 1(-1.66) + 0(-5) = 2.848$$

类似地,有

332

$$\frac{\partial P_3}{\partial e_3} = 6.367$$

$$\frac{\partial P_p}{\partial f_p} = 2f_p G_{pp} + \sum_{\substack{q=1 \\ q \neq p}}^{n} (f_q G_{pq} + e_q B_{pq})$$

$$\frac{\partial P_2}{\partial f_2} = 2f_2 G_{22} + (f_1 G_{21} - e_1 B_{21} + f_3 G_{23} - e_3 B_{23}) = 8.975$$

类似地，有

$$\frac{\partial P_3}{\partial f_3} = 20.9$$

$$\frac{\partial P_p}{\partial e_q} = e_p G_{pq} - f_p B_{pq}$$

$$\frac{\partial P_2}{\partial e_3} = -1.666$$

$$\frac{\partial P_3}{\partial e_2} = -1.666$$

$$\frac{\partial P_p}{\partial f_q} = e_p B_{pq} + f_p G_{pq}$$

$$\frac{\partial P_2}{\partial f_3} = -5.0$$

$$\frac{\partial P_3}{\partial f_2} = -5.0$$

$$\frac{\partial Q_p}{\partial e_p} = 2e_p B_{pp} + \sum_{\substack{q=1 \\ q \neq p}}^{n} (f_q G_{pq} - e_q B_{pq})$$

$$\frac{\partial Q_2}{\partial e_2} = 8.525$$

$$\frac{\partial Q_3}{\partial e_3} = 19.1$$

$$\frac{\partial Q_p}{\partial f_p} = 2f_p B_{pp} + \sum_{\substack{q=1 \\ q \neq p}}^{n} (e_q G_{pq} + f_q B_{pq})$$

$$\frac{\partial Q_2}{\partial f_2} = -2.991$$

$$\frac{\partial Q_3}{\partial f_3} = -6.966$$

在第一迭代末端，潮流方程为

$$\begin{bmatrix} 0.275 \\ -0.3 \\ 0.225 \\ 0.65 \end{bmatrix} = \begin{bmatrix} 2.846 & -1.666 & 8.975 & -5.0 \\ -1.666 & 6.366 & -5.0 & 20.90 \\ 8.525 & -5.0 & -2.991 & 1.666 \\ -5.0 & 19.1 & 1.666 & -6.966 \end{bmatrix} \begin{bmatrix} \Delta e_2 \\ \Delta e_3 \\ \Delta f_2 \\ \Delta f_3 \end{bmatrix}$$

【例 18.19】

在考虑 3 节点系统时，每 3 条线有一个（0.02＋j0.08）pu 的串联阻抗，且总并联导纳为 j0.02pu。各节点变量如下表。

节点	有功负载需求/P_D	无功负载需求/Q_p	实际功率发电/P_G	无功功率发电	指定电压
1	2				1.04＋j0
2	0	0	0.5	1	（PQ）
3	1.5	0.6	0	7	$V_3=1.04(PV)$

节点 3 会有一个可控电源，限值为 $0 \leqslant Q_{G3} \leqslant 1.5\mathrm{pu}$。用 N-R 法求潮流解。功率失配公差为 0.01。

解：

$$\boldsymbol{Y}_{\mathrm{bus}} = \begin{bmatrix} 24.23\angle-75.95° & 12.13\angle104.04° & 12.13\angle104.04° \\ 12.13\angle104.04° & 24.13\angle-75.95° & 12.13\angle104.04° \\ 12.13\angle104.04° & 12.13\angle104.04° & 24.23\angle-75.95° \end{bmatrix}$$

$$P_2 = V_2V_1Y_{12}\cos(\theta_{21}+\delta_{21}-\delta_2)+V_2^2Y_{22}\cos\theta_{22}+V_2V_3Y_{23}\cos(\theta_{23}+\delta_3-\delta_2)$$

$$P_2 = 0.063\mathrm{pu}, P_3 = -0.122\mathrm{pu}$$

$$Q_2 = 0.224\mathrm{pu}, Q_3 = -0.557\mathrm{pu}$$

$$\boldsymbol{J} = \begin{bmatrix} H_{22} & H_{23} & N_{23} \\ H_{32} & H_{33} & N_{33} \\ J_{32} & J_{33} & L_{33} \end{bmatrix}$$

$$H_{22} = -Q_2 - |V_2|^2 B_{22} = -0.224 - |1.03|^2(-17.18) = 18.002$$

$$a_3 + jb_3 = (G_{23}+jB_{23})(a_3+jb_3) = -2.035+j8.61$$

$$H_{23} = a_3 f_2 - b_3 e_2 = -8.868$$

$$\boldsymbol{J} = \begin{bmatrix} 18.002 & -8.868 & -2.035 \\ -8.868 & 17.736 & 3.948 \\ 2.096 & -4.192 & 16.623 \end{bmatrix}$$

$$\Delta P_2 = P_{2\mathrm{spec}} - P_{2\mathrm{calc}} = 1.5 - 0.063 = 1.437\mathrm{pu}$$

$$\Delta P_3 = -1.2 - (-0.122) = -1.078\mathrm{pu}$$

$$\Delta Q_3 = -0.5 - (-0.557) = 0.057\mathrm{pu}$$

$$\begin{bmatrix} 1.437 \\ -1.078 \\ 0.057 \end{bmatrix} = \begin{bmatrix} 18.002 & -8.868 & -2.035 \\ -8.868 & 17.736 & 3.948 \\ 2.096 & -4.192 & 16.623 \end{bmatrix} \begin{bmatrix} \Delta\delta_2 \\ \Delta\delta_2 \\ \dfrac{\Delta|V_3|}{|V_3|} \end{bmatrix}$$

18.5.2.4 快速解耦潮流解法

$\boldsymbol{Y}_{\mathrm{Bus}}$ 的稀疏性和 MW 与 Mvar 之间松散的物理连接使潮流的研究更快速且更有效。$P \rightarrow \delta$ 和 $Q \rightarrow V$ 很牢固，然而 $P \rightarrow V$ 和 $Q \rightarrow \delta$ 较弱。因此，对 MW→δ Mvar→V 进行解耦计算时，在雅可比矩阵中要忽略 N 和 J。

$$[\Delta P]=[H][\Delta\delta]$$

$$[\Delta Q]=[L]\left[\frac{\Delta|V|}{|V|}\right]$$

用 P 修正电压角，用 Q 修正电压级。

$$|y_{ip}|e^{jyL_p}=G_{ip}+jB_{ip}$$

$$\frac{\partial P_i}{\partial\delta_p}-j\frac{\partial Q_i}{\partial\delta_p}=j|V_i\|V_p|e^{j(\delta_p-\delta_i)}(G_{ip}+jB_{ip})$$

但 $\delta_p-\delta_i$ 非常小，因此 $e^{-j(\delta_p-\delta_i)}\approx1$。

$$\cos(\delta_p-\delta_i)\approx1,\sin(\delta_p-\delta_i)=(\delta_p-\delta_i)$$

因此有

$$\frac{\partial P_i}{\partial\delta_p}-j\frac{\partial Q_i}{\partial\delta_p}=j|V_i\|V_p|(G_{ip}+jB_{ip})$$

分离出实数和虚数项，其中 $I\neq p$，有

$$H_{ip}=\frac{\partial P_i}{\partial\delta_p}=-|V_i\|V_p\|B_{ip}|,L=H$$

$$L_{ip}=H_{ip}=-|V_i\|V_p\|B_{ip}|$$

在 L_{ii} 和 H_{ii} 的表达式中，与 $|V_i|^2B_{ii}$ 比，Q_i 通常很小。

$$Q_i\ll|V_i|^2B_{ii}$$

$$H_{ii}=L_{ii}=-|V_i|^2B_{ii}$$

$$[\Delta P]=[|V\|B'\|V|][\Delta\delta]$$

$$[\Delta Q]=[|V\|B''\|V|]\left[\frac{\Delta|V|}{|V|}\right]$$

在 PV 节点中，Q 未被指定且 $\Delta|V|=0$，因此可忽略这些行。通过以下近似值，可获取最终算法：

(1) 从 $[B']$ 中删除网络元素，这些元素仅仅影响 Mvar，但不显著影响 MW，也就是说，并联电抗非名义上的 X^r。

(2) 从 $[B'']$ 中删除角转换移相器的影响。

(3) 忽略并联电阻，计算 $[B]$ 的元素。并作出以下修改

$$\left[\frac{\Delta P}{|V|}\right]=\|B'\|[\Delta\delta]$$

$$\left[\frac{\Delta Q}{|V|}\right]=\|B''\|[\Delta|V|]$$

B' 和 B'' 是实际发生的，且有稀疏性。

18.5.2.5　牛顿-拉夫逊固定斜率解耦

在一个大型系统中潮流计算有以下特点：

(1) 稀疏性：97%。

(2) 斜率只有对角和非对角+行，列矩阵。

(3) 可用高斯消元法和三角消元法。

(4) 最优结构——最小为零，最大为非零值，因此要删除的行就是最小值为零的

部分。

18.5.2.6 微电网潮流解法

潮流是电力系统在基础频率下获得稳态电压的过程。有效的潮流解法需要快速收敛，内存占用最少（计算效率高），并适用于各种应用场景。G-S法和N-R法及其解耦版本的使用，使输电网潮流研究得到了良好发展。由于以下特点，这些传统潮流解法使配电网变成一种非正常运行的电力系统。

（1）辐射状或弱网状网络。

（2）高 R/X 比。

（3）多相不平衡运行。

（4）负载分布不平衡。

（5）分布式发电。

假设大多数情况下输电系统可看作一个平衡网络，那么三相系统的单相表达主要用于输电系统的潮流研究。但不平衡负载、网络辐射架构和不换位的导体使得配电系统变为一个不平衡系统。因此，三相潮流分析需要用于配电系统。三相潮流分析可以在两种不同参考框架中展开，分别为相框架和序列框架。相框架直接处理不平衡变量而序列框架则处理3个单独的正序、负序和零序系统，从而解决电路中的不平衡潮流情况。分布式发电中，通常使用向前和向后扫描法、补偿法、隐式Z节点法、直接法（节点注入支路电流，把支路电流注入节点电压矩阵的方法）或修正牛顿法。

18.6　电力系统稳定性

电力系统随着负载变化而动态变化，发电量的变化对系统的稳定性会产生影响。电力系统的稳定性是指系统在经历瞬时突发状况或其他对系统产生干扰的情形时，能在最短时间内将其运行恢复至稳定状态的一种能力。在发电厂，不同电压等级的同步发电机在相同频率和相序下连接到节点端。例如，在［例18.19］中所阐释的案例。经过仔细分析，发现同步取决于负载的分配。负载的分配以发电机的下垂特性为基础。这也同样适用于微电网。

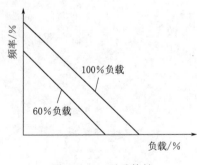

图 18.35　下垂特性

【例 18.20】

两个分别为 200MW 和 400MW 的发电机并联运行。下垂特性如图 18.35 所示，它们的调速器下垂频率从空载到全负载分别为 4% 和 5%。假设发电机以 50Hz 频率空载运行，它们之间应如何分配 600MW 的负载？在此负载下，系统频率是多少？

解：

因为发电机并联运行，所以它们以同样的频率运行。

设负载 G_1（200MW）$= x$MW，负载 G_2（400MW）$= (600 - x)$MW

频率下降值＝Δf，有

$$\frac{\Delta f}{x}=\frac{0.04\times 50}{200}$$

$$\frac{\Delta f}{600-x}=\frac{0.05\times 50}{400}$$

两方程联立，$x=231$MW。因此 G_1 负载为 231MW（过载），G_2 负载为 369MW（欠载）。系统频率为

$$系统频率=50-\frac{0.04\times 50}{200}\times 231=47.69\,\mathrm{Hz}$$

因为下垂频率不同，G_1 过载，G_2 欠载。若两个发电机调速器下垂频率同为 4%，那么它们将分配的负载分别为 200MW 和 600MW。

除此之外，ICT 应用则需要稳定和优质的电能，因此稳定性分析十分重要。稳态功率极限定义了当遇到故障或干扰时，流经系统该部分的最大功率值。稳定性分析是在多种干扰类型下展开的。

（1）稳态稳定性，指系统在遇到某一小型干扰时能保持其稳定性的能力，这类干扰有正常的负载波动、自动电压调整器的常规调整等，这种变化是渐进的、无限的小功率变化。

（2）瞬态稳定性，指当系统遭遇某种大型干扰能保持其同步的能力，这类干扰有大型负载的突然增加或删减、开关操作、故障或失磁等，这类干扰可持续相当长的时间。

电力系统稳定性的分类如图 18.36 所示，按照持久性和各种因素进行分类，持久性如短期或长期干扰，各种因素如电压、频率和对电系统稳定形成干扰的转角。

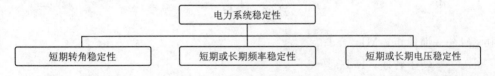

图 18.36　电力系统稳定性的分类

与转角稳定性相关的基本情形如下：

（1）发电机转矩在加速与减速之间的不平衡。

（2）储存在旋转体中的临时电能。

（3）拨拉转矩限制同步转矩。

（4）失同步。

与电压稳定性有关的基本现象如下：

（1）无功负载的增加降低了电压幅值。

（2）临时负载降低。

（3）区域之间传送能力的降低。

（4）若无潮流解法，电压崩溃。

与频率稳定性有关的因素如下：

（1）连接的负载。

（2）发电机速度。

（3）原动机。

18.6.1 功率角曲线和摆动方程[6]

稳态功率极限用方程定义为

$$P = \frac{|E \parallel V|}{X}$$

式中　E——发电电压；

　　　V——终端电压；

　　　X——转移电抗。

功率 $P = P_m \sin\delta$，所绘的功率角曲线如图 18.37 所示。

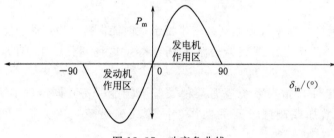

图 18.37　功率角曲线

发电机的动力取决于制造商指定的惯性常数，以及运行中的动能，即

$$动能 = \frac{1}{2} M \omega_s$$

式中　M——惯性矩，MJs/rad；

　　　ω_s——转子转速，rad/s。

动能还可定义为

$$GH = \frac{1}{2} M \omega_s$$

式中　G——机器额定，MVA；

　　　H——惯性常数，MJ/MVA。

在一个同步电机中，已知转角（δ）、转矩、速度、机械功率 P_m 和电功率 P_e，可用摆动方程定义转子动力为

$$M \frac{\mathrm{d}^2 \delta}{\mathrm{d}t^2} = P_m - P_e$$

18.6.2 摆动方程解法[7]

稳态稳定性分析和暂态稳定性分析都可用摆动方程来解决：

（1）等面积准则法：在一个功率角曲线中，为实现同步，加速面积应该等于减速面

积，在受到干扰时也能重获稳定性。

（2）摆动方程的数值解：修改后的欧拉法。

18.6.3　微电网稳定性分析[2]

除了有功功率和无功功率控制采用 FACTS 控制器之外，微电网的总稳定性依赖于电压控制。随着大量微电源的连接，微电网会遭遇无适当电压控制的无功振荡，从而导致环状电流。这种环状控制通过使用电压无功（$V-Q$）下垂控制器来控制。若微电源无功电流主要为感性电流，则 $V-Q$ 型下垂控制器会增加电压的额定值；若微电源无功电流主要为容性电流，则会降低电压额定值。无功功率极限由逆变器的视在额定功率和微电源的有功输出决定。

18.7　总结

本章介绍了电力系统性能研究的基本方法和算法。基于这些结论，解法可用于改进电力系统网络的可靠性和安全性。

问题

一个 300MVA，20kV，三相发电机，起始暂态电抗为 20％。发电机通过 64km 长的输电线为多个电动机供电，且两端都有变压器。所有电动机额定电压皆为 13.2kV，由两个等效电机表示。电动机额定输入功率分别为 200MVA 和 100MVA，两电抗均为 20％。这个三相变压器 T_1 额定功率为 350MVA，230/20kV，漏电抗为 10％。T_2 由 3 个单相变压器构成，每个额定功率为 127/13.2kV，100MVA，漏电抗为 10.1。输电线电抗为 0.5Ω/km。请画出单线图、阻抗图和电抗图。

参考文献

[1]　Kothari DP，Nagrath IJ. Modern power system analysis. 4th ed. New Delhi：Tata McGraw Hill Education Private Limited；2011.

[2]　Chowdhury S, Chowdhury SP, Crossley P. Microgrids and active distribution networks. London，UK：The Institution of Engineering and Technology；2009.

[3]　Wadhwa CL. Electrical power systems. New Delhi，India：New Age International（P）Ltd；2007.

[4]　Grainger JJ，Stevenson WD. Elements of power system analysis. Noida，India：Tata McGraw Hill；2007.

[5]　Gupta BR. Power system analysis and design. 3rd ed. Waterville，ME：Wheeler Publishers；2003.

[6]　Saadat H. Power system analysis. 3rd ed. Noida，India：Tata McGraw Hill；2004. reprint.

[7]　Weedy BM. Electric power systems. New York：John Wiley；1987.

19 光 伏 技 术 控 制

Sukumar Mishra, *Dushyant Sharma*

Department of Electrical Engineering，Indian Institute of
Technology Delhi，New Delhi，India

19.1 半导体物理学概述

如果某种材料或设备能够将光（光子）中包含的能量转化为电能，则称为光伏（PV）。Photo一词代表光子或光线，volt一词代表电压（电流）。在光子中的太阳能可以忽略损耗，直接转换为电能。

硅被广泛用作半导体材料。硅的电导率取决在活跃半导体层上所分布的载流子数量。带隙能量用 E_g 表示，用来测量电子伏（eV），这里 $1eV=1.6\times10^{-19}J$。硅的带隙能量为 1.12eV。

载流子生成所需的能量可以以不同的形式提供。在光伏组件中，由太阳能中的光子提供能量。如果光子产生的能量大于 1.12eV，且被光伏电池吸收，就会形成一个电子空穴对，它收获了作为热量的能量损耗。如果光子的能量小于 1.12eV，就只是通过光伏电池，而不能形成电子空穴对。如果光子的能量大于 1.12eV，多余的能量会以热能形式消散。

太阳辐射是由不同波长的电磁辐射组成的。光子中包含的能量与电磁辐射的波长有关，即

$$E=\frac{hc}{\lambda} \tag{19.1}$$

式中　E——光子的能量，J；

　　　c——光速，$3\times10^8 m/s$；

　　　λ——波长，m；

　　　h——普朗克常数，$6.626\times10^{-34}Js$。

【例 19.1】

让 1.12eV 能量推动一个电子到导带，计算光子所需的最小频率。

解：

带隙能量 $E_g=1.12eV$，$1eV=1.6\times10^{-19}J$

所以 $E_g=1.12eV=1.12\times1.6\times10^{-19}J=1.792\times10^{-19}J$

最大波长 λ_{max} 所包含能量等于带隙能量

$$E=\frac{hc}{\lambda_{max}}E_g$$

因此

$$\frac{6.626\times10^{-34}\,\mathrm{Js}\times3\times10^{8}\,\mathrm{m/s}}{\lambda_{\max}}=1.792\times10^{-19}\,\mathrm{J}$$

或

$$\lambda_{\max}=\frac{6.626\times10^{-34}\,\mathrm{Js}\times3\times10^{8}\,\mathrm{m/s}}{1.792\times10^{-19}\,\mathrm{J}}=1.109\times10^{-6}\,\mathrm{m}$$

相对应的频率为

$$v_{\min}=\frac{c}{\lambda_{\max}}=\frac{3\times10^{8}\,\mathrm{m/s}}{1.109\times10^{-5}\,\mathrm{m}}=2.705\times10^{14}\,\mathrm{Hz}$$

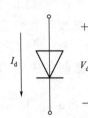

图 19.1 二极
管符号

由此产生的电子空穴对需要分离，以避免自由电子和空穴的重组。这可以通过 PN 结合实现。

最简单的 PN 结是 PN 结式二极管（图 19.1）。通过二极管的电流为式（19.2）。

$$I_{\mathrm{d}}=I_{\mathrm{rs}}\left(\exp\frac{qV_{\mathrm{d}}}{kT_{\mathrm{c}}A}-1\right) \tag{19.2}$$

式中　I_{d}——二极管电流，A；

　　　I_{rs}——反向饱和电流，A；

　　　q——一个电子的电荷（$1.6\times10^{-19}\,\mathrm{C}$）；

　　　V_{d}——通过二极管的电压，V；

　　　k——玻耳兹曼常数（$1.38\times10^{-23}\,\mathrm{J/K}$）；

　　　T_{c}——二极管的温度，K；

　　　A——一个称为理想因子的常数，取决于电荷载流子在 PN 结移动的机制，$A=1$ 代表扩散，$A=2$ 代表重组。

反向饱和电流依赖于温度，其关系可以近似表示为式（19.3）。

$$I_{\mathrm{rs}(T_{\mathrm{c}})}=I_{\mathrm{rs}(T_{\mathrm{ref}})}\{\exp[K_{1}(T_{\mathrm{c}}-T_{\mathrm{ref}})]\} \tag{19.3}$$

式中　$I_{\mathrm{rs}(T_{\mathrm{c}})}$——电池的反向饱和电流；

　　　T_{c}——工作温度；

　　　$I_{\mathrm{rs}(T_{\mathrm{ref}})}$——电池的反向饱和电流；

　　　T_{ref}——工作参考温度；

　　　K_{1}——反向饱和电流的温度系数。

19.2　光伏电池的基础知识

最简单的光伏电池本上就是一个 PN 结式二极管。当光子的能量被光伏电池所吸收，就形成了电子空穴对，由于势垒区的存在，它们被分别限定在 N 侧和 P 侧。在电池端子处产生了一个与势垒减少相等的电压，它可以出现在导致电流产生的外部负载上。

19.2.1　简易光伏电池的结构

简易光伏电池本质上就是一个 PN 结。电池由玻璃罩、黏合剂和减反射层组成。减反射层用于增强吸收太阳能辐射，玻璃罩用于机械防护[1]。

19.2.2 理想光伏电池的等效电路

理想光伏电池可视为与恒流源并联的二极管，如图 19.2 所示。恒流源代表光生电流 I_{ph}。PN 结的正向偏移用二极管来表示。

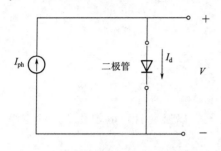

图 19.2 理想光伏电池的等效电路图

光伏电流表达式为式（19.4）。

$$I=I_{ph}-I_d=I_{ph}-I_{rs}\left(\exp\frac{qV}{kT_cA}-1\right)$$

$$(19.4)$$

光生电流依赖于太阳辐射和温度，在特定温度和日照水平下是恒定不变的。光生电流与电池短路电流、电池温度、辐照之间的关系为式（19.5）。

$$I_{ph}=[I_{sc}+K_1(T_c-T_{ref})]S \qquad (19.5)$$

式中 I_{sc}——参考温度 T_{ref} 下的电池短路电流；

K_1——短路电流温度系数；

S——太阳照射水平，标准值为 $1000W/m^{2[2]}$。

光生电流也可称为电池在特定温度和太阳辐射时的短路电流。

【例 19.2】

光伏电池短路电流为 8.03A，参考温度为 300K，短路电流系数为 0.0017。当参考温度为 310K，太阳辐射为 60% 时，求电池的光生电流。

解：

$$S=0.6$$
$$I_{sc}=8.03A$$
$$K_I=0.0017$$
$$T_c=310K$$
$$T_{ref}=300K$$

从式（19.5）可知

$$I_{ph}=[I_{sc}+K_I(T_c-T_{ref})]S=[8.03+0.0017\times(310-300)]\times0.6A$$

或 $I_{ph}=(8.03+0.0017\times10)\times0.6=(8.03+0.017)\times0.6=8.047\times0.6=4.828\ A$

【例 19.3】

当参考温度为 300K，短路电流为 8.03A 时，求光伏电池的开路电压。短路电流系数为 0.0017，电池的工作温度为 300K，太阳全辐照。PN 结式二极管反向饱和电流在参考温度时为 $1.2\times10^{-7}A$，理想系数为 1.92。

解：

$$S=1$$
$$I_{sc}=8.03A$$
$$K_I=0.0017$$
$$T_c=310K$$
$$T_{ref}=300K$$

$$I_{rs} = 1.2 \times 10^{-7} A$$
$$A = 1.92$$

从式（19.5）可知，电池的光生电流为

$$I_{ph} = 8.03A$$

开路时，光伏电流为 0（即 $I=0$）。所对应的电压称为开路电压 V_{oc}。

因此，从式（19.4）有

$$0 = I_{ph} - I_{rs}\left(\exp\frac{qV_{oc}}{kT_cA} - 1\right) \text{ 或 } I_{rs}\left[\exp\left(\frac{qV_{oc}}{kT_cA}\right) - 1\right] = I_{ph}$$

$$\Rightarrow \exp\frac{qV_{oc}}{kT_cA} - 1 = \frac{I_{ph}}{I_{rs}}$$

$$\Rightarrow \exp\frac{qV_{oc}}{kT_cA} = \frac{I_{ph}}{I_{rs}} + 1$$

$$\Rightarrow \frac{qV_{oc}}{kT_cA} = \ln\left(\frac{I_{ph}}{I_{rs}} + 1\right)$$

$$\Rightarrow V_{oc} = \frac{kT_cA}{q} \times \ln\left(\frac{I_{ph}}{I_{rs}} + 1\right)$$

$$\Rightarrow V_{oc} = \left(\frac{1.38 \times 10^{-23} \times 300 \times 1.92}{1.6 \times 10^{-19}}\right) \times \ln\left(\frac{8.03}{1.2 \times 10^{-7}} + 1\right) = 0.895V \quad (19.6)$$

【例 19.4】

采用与［例 19.3］相同的光伏电池，若电池温度（1）提高到 315K，（2）降到 290K，且反相饱和电流的温度系数为 0.15/℃时，求开路电压。

解：

$$S = 1$$
$$I_{sc} = 8.03A$$
$$K_I = 0.0017$$
$$T_{ref} = 300K$$
$$I_{rs(300)} = 1.2 \times 10^{-7} A$$
$$A = 1.92$$
$$K_1 = 0.15$$

（1）$T_c = 315K$。

从式（19.4）有

$$I_{ph} = [8.03 + 0.0017 \times (315 - 300)] \times 1 = (8.03 + 0.0017 \times 15) = 8.0555A$$

从式（19.5）有

$$I_{rs(315)} = I_{rs(300)}\{\exp[0.15 \times (315 - 300)]\} = 1.2 \times 10^{-7} \times [\exp(0.15 \times 15)]$$
$$= 1.138 \times 10^{-6} A$$

在［例 19.3］中，从式（19.6）获得

$$V_{oc} = \frac{1.38 \times 10^{-23} \times 315 \times 1.92}{1.6 \times 10^{-19}} \times \ln\left(\frac{8.0555}{1.138 \times 10^{-6}} + 1\right) = 0.822V$$

（2）$T_c = 290K$

从式（19.4）有

$$I_{ph} = [8.03 \times 0.0017 \times (290-300)] \times 1 = 8.03 + 0.0017 \times (-10) = 8.013A$$

从式（19.3）有

$$I_{rs(290)} = I_{rs(300)}\{\exp[0.15 \times (290-300)]\} = 1.2 \times 10^{-2} \times \{\exp[0.15 \times (-10)]\}$$
$$= 2.677 \times 10^{-8}A$$

在［例 19.3］中，从式（19.6）获得

$$V_{oc} = \frac{1.38 \times 10^{-23} \times 290 \times 1.92}{1.6 \times 10^{-19}} \times \ln\left(\frac{8.013}{2.677 \times 10^{-8}} + 1\right) = 0.937V$$

由以上例题可知，光生电流主要取决于太阳辐射，受温度影响较小。开路电压主要取决于温度，而受太阳辐射影响较小。

这些关系将在光伏电池的电流—电压（$I-V$）和功率—电压（$P-V$）特性中进一步讨论。

19.2.3 理想光伏电池的特点

在 19.2.2 节的论述中，光伏电池可视为与二极管反向并联的恒流源。反向是因为电荷载流子（类似于 PN 结式二极管电流）扩散与漂移的方向不同，于是在结点处扩散和漂移的数量也不同，因此方向相反。当光子能产生电子空穴对时，电荷载流子就会漂离结点。若外部终端短路，由于电荷载流子漂移而产生的电流总量，会比因电荷载流子扩散产生的电流大得多。因为势垒不允许电荷载流子扩散，所以依赖于光子产生的电子空穴对数量，净光伏电流是恒定不变的。如果通过光伏终端的电压升高并接近开路，那么电荷载流子浓度（在 N 型侧的电子和在 P 型侧的空穴）就会升高。这会在结点处产生一个电场，它与势垒正好相反，并导致势垒减少，扩散电流增加。开路时，当达到平衡点，扩散电流恰好等于（在数量上）漂移电流，且无净电流通过光伏电池。

因此，理想光伏电池可视为在低电压下的恒流源（因为流经光伏电池的几乎是恒定电流），以及开路点周围的恒压源（因为光伏电池的电压几乎保持恒定）。这种电流特性如图 19.3 所示。不同太阳辐射和温度下理想光伏电池的特性分别如图 19.4 和图 19.5 所示。

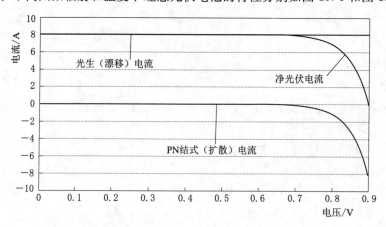

图 19.3　光伏电池的 $I-V$ 特性

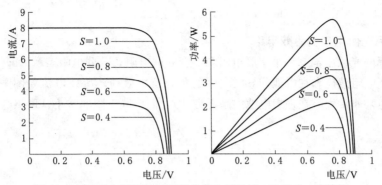

图 19.4　不同太阳辐射下理想光伏电池的 I—V 和 P—V 特性

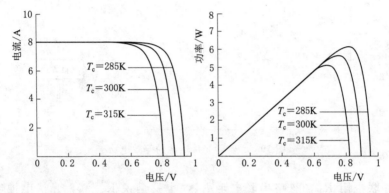

图 19.5　不同电池温度下理想光伏电池的 I—V 和 P—V 特性

从光伏电池获得的功率最初随着电压升高而增加并达到最大值〔称为电池最大功率点（MPP）〕，然后急速下降。

【例 19.5】

在参考温度和全辐照下，0.1Ω 的负载阻抗与光伏电池并联。画出光伏电池特性曲线和负载特性曲线，并求得工作点。

解：

$$R_L = 0.1\Omega$$

电池和负载的特性如图 19.6 所示。交叉点表示工作点。

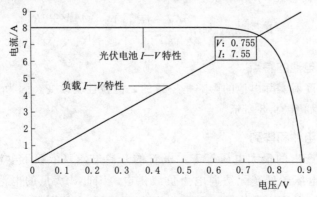

图 19.6　理想光伏电池和电阻负载的 I—V 特性

从图 19.6 可知，$V = 0.755\text{V}$，$I = 7.55\text{A}$。

19.2.4　实际光伏电池的等效电路

一个实际的光伏电池有一个串联电阻和一个并联电阻。并联电阻表示泄漏效应，串联电阻表示半导体电阻效应和在电池与导线之间的黏合抗力效应。等效电流如图 19.7 所示。并联泄漏电阻通常非常大（在理想电池中是无穷的），而串联电阻非常小（理想电池中为零）。

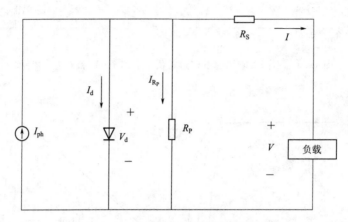

图 19.7　实际光伏电池的等效电路

若考虑并联电阻 R_P，忽略串联电阻 R_S，也就是说 $R_S = 0$，光伏电池电流变为式（19.7）。

$$I = I_{ph} - I_d - I_{R_P}$$

或
$$I = I_{ph} - I_{rs}\left[\exp\left(\frac{qV}{kT_cA}\right) - 1\right] - \frac{V}{R_P} \tag{19.7}$$

若忽略并联电阻 R_P，也就是说 R_P 是无穷大，而考虑串联电阻 R_S，则光伏电池电流变为式（19.8）。

$$I = I_{ph} - I_{rs}\left\{\exp\left[\frac{q(V+IR_S)}{kT_cA}\right] - 1\right\} \tag{19.8}$$

若同时考虑并联电阻 R_P 和串联电阻 R_S，光伏电池电流变为式（19.9）。

$$I = I_{ph} - I_{rs}\left\{\exp\left[\frac{q(V+IR_S)}{kT_cA}\right] - 1\right\} - \frac{V+IR_S}{R_P} \tag{19.9}$$

19.2.5　实际光伏电池的特点

太阳辐射和温度对实际电池的影响是一致的，但特性会改变，因为会受到串联电阻和并联电阻的影响，如图 19.8 所示。

19.2.6　从电池到组件和阵列

一个单电池所产出的最大电压等于二极管的开启电压（依赖于电池型号，为 0.5～0.8V）。此范围内电压越低越无法向电力负载供电。因此，大量的电池串联构成一个组件，组件再以串联或并联方式构成阵列，进而提供所需的电压和额定电流。当把 N_S 个电

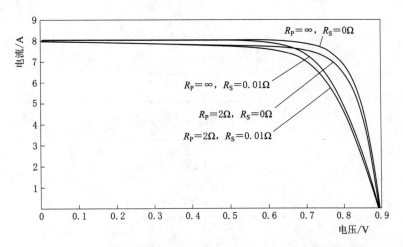

图 19.8　在考虑串联电阻和并联电阻的影响下实际光伏电池的特性

池串联连接，N_P 个电池并联连接，同时并联电阻 R_P 和串联电阻 R_S 都考虑，光伏电池电流变为式（19.10）。

$$I = N_P I_{ph} - N_P I_{rs} \left\{ \exp\left[\frac{q(V/N_S + IR_S/N_P)}{kT_c A} \right] - 1 \right\} - N_P \left(\frac{V/N_S + IR_S/N_P}{R_P} \right)$$

$$(19.10)$$

对于理想电池，电流方程可写为[3]式（19.11）。

$$I = N_P I_{ph} - N_P I_{rs} \left\{ \exp\left[\frac{q(V/N_S)}{kT_c A} \right] - 1 \right\}$$

$$(19.11)$$

19.3　最大功率点跟踪

从光伏组件获得的功率在特定电压和电流下能达到最大。为获得最大效率，人们期望以最大功率运行光伏电池。在文献［4-6］中讨论了许多最大功率点跟踪（MPPT）算法，这些方法中最被大家接受的是扰动观察法以及电导增量法。

19.3.1　扰动观察法

扰动观察法就像爬山，直流电压逐级（$= \Delta V$）调整直至能大约以最大功率点运行。每一级结束后，要观察功率的变化。若功率增加，则下一次电压的调整（增加/降低）应与之前一步趋势相同。若功率降低，也就是说，功率的变动值为负，下一个扰动则与之前相反。从数学原理上功率的变化与电压的变化有一定关联，即下一步扰动时的电压变化应与本步中从功率电压变化中的变换比率迹象保持一致。

算法如图 19.9 所示。

在每一步中，直流参考电压值都会改变，因此参考电压一直在最大功率点电压附近摆动（图 19.10）。

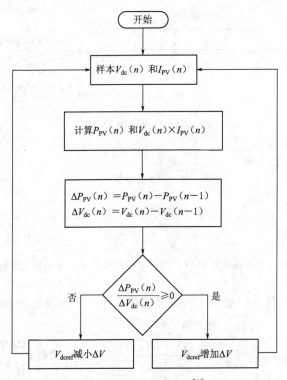

图 19.9　扰动观察法[2]

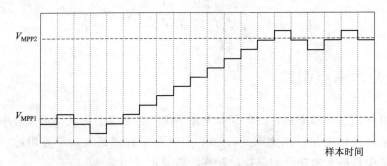

图 19.10　在扰动观察法中参考电压的变化

19.3.2　电导增量法

在最大功率点处功率的变化率相对于电压（$\mathrm{d}P/\mathrm{d}V$）为 0，小于最大功率点时，电压为正，大于最大功率点时，电压为负。

在最大功率点有式（19.12）～式（19.14）。

$$\frac{\mathrm{d}P}{\mathrm{d}V}=0 \tag{19.12}$$

$$\frac{\mathrm{d}P}{\mathrm{d}V}=\frac{\mathrm{d}(V\times I)}{\mathrm{d}V}=V\times\frac{\mathrm{d}I}{\mathrm{d}V}+I=0 \tag{19.13}$$

$$\frac{\mathrm{d}I}{\mathrm{d}V} = -\frac{I}{V} \qquad\qquad (19.14)$$

式中 $\dfrac{\mathrm{d}I}{\mathrm{d}V}$——增量电导；

$\quad -\dfrac{I}{V}$——实际电导。

类似于扰动观察法，电导增量法检测到电压和电流，使电压逐级变动直至满足式（19.14)中给定的条件，从而跟踪到最大功率点。

19.4　阴影对光伏特性的影响

19.4.1　阴影对串联电池的影响及阴影的减少

因为云、树木等的阴影是不断运动的，所以阵列中很少一部分电池或组件会经历部分或全部的阴影。阴影会造成许多问题，如输出电压和功率降低、电池发热和因为波动带来的设备折损。[7]

阴影的影响主要取决于在阴影下电池的数量、阴影大小和并联泄漏电阻，具体如图 19.11所示。

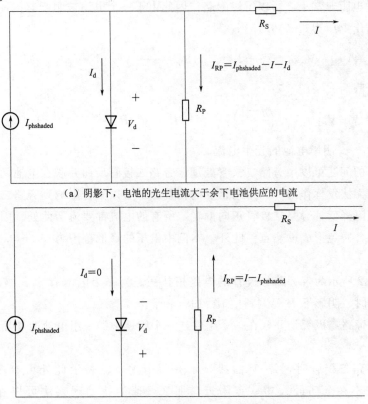

（a）阴影下，电池的光生电流大于余下电池供应的电流

（b）阴影下，电池的光生电流小于余下电池供应的电流

图 19.11　阴影影响

若 n 个电池串联，其中一个电池位于阴影下，其余则全暴露于阳光下，电池特性取决于阴影的大小。

可能发生两种情况。第一，当光生电流大于负载电流（电流由余下的 $n-1$ 个电池供应）时，这种情况如图 19.11（a）所示。由于光生电流足够匹配余下电池所供应的电流，电池组件表现得就像一个在统一太阳辐射下运行的正常串联电池组件。然而，第二［图 19.11(b)］，光生电流不足以匹配由余下电池所供应的电流。过剩电流会流经并联的泄漏电阻，导致电池两端的电压下降，二极管反相偏置且不再携带任何电流，电池产生负电压，也就是说，总电压降低而非升高。此外，因为电流流经电阻较高的并联电阻，电池的升温可能导致在电池组件中产生过热点。

正常运行获得的原始输出电压减去阴影下的输出电压可得输出电压的减少值，也就是 $\Delta V = V - V_{\mathrm{SH}}$；其中 ΔV 为减少的输出电压，V 为统一辐射下的输出电压，V_{SH} 为阴影下的输出电压。

余下电池（V_{n-1}）产生的电压减去并联电阻的电压降可得电压 V_{SH}。正常运行下，组件电压为 V。因为全部电池位于统一辐射下，每个电池的电压为 $V_{\mathrm{cell}} = V/n$。因此，$n-1$ 个电池的电压为 $V_{n-1} = [(n-1)/n]V$。

所以阴影下的输出电压 $V_{\mathrm{SH}} = V_{n-1} - (I - I_{\mathrm{phshaded}})(R_{\mathrm{P}} + R_{\mathrm{S}})$。总的来说，与并联电阻相比，串联电阻非常小，所以可以忽略。因此由于一个电池被阴影遮挡，那么一个串联电池组件的输出电压为式（19.15）。

$$V_{\mathrm{SH}} = V_{n-1} - (I - I_{\mathrm{phshaded}})R_{\mathrm{P}} = \frac{n-1}{1}V - (I - I_{\mathrm{phshaded}})R_{\mathrm{P}} \qquad (19.15)$$

输出电压降为式（19.15）。

$$\Delta V = V - V_{\mathrm{SH}} = V - \left(\frac{n-1}{n}\right)V + (I - I_{\mathrm{phshaded}})R_{\mathrm{P}} = \frac{V}{n} + (I - I_{\mathrm{phshaded}})R_{\mathrm{P}} \qquad (19.16)$$

式中　I_{phshaded}——阴影电池的光生电流。

阴影产生的问题可以用旁路二极管处理。旁路二极管反向并联在电池两端。在统一照射下，二极管无法发挥作用，因为它是反向偏置的，所以不会影响到旁路二极管。但在阴影下，由于电阻降低，旁路二极管正向偏置，所有的电流都要流经此处。因此，没有电流流经并联电阻，避免形成过热点。此外，本例中电压的降低范围为 $0.5 \sim 0.8\mathrm{V}$，这取决于二极管的类型。

如图 19.12 所示为带旁路二极管的电路拓扑图。当一个电池有 50% 被遮挡，且受旁路二极管影响时，阴影下 $I-V$ 特性如图 19.13 所示。

事实上，旁路二极管是并联在一个组件或一个组件中的一组电池两端而非每一个电池两端。

当使用旁路二极管时，$I-V$ 曲线显示有两个拐点，表示此处可有多个最大功率点。若初始点不在全部最大功率点附近，那么普通的扰动观察法可以在达到局部极大值时结束。因此，对于部分阴影的情况，还需要更先进的最大功率点跟踪（MPPT）技术。

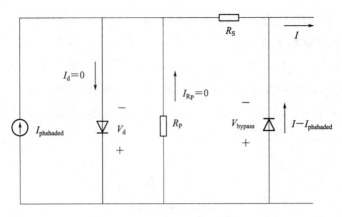

图 19.12　带旁路二极管的电路拓扑图

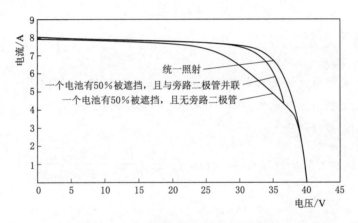

图 19.13　部分阴影下的 $I-V$ 特性

【例 19.6】

一个光伏组件有 60 个光伏电池，每个并联电阻为 10Ω，以参考温度运行。参考温度为 300K，全日照，短路电流为 8.03A。参考温度下，每个光伏电池 PN 结二极管的反向饱和电流为 1.2×10^{-7}A，理想因数为 1.92。所有电池均统一接收 700W/m^2 的照射。其中一个电池部分处于阴影下，因此太阳照射降为 300W/m^2。求光伏组件电流为多大可使负载不升温（假设无旁路二极管）。

解：

$$R_P=10$$

$$I_{sc}=8.03\text{A}$$

因为光伏组件以参考温度运行，太阳照射为 300W/m^2，光生电流为 $I_{ph300}=8.03\times$ 0.3A＝2.409A，因此在不升温的情况下，光伏组件可提供 2.409A 电流。

【例 19.7】

光伏组件有 60 个光伏电池，每个并联电阻为 10Ω，以参考温度运行。参考温度为 300K，全日照，短路电流为 8.03A。参考温度下，每个光伏电池 PN 结二极管的反向饱和电流为 1.2×10^{-7}A，理想因数为 1.92。所有光伏电池接收统一照射 $700W/m^2$。该光伏组件以最大功率运行。其中一个光伏电池部分处于阴影下，因此太阳照射降为 $300W/m^2$。若光伏组件仍供应同样的电流到负载（假设旁路二极管缺失），求新的输出电压和减少的输出电压。

解：

$$R_P = 10\Omega$$

$$I_{sc} = 8.03A$$

因为光伏组件以参考温度运行，太阳照射为 $300W/m^2$，光生电流 $I_{ph300} = 8.03 \times 0.3A = 2.409A$，而在 $700W/m^2$，$I_{ph700} = 8.03 \times 0.7A = 5.621A$。

从式 (19.6) 可得，每个光伏电池的开路电压为

$$V_{oc} = \frac{1.38 \times 10^{-23} \times 300 \times 1.92}{1.6 \times 10^{-19}} \times \ln\left(\frac{5.621}{1.2 \times 10^{-7}} + 1\right) = 0.895V$$

因此，每个光伏电池最大功率点两端电压为 $0.895 \times 0.8 = 0.716V$。

因此，输出电压（组件电压）$V = 60 \times 0.716 = 42.96V$。

用式 (19.4) 获得输出电流为

$$I = 5.621 - 1.2 \times 10^{-7}\left(\exp\frac{1.6 \times 10^{-19} \times 0.716}{1.38 \times 10^{-23} \times 300 \times 1.92} - 1\right)$$

$$= 5.403A$$

部分阴影下，光伏组件仍供应同样的电流，所以 $I = 5.403A$。

从式 (19.15) 得，阴影中光伏组件的输出电压为

$$V_{SH} = (59/60)42.96 - (5.403 - 2.409) \times 10 = 12.304V$$

减少的电压为 $42.96 - 12.304 = 30.656V$。

此外，减少的电压也可用式 (19.16) 求得

$$\Delta V = 0.716 + (5.403 - 2.409) \times 10 = 30.656V$$

19.4.2 阴影对并联光伏电池的影响及阴影的减少

若几个并联光伏组件位于阴影中，阴影下的光伏组件可从余下光伏组件中收回电流而不是提供电流。因此，可供给负载的电流和输出功率均减少[1]。此外，当光伏电池不发电（如夜晚）时，电能可以从其他能源如电池等流入光伏系统。

在每个光伏组件顶端安装阻塞二极管则避免了这种情况。即在阴影下，光伏电流流经阻塞二极管，同时阻塞二极管阻挡了所有反向电流流入光伏系统。阻塞二极管的使用方案如图 19.14 所示。

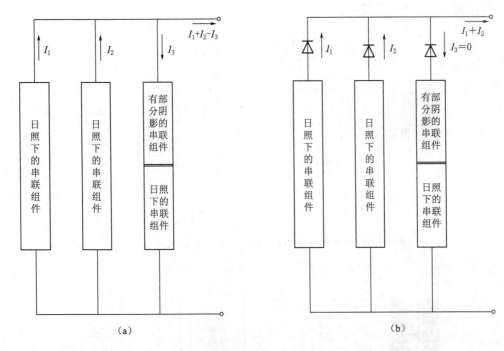

图 19.14 （a）无阻塞二极管时，并联组件上的部分阴影；
（b）有阻塞二极管时，并联组件上的部分阴影

19.5　光伏系统的运行模式

光伏系统既可在并网模式下运行，也可在离网模式下运行。一个普通的光伏系统由DC－AC换流器、蓄电池、充电控制器、逆变器和变压器构成。组合不同，配置也不同，但都或多或少用到这些设备。光伏系统通过控制换流器得到理想的运行状态。

通常在一个单极光伏系统中，光伏列阵通过逆变器和滤波器接入交流系统中。控制逆变器可达到最大功率点和理想的交流系统参数。在双极光伏系统中，直流/直流换流器用于光伏列阵和逆变器之间。控制直流/直流换流器以确保最大功率点跟踪，控制逆变器以得到理想的交流系统参数。单相和三相交流系统组合同样可行。如图 19.15 所示为一个并网光伏系统的方案。光伏发电通过直流/直流换流器也可以并入直流电网。

在离网运行模式中，通常用蓄电池作为备用电源。当光伏供电减少时，蓄电池可供电；当光伏供电有盈余时，蓄电池可消耗电能。用充电控制器来控制电池。

19.5.1　光伏系统向直流系统供电

升压或升降压换流器通常用于提高直流电压，并保持最大功率点跟踪；方案组合如图19.16 所示。输出和输入直流电压与工作周期 $D^{[9]}$ 的关系为式（19.17）。

$$\frac{V_{\text{o}}}{V_{\text{i}}} = -\frac{D}{1-D} \tag{19.17}$$

负号表示输出电压的反极性。

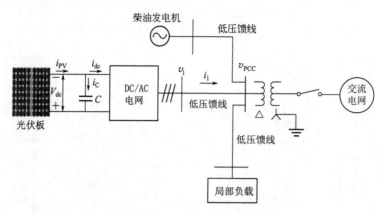

图 19.15　典型含柴油发电机的并网光伏系统和局部负载[8]

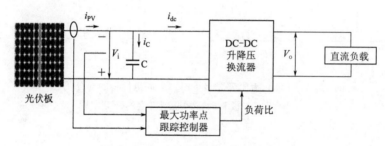

图 19.16　向直流负载供电的光伏系统

【例 19.8】

　　一个 15Ω 的电阻负载经由升降压换流器由例 19.7 中光伏组件供电。所有光伏电池均统一接收 700W/m² 的照射。求工作周期中换流器如何运行，光伏组件才可达到最大功率。

　　解：

$$R_L = 15\Omega$$

　　根据 [例 19.7]，最大功率电压为 42.96V，且对应电流为 5.403A。因此，光伏组件最大功率 $P_{max} = 42.96 \times 5.403W = 232.112W$。

　　传输到负载的功率 $P_L = V_o^2 / R_L$，获取最大功率 $P_L = P_{max}$，因此有

$$\frac{V_o^2}{R_L} = 232.112W$$

$$\Rightarrow V_o = \sqrt{232.112 R_L} \times \sqrt{232.112 \times 15} = 59V$$

从式（19.17）可知，平均输出电压为

$$V_o = \frac{D}{1-D} V_i$$

因此有

$$V_o = DV_o + DV_o \ \text{或} \ D = \frac{V_o}{V_o + V_i} = \frac{59}{42.96 + 59} = \frac{59}{101.96} = 0.578V$$

19.5.2 光伏系统向交流系统供电

如前所述，交流系统使用逆变器。有许多控制逆变器的方法，如解耦控制、滑膜控制、矢量控制、神经网络、基于模糊的控制等。[10-13]

并网系统中，逆变器用于获得理想的有功和无功功率；离网系统中，逆变器用于获得理想的电压和频率。一个三相 PWM 逆变器中，直流和交流电压与调制指数 m[14] 呈式 (19.18) 所示关系。

$$V_{dc} = \frac{2\sqrt{2} V_{iphase}}{m} \tag{19.18}$$

式中 V_{iphase}——逆变器的均方根（RMS）相电压。

【例 19.9】

30 个光伏组件，每个光伏组件的最大功率点电压为 30.7V，最大功率点电流为 8.08A，这些光伏组件串联形成一个光伏列阵并有最大功率跟踪控制器确保以最大功率运行。光伏列阵通过一个 PWM 逆变器给一个三相 415V($I-I$)，50Hz 交流系统供电，逆变器开关频率为 10kHz。每相有一个 7.50mH 电感的滤波器。求逆变器运行下的调制系数。假设逆变器无损，以统一功率因数运行，所有光伏电池均在 $1000W/m^2$ 的统一照射下，且以标准条件运行，忽略并联电流通路。

解：

$$V_{I-I} = 415V$$

$$V_{phase} = \frac{415V}{\sqrt{3}} = 239.6V$$

$$V_{MPP} = 30.7 \times 30 = 921V$$

$$I_{MPP} = 8.08A$$

最大功率 $P_{MPP} = 921 \times 8.08 = 7441.68W$，因为逆变器无损，光伏发电全部供给交流系统。交流电系统均方根（RMS）相电流为

$$I_{phase} = \frac{P_{MPP}}{3 \times (415/\sqrt{3})} = \frac{7441.68}{\sqrt{3} \times 415} = 10.353A$$

逆变器和交流系统之间的每相电抗为

$$X_L = 2 \times \pi \times 50 \times L = 100 \times \pi \times 0.075 = 2.356\Omega$$

逆变器终端每相均方根电压为

$$V_{iphase} = \sqrt{239.6^2 + (10.353 \times 2.356)^2} = 240.838V$$

由式 (19.18) 可知，逆变器终端相电压与直流电压关系为

$$V_{dk} = \frac{2\sqrt{2} V_{iphase}}{m}$$

因此有

$$m = \frac{2\sqrt{2} V_{iphase}}{V_{dc}} = \frac{2\sqrt{2} \times 240.838}{921} = 0.739$$

19.5.3　光伏并网发电系统中变压器的应用

一个基于逆变器的并网发电系统可以有变压器，也可以没有。拓扑结构依赖于电压和隔离的要求。如图 19.15 所示为具有变压器的并网系统。交流电网需要用变压器来与光伏系统隔离。若逆变器电压小于电网电压，也需要变压器来增大电压。

总之，变压器以三角形—星形中性接地（Δ—Y）方式连接。光伏系统侧为 Δ 连接，电网侧为中性点接地 Y 连接，因此，需要设置零序电流通路。

19.5.4　解耦 d—q 控制结构

利用帕克转换法，可把随时间变化的三相交流量转换到同步旋转的 d—q 量。当转变到 d 和 q 轴时，三相平衡量会变成恒量且易于分析和控制。帕克转换法公式为式（19.19）。

$$\begin{bmatrix} u_d \\ u_q \\ u_0 \end{bmatrix} = \sqrt{\frac{2}{3}} \begin{bmatrix} \cos\theta & \cos\theta\left(\theta - \frac{2\pi}{3}\right) & \cos\left(\theta + \frac{2\pi}{3}\right) \\ -\sin\theta & -\sin\left(\theta - \frac{2\pi}{3}\right) & -\sin\left(\theta + \frac{2\pi}{3}\right) \\ \frac{1}{\sqrt{2}} & \frac{1}{\sqrt{2}} & \frac{1}{\sqrt{2}} \end{bmatrix} \begin{bmatrix} u_a \\ u_b \\ u_c \end{bmatrix} \tag{19.19}$$

式中　θ——从锁相回路（PLL）得到的参考相角。一个锁相回路产生了一个输出电压，它的相与输入信号相关。通常并网系统（图 19.17），公共连接点（PCC）交流系统的相作为参考，其他量则依据从锁相回路得到的参考值转换到 d 和 q 轴（图 19.18）。

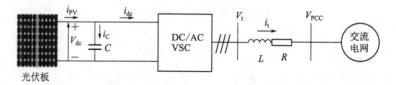

图 19.17　并网系统

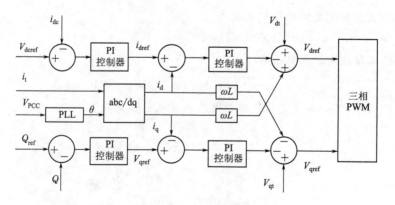

图 19.18　解耦控制

d 和 q 轴电流控制逆变器输入的有功和无功功率。有功功率馈送影响逆变器的直流电压。因此，d 和 q 轴的参考电流是从电压和无功功率控制器获得的。通常，控制器的输出电流是在一定限值内的参考电流，以保障逆变器安全运行。高强度电流会损坏逆变器内部的电力电子器件。对于统一功率因数运行，无功功率参考值设为零。电压控制器的参考电压值从最大功率点追踪算法中获得。假设逆变器终端电压为 v_t，公共连接点电压为 v_{PCC}，从逆变器输入的电流为 i_t，而滤波器电感和电阻分别为 L 和 R。电压和无功功率控制器提供 d 和 q 轴参考电流，其控制方式如图 19.18 所示。电流和电压的微分方程为式（19.20）和式（19.21）。[10,11,15]

$$L\,\frac{\mathrm{d}i_{dt}}{\mathrm{d}t}=-Ri_{dt}+\omega Li_{qt}+(v_{dt}-v_{dPCC}) \tag{19.20}$$

$$L\,\frac{\mathrm{d}i_{qt}}{\mathrm{d}t}=-Ri_{qt}-\omega Li_{qt}+(v_{qt}-v_{qPCC}) \tag{19.21}$$

式（19.20）和式（19.21）可分别简化为式（19.22）和式（19.23）。

$$L\,\frac{\mathrm{d}i_d}{\mathrm{d}t}=-Ri_d+u_d \tag{19.22}$$

$$L\,\frac{\mathrm{d}i_q}{\mathrm{d}t}=-Ri_q+u_q \tag{19.23}$$

其中
$$u_d=v_{dt}-v_{dPCC}+\omega Li_{qt}$$
$$u_q=v_{qt}-v_{qPCC}-\omega Li_{dt}$$

控制信号 u_d 和 u_q 由电流控制回路得到。

控制器如此设计的目的是使电流控制回路快于电压和无功功率控制回路。电流控制回路的时间常量依赖于 PWM 开关频率，而电压控制回路的时间常量则依赖于电流控制回路的修正时间。

电流控制回路设计定义如下。从式（19.22）可得与 u_d 和 i_d 有关的传递函数可写为 $\dfrac{i_d}{u_d}=\dfrac{1}{Ls+R}$。因为控制信号从比例积分（PI）控制器获得，于是开放回路的传递函数为 $\left(K_p+\dfrac{K_i}{s}\right)\times\dfrac{1}{Ls+R}=\dfrac{K_p}{Ls}\times\left(s+\dfrac{K_i}{K_p}\right)\times\dfrac{1}{s+R/L}$。电流控制闭合回路如图 19.19 所示。

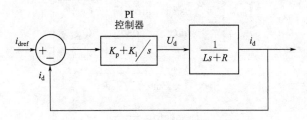

图 19.19　电流控制闭合回路

可用多种方式选择控制器增益。用零极点相消法，增益为 $K_p = L/\tau$ 和 $K_i = R/\tau$；其中 τ 为理想的时间常量。使用这些增益，开放回路传递函数变成 $1/\tau s$，闭合回路传递函数变成 $1/(\tau s + 1)$。合成电流控制回路如图 19.20 所示。

时间常数通常在 $2\sim4\text{ms}$ 的范围内。外（电压控制）回路可以相似的方式设计。电压控制回路的时间常数应大于电流控制回路的修正时间。当内回路已经设定好电流时，可假设电流与电流参考值相等。因此，当设计电压回路时，总电流控制回路可视为一个增益（$=1$），如图 19.21 所示。

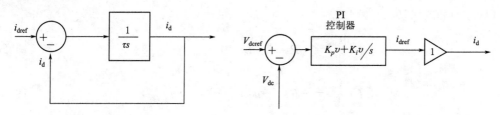

图 19.20　合成电流控制回路　　　　图 19.21　电流回路设定好时的电压控制回路

用传递函数表示直流电压 V_{dc} 与直流电流 i_{dc} 的关系为 $V_{dc}(s) = [I_{pv}(s) - I_{dc}(s)]/Cs$，而直流电流与 d 轴电流关系为 $P = i_{dc}V_{dc} = V_d i_d$。因此 $i_{dc} = (V_d/V_{dc})i_d$。使用这些关系式，可在初始运行条件下得到电压控制回路的闭合回路传递函数，如图 19.22 所示。

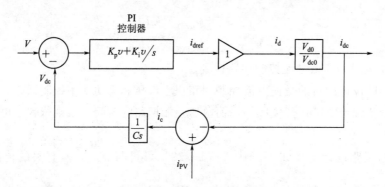

图 19.22　闭合回路电压控制

d 和 q 轴参考电流 i_{dref} 和 i_{qtref} 与直流参考电流 i_{dcref} 的关系为式（19.24）。

$$\begin{bmatrix} i_{dtref} \\ i_{qtref} \end{bmatrix} = \begin{bmatrix} \cos\theta & \sin\theta \\ \sin\theta & -\cos\theta \end{bmatrix} \begin{bmatrix} \dfrac{V_{dc} i_{dcref}}{v_{PCC}} \\ \dfrac{Q_{ref}}{v_{PCC}} \end{bmatrix} \tag{19.24}$$

$$v_{PCC} = \sqrt{v_{dPCC}^2 + v_{qPCC}^2} \tag{19.25}$$

$$\theta = \arctan \frac{v_{qPCC}}{v_{dPCC}} \tag{19.26}$$

对应的相量图如图 19.23 所示。

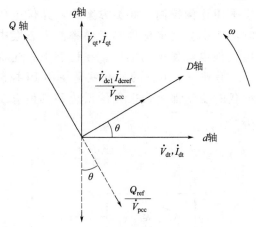

图 19.23　并网系统相量图[16]

【例 19.10】

在解耦 d-q 控制中使用零极点相消法。若电流控制回路时间常量为 4ms，修正时间为时间常数的 3 倍，求外回路的最小时间常量。此外，若滤波器电感为 7.50mH，电阻为 0.01Ω，求 PI 控制器增益。

解：

$$L = 7.5\text{mH}$$
$$R = 0.01\Omega$$
$$\tau = 0.004\text{s}$$

修正时间 $= 3 \times \tau = 3 \times 0.004 = 0.012(\text{s})$

因此，电压回路的时间常数一定大于 0.012s，使用零极点相消法，控制增益为

$$K_{\text{p}} = L/\tau = 0.0075/0.004 = 1.875$$
$$K_{\text{i}} = R/\tau = 0.01/0.004 = 2.5$$

19.5.5　光伏系统减功率运行

光伏系统以减功率模式运行，意味着运行时的功率远低于最大功率。光伏系统可以在微电网中以负荷跟踪模式在减功率模式下运行，或者在其他一些控制策略下运行。

减功率模式中的光伏系统可作为储备电源，如同电池一样。该模式中的光伏系统可用于交流系统的频率控制。这种控制方案如图 19.24 所示。

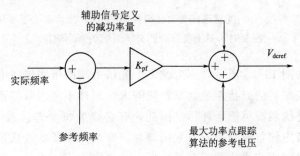

图 19.24　在减功率模式运行期间用比例控制器对光伏系统进行控制

图 19.24 所示的方案采用比例控制。此类方案中，光伏电压（或功率）仅瞬态变化，也就是说，无论何时功率都会偏离标称参考频率。本方案中，稳态下任何负载的变化都会得到电力系统中其他电源发电的响应。在稳态下，光伏系统会以预定好的额定功率（降低的）来运行。另外一个可行的方案就是使用 PI 控制器改变稳态光伏系统的功率，即稳态下任何负载的变化都会带来光伏系统和其他有二级控制器的电源的协同变化，如图 19.25 所示。

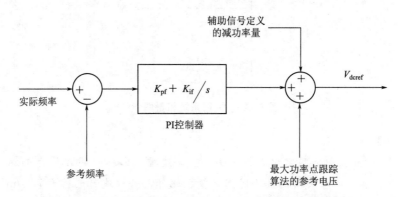

图 19.25　在减功率模式运行期间用 PI 控制器（二级频率控制）
对光伏系统进行控制

采用减功率光伏系统进行频率控制表现更好，频率调整如图 19.26 所示。修正时间和峰值衰减都得到很大改善。在图 19.26（a）中，即时负载变化的修正时间为 40s，频率振荡范围为 0.97~1.015pu，而如图 19.26(b) 所示，修正时间和振荡范围分别为 50s 和 0.95~1.03pu。

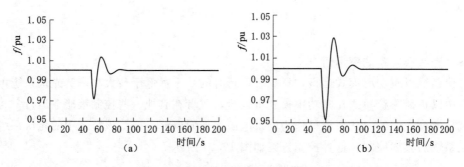

图 19.26　当（a）光伏系统参与频率控制和（b）光伏系统不参与频率
控制时，对于负荷阶跃交流系统的频率响应

二级频率调整如图 19.25 所示，不考虑多个光伏系统的可用储备电量。当采用这种控制时，全部有二级控制器的光伏系统共享负荷需求，同样不考虑其储备电量。在这种控制下，有较少储备的光伏系统可能会耗尽。因此，有必要为每个光伏系统考虑可用的储备。如图 19.27 所示为考虑储备时对控制方案的调整。有最大储备的光伏系统会分担最大的负载变动。这种方案确保所有光伏都不会被耗尽。

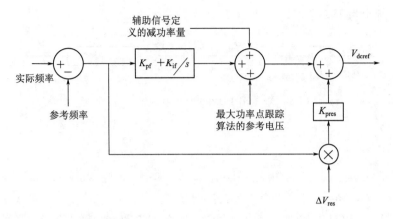

图 19.27　考虑可用储备下使用光伏系统的二级频率调整

19.5.6　功率分配的下垂控制

在以同步发电机为基础的电力系统中，所有发电机根据它们各自的下垂系数来分担功率变化。当多个光伏系统在微电网中并联运行时，它们需要根据各自的额定功率来分担功率。

为满足这些要求，下垂控制也被引入到逆变器控制中，而参考电压和功率则根据各自的下垂特性而产生，即式（19.27）和式（19.28）。

$$f_{ref} = f_0 - K_{fdelP} \Delta P \tag{19.27}$$

$$V_{ref} = V_0 - K_{VdelQ} \Delta Q \tag{19.28}$$

式中　K_{fdelP}——频率下垂系数；

　　　ΔP——有功功率变化；

　　　f_{ref}——新频率的参考有功功率；

　　　V_0——无功功率 Q_0 对应的标称电压；

　　　K_{VdelQ}——电压下垂系数；

　　　ΔQ——无功功率的变动；

　　　V_{ref}——新无功功率对应的参考电压。

下垂系数的设定基于每个逆变器的额定功率，且与单个额定功率成正比。图 19.28

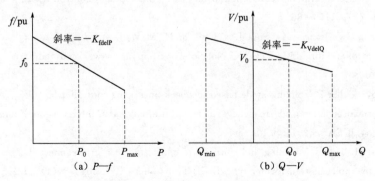

图 19.28　共享负载的下垂特性

和 19.29[15] 所示为下垂定理。

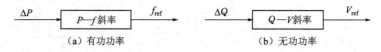

(a) 有功功率 (b) 无功功率

图 19.29 下垂控制

参考文献

[1] Masters GM. Renewable and efficient electric power systems. John Wiley & Sons, Inc. , Hoboken, New Jersey; 2004.

[2] Sekhar PC, Mishra S. Takagi - Sugeno fuzzy - based incremental conductance algorithm for maximum power point tracking of a photovoltaic generating system. IET Renew Power Gen 2014; 8 (8): 900 - 14.

[3] Yazdani A, Dash PP. A control methodology and characterization of dynamics for a photovoltaic (PV) system interfaced with a distribution network. IEEE Trans Power Deliv 2009; 24 (3): 1538 - 51.

[4] Esram T, Chapman PL. Comparison of photovoltaic array maximum power point tracking techniques. IEEE Trans Energy Conv 2007; 22 (2): 439 - 49.

[5] Subudhi B, Pradhan R. A comparative study on maximum power point tracking techniques for photovoltaic power systems. IEEE Trans Sust Energy 2013; 4 (1): 89 - 98.

[6] de Brito MAG, Galotto L, Sampaio LP, de Azevedo e Melo G, Canesin CA. Evaluation of the main MPPT techniques for photovoltaic applications. IEEE Trans Ind Electron 2013; 60 (3): 1156 - 67.

[7] Jewell W, Ramakumar R. The effects of moving clouds on electric utilities with dispersed photovoltaic generation. IEEE Trans Energy Conv 1987; EC - 2 (4): 570 - 6

[8] Mishra S, Ramasubramanian D, Sekhar PC. A seamless control methodology for a grid connected and isolated PV - diesel microgrid. IEEE Trans Power Syst 2013; 28 (4): 4393 - 404.

[9] Mohan N. First course on power electronics and drives. MNPERE: Minneapolis, United States of America; 2003.

[10] Vahedi H, Noroozian R, Jalilvand A, Gharehpetian GB. A new method for islanding detection of inverter - based distributed generation using DC - link voltage control. IEEE Trans Power Deliv 2011; 26 (2): 1176 - 86.

[11] Bajracharya C, Molinas M, Suul JA, Undeland TM. Understanding of tuning techniques of converter controllers for VSC - HVDC. Nordic workshop on power and industrial electronics. June 9 - 11, 2008.

[12] Mishra S, Sekhar PC. Sliding mode based feedback linearizing controller for a PV system to improve the performance under grid frequency variation. International Conference on Energy, Automation and Signal, ICEAS - 2011. p. 106 - 112.

[13] Mahmood H. Jiang J. Modeling and control system design of a grid connected VSC considering the effect of the interface transformer type. IEEE Trans Smart Grid 2012. 3 (1): 122 - 34.

[14] Rashid MH. Power electronics: circuits, devices, and applications. 3rd ed. Upper Saddle River,

NJ: Pearson, Prentice Hall; 2004.

[15] Katiraei F, Iravani R, Hatziargyriou N, Dimeas A. Microgrids management. IEEE Power Energy Mag 2008; 6 (3): 54 - 65.

[16] Tiwari A, Boukherroub R, Sharon M, editors. Solar cell nanotechnology. Hoboken, NJ, USA: John Wiley & Sons, Inc. ; 2013.

[17] Zarina PP, Mishra S, Sekhar PC. Exploring frequency control capability of a PV system in a hybrid PV - rotating machine - without storage system. Int J Elec Power Energy Syst 2014; 60: 258 - 67.

20 将分布式可再生能源系统并入智能电网

Ghanim Putrus，*Edward Bentley*

Electrical Power Engineering at Northumbria University Newcastle upon Tyne，United Kingdom

20.1 引言

全世界所有一次能源中约 30% 被用于生产电能。自 1879 年发明白炽电灯泡以来，特别是交流发电和变压器出现之后，电力系统呈现快速增长的趋势。将交流电从一个电压等级转换到一个更高的电压等级，意味着需要将供电线路中的损失和电压降维持在一个可以接受的值。

不同的可再生能源对混合发电的贡献在不同国家之间有所差异，但目前总体上只占装机总量的一小部分。然而，一些国家 2050 年能源的政策目标还是比较宏大的，它们承诺到 2050 年将温室气体排放量减少 80%，降低到 1990 年的水平以下[1]。可再生能源的规划，如欧盟的 20/20/20 目标，旨在推动可再生能源装置的快速增长。例如，在英国，可再生能源发电在 2014 年第三季度的装机容量为 23.1 万 kW，占总装机容量（约 85 万 kW）的 25%。在这一时期，可再生能源对发电的贡献约占总发电量的 17.8%[2,3]。这表明，相比 2013 年同一季度增长 24%。2009—2013 年，英国可再生能源发电量的增长如图 20.1 所示。值得注意的是，在过去的几年中，可再生能源的增速正在稳步增加。

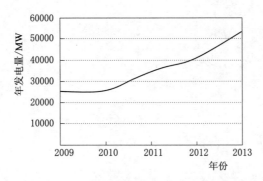

图 20.1　2009—2013 年英国可再生能源发电量增长趋势

除了要解决与电网连接相关的技术问题外，在建立具有成本效益和可靠的可再生能源系统（RES）方面，可再生能源发电还将面临重大挑战。为了解可再生能源系统（RES）并网的增加对电网产生的影响，以及对智能电网解决方案的需求，要先了解目前电力是如何生产的，可再生能源系统（RES）发电的特征，以及对电网控制相关方面的认知。

20.2 传统发电

传统的发电厂是指，用蒸汽作为媒介，从煤、油或天然气生产电能的电厂的总称。发电机通常是有少量的极（2 极或 4 极），并以高速（1500～3600r/min）运行的同步发电机。如果涡轮机和冷凝器的效率较低，从燃料到电能能量转换的整体效率就会受到很大影响。总效率的典型范围为 30％～40％。这些传统发电厂的主要特点是，与其他发电厂相比，每千瓦装机成本比较低，而且对于设备的大小几乎没有任何限制。

联合循环发电厂则相对更高效，更环保。它分两个阶段运行，整体效率高达 55％。第一个阶段包括一个燃气轮机，它驱动初始交流发电机；第二阶段利用从燃气轮机排出的热废气经过热交换器后产生蒸汽，接着运行耦合到第二交流发电机的蒸汽轮机。增加常规电厂整体效率的另一个方法，是电能用于工业加工或集中供热（例如大面积城镇供热）后，对在离开涡轮机后剩余的蒸汽能量再利用。这通常称为热电联产，电厂总体效率将提高到 90％左右。

考虑到它们的容量和动态特性，这些电厂通常集中在国有控制层面，为了能满足总的需求，这些需求是持续变化的，但又遵循一个相对可预测的模式。满足总需求是必要的，也是为了保持电力供应频率的稳定。为了满足特定的需求，国家电网控制中心选择了一些可产生足够容量的发电机组，以满足需求和部分备用容量（发电调度）。所选（调拨）机组必须位于合适的位置，以减少传输损耗。为了尽量减少发电成本，调拨的机组必须具有最低廉的生产成本。一旦一个机组被调拨，至少要让其输出可以提供的最小功率。机组负载水平（发电计划）是确定的，并因此受到涡轮机调速器的控制。此外，将启动和关停机组的成本最小化也是一个附加约束。因此，发电厂通常会根据机组的经济效益来排序，并据此确定何时对每个机组进行调拨，以及在各种负荷条件下机组的输出功率（发电调度）。增量燃料成本，定义为发电厂每增加 1MW 时发电输出所需的附加成本，通常用作机组负荷的基准。为了实现最佳经济运行，对额外功率的任何需求应由具有最低增量燃料成本的机组来满足，直到超过了另一机组的最低增量燃料成本[4]为止。

一个发电厂可作为一个 PQ 节点电厂，这个电厂是指定额定有功功率和无功功率的发电设备，或一个光伏电站，这个电站指定额定有功功率，而无功功率是变化的，以保持电厂的电压恒定不变。一个电厂可被用于控制频率和电压，这里的有功和无功功率输出是变化的。

20.3 用可再生能源发电

可再生能源如水能、风能、生物质能、潮汐能、波浪能和太阳能所需成本为零，而且是无污染，取之不尽，用之不竭的。目前，相比化石燃料，从这些可再生能源产生单位能量（MW·h）的机组成本（水力发电厂和风电场除外）是相当高的。然而，技术和经济规模的进步，正在逐步降低用可再生能源系统发电的成本。

水力发电厂已经存在了很长时间。然而，建造这些发电厂的成本仍然非常高，尤其是土木工程方面。抽水蓄能电厂也类似于水力发电厂，不同之处在于它使用两个（上和下）蓄水池，并设计有涡轮发电机组作为电动泵组运行。当电能需求量非常高时，在尖峰负荷期间，该电厂以发电模式运行，其中水从上部蓄水池流向下部蓄水池，从而产生电能并向电网供电。在非高峰时期，当电力便宜，且发电厂在为下一次高峰负荷做准备时，存储在下部蓄水池中的水会被泵吸抽回到上部蓄水池。抽水蓄能装置的总效率（也被定义为电能输出/电能输入）约为67%。

下文描述了可再生能源系统的主要特点和电网接口控制器，重点放在光伏系统（PV）和风力发电系统（WECS）。虽然其他类型可再生能源（如生物质，潮汐和波浪）的特性可能有所不同，但它们产生电力的方式，以及它们与电网连接和对电网的影响是类似的。

20.3.1　光伏发电系统

光伏组件的性能通常通过其 $I—V$ 特性来确定，如图 20.2 所示。这些特征限定了在任何负荷点处的输出功率，功率曲线如图 20.2 所示。从中可以看出，最大功率仅在一定的电压水平下产生。这个电压随着入射辐照度、阴影、温度和模块土壤条件的不同而变化。因此，最重要的是，光伏组件在该电压值（或接近该电压值）运行，是为了实现能量获取的最大化。

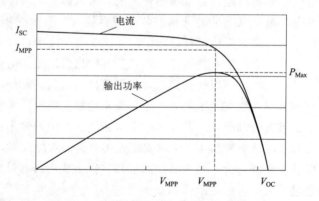

图 20.2　光伏组件的 $I—V$ 特性和输出功率

在给定电压 V 下光伏电池所产生的电流 I 可表示为[5]式（20.1）。

$$I = I_{SC}\left\{1 - \exp\left[\frac{\ln\left(1 - \dfrac{I_{MPP}}{I_{SC}}\right)(V - V_{OC})}{V_{MPP} - V_{OC}}\right]\right\} \tag{20.1}$$

式中　　I_{SC}——短路电流；

　　　　V_{OC}——开路电压；

V_{MPP}、I_{MPP}——最大功率点（MPP）处电池的电压和电流，最大功率点可从制造商的数据表中找到。

最大功率点跟踪装置（MPPT）控制器通常用来确定光伏组件能够产生最大功率的电压，并将工作点转移到该电压，无论负载电压是多少。MPPT是一个高效率的DC-DC换流器，它为光伏组件（或阵列）提供了一个最佳的电力负荷，并产生一个适合于该负荷的电压，而不用考虑光伏组件上（由于辐照度、温度等变化）的电压变化。MPPT将光伏组件电压从负载电压解耦，即，它允许光伏系统在最大功率点电压（在控制器输入）处运行，同时换流器输出过程中提供所需的负载电压。除了提供MPPT和"配对"功能，换流器通常为升压类型，将光伏组件电压升高，以允许在更高的电压水平下运行，从而减少功率损耗。该换流器还提供了在选择电池组件和电池额定电压时的灵活度。

控制DC-DC换流器来跟踪最大功率点有许多不同的方法。这些方法各不相同，可以是一个简单通用的控制系统，这里光伏或者负载电压假定恒定不变，而MPPT使电流最大化；也可以是一个更加复杂的系统，采用数字信号处理技术[6]，用电导增量法、扰动观察法和爬坡MPPT控制器优化输出功率。DC-DC换流器的控制原理是改变换流器的占空率（标记到空间比率），使得光伏组件电压被控制进而产生最大功率输出的电压值。

在独立的光伏系统中，运行点在很大程度上是由电池电压决定的，电池电压通常接近最大功率点。随着电池电压（取决于它的充电状态）的变化，运行点也随之变化并且从最大功率点离开。在实践中，电池不允许完全放电，因此电压保持适度恒定并接近最大功率点。所以，在离网系统中，MPPT是可取的（为了光伏能量输出最大化），但不是必需的，因为光伏组件大多数时间都是围绕最大功率点运行的。

20.3.2　风力发电系统

一种越来越受欢迎的电能替代性能源是风力发电。由于其商业上的可行性，风能是目前增长最快的可再生能源。单个风电机组产生的电能是有限的，因此通常需要部署许多发电机，称为风电场。同许多其他可再生能源一样，风能的缺点是，其可用性在程度和时间上是不确定的。此外，必须仔细对风力发电机组（或风电场）的资金成本和涡轮机在其使用寿命周期中所产生的电力收益之间的平衡进行考量。

在风力发电系统中，风力推动连接到传动轴上的风轮叶片旋转，该传动轴被耦合到发电机的转子上。大型风力发电机通常采用机械式变速箱，以增加发电机（通常为感应型）的速度。小型风力发电机（低于10kW）通常使用永磁发电机。

一台风力发电机的机械动力输出（称为电功率输出）与风速的立方成正比，如在参考文献 [7] 中，可表示为式（20.2）。

$$P_a = \frac{1}{2}\rho\pi R^2 v^3 C_p \tag{20.2}$$

$$\lambda = \frac{\omega R}{v} \tag{20.3}$$

式中　P_a——转子捕获的功率；

　　　R——转子半径，m；

　　　ρ——空气密度，kg/m^3；

　　　v——风的速度，m/s；

C_p——功率系数，对于给定的风轮转子，功率系数取决于转子叶片的桨距角以及叶尖速比；

ω——转子的转速，rad/s。

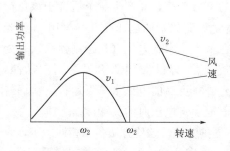

图 20.3　风力发电机的特点

式（20.2）和式（20.3）表明，风轮转子的输出功率是风速 v 和转子转速 ω 的函数，两者关系如图 20.3[8] 所示。因此，为了从风中获得最大的能量，如图 20.3 所示，对于任一特定的入射风速（v_1 或 v_2），为了匹配最佳转速（ω_1 或者 ω_2），有必要调节风力发电机的转速。

风力发电机有两种主要类型，即定速风力发电机和变速风力发电机。定速风力发电机对叶片和齿轮箱采用了复杂变桨控制机制，以优化所捕获的能量。变速风力发电机采用电力电子换流器，以优化输出功率的性能（而不需要气动控制器）。因此，相比而言，定速风力发电机的效率较低并需要定期维护。在定桨距变速风力发电机中，通常对发电机的转矩进行控制，以保持在特定风速下的最佳风轮转速，以获得最大输出功率。类似于光伏系统中的运用，电力电子 MPPT 控制器通常也用于此目的。

在一般情况下，变速风力发电机具有更高的效率和更好的可靠性。因此，他们正变得越来越受欢迎，尤其是对于小规模应用。

大型风力发电机中的转子通常是水平轴，可以提供更好的风能捕获能力。然而，在湍流风环境中，由于风速的波动，对水平轴的转子进行控制使其连续地跟随风向并以最大功率点运行会变得很困难。因此，在这样的区域最好采用垂直轴风力发电机，如图 20.4 所示。

图 20.4　水平轴和垂直轴风力发电机

20.3.3　其他可再生能源系统

其他可再生能源，例如水、生物质、潮汐和波浪也可用于发电。水力发电、抽水蓄能和生物质电厂已经开发利用很长时间了。这些通常是大型电厂并被集中控制，类似于常规发电厂。潮汐能是由于地球受到月球和太阳的引力而自转导致海平面的改变产生的，从潮汐过程中形成流动的水中提取动能并发电。输出功率是周期性的，并可以合理预测。波浪能是海洋表面上风的作用而产生的。涡轮机的主要机械结构随波浪移动，从而引起振荡并驱动液压马达，以此驱动异步发电机产生电能。波浪能量可能相当大，每公里海岸线最高可达 70MW[9]。然而，一个主要的问题是，波的能量是不一致的，因此，输出功率是变化的，基本上是不可预测的。

20.4　分布式可再生能源系统的电网

光伏电池板产生直流输出，因此，它们需要逆变器来连接到电网。风力发电机可以是异步或同步发电机。异步（感应）发电机可以直接并入电网（通常是通过一个软启动来降低瞬态电流），而同步发电机是通过电力电子换流器相连。换流器也可用于波浪和潮汐发电。通常，这些换流器会产生谐波，这对电网是有害的（例如额外损失、过热等），因此，它们必须符合谐波的排放标准，见 20.7 节中的说明。

20.4.1　光伏系统的电网接口

光伏系统有两种类型，即离网系统和并网系统。在前者中，光伏组件被用于向与其他电力（电网）来源相隔离的独立负载供电。在后者中，光伏系统并入主电网并作为其一部分运行。由于光伏系统产生直流电压，因此，如果系统是向交流负载供电或并入电网，则需要一个 DC－AC 逆变器。

光伏系统主要部件中，既适合于离网又适合于并网运行的有光伏组件、可充电电池、控制器和逆变器（如果是交流输出则需要），如图 20.5 所示[6]。

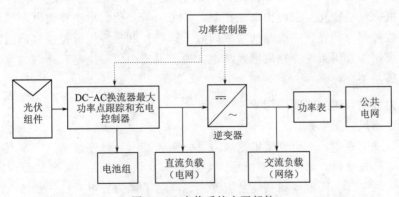

图 20.5　光伏系统主要部件

逆变器是光伏组件和电网之间的接口装置。线换向逆变器通常采用晶闸管作为电力电子开关器件。这些设备不能自换向，而且需要依靠电网电压来运行（整流）。所以线换向逆变器不适用于独立光伏系统。它们从电网中获取无功功率（用于晶闸管换向），因此功率损耗增加且整体效率降低。

自换向逆变器采用自励式电力电子开关装置（一般对于低功率应用采用 MOSFET，而中到高功率应用采用 IGBT），如图 20.6 所示。这些设备由门极信号开启或关闭，因此无须电网电压。所以，这些逆变器适用于并网和独立光伏系统。它们不需要无功功率来操作，因此，功率损耗较少，整体效率较高。事实上，如果需要的话，逆变器可用于产生无功功率。

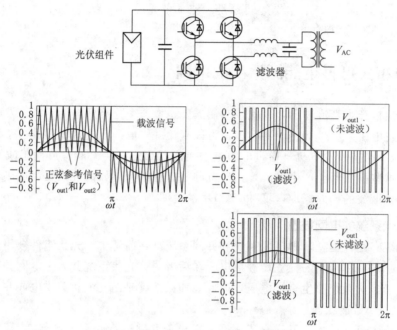

图 20.6 具有低频率变压器和 PWM 控制的典型自换向光伏逆变器

电压源型逆变器（VSI）通常在光伏系统应用，由电压控制，使其根据参考信号变化，而电流根据负载变化。也可由电流控制，参考信号变化。电流控制电压源型逆变器允许对功率因数控制（即在统一或超前功率因数下运行）和故障电流控制（即低故障电流），因此被广泛应用于并网系统。在离网系统中，输出电流由负载决定，所以被电压源型逆变器控制的电压至关重要。

20.4.2 风力发电系统的电网接口
20.4.2.1 定速风力发电机
定速风力发电机中，一个变桨定速风力发电机驱动（通过变速箱）一个直接并入电网的异步（感应）发电机，如图 20.7 所示。变速箱需要增加速度和可变桨距，同时它们还控制速度并从风中最大限度地捕获能量。变速箱降低了风力发电系统的整体效率，并且需要维护。软启动器通常用来启动发电机并减小启动时的瞬态电流。另外，需要开关电容器为感应发电机提供无功功率。

当使用感应发电机时，电机以比同步转速略高的转差速度来运行，进而产生交流电。因此，风轮转速的变化也很小，因为风速的任何增加都会使转矩增加。典型发电机电压是 690V AC，所以需要一个三相变压器来提高电压。这是一个简单（电）和相对廉价的系统。这个系统在电网故障时会趋向于超速运行，而电网运营商则期望风力

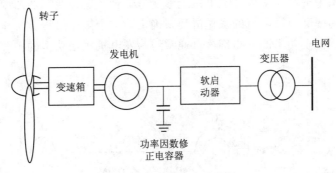

图 20.7　定速风力发电机

发电机能满足故障穿越的需求（即风力发电系统在电网故障期间仍然能继续工作一小段时间）[10]。

20.4.2.2　变速风力发电机

另一个方案是采用电力电子换流器把发电机与电网进行连接。该换流器将发电机从电网解耦，保持同步的同时允许风轮转速随风况变化而变化。因此无须桨距控制。相对于定速系统，变速系统已经在系统效率、能量捕获方面有了改进，并减少了机械应力。因此，它们正变得越来越受欢迎。该系统的两个版本都很常见，对此简要介绍如下：

（1）具有同步发电机的宽域变速风力发电机组。在该系统中，为低速运行设计了一个多极同步发电机，来消除对变速箱的使用需求。

它是通过电力电子换流器连接到电网，如图 20.8 所示，使发电机转速完全从电网频率中解耦[11]。功率换流器的额定值对应于发电机的额定功率加上功率损失。发电机可以通过一个磁场绕组或永磁电机来激发。小型风力发电机通常采用永磁发电机。发电机产生变频功率，这是第一次整流（DC - AC），然后通过使用自换向逆变器（DC - AC）转换为50Hz 频率。

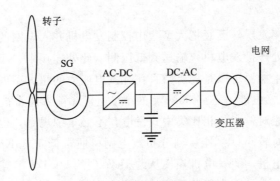

图 20.8　宽域变速风能转换系统

（2）双馈感应发电机（DFIG）。在这种情况中，会使用绕线转子感应（异步）发电机，并以转差频率向转子注入可控电压，从而实现变速运行[11]。转子绕组电流从一个变频电力电子换流器中经过滑环馈入，由电网提供，如图 20.9 所示。功率换流器将电网频率从转子机械频率中解耦，使风力发电机能够变速运行。这种换流器的额定功率由转子功率决定，而转子功率又由发电机的操作滑程来确定，这个操作滑程通常非常小，进而得到换流器的额定值，占全功率的一小部分（通常约为发电机额定功率的1/3）。

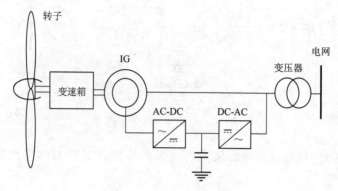

图 20.9　双馈感应发电机

20.4.3　其他可再生能源系统的电网接口

类似于常规发电厂，同步发电机也在水力发电、抽水蓄能、生物质发电厂中使用。这些电厂通常是集中控制和可调度的。因此，通常不会出现特殊的电网连接问题，除非发电厂由于组织管理的原因，处于电网的薄弱区域。

潮汐能、波浪能发电不太稳定，因此不属于可集中、可调度的。不过，值得注意的是，潮汐发电属于周期性的且可以合理预测。从波浪能中获取电能，通常利用线性或异步发电机变速运行。与风力发电系统类似，电力电子换流器通常需要将发电机（由潮汐和波浪涡轮机驱动的）并入电网。因此，电网连接方面的考量也类似于风力发电系统。

20.5　分布式可再生能源

电力网络经过多年发展，已经把大型集中控制发电机并入电网的高压侧。因此，电流从电网的高压侧（此处连接发电机）输送到低压侧（此处连接中、小负载）。

并网发电的可再生能源可以是拥有数百兆瓦发电能力的超大型电厂（例如水力发电厂和风电场），也可以是发电能力不到50MW的小型电厂。前者通常被连接到专有的传输系统并集中控制。后者相对较小，相比集中式发电，不必集中规划，也不用集中调度。分布式可再生能源系统相对较小，并连接到分布式电网，通常低于33KV（靠近使用点）。这常常涉及非集中式发电机，而发电机规模从约1kW到约50MW不等，称为分布式、嵌入式或分散式发电。分布式可再生能源系统的例子有可达50MW的大型风力发电机（或风电场），或小型风力和光伏系统（或微型发电机）[12]。

20.5.1　分布式可再生能源系统的好处

分布式可再生能源系统的潜在好处如下：

（1）高效节能，减少二氧化碳的排放，环保。

（2）降低电网（基础设施）和集中式发电容量。

（3）发电更接近负载，从而减少了电网中的功率损耗。

（4）在能源供给和位置选择上具有多样性，因而供电更加安全可靠。

为了鼓励采用低碳技术，一些国家纷纷出台激励措施，支持分布式可再生能源系统发电量超过5MW。这通常被称为上网电价（FIT），是消费者为发电厂和可再生能源生产输出单位所支付的费用。

20.5.2 分布式可再生能源系统对电网的影响

目前，分布式可再生能源系统发电量仅占电网总发电量的一小部分。因此，对电网性能的影响并不显著。然而，随着新能源和可再生能源并网发电的数量增加，肯定会对现有电网产生影响（并非设计用于可再生能源系统的），从而引发潜在问题。

现有的电力网络依赖于集中式发电和国家输电网，通过总体需求（允许多样性）的精确统计预测，使整个电力系统能集中控制在国家层面。负荷根据大小和时间的不同而变化，但相对仍可预测。为了确保供应的连续性，每个供电设施维持它自身的发电余量，通常约占峰值需求或发电机最大发电量的10%。大型中央控制的发电机接入专用的传输系统，该系统高度自动化和集中控制。在配电网络中接入负载，使其具有一定的自动化水平，例如，变压器分接头转换器和断路器的自动重合闸。这种安排使电能从发电厂经由输配电网络输送到中、小型的负载，即定向潮流，如图20.10所示。因为潮流是定向的，供电的质量（频率和电压控制）也由中央控制维护，而公共电网已经在这些必备技能和程序方面取得了进展。

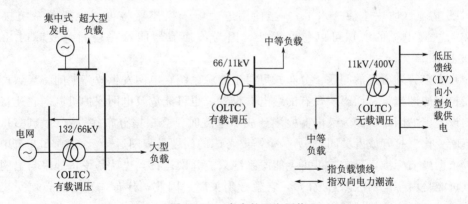

图20.10 当今的配电网络

可再生能源系统在配电层面的显著接入将改变未来的电网结构和电力潮流。图20.11所示为未来的配电电网结构图。有研究[13-16]表明，除非对其加以适当的控制，否则分布式可再生能源系统的大量接入可能导致在配电网络中产生双向电力潮流，对供电质量产生显著的影响。了解这些影响是非常重要的，因为它们会影响未来电网的设计和运行方式。

分布式可再生能源系统在配电网络中的接入所带来的潜在问题如下[13-16]：

（1）电压等级变化以及违反规定的限值。这些限值根据每个国家的配电情况而定，例

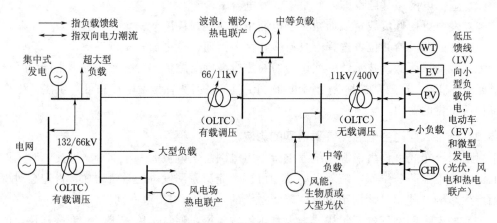

图 20.11　未来的配电网络

如，欧洲的低电压（400V）水平为 $-6\%\sim+10\%$，而高电压水平为 $\pm5\%$。

（2）电力潮流控制存在的困难和潜在的反向潮流。分布式可再生能源系统将影响电网中的潮流，可能导致电网馈线和设备过载，这取决于需求和发电规划。变压器分接开关通常有线路压降补偿，但对反向潮流不起作用。

（3）增加短路和故障等级。通常在极短时间内（从保护操作启动并隔离故障部件通常需要 $0.2\sim1.0s$），电网设备具备一定的故障处理能力。故障等级的增加取决于可再生能源系统的类型。当使用旋转电机时，例如，风力发电机，故障等级的增加可能较为显著（取决于渗透水平）。当使用电力电子换流器将可再生能源系统接入电网时，对故障电流的增加可以忽略不计，因为该换流器能够在检测到故障时几乎马上就被断开。

（4）安全管理方面的问题。分布式可再生能源系统在电网发生故障期间将导致产生额外不受控制的潮流，从而影响现有的继电器设置，也可能危及电网保护机制。它还将使继电器的设定更加困难，因为继电器检测到故障电流时，会根据分布式发电机（DG）的状态而不断变化（打开或者关闭）。另一个需要考虑的问题是离网运行。如 20.5.3 节中所描述的，依据当前标准，分布式可再生能源系统只能并网运行，也就是说，如果与电网连接失败（可能是由于电网故障造成的），它就必须关闭。因此，分布式发电机必须安装防孤岛保护或主电源中断保护措施。

（5）势电压的不平衡，主要发生在单相小规模分布式发电中。

对于大规模分布式可再生能源系统接入电网的预期效果，需要进行合理的分析，并应采取适当的措施，以避免未来电网可能出现的故障。要考虑的因素包括以下内容：

（1）发电机的类型和容量，以及并网时［公共耦合点（PCC）］的电压水平。

（2）电网接口的技术和类型。

（3）发电可行性和电厂的可靠性。

（4）随着时间的推移发电的变化以及变化的可预测性。

（5）入网标准和入网代码。

20.5.3　孤岛运行和微电网

分布式发电供应商需要确保该系统对于安装人员、操作人员和用户都是安全的（例如接地、施行标准、标签、隔离等）。现行电力系统运行规定要求分布式发电须在电网故障或电网电压下降时断开连接[12,17]。以下任意一项如果有超过预先设定水平的情况，则通常会断开连接，包括频率、频率变化率（ROCOF）或电压水平。断开连接的要求，主要是出于电网和孤岛相关安全和控制方面的问题。因此，它不允许一个从电网分离的局部孤立式本地供电区域（一个"岛"），尽管分布式发电机仍可以继续满足当地需求。根据IEEE标准1547[16]规定，在电网发生重大故障的情况下，额定值低于10MVA的分布式发电机必须断开。虽然没有规定在这种情况下必须要建立一个电力孤岛，但是从连续供应的角度来看，最好还是建立一个电力孤岛。原因涉及安全性和技术问题。如果一个孤立区域继续从本区域内的分布式可再生能源系统获得区域性供电，那么维修工人将面临不可预期的电压危险，并且在重新连接过程中可能还会损坏配电设备。另一安全问题是，如果电网连接失败，电网运营商不能保证在该"岛"中存在足够的接地。技术问题上要注意的是供需平衡问题，以保持在该"岛"中电压和频率的稳定。

当IEEE 1547标准规定起草时，人们认为设立孤岛并非十分重要，不必特别规定，因为当时分布式发电还处于起步阶段。最近编写的IEEE标准1547.4[18]认为当系统在别处出现故障时，孤岛内应刻意保留分布式发电。如果分布式发电供应源按标准并入电网，则必须能够以孤岛模式运行，从而有利于相邻用户。明确以孤岛化运行的"岛"内分布式发电，必须能够供应本地负荷需求，包括无功功率。该标准呼吁对分布式发电的控制和监视装置进行规定，以确保电力供应和需求能保持平衡状态，并可随时获取频率和电压的限值。附加设备的成本是相当可观，这限制了孤岛目前被采纳的程度。仅当作为一个"岛"运行时，才允许电压和频率的自主控制，而当本区域被重新连接到电网时，则不需要这么做。

微电网是电力孤岛，被设计为在很长一段时间内的独立实体，独立于电网运行。通常，微电网包括发电源和电力储存，以及不间断电源[19,20]。当消费者对供电可靠性的需求非常高时，这种方案才可能有吸引力。用户可能包括医院和国防设施。即使电网出现故障[21]，微电网作为孤岛运行也要确保供应的连续性。目前，微电网的发展还处于初期。截至2011年，世界范围内只有160个微电网项目正在进行，共计大约1.2GW[22]。与符合IEEE 1547.4标准的孤岛系统一样，微电网存在相同的成本缺点[18]。就供应的可靠性来看，使用常规的备用发电机获益更明显，且更简单、更便宜。

20.6　电网中的电压控制

现有配电网络中的潮流是从较高的电压等级流向较低的电压等级。因此，公用机构会以电网配置为基础来估算馈线中的电压降，并假设馈线上的最小和最大负荷将保持相对恒定。相应地，变压器的空载分接头位置和有载分接头变换器的（OLTC）初始位置均被设置为把电压等级升高用于补偿电压降。

20.6.1 馈线电压降

在电力系统中，通常用戴维南等效电路来表示电网的一部分。戴维南等效电路包括一个电压源（例如馈线的发送端电压）和一个串联阻抗（例如馈线的阻抗），如图 20.12 所示，其中，串联阻抗 $R+jX$ 代表一条线路，该线路通过电源 $P+jQ$ 供电。

电路的相量图如图 20.13 所示。

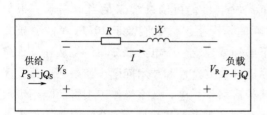

图 20.12　电网中的等效电路图

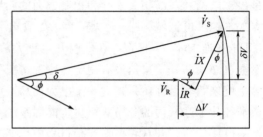

图 20.13　相量图

从相量图可得式（20.4）和式（20.5）。

$$V_S^2 = (V_R + \Delta V)^2 + \delta V^2 \tag{20.4}$$

$$= (V_R + RI\cos\phi + XI\sin\phi)^2 + (XI\cos\phi - RI\sin\phi)^2 \tag{20.5}$$

由于 $P = V_R I\cos\phi$，$Q = V_R I\sin\phi$，有式（20.6）。

$$V_S^2 = \left(V_R + \frac{RP}{V_R} + \frac{XQ}{V_R}\right)^2 + \left(\frac{XP}{V_R} - \frac{RQ}{V_R}\right)^2 \tag{20.6}$$

一般而言，$\delta V \ll V_R + \Delta V$，则有式（20.7）。

$$V_S^2 \approx \left(V_R + \frac{RP}{V_R} + \frac{XQ}{V_R}\right)^2 \tag{20.7}$$

因此，线压降的大小近似为有式（20.8）。

$$V_S - V_R = \Delta V = \frac{RP + XQ}{V_R} \tag{20.8}$$

而角位移为式（20.9）。

$$\delta V = \frac{XP - RQ}{V_R} \tag{20.9}$$

式中　ΔV——电压降；

　　R、X——馈线的电阻和电抗；

　　P、Q——有功和无功功率流；

　　V——电网电压。

线路电阻 R 的影响通常在低压（400V）配电网中较为显著。然而，在电网的高压侧（11kV 及更高电压），X/R 比值通常较高，而馈线电阻的影响可忽略不计。

因此，在可再生能源系统发电过程中正常的变化也可能会引起电压的变化，而连接到公共耦合点（能供给几个点的变电站称为公共耦合点，即 PCC）的其他消费者将会感受到电压的变化。

20.6.2 利用分接开关对配电变压器进行电压控制

在对一个电力系统的所有电压等级进行电压控制时，变压器分接头控制是最普遍的形式。该方法是基于改变变压器的匝数比，因此，在二次电路上的电压是变化的，并由此控制电压。分接头变换器通常放置在高电压绕组上，因为电流较低；且电流处理要求低，运行压力小。

图 20.14（a）所示为空载分接头变换器的示意图，在该图中，分接头设置发生改变时需要将变压器的连接断开。大多数变压器具有有载分接开关，其基本形式如图 20.14（b)所示。在所示的位置，低压侧电压为其最大值，电流均分到两个 L 线圈，使合成磁通量为零且阻抗最小。为了降低低压侧电压，S1 打开，并且总电流通过 S2 侧的 L。选择器开关 A 接着移动到下一个接触点，且 S1 关闭。现在循环电流叠加负荷电流流入电感 L 中。然后 S2 打开，选择器开关 B 移动到下一个分接处；接着 S2 关闭，操作结束。

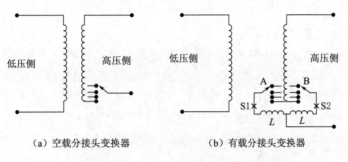

（a）空载分接头变换器　　　　（b）有载分接头变换器

图 20.14　矢分布式变压器

为了避免大电压的干扰，分接头之间的电压变化通常较小，约为额定电压的 1.25%。分接总范围随着变压器用途的不同而变化；变压器的常规数值为 $-16\% \sim +2\%$，共计 18 个挡位。

使用有载分接头变换器的 （OLTC）电压控制通常是以变压器所在位置的电压测量为基础。一些有载分接头变换器也会通过测量流径变压器的电流来调整负载电流的变化（线路补偿）。现有的线路补偿控制器被设计为用来测量单一方向的电流，这是因为现有电网中的电力潮流是同一个方向。

如 20.5.2 节所述，随着分布式可再生能源系统的增加，电网中的电力潮流可以被改变，同时潜在的反向潮流和电压上升，其值会超出有载分接头变换器的控制限值，如图 20.15 所示。可以看到，电压上升在发电机连接的馈线远端最为显著。电压上升的量取决于可再生能源系统的渗透水平，负荷频率特性，负荷条件（高峰或非高峰）以及距离主变压器的距离。在负荷最小条件时可能发生违反规定的电压上限限制的情况，且当发电机在 $p-f$ 滞后的情形下运行（提供无功功率）将会使情况变差。

这种上升可以在可再生能源系统连接点，也可能在配备其他敏感负载的公共耦合点上发生。过多分布式可再生能源系统并入电网会增加电压上升的风险。因此，在未来的配电网中需要改变电压控制的理念，以便允许分布式可再生能源系统更进一步增加。

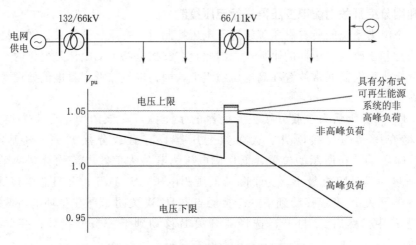

图 20.15　因分布发电导致的电压升高

20.6.3　电压波动（闪变）

当分布式可再生能源系统并入电网时，需要确保该系统不会干扰电网中的其他用户（包括闪变、谐波、瞬变、故障馈电等）。电压波动或闪变是电压幅值的快速变化，也在电压规定的日常缓慢变化值范围内（标称值的±5%）。这些波动可引起照明（闪变）的明显变化，或中断某些电子控制器的运行。研究表明，某些负载对一定的电压波动非常敏感，这就使得在5~6Hz频率下，0.5%的波动便会引起闪变，如图20.16所示[23]。

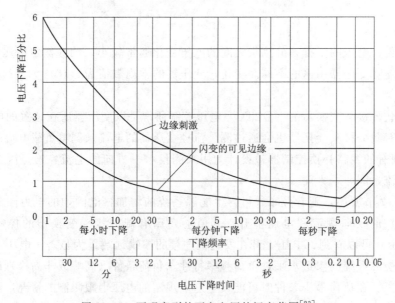

图 20.16　可观察到的不良电压的闪变范围[23]

电网中电流的迅速变化导致电压波动。分布式可再生能源系统（例如风和波浪）产生的电力具有多变性、间歇性和重复性的特点。此外，云朵经过光伏系统时，可能引起输出功率的快速变化。这类发电会导致与电网交互的有功和无功功率发生巨大变化，并可能会引起公共耦合点上的电压波动。

图 20.17 展示了提供 1pu 纯电感负载 X_L 两种方法。此负载可以连接到母线 A 或 B，经变压器 T_2 和 T_3 再连接至供电点 C。此处分析了负载开关动作对母线 A 上的电压水平的影响，母线 A 处连接了另一个（敏感）负载（即负载 1）。为了简化分析，假定负载 1 相对于电感负载是非常小的。

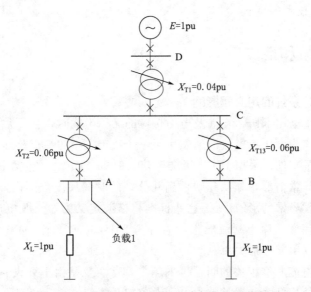

图 20.17　提供一个 1pu 纯电感负载的两种方法

如果电感负载 X_L 连接到母线 A 并接通，母线 A 处的电压为式（20.10）。

$$V_A = \frac{E}{X_{T1}+X_{T2}+X_L}X_L \tag{20.10}$$

$$= \frac{1}{1.1} \times 1 = 0.9091 \text{ pu}$$

也就是说，当该感性负载 X_L 接通时，约 9％的电压降在母线 A 上产生。要注意的是，因为负载 1 被假定为非常小，母线 A 在连接电感负载前的电压等于 1.0pu（电网电压）。显然，其他用户也会感受到该母线（负载 1）上的这个电压降。然而，负载 X_L 连接到母线 B 时，在母线 B 中将产生同样的电压降，但在母线 A 中只能看到一小部分电压降。母线 C 上的电压为式（20.11）。

$$V_C = \frac{E}{X_{T1}+X_{T3}+X_L}(X_{T3}+X_L) \tag{20.11}$$

$$= \frac{1}{1.1} \times 1.06 = 0.9036 \text{ pu}$$

因此，当负载 X_L 连接在母线 B 并接通时，它会在母线 A 上产生小于 4％的电压降。

这两种方法说明了母线 A 到母线 C 的负载（负载 1 和负载 X_L）在公共耦合点所发生的变化。也就是说，把公共耦合点提升到一个较高的电压，将显著提高存在扰动负载时的供电质量。

通过提供一个"强劲"版的系统，可以使公共耦合点上电压的波动最小化，即提供一个具有更低电源阻抗 X_{T1}、X_{T2} 和 X_{T3} 的公共耦合点，或者使用电压控制装置。一些低速运行设备，如发电机、变压器、有载分接头变换器等的自动电压调整器，以及传统的无功功率补偿装置，都无法进行平滑控制。因此，他们都不适用于电压水平（闪变）快速波动的补偿。为了解决这类波动，就需要快速无功功率补偿装置，如基于电力电子（FACTS）技术的装置[24]。

20.7 电能质量和谐波

20.7.1 可再生能源系统的定义和影响

电能质量是一个通用术语，在涉及电力供应的无用干扰时，会经常使用。一个电能质量事件（干扰）定义为电压或电流波形发生了一个特定大小的纯正弦形式的偏差（稳态或瞬态）[25]。电能质量事件，根据 IEEE 标准 1159—1995 的定义，包括电压/电流波形稳态活动（长期）中的异常情形，如从几纳秒到几分钟的时间尺度范围内，各种瞬态、短暂、持续时间较长的突发异常情形[26,27]。这些标准将谐波定义为"正弦电压或电流的频率是供电系统设计运行频率（称为基波频率，通常为 50Hz 或 60Hz）的整数倍"[27]。谐波会与基波分量叠加，并引起波形失真。

最近几年，与电能质量相关的问题越来越多。这主要是由下列设备使用激增引起的，包括非线性负载，使用开关装置的电力电子设备如开关型电源，变速驱动器，用于分布式可再生能源系统连接的换流器等。这些设备通常包含精密的控制装置，对于电能质量的干扰也很敏感。电力电子换流器使用中最常见的电能质量问题主要是谐波问题，主要出现在分布式可再生能源并网接口使用中，本章对此进行了描述。

用于并网和分布式可再生能源系统控制的电力电子换流器通常在设计和测试时会遵循现行的标准，因此一般不会产生重大的电能质量事件。但是，不同换流器在正常运行期间的交互作用，可能会导致某些谐波或事故的扩大化，那些连接到公共耦合点的用户可能会经历这种谐波或事件。用户有权因这些重大失真问题获得免费补偿。同时，用户也不得引发失真，因为这将会影响其他用户。

20.7.2 谐波的影响和解决方案

谐波的影响和对谐波敏感程度取决于设备（产生谐波的设备和受谐波影响的设备）的特性以及供电网络的标准。在一般情况下，谐波的影响可以概括如下[28]：

（1）额外损耗（I^2R），即电缆和变压器等电力系统设备的发热和过载。在三相四线制系统中，中性线产生的 3 次谐波将导致中性过载，除非中性尺寸很大。

（2）在谐振频率下，谐波会引起系统中感抗和容抗之间产生谐振，使系统中各点出现高电流或高电压，造成设备损坏。

（3）以正弦波运行的控制和保护装置的误操作，例如保护继电器和可调速驱动控制器，或是所有用电源过零点作为定时信号的电子设备。

（4）因谐波电流和电压产生的感应噪声对通信系统的干扰。电信系统可能会因为通信线路与携带谐波电流的电线相邻运行而受到干扰。

（5）测量和仪器受到谐波影响，尤其是发生共振时。

（6）如果存在谐波失真过大的情况，旋转型电机会出现过热、噪声和转矩脉动。轴扭转振动对电机负载不利，特别是对关键过程。如果机械系统的自然频率由谐波激发，则谐波还可以设置谐振条件。

应对谐波的最好方法是不产生谐波。通过运用一些适当的控制可以把电力电子换流器设计为只产生很低的谐波或不产生谐波，例如，使用高脉冲数，PWM 控制等。如果这些方法无法进行，或者价格昂贵，则可以使用滤波器。滤波器为谐波频率提供低阻抗接地路径，同时为基波频率提供高阻抗。这种电路可以使用 LCR "接收器" 制成，其中电感与电容串联。谐振时，电路的阻抗基本上是电阻分量的唯一阻抗，该电阻分量可以很低。如图 20.18 所示为这个过程的一个实例，为抵制 50Hz 的 7 次谐波（350Hz），由 OrCAD 模拟软件得到。

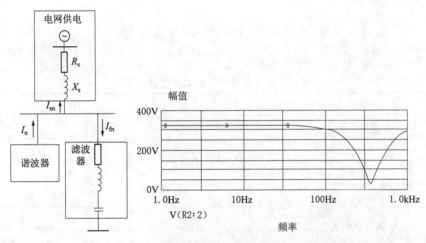

图 20.18　谐波电流的（a）电源电路和（b）谐波谱

20.7.3　谐波电流失真的限值

根据 IEEE519 的规定，表 20.1 给出了谐波电流失真的最大推荐限值（以最大需求电流 I_L 的百分比表示）[29]。其中，TDD 为总需求失真，定义为 "谐波含量均方根值的比率，考虑到最大 50 次谐波分量，并专门排除了间谐波，以最大需求电流的百分数来表示"[29]。

表 20.1　　　　　常规配电系统（120V～69kV）电流失真极限（I_L%）

谐波次数	3≤h<11	11≤h<17	17≤h<23	23≤h<35	35≤h≤50	TDD
限值	4%	2%	1.5%	0.6%	0.3%	5%

偶次谐波规定在奇次谐波限值的 25% 以内。

根据英国 G5/4 的规定，在 400V 系统中最大电压失真的推荐限值见表 20.2[30]。

表 20.2　　　　　　　　在谐波电压 400V 的系统中各层级规划

奇次谐波（非 3 的倍数）		奇次谐波（3 的倍数）		偶　次　谐　波	
h	谐波电压/%	h	谐波电压/%	h	谐波电压占比/%
5	4	3	4	2	1.6
7	4	9	1.2	4	1.0
9	3	15	0.3	6	0.5
13	2.5	21	0.2	8	0.4
17	1.6	>21	0.2	10	0.4
19	1.2			12	0.2
23	1.2			>12	0.2
25	0.7				
>25	$0.2+0.5(25/h)$				

注：改编自参考文献 [27] 第 10 页表 2。

表 20.3 给出了 IEC 在中低电压水平时电压谐波的推荐值，最大总谐波失真为 8%[31]。

表 20.3　　　　　　　低等和中等电压水平中的电压谐波水平[3]

奇次谐波（非 3 的倍数）		奇次谐波（3 的倍数）		偶　次　谐　波	
h	谐波电压/%	h	谐波电压/%	h	谐波电压占比/%
5	6	3	5	2	2
7	5	9	1.5	4	1.0
11	3.5	15	0.4	6	0.5
13	3	21	0.3	8	0.5
$17{\leqslant}h{\leqslant}49$	$2.27{\times}17/h-0.27$	$21{<}h{\leqslant}45$	0.2	$10{\leqslant}h{\leqslant}50$	$0.25{\times}10/h+0.25$

20.8　分布式可再生能源系统接入电网的规定

当分布式可再生能源系统接入电网时，需要确保该系统不对电网中的其他用户产生干扰（闪变、谐波、瞬变、馈线故障）。此外，还需确保系统不会出现电网运行危险（电源断开的损失）。

分布式可再生能源系统的所有者需要确保该系统可以从电网断开，正常关闭，并在电网出现故障的情况下实施自我保护。如果以下任意一项超过预先设定的标准，则会断开连接，包括频率、频率变化率或电压水平。另外，所有者需要确保该系统对于安装人员、操作人员和用户均是安全的（例如接地、合规性、未标示牌、隔离等）。

除了要符合任一国家电网和配电标准外，分布式发电机还必须符合安装所在国家的相关法律。

英国进行分布式发电机连接的现行标准包括工程推荐标准 G75、G59 和 G83，见表 20.4[32]。

表 20.4　　　　　英国工程推荐标准——包括分布发电接入配电网络

工程推荐标准	发电机额定功率 P_{rated}	公共耦合点电压
G75	$P_{rated} \geqslant 5MW$	$V_{rated} \geqslant 20kV$
G59	$11.1kW < P_{rated} < 5MW$	$400V \leqslant V_{rated} \leqslant 20kV$
G83	三相：$P_{rated} \leqslant 11kW$	$V_{rated} = 400V$
	单相：$P_{rated} \leqslant 3.7kW$	$V_{rated} = 230V$

依照 FERC 法令 2003a（大型发电机互连）[33] 和 FERC 法令 2006（小型发电机互连）[34]。美国进行分布式发电机连接的要求见表 20.5，功率限值以一个发电装置的总功率输出为基准。

表 20.5　　　　　美国 FERC 分布式发电连接要求

工程推荐标准	发电机额定功率 P_{rated}	安　装　要　求
FERC2003a	$P_{rated} > 20MW$	对系统的影响进行全面的工程评估
FERC2006a	$2MW < P_{rated} < 20MW$	对系统的影响进行全面的工程评估
	$P_{rated} < 2MW$	对系统的影响进行快速追溯严格评估
	$P_{rated} \leqslant 20kW$	许可安装基于经认证的逆转器的发电机

除了配套基础设施的要求（保护、无功补偿等）之外，连接成本的决定因素，还包括与现有网络连接点的距离，管理额外电力潮流所需的强化水平，规划问题（如用架空线路还是地下电缆），容量和连接的电压水平。

20.9　智能电网解决方案

如 20.5 节所述，分布式可再生能源系统可以带来一些环境和商业利益，但也给现有的配电网络带来挑战。分布式可再生能源系统的影响是由下列因素决定的，在将一个系统连接到电网之前需要对这些因素进行考虑。

（1）发电机的类型和容量，以及连接到电网（公共耦合点）的电压水平。

（2）所生产电能的可用性。

（3）随着时间的推移发电的变化以及变化的可预测性。

（4）电厂的可靠性。

（5）并网连接的技术和标准。

在考虑这些因素后，如果确定分布式可再生能源系统将对电网产生负面影响，有两个方法可以减轻这种影响。一是重组并加强电网，但费用很高。另一个选择是采用新技术，如有源电压控制、需求侧管理以及储能[35]。这些都是未来智能电网中新型电网理念的关键技术[35-37]。它们对于控制未来电网的功率平衡，以及实现分布式可再生能源发电输出能量最大化方面将发挥重要作用。智能电网需要高级通信协议，以实现动态控制和自动化，进而使电网能接近其设计容量运行，同时又保持系统的安全性和完整性。

如 20.6.2 节所述，电流有载分接头变换器通常使用局部电压测量，以使变压器上的电压达到一个指定值，从而在整个馈线上提供一个可接受的电压分布。虽然线路补偿（通过变压器的电流测量）可以基于负载电流变化来协助电压控制，但这种被动控制在分布式可再生能源系统情形下并不太有效，若出现反向潮流，甚至还可能误操作，因为线路补偿只用于测量单一方向的电流。

图 20.19 所示为一个案例，即如何通过有源控制来缓解因分布式发电引起的电压上升（20.6.2 节，图 20.15 所述）。如果变压器分接头变换器控制是基于电压信号（例如从馈线的偏远终端处），而不是本地变电站，则可以实现上述目的。也可执行动态额定值，以避免变压器和馈线的热过载。

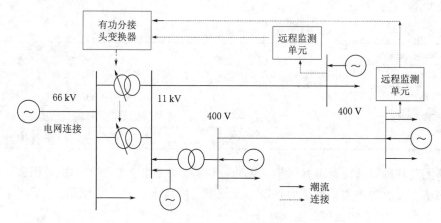

图 20.19　有功电压控制

在动态电网控制中，可以对多个位置上的电压进行监视（通过远程监控机组和智能仪表），并且调整有载分接头变换器，以保持所有测量位置的电压都在预设范围内。这可让那些电网中的薄弱点，如馈线的远端点，都能够被监测到并保持在规定限值之内。通过使用状态估计法，能使远程监控机组的数量最小化[38]。

问题

1. 评价使用分布式可再生能源系统发电的潜在效益。

2. 阐述将分布式可再生能源系统大规模连接到现有配电网的潜在技术问题。建议并简要解释能有助于缓解这些问题，并使用新型技术的可能性解决方案。

3. 根据现行标准，分布式发电机保护系统应该如何应对主电网的短路故障？

4. 在光伏并网发电系统中，自动换向电压源型逆变器可以由电压或电流控制。简要描述两者在操作原理和主要特性方面的差异。

5. 在适当图表的帮助下，简要描述 3 种将风力发电系统接入电网的方式，并给出每种方式的主要组成和功能。

6. 阐述智能电网的概念，并展示它如何有助于将可再生能源系统并入电网。

7. 三相电力电子负载，额定功率为 150kW，功率因数为 0.8（延迟），由一个 400V 电源供电，故障容量为 2MVA。假设电源阻抗为纯感性并忽略已并网其他负载的影响，计算当负载被直接接入线路时，负载供电点的电压下降百分比。

8. 一根 10km 长的馈线用于向馈线远端连接的负载供电，最大容量为 4MVA，功率因数为 0.8（延迟）。馈线每相串联电阻 $r=0.25\Omega/\mathrm{km}$，每相感抗 $x=0.1\Omega/\mathrm{km}$。发送端电压可维持在 11.8kV。

（1）计算最大负载条件下负载电压的幅值。

（2）将一个采用异步发电机的 2.0MW 风力发电机连接到馈线的远端。假定最小负载条件为：功率因数为 0.9（延迟），1MVA，计算发电机以 80％ 的容量并功率因数为 0.9（超前）运行时的负载电压。

（3）对结果进行评价，并简要解释风速的变化将如何导致系统电压的波动。提出两种可能的方法以减轻这些变化的影响。

（4）开发人员希望将一个 2MW 的分布式可再生能源系统连接到现有的配电网络。为了做到这一点，将用地下电缆把发电机连接到最近的变电站。该系统等效电路简化图如 20.20 所示。电网现在有一个带断路器的变电站（公共耦合点）来为其他用户供电。变电站的潜在故障容量额定值为 10MVA，不延迟，且此时断路器的故障清除容量为 10.5MVA。分布式发电机的阻抗 $Z_\mathrm{G}=\mathrm{j}0.04\mathrm{pu}$，地下电缆的阻抗 $Z_\mathrm{L}=\mathrm{j}0.06\mathrm{pu}$。

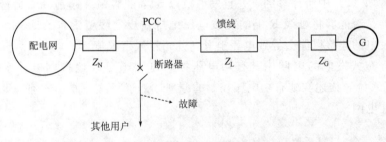

图 20.20　一个简单的配电网（带有分布式发电机）

开发人员需要验证断路器是否能够处理分布式发电机连接后的预期故障电流。给定机组的基础容量为 100kVA。

（1）计算每个机组的电源等效阻抗 Z_N。

（2）计算发电机入网后变电站的故障功率。

（3）评价（2）中得到的结果对配电网运营商和开发人员的影响。开发人员可以采取什么步骤来满足电网运营商对于故障处理方面的要求？

（4）如果发电机的阻抗可以改变，规定的最低值为多少，才能使公共耦合点故障功率不超过断路器容量？

（5）将嵌入式发电机接入到现有电网之前，除了故障电流，请列举其他 4 个需要考虑的问题。

9. 对于如图 20.21 所示的配电系统，馈线长度为 10km，且每相串联电阻 $r=$

$0.25\Omega/\text{km}$，每相感抗 $x=0.1\Omega/\text{km}$。负载的最小和最大功率分别为 0.5MW 和 4.0MW，有 0.9 延迟。

馈线电压由 $66/11\text{kV}$ 变压器上的有载分接头变换器控制。假定电网电压固定在 33kV，该变压器以 2.5% 的梯度，在 $\pm12.5\%$ 范围变化（图 20.21）。

图 20.21　一根 11kV 的配电馈线

一般而言，有载分接头变换器的目标电压（控制信号）是母线 S 上的电压，并假设母线 R 上的电压在最小和最大负载条件下也可以维持在 11kV（$1\pm5\%$）的规定限值内。以 10MVA 为基础功率并将母线 R 上的电压作为参考电压。

（1）计算最小和最大负载条件下母线 S 的电压。

（2）计算并解释有载分接头变换器的初始分接头位置（即有载分接头变换器应维持母线 S 上的电压），以保持该母线 R 的电压维持在规定限值内。

（3）将 2.0MW 风力发电机（带有感应发电机）连接在母线 R 上。假设最小负载条件和分接头设置如（2）中所计算的，并且发电机以 80% 的容量并超前 0.9 运行，判断有载分接头变换器是否能够将母线 R 上的负载电压维持在规定限值内（$\pm5\%$）。简要解释为什么分布式发电的连接可能会导致电压上升，并超过规定限值。

（4）在分布式发电的电网中，有功电压控制可用于更好地控制电压水平。请针对图 20.20所示系统，描述实施有功电压控制的原理，并解释这一原理如何协助可再生能源系统接入智能电网。

参考文献

［1］ International Energy Agency or Committee on Climate Change. The 2050 target – achieving an 80% reduction including emissions from international aviation and shipping. Available from：http：//hm-ccc. s3. amazonaws. com/IA&S/CCC _ IAS _ Tech – Rep _ 2050Target _ Interactive. pdf；2012.

［2］ Department of Energy & Climate Change Renewables statistics. Energy trends，Section 6. Available from：https：//www. gov. uk/government/statistics/energy – trends – section – 6 – renewables. Accessed on December 22，2014.

［3］ Department of Energy & Climate Change. Digest of United Kingdom Energy Statistics 2014，a National Statistics publication，London. https：//www. gov. uk/government/uploads/system/uploads/attachment _ data/file/338750/DUKES_ 2014 _ printed. pdf.

［4］ Weedy BM，Cory BJ，Jenkins N，Ekanayake J，Strbac G. Electric power systems. Chichester，UK：John Wiley & Sons，Ltd；2012.

［5］ Julius Susanto et al.，Open Electrical. Available from：http：//www. openelectrical. org/wiki/index. php. Photovoltaic _ Cell _ Model. Accessed on January 19，2015.

［6］ Sick，F.，Erge，T. Photovoltaics in buildings；a design handbook for architects and engineers. International

Energy Agency, Paris, France, London: James & James; 1996.

[7] Gourieres DL. Wind power plants theory and design. Oxford: Pergamon Press; 1982.

[8] Narayana M, Putrus G, Jovanovic M, Leung PS, McDonald S. Generic maximum power point controller for small scale wind turbines. Elsevier J Renew Energy 2012; 44: 72 – 9.

[9] Benassai G, Dattero M, Maffucci A. "Wave Energy Conversion Systems: Optimal Localisation Procedure". Southampton, UK: Book chapter published in "Coastal Processes" by WIT Press; 2009. pp. 129 – 138. ISSN 1743 – 3541.

[10] Tsili M, Papathanassiou S. A review of grid code technical requirements for wind farms. IET Renew Power Gen 2009; 3 (3): 308 – 32.

[11] Fox B, et al. Wind power integration: connection and system operational aspects. IET Power and Energy Series 2007; London, UK.

[12] Ackermann T, Andersson G, Soder L. Distributed generation: a definition. Elec Power Syst Res 2001; 57: 195 – 204.

[13] Ingram S, Probert S, Jackson K. The impact of small scale embedded generation on the operating parameters of distribution networks, Department of Trade and Industry, UK. Report Number: K/EL/00303/04/01; 2003.

[14] Lyons PF, Taylor PC, Cipcigan LM, Trichakis P, Wilson A. Small scale energy zones and the impacts of high concentrations of small scale embedded generators, UPEC2006 Conference Proceedings. Vol. 1; September 2006, pp. 28 – 32.

[15] Barbier C, Maloyd A, Putrus GA. Embedded controller for LV network with distributed generation. DTI project, Contract Number: K/El/00334/00/Rep, UK; May 2007.

[16] Jenkins N, Ekanayake J, Strbac G. Distributed generation. IEE Renew Energy Series 2010; London, UK.

[17] IEEE Std 1547 – 2003, IEEE Standard for Interconnecting Distributed Resources with Electric Power Systems, IEEE Standards Coordinating Committee 21.

[18] IEEE Std 1547. 4 – 2011, IEEE Guide for Design, Operation, and Integration of Distributed Resource Island Systems with Electric Power Systems, IEEE Standards Coordinating Committee 21.

[19] Lasseter R, et al. Integration of distributed energy: the CERTS microgrid concept, LBNL – 50829. Berkeley, CA: Lawrence Berkeley National Laboratory; 2002.

[20] Marnay C, Robio FJ, Siddiqui AS. Shape of the microgrid, IEEE Power Engineering Society Winter Meeting, Columbus, OH; January 28 – February 1, 2001.

[21] Lasseter R, Eto J. Value and technology assessment to enhance the business case for the CERTS microgrid. Madison, WI: University of Wisconsin – Madison; 2010.

[22] Asmus P, Davis B. Executive summary: microgrid deployment tracker. Boulder, CO: Pike Research; 2011.

[23] IEEE Standards 141 – 1993, Recommended Practice for Electric Power Distribution for Industrial Plants, IEEE Standards Board.

[24] Hingorani NG, Gyugyi L. Understanding FACTS: concepts and technology. New York, USA: IEEE Press; 2000.

[25] Bollen MHJ. Understanding power quality problems: voltage sags and interruptions. New York, USA: IEEE Press; 2000.

[26] Putrus GA, Wijayakulasooriya JV, Minns P. Power quality: overview and monitoring. Invited paper, International Conference on Industrial and Information Systems (ICIIS 2007); Peradeniya, Sri Lanka; August 8 – 11, 2007.

[27] IEEE Standards 1159 – 1995, Recommended Practice for Monitoring Electric Power Quality, IEEE Standards Board.

[28] Balda JC. Effects of harmonics on equipment. IEEE Trans Power Deliv 1993; 8 (2): 672 – 80.

[29] IEEE Std 519 – 2014, Recommended Practice and Requirements for Harmonic Control in Electric Power Systems, IEEE Power and Energy Society.

[30] Energy Networks Association, G5/4, February 2001.

[31] McGranaghan M, Beaulieu G. Update on IEC 61000 – 3 – 6: harmonic emission limits for customers connected to MV, HV, and EHV. Transmission and Distribution Conference and Exhibition, 2005/2006IEEE PES. Dallas, Texas; May 2006, pp. 1158 – 1161.

[32]   Energy Networks Association, Various Connection Engineering Recommendations. Available from: http: //www. energynetworks. org/electricity/engineering/distributed – generation/distributed – generation. html [accessed on 3. 18. 2015] .

[33] United States of America Federal Energy Regulatory Commission 18 CFR Part 35 (Docket No. RM02 – 1 – 001; Order No. 2003 – A) Standardization of Generator Interconnection Agreements and Procedures [issued on 5. 3. 2004] .

[34] United States of America Federal Energy Regulatory Commission 18 CFR Part 35 (Docket No. RM02 – 12 –000; Order No. 2006) Standardization of Small Generator Interconnection Agreements and Procedures [issued on 12. 5. 2005] .

[35] Ekanayake J, Liyanage K, Wu J, Yokoyama A, Jenkins N. Smart grid: technology and applications. Chichester, UK: John Wiley & Sons, Ltd; 2012.

[36] European Commission. European Smart Grids Technology Platform: Vision and Strategy for Europe's Electricity Networks of the Future, EUR22040; 2006.

[37] Putrus GA, Bentley E, Binns R, Jiang T, Johnston D. Smart grids: energising the future. Int J Environ Studies 2013; 70 (5): 691 – 701.

[38] Abdelaziz AY, Ibrahim AM, Salem RH. Power system observability with minimum phasor measurement units placement. Int J Eng Sci Technol 2013; 5 (3): 1 – 18.

21　可再生能源的环境影响

Rosnazri Ali，*Tunku Muhammad Nizar Tunku Mansur*，
Nor Hanisah Baharudin，*Syed Idris Syed Hassan*
School of Electrical System Engineering，
Universiti Malaysia Perlis（UniMAP），
Arau，Perlis，Malaysia

21.1　引言

从 18 世纪工业革命开始到 19 世纪，能源已成为经济增长的推动力。工业化已经从利用人的能量生产产品和基本设备，转移到利用燃煤动力设备进行大规模生产的新时代。人们的生活质量也随着交通、卫生以及消费产品的大幅提升而得到了很好的改善。如今，没有电的生活是难以想象的，因为数十亿人都要依靠电力来维持日常活动。1973 年爆发的一场石油危机引起人们对能源安全重要性的关注，而可再生能源则开始成为支撑世界对电力需求的另一种选择。更严重的是，化石燃料的易耗性和供应的不稳定性增加了电力成本。此外，自从工业革命开始，利用燃烧化石燃料发电的负面影响不断给社会带来更深的压力，人们开始意识到全球变暖问题的严重性。

众所周知，如今核能是应对日益增长的能源需求的最佳选项。但 2011 年福岛第一核电站的灾难震惊了世界。据日本政府公布，放射性爆炸所导致的毁灭性冲击是灾难性的，而彻底的清理则可能需要花费 30～40 年的时间。

由于福岛第一核电站的核灾难，德国等许多国家已经对国内的核电站实施了严厉的措施。此外，欧盟已承诺减少二氧化碳的排放，比 1990 年的排放水平下降 80%～95%，并进一步将全球气温的上升限制在 2009 年哥本哈根召开的联合国气候变化大会上所建立的 2℃目标范围以内。因此，德国已启动一个名为"能源革命"的项目，计划到 2022 年淘汰核能。"能源革命"意味着从化石燃料和核能过渡到 100% 的可再生能源。这项节能计划主要是增强可再生能源的作用，使其提供的能量占到主要能源需求的 50%，甚至到 2050[1]年达到 100%。这项能源过渡计划预计到 2050 年，80% 的电力需求将通过德国自身的可再生能源提供，而其余 20% 则从周边国家进口。例如通过挪威现有的水电站向其出口电能[2,3]。

众所周知，化石燃料发电厂会导致污染和全球变暖问题。因此，推进可再生能源发电厂建设以替代化石燃料电厂和核电厂，对于实现绿色地球是一种更佳的解决方案，它也将限制全球气候变暖。然而这一方案显得相当模糊并且听起来雄心勃勃。本章将阐释这一

"从摇篮到坟墓"的可再生能源技术所带来的环境影响，并进一步认识这些技术，且与化石燃料和核电站产生的环境影响进行比较研究。

21.2 化石燃料发电厂的环境问题

数十年来，化石燃料发电厂在发电方面的可靠性已经成功地促进了全球经济的发展，并改善了人们的生活质量。然而，传统化石燃料发电厂的负面效应，如温室气体的排放量也在显著增加。1995—2011 年，全球温室气体的排放量以指数方式增长了 38%[4]。2013 年，美国温室气体排放总量中 31% 来自美国最大的经济部门——电力行业。1990 年以来，随着电力需求的增长，温室气体的排放大幅度增加，增幅达 11%。而这期间，化石燃料仍然是电力生产中至关重要的能源[5]。

温室气体可以使地球即便在冬日严寒中也可自然升温，并帮助植物继续生长。然而，不断增加的温室气体吸收了大气中更多的热量，并使得地球的温度逐渐上升。[6] 二氧化碳是温室气体中含量最多的气体，它像一层玻璃一样包围着地球。其他温室气体，如甲烷、一氧化氮、一氧化碳、碳氢化合物以及氯氟烃等，同样产生一层透明的气体层，使高温太阳辐射进入大气层，又阻止热量向外层空间扩散。因此产生了一个严重的问题，也就是人们熟知的全球变暖，而这主要是由传统的化石燃料发电厂引起的。

2009 年在哥本哈根召开的联合国气候变化大会上，确立了减少温室气体排放，将全球气温的增长限制在 2℃ 以下的目标。任何超过 2℃ 的地表平均温度增量，都会导致海平面上升、全球海洋温度增加、北极海冰融化、海洋酸化、被称为"危险气候变化"以及"灾难性温室效应"等极端气候现象发生[6,7]。这些灾害将难以应对，最终将导致环境破坏，并造成巨大的经济损失。为了将全球气温的增长限制在 2℃ 以内，二氧化碳当量应该稳定在 450~550ppm❶。根据夏威夷冒纳罗亚观测站测定，截止到 2015 年 3 月，大气中二氧化碳的浓度为 401.52ppm。据报道，二氧化碳的浓度正在不断增加，且每年的增幅超过 2ppm[9]。倘若不立即采取必要的措施，当地表平均温度的上升超过 2℃ 的界限时，人类的后代将遭受因环境变化带来的更为严重的影响。

一种缓解气候变化的途径是，在国家层面制定环境空气质量标准，从而限制环境中温室气体的浓度。降低环境中温室气体的浓度，也可以减少二氧化碳的排放以及相关污染物的生成。而该举措所能解决的最重要问题是，空气质量更好、更加清洁。据世界卫生组织（WHO）报道，2013 年，约有 370 万人过早死亡，这是由城市和农村地区糟糕的空气质量引起的。提高环境空气质量无疑会改善人们的健康状况，尤其是患有心血管疾病和呼吸系统疾病人群的健康状况。从 1987 年开始，WHO 颁布了《空气质量准则》，并于 1997 年进行了修订。

根据 WHO《空气质量准则（2005）全球更新版》，表 21.1 对四种主要污染物——二

---

❶ 1ppm=0.001‰。

氧化硫、氮氧化物、臭氧以及颗粒物——提出了审查准则。

表 21.1 WHO 空气质量准则 (AQG)[10,11]

污 染 物		平 均 时 间	标 准 水 平
一氧化碳		15min	90ppm
		30min	50ppm
		1h	25ppm
		8h	10ppm
一氧化氮		1h	$200\mu g/m^3$
臭氧		8h	$100\mu g/m^3$
二氧化硫		10min	$500\mu g/m^3$
		24h	$20\mu g/m^3$
悬浮微粒	PM2.5	1 年	$10\mu g/m^3$
		24h	$25\mu g/m^3$
	PM10	1 年	$20\mu g/m^3$
		24h	$50\mu g/m^3$

21.2.1 二氧化硫

1952 年 12 月的伦敦大雾霾成为环境空气质量恶化的一个显著事件。超过 3500 人在此次事件中死亡，多数是由于支气管炎、肺气肿以及心血管疾病。

此次雾霾期间，烟雾和二氧化硫的浓度分别达到了 $4.46mg/m^3$ 和 $3.83mg/m^3$ 的最高水平。此次致命的雾霾由于其持续时间长、密集度高而引起关注。根据 1953 年空气污染委员会的临时报告，主要污染物是由煤炭及其他煤炭产品的燃烧而产生的[12]。

在发电厂燃烧煤炭、重油等含硫化石燃料发电的过程中，燃料中释放的硫与氧结合，生成硫氧化物。硫氧化物指一些包含硫和氧化合物的高活性气体，如一氧化硫、二氧化硫、三氧化硫、低硫氧化物、高硫氧化物、一氧化二硫以及二氧化二硫等。其中最危险的是二氧化硫，通常也称为黑烟。由于与三氧化硫等其他含硫气体相比，二氧化硫在大气中的浓度最高，且二氧化硫的存在可以导致其他 SO_x 型含硫气体的生成，因此二氧化硫通常就代表其他庞大的硫氧化物气体家族。降低二氧化硫的浓度的同时也可以避免硫酸盐颗粒的生成，而硫酸盐颗粒同样影响环境和公众健康[12]。

每年二氧化硫的排放中 50% 来源于煤炭的燃烧，另外 25%～30% 来源于石油的燃烧。通常情况下，低于 0.6ppm 的二氧化硫浓度不会对人体造成影响。然而，当二氧化硫浓度超过 5ppm 时，由于其具有令人恶心的刺鼻气味，人们才会意识到它的存在。即便如此，在这种环境中，即便是 5 分钟至 24 小时的短期接触，也会引发呼吸困难（支气管痉挛）等呼吸系统疾病，并加重哮喘症状，尤其是对于那些进行激烈运动或户外运动的人。科学证据表明，当暴露在二氧化硫环境中时，即便是一段很短的时间，高危人群所受的影响也最为严重，如儿童、老人以及有哮喘病史的人。如果进一步暴露在 10ppm 浓度的环境中达到 1 小时，将会导致呼吸困难，黏液减少，使人体感到不适。如果天气状况不佳，环境温度和湿度较高，且气溶胶混合物较多，情况将会更加恶化。此外，如果二氧化硫与环境中其他化合物发生反应，生成硫酸盐颗粒并进入人体消化系统，问题会变得更加严重[12,19]。

21.2.2　氮氧化物

另一类高活性气体为氮氧化物。煤炭、重燃油以及天然气等含氮化石燃料的高温燃烧将会产生氮氧化物，如一氧化氮和二氧化氮。二氧化氮若与在光化学效应下加速产生的挥发性有机化合物长期混合，将导致地面臭氧、对流层臭氧或烟雾的生成。氮氧化物气体同时也会与大气层发生反应，从而形成酸雨[15]。

与一氧化氮相比，二氧化氮对人体健康产生的负面效应更多，因为它会影响血红蛋白与氧的结合。血红蛋白在人体血液中发挥着氧与二氧化碳运输者的功能。然而，血液中二氧化氮的存在将会阻止血红蛋白与氧的结合，并在肺中形成酸性物质[19,20]。在同等浓度下，二氧化氮比一氧化碳的危害更大。二氧化氮可以在城市地区被观察到，它在空中呈现红褐色的一层，并且伴有刺鼻的气味[21]。氮氧化物与氨气、水蒸气等其他化合物反应，会形成硝酸蒸汽和其他颗粒，从而影响呼吸系统，并进一步损害肺组织和发育中的胎儿。不仅如此，呼吸系统疾病最关键的成因是深度吸入脆弱的肺中的微小颗粒，这导致支气管炎、肺气肿等呼吸系统疾病恶化，并且使已有的心脏疾病病情加剧[22]，见表21.2。

表 21.2　　　　　　　　　　暴露在氮氧化物中对人体健康的影响[19]

浓　度	暴　露　程　度	影　响
0.4ppm 及以上	一次	吸收气味
0.06～0.1ppm	持续	呼吸疾病
150～200ppm	几分钟	摧毁细支气管（支气管最小部分）
500ppm	几分钟	严重水肿（由于水分困在了细胞组织内而水肿）

作为一种显著的污染物，氮氧化物主要影响健康和环境。除了会形成酸雨以及地面臭氧或烟雾，氮氧化物的排放还会导致水污染，正如在美国最大的河口湾——切萨皮克湾——那里所看到的一样。水质的恶化主要是由富营养化引起的，而富营养化则是由于过多的养分流入，尤其是含氮物质的流入而导致的。受硝酸盐污染的水破坏了营养物生态系统，并对水生植物和动物产生恶劣影响。富营养化是一个水营养物质被丰富化，从而刺激了水生植物，使其密集生长，最终导致氧气损耗的过程。氧气供应的匮乏将减少鱼类和贝类的数量。

除此之外，空气中含有的氮氧化物也会与大气中的有机化合物反应，生成有毒的化学物质，如硝酸基、硝基芳烃以及亚硝胺，而这些物质会导致基因突变。另外，由于二氧化氮颗粒会抑制光的传播，因此它会导致能见度降低，特别是在城市地区。由于一氧化氮是温室气体之一，其与大气中其他温室气体形成的混合物同样会使全球变暖，引发灾难性的气候变化。

21.2.3　臭氧

臭氧可分为有益臭氧和有害臭氧。有益臭氧，科学上称为平流层臭氧，位于大气层的上部，在 $10\sim50km$ 的高度。而有害臭氧，即对流层臭氧，靠近地球，位于低于 $10km$ 的高度。平流层臭氧对地球而言是一种天然的护罩，因为它可以吸收波长范围在 $280\sim315nm$ 的紫外线辐射。紫外线辐射由太阳发出，且对地球上的生物有害。然而，从 1970 年开始，由于受到被称为消耗臭氧层物质（ODS，包括氯氟烃、含氢氯氟烃、卤化物、溴甲烷、四氯化碳以及三氯乙烷）的合成化学物质的影响，平流层臭氧开始逐渐被消耗。这些化学物质先前已被用于冰箱、冷却剂、灭火器、农药、气雾推进剂以及溶剂等领域。

$$CFCl_3 + 太阳光线 \longrightarrow CFCl_2 + Cl \tag{21.1}$$

$$Cl + O_3 \longrightarrow ClO + O_2 \tag{21.2}$$

$$ClO + O_3 \longrightarrow Cl + 2O_2 \tag{21.3}$$

这些链式反应将持续发生，且科学家已做出估计，一个氯原子可以破坏 100000 个臭氧分子。最显著的问题在于，在被从大气中去除之前，大多数氟氯烃的寿命范围在 $50\sim100$ 年[28]。这种灾难性的影响可以从南极臭氧空洞中看出。每年春天，由于阳光的出现，南极圈上空超过一半的臭氧消失。鉴于这个严峻的问题，《蒙特利尔协议书》中已对消耗臭氧层物质的使用进行控制，并且各签字国已禁止生产。因此，大气中消耗臭氧层物质的浓度已经得到控制，并且在最近有所下降[29]。

人体在紫外线辐射中的过度暴露，将会导致罹患致命性皮肤癌、黑色素瘤的风险增加。从 1990 年开始，人体罹患黑色素瘤的风险已经增加了两倍以上。不仅如此，紫外线同样会引发白内障等眼部疾病，并削弱免疫系统。即使是农作物，例如大豆，也会受到紫外线照射的影响，从而导致农作物减产。此外，紫外线辐射造成浮游植物的损害，会导致渔业和海洋食物的减少，海洋生物也会因此受到影响，因为这是海洋食物链的基础。另外，当化石燃料燃烧排出二氧化氮时，它们与太阳光线反应，产生一氧化氮和一个氧原子，并在较低的大气层中生成有害臭氧，即对流层臭氧[24]，见式（21.4）和式（21.5）。

$$NO_2 + 太阳光线 \longrightarrow NO + O \tag{21.4}$$

$$O + O_2 \longrightarrow O_3 \tag{21.5}$$

对流层臭氧对人体的健康，尤其是患有肺部疾病的人而言，是非常危险的，因为它会使哮喘病人的病情恶化，并且使他们对二氧化硫更加敏感。即便是健康的人暴露在臭氧环境中时，也会变得呼吸困难。此外，它还会触发其他呼吸系统疾病，如胸痛、喉咙发炎、咳嗽、鼻塞、肺水肿和支气管炎等。对流层臭氧还会损害农作物和生态系统，导致农产品减产，并摧毁容易发生病、虫害以及易受恶劣天气侵袭的幼小树苗。鉴于这些影响，对流层臭氧已经被 WHO 视为一种除颗粒物、二氧化氮、二氧化硫和一氧化碳之外最常见的空气污染物。

反过来，当空气中存在一氧化氮，且缺乏光线时，如在傍晚或夜间，对流层臭氧可以重新转化为二氧化氮和氧分子，即式（21.6）。

$$NO + O_3 \longrightarrow NO_2 + O_2 \tag{21.6}$$

即使这个自发的过程能促使对流层臭氧转化为二氧化氮，但只要大气中有可用的一氧化氮，快速的链式反应将持续释放对流层臭氧到环境中。燃油交通工具所排放的碳氢化合物将与一氧化氮反应，生成有机自由基。碳氢化合物和臭氧在与一氧化氮反应方面的竞争也将会对臭氧在大气中的持续时间产生影响[20]。

21.2.4 酸雨

大气中二氧化硫与二氧化氮相互反应，会产生另一种严重的环境问题：酸雨。下雨时，水滴进入混合着污染气体的大气中，形成硫酸（H_2SO_4）、硝酸（HNO_3）和碳酸（H_2CO_3）。酸雨一般称为最具腐蚀性的酸。另外，大量生成的碳酸同样具有危害。除了水滴之外，酸雨也以雪、雾、薄雾或干沉降的形式存在，这取决于环境中的水分子含量。腐蚀性的酸雨降落到建筑物、房屋、基础设施、海洋和农田中。由于化石燃料燃烧导致二氧化硫和二氧化氮的浓度增加，酸雨的浓度同样也会增加，危害更大。

纯天然水的pH值为7，一般雨水的pH值为5.6，任何pH值小于5的雨水都称为酸雨。酸雨会使湖泊、池塘以及河口酸化，严重影响动植物与生态系统，破坏海洋生物。一个酸雨的悲剧案例是，美国阿迪朗达克山脉中95700个湖泊以及加拿大安大略湖酸化，造成了鱼类的大量死亡，并导致所有水生生物在酸性河流中的生存受到抑制[19]。宏内达加湖位于阿迪朗达克山脉雨林的深处。人们已经发现该湖呈现出一种怪异的蓝色，因为湖中的浮游生物由于酸雨已经全部死亡。河流的酸化对渔业有着破坏性的影响，因为它抑制了鱼类的孵化，破坏了鱼类的鳃组织和鳃腺之间的细胞碎片。也有若干种类的鱼可以在酸性的水中存活；然而，这些鱼类体内的汞含量在不断增加。酸雨使重金属从土壤渗入水中。同样的，由于黑蝇不受酸性水的影响，这也影响了生态系统。由于它血腥和令人痛苦的叮咬，黑蝇对于人类户外活动而言简直是一大祸害。当大多数生物死亡时，黑蝇会由于在栖息地缺乏竞争，且没有天敌控制其数量而大量滋生。

由于酸雨的腐蚀影响，大多数的阔叶林停止了生长，常绿森林正在失去它们的松针。这一点已经被美国佛蒙特州绿山山脉骆驼峰上红云杉林的减少所证实。酸雨使重要的营养物质从土壤中流失，并将铝元素从岩石中滤去，这将导致植物根系的破坏，阻止植物吸收用以生长的水分和其他营养物质。此外，酸雨还会破坏汽车的结构和表面漆，导致汽车迅速风化。而且，酸雨还会过滤供水中的有毒重金属，如汞和铅。而过滤的铜也会破坏对化粪池系统有益的细菌[30]。

21.2.5 二氧化碳

二氧化碳在大气中的含量为0.4％，排在氧气、氮气、氩气和水蒸气之后。这些混合物和气体之间微妙的平衡，对于人类和动植物保持健康而言相当重要。然而，根据夏威夷冒纳罗亚观测站的观测，由于18—19世纪早期的工业革命，二氧化碳浓度已经增加了35％。由于激烈的工业化和盲目的森林砍伐，排出大量二氧化碳，并且由于化石燃料大量燃烧，二氧化碳变得十分有害。这种气体吸收环境和太阳的热量并像温室的玻璃一样，增加环境的温度。

正如2009年哥本哈根召开的联合国气候变化大会中所提出的，鉴于气候变化的危害性影响，确立了将全球气温的增长幅度限制在2℃以内的目标。全球气温的上升使南极和北极的冰盖、冰川和雪线融化，会导致在20世纪末，全球海平面上升2～2.5m，并且使得沿海地区的肥沃土壤发生洪灾。突然的气候变化会扰乱生态系统，而且很明显，由于肥沃土地严重不足，农产品产量将会大幅度缩减。此外，二氧化碳也会溶解在海水中，增加海水表面的温度，使热量消散在大气中，而这种循环会使温室效应加剧。海水表面温度的增加还会引发破坏性更强的飓风，使数百万的人口和财产遭受损失。温室效应的另一个危害是使一些地区出现强降水，从而诱发洪灾；为了平衡水循环，另一些地区则出现干旱的情形[16,31]。

为了减少二氧化碳的排放，碳足迹是一种用于研究一个产品或一项服务在其从"摇篮到坟墓"的整个生命周期内，或从农场大门到产品加工售出的周期内，其温室气体排放总和的方法。该方法以二氧化碳当量为计算单位，包含两个主要部分，即直接足迹和间接足迹。直接足迹也称为主要足迹，指使用能源或交通工具时，燃烧化石燃料所直接排放的二氧化碳。间接足迹则指产品或服务整个生命周期内间接排放的二氧化碳。图 21.1 所示为不同能源碳足迹的比较。

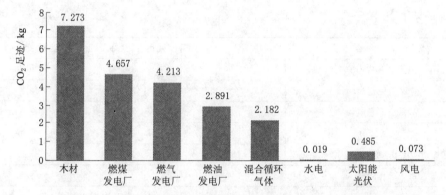

图 21.1　生产 1kW·h 电力，不同化石能源和可再生能源的二氧化碳排放量比较[37,38]

$$碳足迹＝\sum 活动数据 \times 活动排放因子 \tag{21.7}$$

在传统化石能源中，煤炭的碳足迹最高，这也是燃煤电厂每千瓦时发电产生二氧化碳最多的原因。如图 21.2 所示，在单位热能输入下，其他传统化石燃料同样向大气中释放二氧化碳。

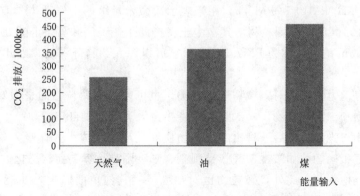

图 21.2　每输入 10 亿 BTU 的二氧化碳排放等级[37]

【例 21.1】

估算一所住宅每天的碳足迹。该住宅使用的交流电器见下表。假设通过燃煤来获取电能，电能系数近似为 $5.06 kg CO_2/(kW \cdot h)$。

交 流 用 电 器	数 量	使 用 时 间（每天）
14ft³ 冰箱（1080W·h/天）	1	24h
60W 节能灯泡	3	8h
70W 20in 彩色电视	1	3h
800W 微波炉	1	1h
180W,300ft 潜水泵从井里取水	1	2h

解：

能源的消耗见下表。

交 流 用 电 器	功率 / W	使用时间（每天）	能耗/（W·h/天）
14ft³ 冰箱（1080W·h/天）	1000		1000
60W 节能灯泡	3×60＝180	8h	180×8＝1440
70W 20in 彩色电视	70	3h	70×3＝210
800W 微波炉	800	1h	800
180W,300ft 潜水泵从井里取水	180	2h	360
每天总耗能量			3810

碳足迹＝(3.81kW·h/天)×[5.06kgCO₂/(kW·h)]＝19.3kg CO₂/天

碳足迹 $= (3.81 kW \cdot h/天) \times [5.06 kgCO_2/(kW \cdot h)] = 19.3 kg CO_2/天$

21.2.6 烟灰

从 1930 年开始发生的一系列惨剧，如墨兹河流域、比利时和宾州多诺拉等，都表明致命烟雾可以导致死亡和呼吸、心血管疾病。每年，一座典型的 2000MW 的燃煤电厂共排出 840000t 烟灰。烟灰是煤炭燃烧过程中转化生成的无机杂质，排出的烟灰可分为底渣和飞灰。底渣从熔炉的底部排出，而飞灰则是随烟气排出的颗粒。飞灰是颗粒物的主要成分，通常称为 PM、PM10 和 PM2.5，用来表示其微米量级的空气动力学直径。PM10 是一种直径小于 $10\mu m$ 的粗糙颗粒物，其在尘土飞扬的工业工厂和马路上随处可见。另外一种直径小于 $2.5\mu m$ 的微粒称为 PM2.5，由于它可以深入到肺部深处，因此该微粒对人体危害更大。

除了用空气动力学直径对颗粒物进行分类，也可以根据颗粒物的来源对其进行划分，分为一次颗粒物和二次颗粒物。一次颗粒物直接由人类活动或自然活动产生。二次颗粒物则由一次颗粒物与光线反应后所排出的化学物质间接反应生成。人体吸入这些颗粒物后，将会出现多种健康问题，如咳嗽、气管受刺激、呼吸困难、哮喘症状恶化、支气管炎、心脏病发作以及其他症状。此外，颗粒物也对环境产生其他负面影响，如能见度下降、湖泊河流酸化，以及由于沿海水域以及河口处营养失衡、土壤中营养物质的渗入而导致的生态系统改变。这将破坏森林和农作物，损害生态系统多样性，并对建筑物结构造成破坏。

为了控制大气层中的悬浮颗粒物，人们已经采取一些技术，在颗粒物排到大气层之前将其过滤掉，如湿式除尘器、袋式除尘器、静电除尘器、机械采集器以及高温高压颗粒控制等。湿式除尘器利用液体作为过滤器，在漂浮的颗粒物和二氧化硫排放到大气层之前将其捕获。袋式除尘器像真空吸尘器一样，在气体排放到大气层之前将颗粒物捕获到袋子中。这种方法从 1970 年开始已被广泛使用，其除尘效率超过了 99.5%。

21.2.7　退伍军人症和冷却塔

退伍军人症也称为军团杆菌，是一种称嗜肺军团菌所引起的细菌性肺炎。通常用"军团病"或军团热来描述此类细菌性感染，该病症状小到类似于庞蒂亚克热这样的轻度流感，大到更加严重的或许会致命的退伍军人症。该病于 1976 年美国费城的退伍军人大会上最先被诊断到，当时 182 名病例中有 29 人死亡。事实上，嗜肺军团菌是一种水生细菌，能够在 20～45℃ 范围内的极端环境条件下存活。研究结果表明，通过对每月采集到的热蚀湖的水样进行观察，夏天时该病的感染率最高。热蚀湖是一种由电站冷却水形成，并且容纳电站热垃圾的湖泊。已有研究显示，适于藻类植物繁殖的温水和潮湿的环境同样适于嗜肺军团菌的生存。

军团病是 20 世纪新出现的疾病，通常称为新发传染病，是人类破坏环境的结果。军团病的来源是冷却塔、冷热水系统、水疗池、温泉、加湿器、家庭水暖以及灌封和堆肥。它通过吸入被污染的气雾剂，伤口感染以及吸尘等来传播。有一些地方会被军团菌污染，如购物中心、饭店、俱乐部、休闲中心、体育俱乐部、私人住宅、旅馆、游船、露营地、医院及医疗器械等。

人们发现冷却塔是该类疾病的最初发源地。间断使用的冷却塔建立在人群密集的公共区域，季节和气候条件良好。它们工程设计不佳，很少或甚至从不进行维护，是引发这种疾病的潜在风险。最近报道的案例发生在 2010 年 7 月，一位 73 岁的病人由于肺泡出血、系统性红斑狼疮和抗磷脂抗体综合征，被送往日本神户大学医院就诊。住院 4 个月后，她被诊断为医院内军团菌肺炎。尽管进行了进一步的治疗，病人还是由于不可控的肺泡出血而去世。由于她被诊断出患有医院内军团菌肺炎，感染控制小组调查了风险的来源。调查发现，该病例与一个被污染的医院冷却塔有关；实验表明，从病人和医院冷却塔所采集的样本有 95% 的应变相似性。医院冷却塔的气雾剂污染物被这位免疫受损的病人吸入体内。医院后来采取措施阻止军团菌繁殖，包括适当增加热水供应的温度，将军团菌培养试验的频率增加到一年 3 次，并引进以 BALSTER ST‑40N 作为抗菌剂的自动消毒插入机。通过实施新的预防措施，医院再也没有发生过类似由医院冷却塔或热水系统引起的医院内军团菌肺炎[50]。

21.3　水电站的环境问题

水电是世界上主要的可再生能源之一，并且由于不用燃烧化石燃料，从而被认为是清洁能源。世界上许多大型电站都是以水力发电技术建造的，如中国三峡大坝能产生多达 22500MW 的电量。然而，建造大坝来储水发电将会对环境产生影响。

21.3.1　大范围破坏森林和河流生态系统

毫无疑问，大坝的建造将对森林生态系统造成彻底的、不可逆转的破坏。例如，东南亚最大的水电站，砂拉越（Sarawak）的巴贡水坝，将淹没 $69640hm^2$ 森林生态系统，比整个新加坡的面积还大。另外，由于被淹没的森林的微生物分解作用，大坝形成的水库将成为温室气体，特别是二氧化碳和甲烷排放的重要来源。

此外，大坝的建造将阻断上下游河水的联系，使大坝下游的河道发生淤积。这种现象也会影响一些鱼群的数量，因为它们无法洄游到产卵地产卵。水库附近河流的缓慢流动将对水质产生影响，因为水中的营养物质含量过高，将引起水体富营养化，水生植物过量繁殖从而对河水造成污染。

21.3.2　人口安置

水电项目需要解决洪泛区内居民重新安置的问题。淹没区包含住房、遗产地标、坟地、农作物，以及祖居地等，会引发社会经济问题。例如，生活在巴贡水坝附近区域成千上万的原著民将被迁移到一个新的安置区。这些原著民将失去他们的祖居地和森林，而那是他们一直以来生活依赖之地，也是他们从事农业、捕猎以及收集山货等一直赖以生存的地方[51]。

21.4　核电站的环境问题

传统能源发电成本的增加及其对环境产生的冲击，使得许多国家开始转向清洁能源发电。核电是清洁能源发电的一种，但是由于其潜在的灾难性影响，也引起了人们的担忧。核能由于发电成本低于其他能源而被人们接受。事实上，即使没有补贴，核能也比大多数的传统化石燃料能源和可再生能源便宜。此外，它可以持续发电，而所产生的温室气体可以忽略不计。随着安全性能的提高，核能是应对能源安全问题和气候变化问题的一种更好的解决方案。

据世界核能协会 2015 年提供的最新信息，目前有 31 个国家共计 37500MW 的核能发电总量，为全球贡献了 11.5% 的发电量。鉴于核能的优势，许多国家开始依赖核能。一些国家超过 30% 的发电量依靠核能提供，如比利时、捷克共和国、芬兰、匈牙利、斯洛伐克、瑞典、瑞士、斯洛文尼亚、乌克兰、韩国和保加利亚等，而法国 75% 的电力由核电供应。美国、英国、西班牙、罗马尼亚、俄罗斯则以 20% 的核电占比紧随其后。在 2010 年之前，日本超过 25% 的电力通过核电产生。直到 2011 年，海啸和地震袭击了福岛第一核电站，该比例才有所下降[53]。

一个大型核电站可节约大约 50000 桶石油，其投资回报在几年内即可收回。这使得核能成为一项获取可靠、低成本能源供应的战略计划。例如，一克铀-235 同位素完全裂变所产生的能量，即每次裂变产生的能量总和为 200MeV，平均每天能产生 1MW 的电能。每天将节约 3000kg 的煤或 2000L 的燃料，并可以避免每天 250kg 二氧化碳的排放[19,54]。

虽然核能被视为未来应对世界经济增长和全球变暖问题的最佳能源，但 2011 年 3 月 11 日，在福岛第一核电站，由一场前所未有的海啸所引发的核灾难，激起了人们对核能的消极反应，破坏了核能的形象，并促使许多国家重新考虑核电站，甚至淘汰核电站。日本对地震活动有着充足的应对准备；然而，那次引发海啸的地震，其震级是世界上最强烈的震级之一，也是日本遇到过的最强震级。地震同时还破坏了日本东北部的太平洋海岸线，包括福岛第一核电站的 3 个核反应堆。由于核泄漏和海啸，超过 90000 名当地居民被疏散，且有 2884 人遇难。福岛核电站事故是从 1986 年切尔诺贝利事故，及 1979 年三里岛事故以来，历史上首次出现的 3 个核反应堆在同一事件中遭到破坏。

福岛核电站爆炸事故导致大量的放射性物质通过沉积的放射铯——如 ^{137} 铯、^{134} 铯、碘 ^{131}（^{137}Cs，^{134}Cs，and I^{131}[57,58]）等——排放到大气中。碘-131 或 I^{131} 是对人体以及植物危害最大的有毒元素，它的吸入会引发儿童和青少年患甲状腺癌。已有报道称，由于吸入碘-131，切尔诺贝利事故主要的健康影响是使人患甲状腺癌。此外，沉积的放射铯 ^{137}Cs 和 ^{134}Cs 已经通过辐射（即使概率很低），使得所有器官和身体组织均匀感染，这也可能引起其他癌症[61]。

21.4.1 正常运行时的放射性物质排放

正常运行期间，根据核能管理委员会，如美国核能管理委员会、加拿大核能安全委员会、英国核能管理局以及其他机构所制定的排放允许范围，核电站向自然界排放出少量的放射性颗粒、气体和液体。在排放到自然界之前，根据规定程序，放射性物质需经过处理、释放，并进行监测。通过安全预防措施的执行，将放射性物质对人体、动植物和海洋生物造成的环境影响最小化。这些监管机构的主要目标是确保核电站有能力通过多种途径对核反应、放射性物质的冷却、放射性辐射的控制进行有效管控，从而避免放射性物质的扩散。表 21.3 比较了几种全身辐射剂量以及它们根据接触时间的不同而产生的影响。

表 21.3 　　　　　　　　　　**全身辐射剂和影响比较**[62]

全 身 辐 射 剂 量	影　　　响
1mSv/年	对于直接或间接暴露在核电站辐射下的公众可允许接触的正常辐射量
20mSv/年	对于核电站工作者和铀矿工目前允许的极限
50mSv	对于急救工作者允许的短期辐射量
100mSv	每年的最低辐射量,但明显增加了得癌症的风险
250mSv	对于急救限制如控制 2011 福岛核电站的工作者的短期暴露极限
1000mSv(短期)	可引起严重的辐射综合征如恶心和白细胞计数降低,但不致死
10000mSv(短期)	连续暴露几周可导致死亡

由核电站废水（通过排出的蒸汽和排水区的喷射口可以看到）所产生的辐射已经引起了公众的关注。当然，对于废水排放到自然界的量，也有一定的允许范围。然而，大量的

辐射将增加器官和身体组织被损害的风险，如基因突变、出生缺陷、白血病、癌症、免疫系统失调以及其他症状。人体组织由含碳化合物构成，其中$_6C^{14}$同位素以微量形式存在于体内，且与放射性钾同位素$_{19}K^{40}$共同平衡人体细胞液的数量。一旦放射性气体被吸入或消耗，其辐射将导致生物损伤。例如，辐射可以穿透并损害呼吸道内侧细胞，从而导致肺癌[63]。人类同样暴露在背景辐射和强辐射中。据报道，巴西一个海滩达到了800mSv。法律部门必须考虑公众在一般活动中已经接触到的背景辐射，即每年2.5mSv，以防止公众暴露在辐射中。

核电站排放的废水由反应堆的类型决定，即包括压水式反应堆和沸水式反应堆。欧洲所采用的反应堆是比沸水式反应堆更加安全的压水式反应堆，因为其反应堆容器与蒸汽发生器互相分离。而沸水式反应堆的蒸汽直接在反应堆容器中产生，并经由汽轮发电机发电。蒸汽同时携带了被吸收的以气体形式存在的放射性核元素。"尾气"系统会去除放射性气体并延缓氪和氙等放射性核素的释放，直到其衰变到可接受的范围内，但泄漏和意外排放的可能性是公众最主要关心的问题。核电站泄漏是由机械故障和人为失误引起的，由于核电站的老化、维修不及时以及缺乏法律部门的监管，这些都会增加人为失误。甚至在将核燃料从矿井运送到核电站的途中，也会使环境遭受辐射。

21.4.2 冷却液的流失

核电站冷却液流失事故可能引发生态和经济性灾难，如2011年发生在福岛第一核电站的事故，氢气爆炸破坏了核电站的主体结构，冷却液的流失导致3个反应堆装置被熔毁。一座核电站能获得运营许可的主要因素就是，在发生失水事故期间核反应堆仍能安全运行。反应堆堆芯安全冷却能力的标准是在发生失水事故到启动紧急冷却措施期间，确保其温度不超过1204℃，并且镀层材料的氧化水平当量不超过17%[65-67]。

如果反应堆的温度超过1200℃，氢分子将从水中分离，并由于密度较低而被困在反应堆顶部。如果氢气被点燃，将会引发大火，并破坏反应堆的安全外壳。爆炸将使放射性蒸汽排放到空中，正如三里岛、切尔诺贝利和福岛核电站事故中所出现的情形。此外，如果反应堆温度超过2400℃，将发生熔毁情况，铀燃料将融化，燃料棒将变成熔蜡。融化的铀燃料将继续向下融化，并穿透地面，直到其热量被融化的岩石和土壤吸收，大约能到达10in深度。铀燃料周围的熔融土壤将向玻璃一样硬化，并包含这些残留的燃料。然而，如果融化的铀燃料一旦穿透到地下水区域，将会产生更大的灾难性影响，且污染将会扩散到更大的区域范围。事实上，反应堆的高温所导致的高压将使安全外壳结构发生爆炸，并将放射性气体排放到大气中[24,63]。

核电站的失水事故已经导致了一系列惨案的发生。例如，1978年11月，曼尼托巴发生了严重的失水事故，Pinawa地区WR-1的管道泄漏导致冷却液的泄漏。共有2739L冷却液泄漏并排到了温尼伯河中。由于冷却液的泄漏，即使不是由于熔化温度导致，反应堆依然达到了很高的温度，并破坏了3个燃料元件，排出了裂变产物[68]。一年之后的1979年3月28日，由于冷却液的流失以及燃料棒的严重融化，美国发生了史上最大的核灾难。幸运的是，反应堆的安全外壳仍然完好无损，并阻止了几乎全部的放射性物质的排放[69]。失水事故是导致核电站融化和破坏的主要因素。释放到土壤、水以及大气中的放射性物质，其破坏性影响导致了严重的健康问题，甚至是人类的死亡。不仅人类受到影响，冷却液泄漏排放到水中，会被鱼类和水生生物吸收。已有的研究表明，辐射同样会导致鱼类、贝类和其他水生生物种类的死亡[70]。河流为农作物和植被提供了灌溉用水，而这些农作物和植被会由于辐射而灭亡；还有一些农作物被人类食用。牛、羊等牲畜喝了已被辐射污染的河水，并为人类提供牛奶和肉类。这种持续而又破坏性的食物链，必然将以多种多样的致癌疾病甚至基因突变对人类产生影响。

21.4.3　放射性废弃物的处置

取之不尽用之不竭的核能，在应对最近的能源安全和全球变暖问题时，是一种更加清洁、更经济实惠的能源。然而，必须承认，这种能源具有长期、灾难性的破坏能力，其破坏力需要 1000 多年才能完全消除。由于其灾难性的影响，这种情况对社会而言被称为浮士德式的交易[71]。核电站发电的关键问题在于放射性废弃物的管理。由于反应堆中的燃料棒含有 $_{92}U^{235}$，它们最终将耗尽，不再继续裂变反应，因此需将其移除并换上新的燃料棒。剩下的燃料一般会被暂时性保存，现场封装在衬铅的混凝土水池中。水池中的水会冷却并含有剩余燃料的辐射，直到人们做出一个永久性的处置决定。放射性废弃物根据其数量、辐射水平和同位素半衰期分为低级、中级和高级放射性废弃物三种主要类型。这些放射性废弃物应该采用延迟衰变法进行管理，也就是它们应该被妥善地保存，直到它们的放射性同位素自然衰变为稳定、无辐射的形式（表 21.4）。

表 21.4　　　　　　　　　　　不同种类放射性废弃物的管理

放射性废弃物的种类	来源	废弃物管理方式
低级废弃物	医院、实验室、工业、核燃料循环如纸、抹布、工具、衣服、过滤器和其他	封闭燃烧以降低数量并进行掩埋处理
中级废弃物	松脂，化学泥浆，反应堆和反应堆污染物	用水泥或沥青固化并深埋在地下
高级废弃物	余料和余料的主要废弃物	化成硼硅酸盐玻璃，封存在不锈钢罐中，深埋地下

核电站的放射性废弃物应该在一个偏远的以及地理环境稳定的地方被妥善地处置，如美国内华达州的尤卡山、新墨西哥州奇瓦瓦沙漠的废弃物隔离中间厂。废弃物处理区域应有适当的安全措施，确保高放射性废弃物在其长达一千多年的半衰期内安全地存放[73]。放射性废弃物的自然处理发生在 20 亿年前的西非加蓬共和国的奥克洛铀矿，那里放射性物质被安全地存放，并最终衰变为非放射性元素[68]。这表明合理地长期存放放射性废弃物，直到其在未来某一段的时间后能达到一个安全的水平，这样的处置方法是有可能实现的。

拥有核电站的各国核能安全监管机构如有必要，必须根据近期出现的问题更新政策，从而维持核废料的安全。主要风险如恐怖袭击、飞机事故、海啸、洪水、台风以及周边活动的危害等应被考虑在内，从而提高事件发生时的紧急应对能力。这些紧急应对措施必须长时间部署，可能需要数十亿年的时间，这也是放射性废弃物存储面临的主要挑战。

21.5　可再生能源的相关问题

可再生能源全部都是低碳能源，且从全球范围来看，与化石燃料能源相比，它们对环境的影响较小。然而，可再生能源项目实施过程中的影响不应被忽视。因此，认识其影响并采取措施进行缓解也是非常重要的。

21.5.1　太阳能

太阳能光伏发电使用来自太阳的无限能量，环保、运行过程无排放是其主要优势。然而，太阳能光伏的主要问题在于生产和处置阶段。

21.5.1.1　太阳能光伏板加工过程中使用的有毒化学品

太阳能光伏板加工过程中会使用不同的化学品，尤其在光伏电池的提取环节。例如，碲化镉薄膜光伏电池使用镉作为半导体材料，将太阳能转化为电能，而镉是一种剧毒物质。美国国家职业安全卫生研究所认为，如果镉灰尘和镉蒸汽直接与工人接触，它们将成为引发癌症的潜在致癌物[74]。

21.5.1.2　太阳能光伏板的处置和回收

太阳能光伏板在完成其 25 年左右的预期运行年限后，由于其含有的有害物质仍然存在，在其退役阶段在普通的垃圾填埋场进行处置，对该地区相关机构而言是一项挑战。如今，随着太阳能市场需求的快速增长，预计将会有大量的太阳能板在其寿命期末被处置。因此需要对光伏发电废弃物的处理提出适当的规划，如提供一个专用的垃圾填埋场、专用的城市垃圾焚烧炉或一个有效的回收管理系统。否则，未来将会很难处理，且会面临与现在电子产品废弃物一样的问题[75,76]。

21.5.1.3　大面积土地的使用

一个大型光伏电站的建造需要清理土地，这对自然植被、野生动物及其栖息地产生负面的影响[74]。为了实现最优的发电效果，需要将任何遮挡太阳能板的树木和草丛去除，并一直持续下去。树木的移除将减少对大气中二氧化碳的吸收。因此，这将使减少温室气体排放的目标受挫[77]。

21.5.2　波浪能

绝大多数与波浪能有关的环境问题都与海洋生物有关。在波浪能发电机安装期间，安装工程和海底电缆的布置会搅动海底沉积物，导致一些海洋生物失去栖息地。发电机建设和运行期间产生的噪声也可能损害水生生物。波浪能设备会改变海流并通过对食物和繁殖地的影响而影响某些鱼群的数量。海洋生物也可能与潮汐涡轮机叶片发生碰撞，从而出现危险。波浪能发电机的运行和海底电缆会产生电磁场，直接对海洋生物产生影响，如降低繁殖率。此外，电机和电缆产生的电动势会对海洋生物迁徙、导航、发现猎物、逃避天敌等造成干扰[78,79]。

21.5.3　风能

风能被认为是最清洁的能源之一，并且近年来风电呈现快速增长态势。风电采用的技术已经相当成熟，成本相对较低，这也使得人们建造了更多的风电场。然而，大规模风电场的开发引发了对环境不利的问题。虽然风电对环境影响的程度较轻，但还是不容忽视。下文就一些潜在的影响进行讨论。

21.5.3.1 对野生动物的影响

当鸟类与风轮旋转的叶片或塔架、发电机舱以及拉索等结构组件相撞时，风力发电机会对鸟类造成危险，导致严重的受伤甚至死亡。如果风电场的位置恰好在鸟类的迁徙路线上，这些鸟类与风轮叶片发生撞击的风险就会很高。据了解，鸟类有检测障碍物并立即改变飞行方向以避免碰撞的能力。然而，对迁徙的鸟类而言，改变飞行路线就会额外消耗它们有限的能量，并降低它们的生存概率[80,81]。

此外，风电场还妨碍了当地鸟类的生存。风电场的建造会破坏它们的自然栖息地，并在它们自然繁殖地与摄食地之间产生一道物理屏障。运行中的旋转叶片会给鸟类造成恐慌，进而缩小它们的自然领地。为了减少风电场对鸟类的影响，在决定建造风电场之前应研究迁徙鸟类的飞行路线以及筑巢区域。用航空雷达检测迁徙的鸟群并暂时停止风力发电机组的运行，从而减少旋转的风轮叶片对鸟类造成的危害。

21.5.3.2 噪声

风力发电系统产生的噪声会打扰附近居民的生活，尤其是在夜间外界比较安静的时候。风力发电机组有两种噪声源，机械噪声和气动噪声。机械噪声来源于涡轮内部的齿轮、发电机以及其他辅助部件，但是不受风轮叶片大小的影响。在制造和安装过程中适当的隔离可以减少这种噪声水平。相比之下，气动噪声由叶片滑动空气所产生，并且与叶片的扫掠面积、风速以及叶片的旋转速度成比例。例如，一个大型风力发电机产生的噪声比一个小型风力发电机产生的噪声更大。为了缓解这种噪声，居民和风电场之间应该设定一个最小距离，而实践中则根据国家和地区的不同有所差异。

21.5.3.3 景观方面的视觉冲击

风力发电机组的建立会扰乱自然风光。此外，风轮叶片运动造成的闪变会对居民造成干扰。然而，这个问题对公众感知和个人感受而言均有高度主观性。尽管如此，还是应该在居民和风电场之间设定一个最小距离以最小化这种影响。

21.5.4 燃料电池

氢燃料电池需要氢气和氧气通过电化学过程来发电。预计在不远的将来，燃料电池由于其只产生清洁的副产品，即水，而将被大量用于发电。燃料电池技术的发展，尤其是电动汽车，将会显著减少温室气体的排放，进而缓解全球变暖问题。氢燃料电池的主要应用障碍是氢气自身供应问题。虽然氢大量存在于地球上的化合物中，如水和碳氢化合物中，但氢气生产、存储以及运输过程的成本很高，且燃料电池在运行时会释放 $10\% \sim 20\%$ 的氢气。如果所有化石燃料发电厂和交通工具在未来都转变为氢动力，大量的氢气和水蒸气将会排到大气中，将是现在氢排放量的 3 倍。这种情况将通过平流层的大幅度冷却而消耗臭氧层，加剧非均相化学反应，产生更多夜光云，并且扰乱对流层化学反应以及大气和生物圈之间的相互作用。这些反应的有害影响将导致臭氧层空洞变得更大，持续时间更长。因此，氢气转变为清洁能源的想法会引发其他破坏性的结果，甚至加速全球变暖效应[82,83]。

此外，氢气是燃料电池电化学过程中需要的原材料，它可以从水、生物质以及化石燃料中获得。然而，如今氢气的供应来源于天然气，天然气在产生氢气的过程中释放出二氧化碳。因此，为了得到清洁能源，温室气体还是不可避免地排放了[84]。另外，燃料电池技术还在增长阶段，需进一步提高，预计在 2018 年达到成熟[85]。

21.5.5　地热能

地热能是在地幔层产生并储藏的热能。地热发电厂将高温流体或蒸汽从地球深处取出，然后将其转化为电能。这种可再生能源相比化石燃料有很多优势，并且是可持续的。一些与地热能相关的环境问题在这里讨论一下。

21.5.5.1　土地的扰动

活跃的地热区域一般位于偏远地区，或在人迹罕至的国家公园附近。地热发电厂建造和运行期间对土地的改变和开发，将改变自然景观、自然特征以及风景。为发展地热能而进行的森林砍伐以及能源传输线路将对当地动植物产生影响。此外，在建造和钻井期间，地热能发电厂将成为一个潜在的噪声来源。

21.5.5.2　大气排放

地热气体如硫化氢、二氧化碳和甲烷等通常排放到大气中，对环境造成危害。硫化氢是地热流体中最主要的非冷凝气体。由于其气味和毒性，硫化氢会对环境产生不利影响。当溶解在水性浮质时，硫化氢会与氧反应，生成二氧化硫从而引发酸雨。而甲烷的排放则一直是导致全球变暖的潜在因素。此外，地热流体中也有微量的汞、氨和硼，对发电厂附近的土壤和水面产生威胁[86]。

21.5.6　生物质能

以木炭和木头形式存在的生物质能曾经作为主要的燃料能源，直到 19 世纪煤炭、汽油等化石燃料能源被大量使用才改变。今天，生物质能作为一种能量来源又开始引起人们的兴趣，这是由于其自身具有碳中性的性质，而不像化石燃料引起的碳排放那样，导致全球变暖。生物质能的碳中性性质是指在燃烧生物质过程中排放到大气中的二氧化碳，在其进行光合作用期间又重新吸收的过程[87]。因此植物对二氧化碳的吸收和生物质能对二氧化碳的排放之间的碳循环达到一种平衡的状态。一个用生物质自然生产生物质能的例子是粮食作物，如甘蔗、玉米、大豆和棕榈油等。农业、锯木工厂、食品行业及城市固体垃圾也是生物质能的有益来源。

生物质能的过量使用也会引起环境问题，这一点也必须考虑。例如，生物质能的培养需要大面积的土地和大量的水资源。生物质的密集收获会增加土壤侵蚀、水分降解和营养物质的消失。此外，杀虫剂和化肥的使用会污染水资源。大规模能源作物的种植会取代原始森林和自然生态系统，从而显著改变野生动物的自然栖息地和食物来源。

另一个重要的问题是生物质能的需求造成了农作物作为食物和生物燃料供应之间的竞争。这个问题导致一些地区食品价格上涨，为了获取更好的收益，农民开始转向种植生物燃料作物。而在那些仍然遭受饥饿和营养不良的地区，将农作物种植转变为生物燃料种植来降低温室气体排放的做法是不恰当的。

21.6 总结

能源是改善人民生活水平并使国家发展的重要驱动力。为了人口和经济得到增长，许多发展中国家都在努力满足其能源需求。由于资源有限，他们无法获得昂贵的技术使温室气体在排放到自然界之前将其滤除。例如，在已有的燃煤电厂，安装洗尘器会增加30%的成本[88]。与此同时，高效的技术同样会引发现有的发电成本增加。发达国家热衷于保持他们的生活水平。发展中国家在努力提高其生活水平；这些发展中国家部分人口仍处于贫穷状态，但同样拥有可持续发展的权利[89]。

为了使经济增长脱碳，核能成为更好的发电替代能源。美国原子能委员会第一任主席路易斯·斯特劳斯称，核能发电成本"便宜得不能再便宜了"。1956年，联合碳化物公司发布公告称，一磅的铀可为芝加哥提供一整天所需的电量，而相比之下，则需要用掉300万磅的煤炭。由于它所产生的巨大能量以及低廉的成本，核能的前景令人期待，并使得很多国家依赖核能发电，例如法国从核能发电中获取75%的电量。然而，这种能量巨大且成本低廉的能源有着灾难性的影响。即使有法律部门的监管，社会还是不得不每天生活在核电站正常运行所产生的放射性排放环境中。使一些国家逐渐淘汰核电站的另一个关键问题是核反应堆爆炸的风险，如2011年发生在福岛第一核电站的核反应堆爆炸。虽然核技术的发展早已成熟，但依然存在如自然灾害破坏核电站等不可预见类因素。核灾难产生的放射性废弃物很难被去除，在未来1000年内，需遵循妥当的安全预防措施来处理核灾难。从"摇篮到坟墓"的核技术影响，是社会为能源安全而必须要去面对的巨大课题。

把能源供应从化石燃料和核能转化到完全依赖可再生能源的想法需要付出艰辛的努力，例如德国。尽管稍微显得富有野心和空洞，但其付出的努力仍然值得称赞，因为它展示了未来可持续能源的发展前景，即长期提供安全的能源，并长久持续降低发电成本。此外，还要强调一下节能技术，其可以减少能源消耗，达到能源使用的最优化，并仍然支持现有的工业基础[90]。许多国家实施了低碳城市的理念，如英国的布里斯托尔、利兹、曼彻斯特，墨西哥的哈利斯科州和塔巴斯科州，以及马来西亚的八打灵再也，作为一项未来开发项目，可以创造一种公众意识和可持续能源发展的形象。这不仅需要使可再生能源的供应多元化，还需要有效使用电能[91]。此外，100%使用可再生能源的激励政策，已被许多国家接受，并在城市、住宅和商业中心中实施，如新西兰、澳大利亚、喀麦隆、加纳和其他国家[92]。随着可再生能源技术的进步，一个更加绿色的未来将维护发达国家和发展中国家的公平发展。

问题

1. 解释自然界的温室效应及其与全球变暖问题之间的关系。

2. 如果全球气温持续上升，超过了2009年哥本哈根召开的联合国气候变化大会上建立的目标限制，将会发生什么？

3. 什么是硫氧化物，其中危害最大的气体是什么？

4. 解释如果人体过多地暴露在二氧化硫环境中，将会产生的健康问题。

5. 描述二氧化氮对健康的影响。

6. 如果氮氧化物排放到河流和溪水中将会发生什么？

7. 有益臭氧和有害臭氧之间的差异。

8. 确定大气中二氧化硫和氮氧化物之间的连锁反应所引发的严重环境问题。

9. 用必要的案例来讨论酸雨对环境的影响。

10. 二氧化碳在大气中如何会变成有害气体，而不是必要的气体？

11. 计算问题1，如果使用石油和天然气发电，对于天然气，每10亿热量单位输入117000磅二氧化碳；对于石油，每10亿热量单位输入164000磅二氧化碳。

12. 如果使用煤炭发电，计算一台70W的LED电视，在打开（a）24小时，（b）8小时，（c）4小时的碳足迹。假设煤炭发电的碳足迹系数为$1kg\ CO_2/(kW \cdot h)$。

13. 如果分别使用太阳能发电、风电和水电供电，一台LED电视机打开24小时，比较问题12中的碳足迹（表21.5）。

表21.5 每生产$1kW \cdot h$电力所用可再生能源的碳足迹

燃　料　类　别	二　氧　化　碳　足　迹
光伏发电	0.2204
风电	0.03306
水电	0.0088

14. 区分术语PM10和PM2.5颗粒物之间的差异。

15. 列举一些控制大气中悬浮颗粒物的方法。

16. 定义军团病并描述这种病的主要来源。

17. 从资源和碳足迹角度证明核能的优势。

18. 阐述过量放射性排放对环境造成的破坏性影响。

19. 解释失水事故的含义，以及为什么它对核电站如此重要。

20. 列举一些由核电站失水事故而导致的惨案案例。

21. 针对不同种类的放射性废弃物，给出不同的管理建议。

22. 讨论世界上放射性废弃物的永久性处置方法及其对环境产生的影响。

23. 比较蓄水式水电站和径流式水电站所造成的环境影响。

24. 列举不同国家和地区实施风电场和居民之间的建议距离和噪声限值。

25. 列举与硅基太阳能组件生产过程相关的有害物质。

参考文献

［1］ Scholz R，Beckmann M，Pieper C，Muster M，Weber R. Considerations on providing the energy needs using exclusively renewable sources：Energiewende in Germany. Renew Sustain Energy Rev 2014；35：109-25.

［2］ Research Cooperation Renewable Energies（FVEE），Energiekonzept 2050，2010.

［3］ Smart Energy for Europe Platform，Joint Norwegian-German declaration：for a long term collaboration to promote renewables and climate protection. 2012.

[4] WRI (World Resources Institute), Climate Analysis Indicators Tool (CAIT) 2.0: WRI's climate data explorer, 2014. [Online]. Available from: http://cait2.wri.org/.

[5] U. S. Environmental Protection Agency. Inventory of U. S. Greenhouse Gas Emissions and Sinks: 1990 – 2013, http://www.epa.gov/climatechange/emissions/usinventoryreport.html; 2015.

[6] Nag PK. Power plant engineering. 3rd ed. New Delhi: Tata McGraw – Hill Publishing Company Limited; 2008.

[7] Richardson K, Steffen W, Liverman D. Climate change: global risks, challenges & decisions. United Kingdom: Cambridge University Press; 2011.

[8] Kriegler E, Weyant JP, Blanford GJ, Krey V, Clarke L, Edmonds J, Fawcett A, Luderer G, Riahi K, Richels R, Rose SK, Tavoni M, van Vuuren DP. The role of technology for achieving climate policy objectives: overview of the EMF 27 study on global technology and climate policy strategies. Clim Change 2014; 123: 353 – 67.

[9] Stern N. What is the economics of climate change? World Econ 2006; 7 (2): 1 – 10.

[10] World Health Organization (WHO), WHO air quality guidelines: Global Update 2005. 2005, pp. 1 – 21.

[11] World Health Organization (WHO), Air quality guidelines for Europe, 2nd ed., No. 91. 2000.

[12] Greater London Authority, 50 years on: the struggle for air quality in London since the great smog of December 1952. 2002, pp. 1 – 40.

[13] Larφi V, Karlsen H, Skinner R. Generations. ABB Marine and Cranes 2012; 77.

[14] United States Environmental Protection Agency (EPA), Sulfur dioxide: health. [Online]. Available from: http://www.epa.gov/airquality/sulfurdioxide/health.html.

[15] Flynn D. Thermal power plant simulation and control. London, United Kingdom: The Institution of Electrical Engineers; 2003.

[16] Australian Government Department of the Environment and Heritage. Air quality fact sheet: sulfur dioxide, https://www.environment.gov.au/protection/publications/factsheetsulfur – dioxide – so2; 2005.

[17] Balmes JR, Fine JM, Sheppard D. Symptomatic bronchoconstriction after short term inhalation of sulfur dioxide. Am Rev Respir Dis 1987; 136 (5): 1117 – 21.

[18] United States Environmental Protection Agency (EPA). Fact sheet revisions to the primary national ambient air quality standard, monitoring network and data reporting requirements for sulfur dioxide. pp. 1 – 6; 2010.

[19] El – Wakil MM. Powerplant technology. Singapore: McGraw – Hill, Inc; 1985.

[20] Stepuro TL, Zinchuk VV. Nitric oxide effect on the hemoglobin – oxygen affinity. J Physiol Pharmacol 2006; 57 (1): 29 – 38.

[21] United States Environmental Protection Agency (EPA), Nitrogen Dioxide. [Online]. Available from: http://www.epa.gov/airquality/nitrogenoxides/.

[22] United States Environmental Protection Agency (EPA). NOx: how nitrogen oxides affect the way we live and breathe. Office of Air Quality Planning and Standards, pp. 2 – 3; 1998.

[23] Krupnick A, McConnell V, Austin D, Cannon M, Stoessell T, Morton B, The Chesapeake Bay and the control of NO_x emissions: a policy analysis, 1998.

[24] El – Sharkawi MA. Electric energy an introduction. 3rd ed. CRC Press; 2013.

[25] United States Environmental Protection Agency (EPA). Ozone: good up high bad nearby. Office of Air and Radiation, pp. 1 – 2; 2003.

[26] Björn LO. Stratospheric ozone, ultraviolet radiation, and cryptogams. Biol Conserv 2007; 135: 326 – 33.

[27] Bjorn LO. Photobiology the science of light and life. Netherlands: Springer; 2002.

[28] de Jager D, Manning M, Kuijpers L. IPCC/TEAP Special Report: safeguarding the ozone layer and the global climate system: issues related to hydrofluorocarbons and perfluorocarbons, Technical Summary; 2007.

[29] Horneman A, Stute M, Schlosser P, Smethie W, Santella N, Ho DT, Mailloux B, Gorman E, Zheng Y, van Geen A. Degradation rates of CFC - 11, CFC - 12 and CFC - 113in anoxic shallow aquifers of Araihazar, Bangladesh. J Contam Hydrol 2008; 97: 27 - 41.

[30] Sheehan JF. Acid rain: a continuing national tragedy. Elizabethtown, NY: Adirondack Council; 1998.

[31] Nag PK. Power plant engineering. 3rd ed. New Delhi: Tata McGraw - Hill Publishing Company Limited; 2008.

[32] Johnson E. Charcoal versus LPG grilling: a carbon - footprint comparison. Environ Impact Assess Rev 2009; 29 (6): 370 - 8.

[33] Dormer A, Finn DP, Ward P, Cullen J. Carbon footprint analysis in plastics manufacturing. J Clean Prod 2013; 51: 133 - 41.

[34] Vergé XPC, Maxime D, Dyer JA, Desjardins RL, Arcand Y, Vanderzaag A. Carbon footprint of Canadian dairy products: calculations and issues. J. Dairy Sci. 2013; 96 (9): 6091 - 104.

[35] Tukker A, Jansen B. Environmental impacts of products: a detailed review of studies. J Ind Ecol 2006; 10 (3): 159 - 82.

[36] Kenny T, Gray NF. Comparative performance of six carbon footprint models for use in Ireland. Environ Impact Assess Rev 2009; 29 (1): 1 - 6.

[37] Keyhani A. Design of smart power grid renewable energy systems. New Jersey: John Wiley & Sons, Inc; 2011.

[38] Energy Information Administration, Natural Gas 1998 Issues and Trends, 1999.

[39] Pope CA. Health effects of particulate matter air pollution. In: EPA Wood Smoke Health Effects Webinar; 2011.

[40] Steen M. Greenhouse gas emissions from fossil fuel fired power generation systems, http: //publications. jrc. ec. europa. eu/repository/handle/JRC21207; 2001.

[41] IEA Clean Coal Centre, Particulate emission control technologies. [Online] . Available from: http: //www. iea - coal. org. uk/site/ieacoal/databases/ccts/particulate - emissionscontrol - technologies.

[42] Klingspor JS, Vernon JL. Particulate control for coal combustion. London, United Kingdom: IEA Coal Research; 1988.

[43] United States Environmental Protection Agency (EPA), Particulate matter (PM) research. [Online] . Available from: http: //www. epa. gov/airscience/air - particulatematter. htm.

[44] Atlas RM. Legionella: from environmental habitats to disease pathology, detection and control. Environ Microbiol 1999; 1: 283 - 93.

[45] Bartram J, Chartier Y, Lee JV, Pond K, Surman - Lee S. *Legionella* and the prevention of legionellosis, vol. 14. Geneva, Switzerland: World Health Organization Press; 2008.

[46] Fraser DW, Tsai TR, Orenstein W, Parkin WE, Beecham HJ, Sharrar RG, Harris J, Mallison GF, Martin SM, McDade JE, Shepard CC, Brachman PS. Legionnaires' disease— description of an epidemic of pneumonia. N Engl J Med 1977; (297): 1189 - 97.

[47] Legionella management. [Online] . Available from: http: //www. ges - water. co. uk/legionella - management/.

[48] Fliermans CB, Cherry WB, Orrison LH, Smith SJ, Tison DL, Pope DH. Ecological distribution

of Legionella pneumophila. Appl Environ Microbiol 1981; 41 (1): 9 – 16.

[49] MacFarlane JT, Worboys M. Showers, sweating and suing: Legionnaires' disease and "new" infections in Britain, 1977 – 90. Med Hist 2012; 56: 72 – 93.

[50] Osawa K, Shigemura K, Abe Y, Jikimoto T, Yoshida H, Fujisawa M, Arakawa S. A case of nosocomial Legionella pneumonia associated with a contaminated hospital cooling tower. J Infect Chemother 2014; 20 (1): 68 – 70.

[51] Keong CY. Energy demand, economic growth, and energy efficiency — the Bakun daminduced sustainable energy policy revisited. Energy Policy 2005; 33: 679 – 89.

[52] Xu X, Tan Y, Yang G. Environmental impact assessments of the Three Gorges Project in China: issues and interventions. Earth – Science Rev 2013; 124: 115 – 25.

[53] World Nuclear Association, Nuclear power in the world today, 2015. [Online] . Available from: www. world – nuclear. org/info/info8. html.

[54] The science of nuclear power. [Online] . Available from: http: //nuclearinfo. net/Nuclearpower/TheScienceOfNuclearPower.

[55] Hatamura Y, Abe S, Fuchigami M, Kasahara N, Iino K. The 2011 Fukushima Daiichi Nuclear Power Plant Accident. United Kingdom: Woodhead Publishing/Elsevier Ltd. ; 2015.

[56] Bird DK, Haynes K, van den Honert R, McAneney J, Poortinga W. Nuclear power in Australia: a comparative analysis of public opinion regarding climate change and the Fukushima disaster. Energy Policy 2014; 65: 644 – 53.

[57] Hirose K. 2011 Fukushima Dai – ichi nuclear power plant accident: summary of regional radioactive deposition monitoring results. J Environ Radioact 2012; 111: 13 – 7.

[58] Onda Y, Kato H, Hoshi M, Takahashi K, Nguyen ML. Soil sampling and analytical strategies for mapping fallout in nuclear emergencies based on the Fukushima Dai – ichi nuclear power plant accident. J Environ Radioact 2014; 139: 300 – 7.

[59] Miyake Y, Matsuzaki H, Fujiwara T, Saito T, Yamagata T, Honda M, Muramatsu Y. Isotopic ratio of radioactive iodine (^{129}I/^{131}I) released from Fukushima Daiichi NPP accident. Geochem J 2012; 46: 327 – 33.

[60] Hatch M, Ostroumova E, Brenner A, Federenko Z, Gorokh Y, Zvinchuk O, Shpak V, Tereschenko V, Tronko M, Mabuchi K. Non – thyroid cancer in Northern Ukraine in the post – Chernobyl period: short report. Cancer Epidemiol 2015; 39 (3): 279 – 83.

[61] Bouville A, Likhtarev IA, Kovgan LN, Minenko VF, Shinkarev SM, Drozdovitch VV. Radiation dosimetry for highly contaminated Belarusian, Russian and Ukrainian populations, and for less contaminated populations in Europe. Health Phys 2007; 93 (5): 487 – 501.

[62] World Nuclear Association, Nuclear radiation and health effects, 2015. [Online] . Available from: http: //www. world – nuclear. org/info/Safety – and – Security/Radiation – and – Health/Nuclear – Radiation – and – Health – Effects/.

[63] Schobert HH. Energy and society: an introduction. New York: Taylor & Francis; 2002.

[64] Mahmoodi R, Shahriari M, Zolfaghari A, Minuchehr A. An advanced method for determination of loss of coolant accident in nuclear power plants. Nucl Eng Des 2011; 241 (6): 2013 – 9.

[65] Hache G, Chung HM, The history of LOCA embrittlement criteria, in Conference: 28 th Water Reactor Safety Information Meeting, 2001, pp. 1 – 32.

[66] Grosse MK, Stuckert J, Steinbrück M, Kaestner AP, Hartmann S. Neutron radiography and tomography investigations of the secondary hydriding of zircaloy – 4 during simulated loss of coolant nuclear accidents. Phys Procedia 2013; 43: 294 – 306.

[67] Chung HEEM. Fuel behavior under loss – of – coolant accident situations. Nucl Eng Technol 2005; 37: 327 – 62.

[68] Taylor D. Manitoba's forgotten nuclear accident. Winnipeg Free Press; 2011. Available from: http: // www. winnipegfreepress. com/opinion/analysis/manitobas – forgotten – nuclearaccident – 118563039. html.

[69] United States Nuclear Regulatory Commission. Three mile island accident, http: //www. nrc. gov/ reading – rm/doc – collections/fact – sheets/3mile – isle. pdf; 2013.

[70] Dempsey CH. Ichthyoplankton entrainment. J Fish Biol 1988; 33: 93 – 102.

[71] Weinberg AM. Social institution and nuclear energy. Science 1972; 177: 27 – 34.

[72] World Nuclear Association, Waste management: overview. [Online] . Available from: http: // www. world – nuclear. org/info/Nuclear – Fuel – Cycle/Nuclear – Wastes/Waste – Management – O-verview/.

[73] Fanchi JR, Fanchi CJ. Energy in the 21st century. 2nd ed. Singapore: World Scientific Publishing Co. Pte. Ltd; 2011.

[74] Aman MM, Solangi KH, Hossain MS, Badarudin A, Jasmon GB, Mokhlis H, Bakar AHA, Kazi S. A review of safety, health and environmental (SHE) issues of solar energy system. Renew Sustain Energy Rev 2015; 41: 1190 – 204.

[75] Cyrs WD, Avens HJ, Capshaw ZA, Kingsbury RA, Sahmel J, Tvermoes BE. Landfill waste and recycling: use of a screening – level risk assessment tool for end – of – life cadmium telluride (CdTe) thin – film photovoltaic (PV) panels. Energy Policy 2014; 68: 524 – 33.

[76] Bakhiyi B, Labrèche F, Zayed J. The photovoltaic industry on the path to a sustainable future — environmental and occupational health issues. Environ Int 2014; 73: 224 – 34.

[77] Dessouky MO. The environmental impact of large scale solar energy projects on the MENA deserts: best practices for the DESERTEC initiative in IEEE EuroCon 2013, 2013, no. July, pp. 784 – 788.

[78] Lin L, Yu H. Offshore wave energy generation devices: impacts on ocean bio – environment. Acta Ecol Sin 2012; 32 (3): 117 – 22.

[79] Frid C, Andonegi E, Depestele J, Judd A, Rihan D, Rogers SI, Kenchington E. The environ-mental interactions of tidal and wave energy generation devices. Environ Impact Assess Rev 2012; 32 (1): 133 – 9.

[80] Dai K, Bergot A, Liang C, Xiang W – N, Huang Z. Environmental issues associated with wind en-ergy – a review. Renew Energy 2015; 75: 911 – 21.

[81] Leung DYC, Yang Y. Wind energy development and its environmental impact: a review. Renew Sustain Energy Rev 2012; 16 (1): 1031 – 9.

[82] Cartlidge E, Fuel cells: environmental friend or foe? 2003. [Online] . Available from: http: // physicsworld. com/cws/article/news/2003/jun/13/fuel – cells – environmental – friend – or – foe.

[83] Tromp TK, Shia R – L, Allen M, Eiler JM, Yung YL. Potential environmental impact of a hydro-gen economy on the stratosphere. Science 2003; 300 (2003): 1740 – 2.

[84] Environmental and Energy Study Institute, Hydrogen fuel cell. [Online] . Available from: http: // www. eesi. org/topics/hydrogen – fuel – cells/description.

[85] Ho JC, Saw EC, Lu LYY, Liu JS. Technological barriers and research trends in fuel cell technolo-gies: a citation network analysis. Technol Forecast Soc Change 2014; 82: 66 – 79.

[86] Bayer P, Rybach L, Blum P, Brauchler R. Review on life cycle environmental effects of geothermal power generation. Renew Sustain Energy Rev 2013; 26: 446 – 63.

[87] Abbasi T, Abbasi SA. Biomass energy and the environmental impacts associated with its production and utilization. Renew Sustain Energy Rev 2010; 14: 919 – 37.

[88] United States Environmental Protection Agency (EPA) . Air pollution control technology fact sheet, http: //www3. epa. gov/ttncatc1/dir1/fcyclon. pdf; 2002.

[89] Hodgson PE. Energy, the environment and climate change. London, United Kingdom: Imperial College Press; 2010.

[90] Morris C, Pehnt M. Energy transition the German Energiewende. [Online] . Available from: http: //energytransition. de/.

[91] The Carbon Trust of the UK, Low carbon cities, 2014. [Online] . Available from: http: //www. lowcarboncities. co. uk/cms/.

[92] Renewable 100 Policy Institute, Go 100% renewable energy. [Online] . Available from: http: //www. go100percent. org/cms/index. php? id=4.